资深HR教你Excel实操从入门到精通

冯宝珠 ◎主编

SPM 南方出版传媒 广东人民出版社

·广州·

图书在版编目（CIP）数据

资深HR教你Excel实操从入门到精通 / 冯宝珠主编．—广州：广东人民出版社，2021.11（2022.1重印）

ISBN 978-7-218-15268-4

Ⅰ．①资… Ⅱ．①冯… Ⅲ．①表处理软件 Ⅳ．①TP391.13

中国版本图书馆CIP数据核字（2021）第191066号

Zishen HR Jiao Ni Excel Shicao Cong Rumen Dao Jingtong

资深HR教你Excel实操从入门到精通

冯宝珠　主编

出 版 人：肖风华

责任编辑：陈泽洪　李幼萍
文字编辑：文　敏　张泱心
封面设计：范晶晶
内文设计：奔流文化
责任技编：吴彦斌

出版发行：广东人民出版社
地　　址：广州市海珠区新港西路204号2号楼（邮政编码：510300）
电　　话：（020）85716809（总编室）
传　　真：（020）85716872
网　　址：http://www.gdpph.com
印　　刷：广东鹏腾宇文化创新有限公司
开　　本：787毫米×1092毫米　1/16
印　　张：19.5　　　字　　数：400千
版　　次：2021年11月第1版
印　　次：2022年1月第2次印刷
定　　价：78.00元

如发现印装质量问题，影响阅读，请与出版社（020-87712513）联系调换。
售书热线：020-87717307

前言

我们先来看下面一个小故事!

有两个和尚分别住在相邻的两座山上的庙里。两山之间有一条溪，两个和尚每天都会在同一时间下山去溪边挑水。久而久之，他们便成了好朋友。

弹指一挥间，五年就过去了。

忽然有一天，左边这座山的和尚没有下山挑水，右边那座山的和尚心想："他大概睡过头了。"便不以为意。哪知第二天，左边这座山的和尚还是没有下山挑水，第三天也一样。过了一个星期，还是这样。过了一个月后，右边那座山的和尚终于按捺不住了。他心想："我的朋友可能生病了，我要过去探望他，看看能帮上什么忙。"于是他便爬上了左边这座山去探望他的老友。

等到达左边这座山的庙里，看到他的老友之后，他大吃一惊。因为他的老友正在庙前打拳，一点儿也不像一个月没喝水的人。他好奇地问："你已经一个月没有下山挑水了，难道你可以不用喝水吗？"左边这座山的和尚说："来来来，我带你去看看。"于是，他带着右边那座山的和尚走到庙的后院，指着一口井说："这五年来，我每天做完功课后，都会抽空挖这口井。虽然我们现在年轻力壮，尚能自己挑水喝，倘若有一天我们都年迈、走不动了，我们还能指望别人给我们挑水喝吗？所以，即使有时我很忙，也没有中断过我的挖井计划，能挖多少算多少。如今，终于让我挖出井水来了，我就不必再下山挑水了，我可以有更多的时间，来练习我喜欢的拳法了。"

在工作领域中，工作、挣薪水就像是挑水。我们常常会忘记把握下班后的时间，挖一口属于自己的"井"，培养自己另一方面的实力，给自己多铺一条路。如果我们懂得给自己多铺一条路，在未来即使拼不过年轻人，我们依然还有源源不断的"水"喝，而且还能喝得很悠闲。

●本书特色

本书设置了【本章思维导图】【内容说明】【学习任务】【具体步骤】【疑难解答】【温馨提示】等板块，在介绍人力资源理论知识的同时，结合笔者多年的工作经验，将实际工作中经常遇到的一些问题拿出来与大家分享。

●读者人群

本书适合人力资源管理专业的毕业生、初入职场的人力资源管理从业者、企业的高层管理者及希望提高Excel操作水平的职场人士参考使用。

●参编人员

本书由冯宝珠主编，刘凯、徐洋、苏丹、孙丽娜、李瑞等参与编写工作。

本书如有未尽或者不足之处，敬请读者批评指正。

编　者

2021年9月

目 录

第四章 员工的培训管理 110

第五章 员工的绩效考核管理 179

第六章 员工的薪酬管理 213

第一章

Excel，HR必不可少的工具

Excel是一款应用性很强的软件，对于HR来说，它是工作中必不可少的工具。Excel不仅可以帮助HR创建人力资源管理中的各类表格，还可以对相关的人力资源数据进行计算、统计与分析处理。HR学习Excel的主要目的是更高效地处理人力资源的相关工作，及时解决人力资源管理工作中出现的问题。因此，HR需要树立应用Excel的正确理念，即使不需要精通Excel，但Excel的一些基础知识，HR还是必须要了解和掌握的。

本章思维导图

第一节 认识Excel对HR的重要性

一、记录收集原始数据

原始数据指的是尚未处理过的数据，这些数据需要经过提炼、组织甚至分析与格式化后才能呈现给他人看。为研究所收集的资料就是原始数据（也称作主要数据或来源数据），一般来说，从原始数据中很难直接看出各数据之间的联系，也不利于数据的计算、统计和分析。因此收集原始数据是统计、分析数据的前提。

对于HR来说，Excel是一个记录和存储原始数据的好工具。每一个公司都存有大量的人事数据，而Excel可以将收集到的原始数据进行有序排列和存储，并且一个Excel文件中可以存储许多独立的表格。如果把一些不同类型但是有关联的数据存储到一个Excel文件中，那么既方便HR对数据进行管理，又方便查找和应用数据。

收集原始数据时考虑得更多的是数据的准确性和完整性，一般不会考虑数据的格式以及排列是否合理等。因此，对于收集到的原始数据还需要进行整理，如检查收集的数据是否齐全、填写是否规范、信息是否完整、数据是否符合逻辑性、是否符合实际情况等。同时，必须要确保表格中的数据符合制表规范，这样才能提高后续人事数据统计、分析的准确率。

二、数据计算处理

在人力资源管理过程中，对数据的要求不仅仅是存储和查看，很多时候还需要对现有的人事数据进行统计，如员工人数、招聘人数、绩效成绩、考勤情况、员工工资等。而Excel中提供了大量的函数，不仅可以对简单数据进行计算，还可以利用不同的函数组合，完成复杂的计算工作。

三、数据可视化

在人力资源管理过程中，人力资源管理人员经常使用图表进行人力资源数据的可视化呈现。图表、数据透视表和数据透视图是Excel中最具特色的数据分析工具，只需简单操作便能灵活地使用图表形象地展示数据，或根据数据的不同特征变换出各种类型的报表。

四、辅助人力资源管理人员的日常决策

在人力资源管理人员的日常决策中，数据建模与分析可给决策者提供更加合理的参考。通过数据建模与分析，我们能够深度剖析与挖掘事件背后的规律，让整个管理活动更加科学、合理。

第二节 Excel的三大对象与两类表格

Excel操作中最常见的三大对象为：工作簿、工作表和单元格。此外，在Excel中，经常需要制作各种类型的人事表格，因此，根据制表的目的和需求将这些表格分为数据源表和结果汇总表两大类。

一、工作簿

工作簿是指Excel环境中用来储存并处理工作数据的文件，也就是说，Excel文档就是工作簿，它是Excel工作区中一个或多个工作表的集合。在Excel中，用来储存并处理工作数据的文件叫作工作簿。每一个工作簿可以拥有许多不同的工作表，工作簿中最多可建立255个工作表。

Excel文件的扩展名有“.xls”（Excel 97—2003工作簿）、“.xlsx”、“.xlsm”（Excel启用宏的工作簿）、“.xltx”（模板）、“.xltm”（Excel启用宏的模板）等。

二、工作表

工作表是显示在工作簿窗口中的表格，一个工作表可以由1 048 576 行和16 384 列构成，行的编号依次从1到1 048 576，列的编号依次用字母A、B……XFD表示，行号显示在工作簿窗口的左边，列号显示在工作簿窗口的上边。

每个工作表都有一个名字，工作表名显示在工作表标签上。工作表标签显示了系统默认的前三个工作表名：Sheet1、Sheet2、Sheet3。其中白色的工作表标签表示活动工作表。单击某个工作表标签，可以选择该工作表为活动工作表。

工作簿中的每一张表格都称为工作表。工作簿如同活页夹，工作表如同其中的一张张活页纸。工作表是Excel存储和处理数据的最重要的部分，其中包含排列成行和列的单元格。使用工作表可以对数据进行组织和分析，使用者可以同时在多张工作表上输入并编辑数据，并且可以对来自不同工作表的数据进行汇总计算。在创建图表之后，既可以将其置于源数据所在的工作表上，也可以放置在单独的图表工作表上。

三、单元格

单元格是表格中行与列的交叉部分，它是组成表格的最小单位，可进行拆分或者合并。单个数据的输入和修改都是在单元格中进行的。

简单地说，单元格就是工作表中用行线和列线分隔出来的小方格，用于存储单个数据，而且每个单元格都可以通过单元格地址进行标识。在工作表中，所有单元格都具有独立的地址。单元格地址是由它所在的行号和列标组成的，其表示方法为“列标+行号”，如工作表中最左上角的单元格地址为“A1”，即表示该单元格位于第A列和第1行的交叉点上。

工作簿、工作表和单元格之间的关系

简单地说，工作簿是由单张或多张工作表组成的；而工作表则是由一个个单元格组成的，如图1-1所示。

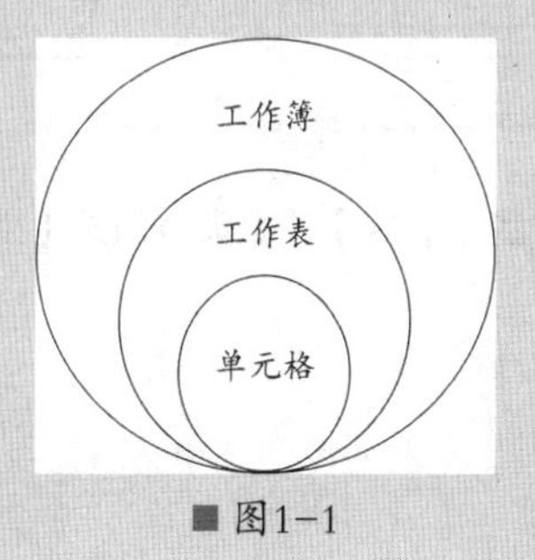

■ 图1-1

四、数据源表

数据源表主要用于记录和存储各种基础的数据，便于结果汇总表引用数据。数据源表基本不对数据做任何的计算和统计，也不需要对其做多余的格式设置，是为数据统计与分析以及制作各种报表打基础的表格。

五、结果汇总表

结果汇总表利用Excel的功能或工具对数据进行汇总、分析，从而得到所需要的结果。结果汇总表只保存需要的信息，是通过数据源表中的数据演变出来的，通常需要针对各种目的，对结果汇总表的布局、格式和外观等进行适当的设计和装饰。

第三节 Excel表格打印

一、打印步骤

在打印Excel表格时，要使打印输出的纸质文档能够符合自己的需求，可以按以下步骤进行操作：

（1）打开表格，如图1–2所示。

（2）点击工具栏里的【打印预览和打印】图标，点击后会弹出如图1–3所示的页面。

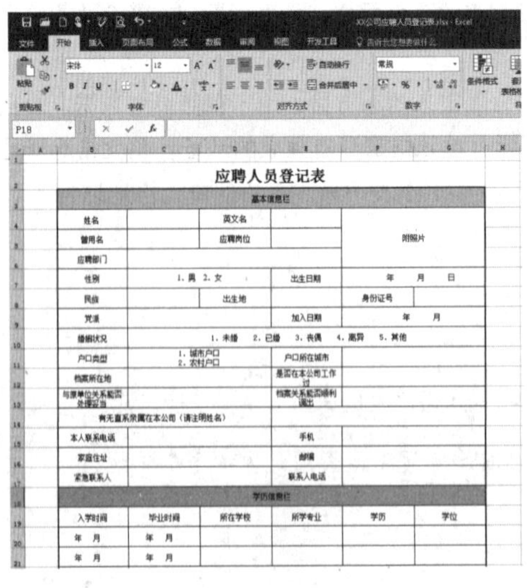

■ 图1–2

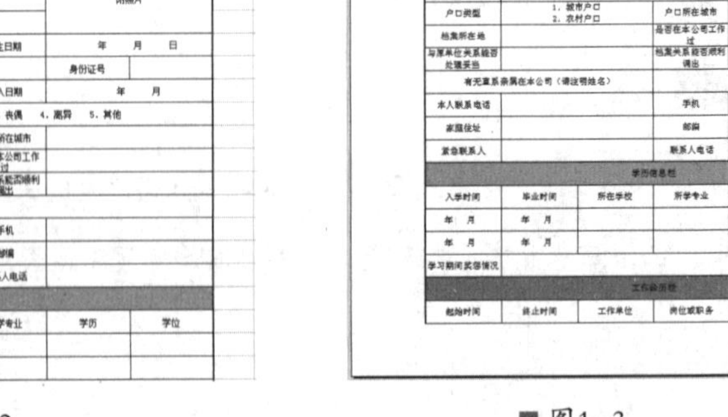

■ 图1–3

（3）然后点击【设置】，纸张类型选【A4】，页面方向选【横向】，打印预览效果如图1–4所示。

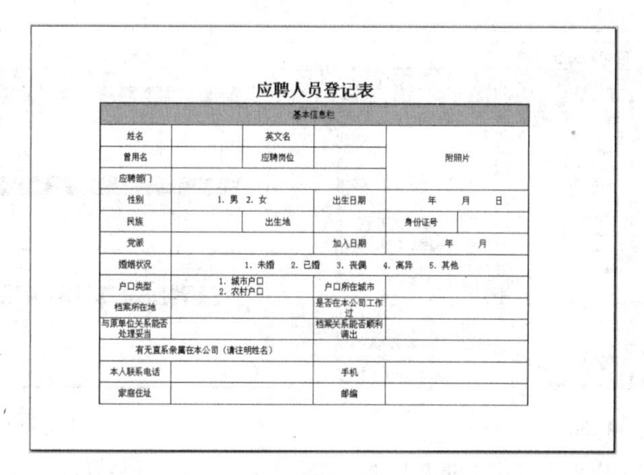

应聘人员登记表

基本信息栏					
姓名		英文名		附照片	
曾用名		应聘岗位			
应聘部门					
性别	1. 男 2. 女		出生日期	年 月 日	
民族		出生地		身份证号	
党派			加入日期	年 月	
婚姻状况	1. 未婚 2. 已婚 3. 丧偶 4. 离异 5. 其他				
户口类型	1. 城市户口 2. 农村户口		户口所在城市		
档案所在地			是否在本公司工作过		
与原单位关系能否处理妥当			档案关系能否顺利调出		
有无直系亲属在本公司（请注明姓名）					
本人联系电话			手机		
家庭住址			邮编		

■ 图1-4

（4）页边距和页眉、页脚可以根据实际情况进行设置，然后选择【打印】即可，如图1-5、图1-6所示。

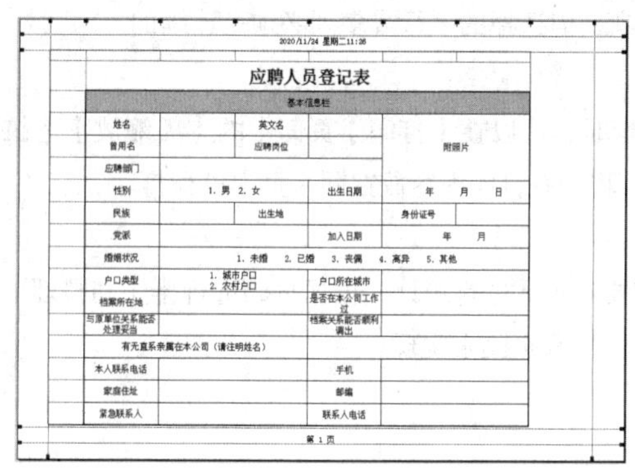

2020/11/24 星期二11:26

应聘人员登记表

基本信息栏					
姓名		英文名		附照片	
曾用名		应聘岗位			
应聘部门					
性别	1. 男 2. 女		出生日期	年 月 日	
民族		出生地		身份证号	
党派			加入日期	年 月	
婚姻状况	1. 未婚 2. 已婚 3. 丧偶 4. 离异 5. 其他				
户口类型	1. 城市户口 2. 农村户口		户口所在城市		
档案所在地			是否在本公司工作过		
与原单位关系能否处理妥当			档案关系能否顺利调出		
有无直系亲属在本公司（请注明姓名）					
本人联系电话			手机		
家庭住址			邮编		
紧急联系人			联系人电话		

第 1 页

■ 图1-5

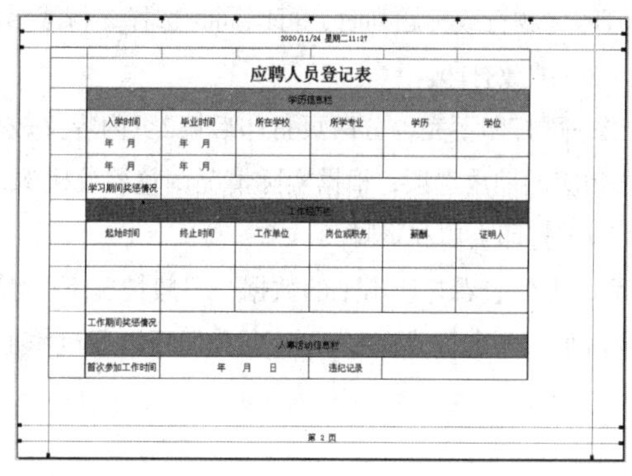

2020/11/24 星期二11:27

应聘人员登记表

学历信息栏					
入学时间	毕业时间	所在学校	所学专业	学历	学位
年 月	年 月				
年 月	年 月				
学习期间奖惩情况					
工作经历栏					
起始时间	终止时间	工作单位	岗位或职务	薪酬	证明人
工作期间奖惩情况					
人事活动信息栏					
首次参加工作时间	年 月 日		违纪记录		

第 2 页

■ 图1-6

二、打印技巧

总结起来，HR必须掌握4个打印技巧：打印网格线、打印标题行、缩放打印及打印页眉和页脚。

（1）打印网格线。

在【页面布局】选项卡下的【工作表选项】组中选中【网格线】栏中的【打印】复选框，按【Ctrl+P】组合键进入打印页面，在打印预览效果中，可查看到打印网格线的效果。

（2）打印标题行。

一般情况下，表格都包含标题行和表字段，当表格内容较多且一页打印不完时，Excel会根据打印页面大小自动转到下一页，但默认从第2页开始就不会出现标题行。阅读打印出来的第2页时，如果不从第1页中查找标题行，根本就不知道这些数据的类别、属性，不利于查看。

为了便于查看，最好设置打印标题行，让每页都显示标题行和表字段。具体操作步骤如下：

①在【页面布局】选项卡下的【页面设置】组中单击【打印标题】按钮，打开【页面设置】对话框，单击【顶端标题行】文本框后的按钮，如图1-7所示。

■ 图1-7

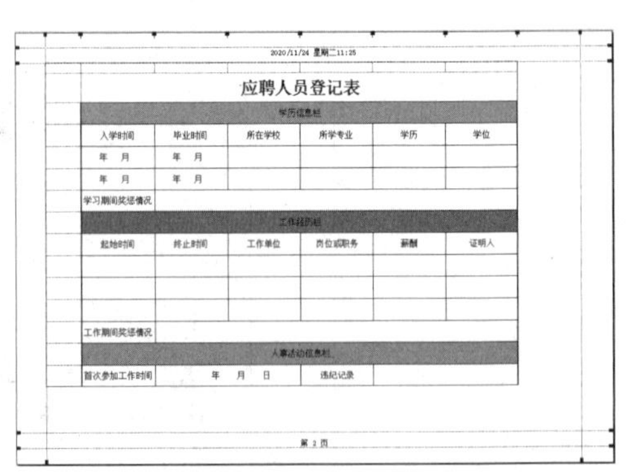

■ 图1-8

②折叠对话框，在工作表中按住【Shift】键，拖动鼠标选择第1行和第2行，设置打印的标题区域，单击按钮展开对话框。

③单击【打印预览】按钮，即可进入打印预览页面，查看打印效果，这时可以发现第2页已显示标题行，如图1-8所示。

打印标题行或标题列时，可以同时选择多行或多列，但选择的多行或多列必须是连续的。

（3）缩放打印。

当一页打印不完，分两页打印后第2页内容又较少时，可以在【打印】页面中的【无缩放】下拉列表中选择相应的缩放选项，根据实际情况调整缩放比例，将所有打印内容放在同一页中进行打印。

（4）打印页眉和页脚。

为了方便查看打印出来的数据，一般情况下，需要对页数进行统计，根据页码进行排序和整理，有时还需要添加公司名称或LOGO，这时我们可以通过添加页眉和页脚来实现。

第四节 影响HR工作效率的不规范操作

大家在使用Excel表格时，容易出现一些不规范操作，导致自己的工作效率低下，具体有以下几个方面：

（1）标题不规范。

重复标题与多重表头/标题导致数据透视表汇总结果出现偏差。如此，使用公式进行查找匹配时就会造成查询结果错误。

（2）滥用合并单元格。

经过合并的单元格，在使用公式以及进行其他操作时会有很多不便，并且会导致使用者的工作效率低下。所以，除了最终呈现的结果外，大家应尽可能地减少使用合并单元格的频率。

（3）日期格式不规范。

在日常工作中，经常会遇到不规范的日期格式，如“2020.8.16”“20/8/16”“20200816”“2020\8\16”等。这些不规范的日期格式，将会对数据的筛选、排序，公式计算及数据透视表分析等操作造成错误。因此，日期格式必须规范统一。在Excel中，规范的日期格式一般用“-”“/”符号连接年、月、日，如

“2020-8-16”“2020/8/16”。

需要注意的是，日期格式规范统一的不仅仅是格式，还要注意同一表格中或是同一列中不能有多种日期格式数据。虽然这不会影响计算结果，但会显得杂乱、不规整。

（4）数据格式不规范。

在Excel中，数据分为文本型数据和数值型数据等，文本型数据不能参与计算，而数值型数据可以参与各种计算。虽然在输入过程中，Excel会自动识别输入的数据类型，但很多人在设置数据格式时，并不注意这些数据格式的规范，有时会将数值型数据转换为文本型数据，导致计算出现错误。

将数值型数据转换为文本型数据后，单元格左上角会出现一个绿色的三角形，它表示此数据类型为文本型数据。

在实际运用中，有两种情况需要将数值型数据刻意更改为文本型数据：一种是输入以“0”开头的员工编号；另一种就是输入位数较多的身份证号码。

（5）把Excel当成记事本。

把Excel工作表当成记事本或Word文档使用时，由于数据没有维度与结构，且数据类型以及字段不规范，这增加了数据统计的难度，降低了工作效率。

（6）通过增加空格来对齐。

很多制作者在不知道表格的制作原则和规范时，为了让同列名称数据的宽度保持一致，会人为地在一些数据中添加空格，这在处理姓名数据时最常见。在数据源表格中，空格是绝对不能出现的，对于已经存在的空格，可采用查找和替换的方法批量删除。

（7）滥用格式。

滥用格式主要表现在以下几个方面：

①毫无规划地使用边框、颜色填充、批注、单元格样式、对齐方式、字体等，影响报表的整洁度与可读性。

②条件格式使用不当，使得工作表的整体安排比较混乱。条件格式是工作表中基于一定的条件对单元格进行格式化处理的一个重要功能。滥用条件格式，会造成数据表达的信息被错误地理解。

③表的混乱使用。在工作表中，可以使用多种方式创建表。表是一种规范的数据结构，可以通过选中数据区域，按【Ctrl+T】组合键来创建。在一张工作表中如果建立了多张表，通常会导致数据错乱。

（8）图表使用不当。

图表可以快速、准确地传达数据背后的信息。恰当的图表更加直观，数据阅读起来也更加便捷。图表使用不当主要表现在以下几点：

①图表类型选择错误，即没有根据数据特征选择合适的图表类型。

②图表的坐标轴使用不当。通过修改坐标轴，隐藏了真实数据，伪造数据对比关系。

③图表不够简洁，混淆了主要表述对象与次要表述对象，无法直观地传达自己所要表述的信息。

④图表的色彩搭配不合理，导致不易分辨图表所要表达的真实信息。

HR

第二章

人力资源的规划管理

人力资源规划是HR工作的有力指南。人力资源管理图表是人力资源规划工作的实用工具，能够补充制度的内容、丰富制度的形式、帮助提升管理水平与提高管理效率等，是促进制度进一步落实与执行的有效法宝。因此，学会人力资源管理图表设计至关重要。绘制人力资源管理图表最常用的软件为Word和Excel，本章以Excel为例，深入浅出地讲解人力资源规划管理中有关Excel的重要操作及实战技能。

本章思维导图

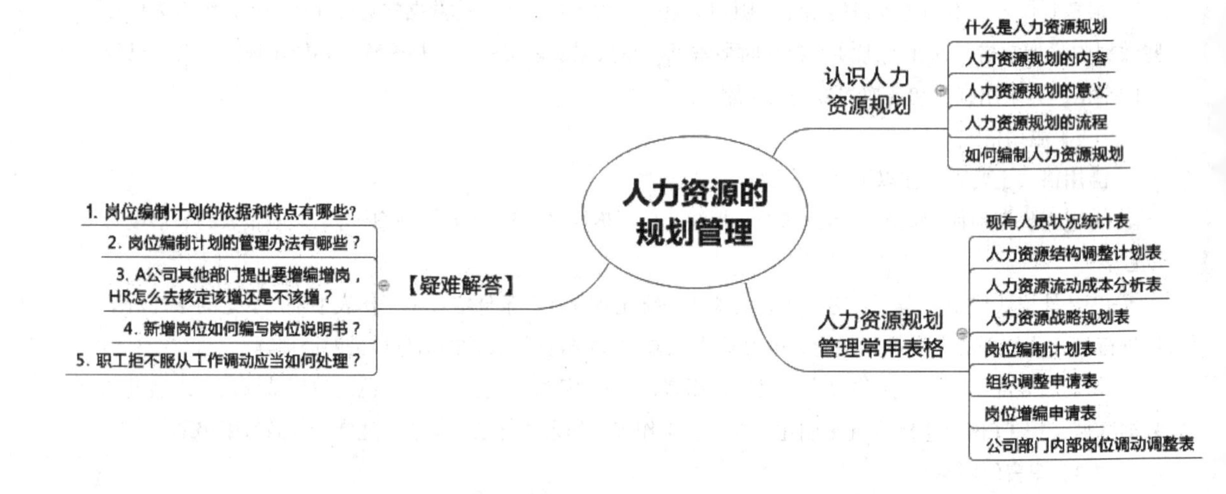

第一节　认识人力资源规划

一、什么是人力资源规划

1. 人力资源规划的基本含义

狭义是指企业从战略规划和发展目标出发，根据企业内部和外部环境的变化，预测企业未来发展对人力资源的需求，以及为满足这种需求所提供的人力资源的活动过程。广义是指企业各类人力资源规划的总称。

人力资源规划按期限（时间）可分为：长期规划（五年及以上）、短期规划（一年及以内），介于两者之间的为中期计划（一年以上五年以下）。

按内容可分为：战略规划、组织规划、制度规划、人员规划等。人力资源规划是将企业经营战略和目标转化成人力需求，以企业整体的角度超前和量化地分析和制定人力资源管理的一些具体目标。

2. 人力资源规划的要求、内容与目的

（1）人力资源规划的制定必须依据组织的发展战略、目标。

（2）人力资源规划要适应组织内部和外部环境的变化。

（3）制定必要的人力资源政策和措施是人力资源规划的主要工作。

（4）人力资源规划的目的是使组织人力资源供需平衡，保证组织长期持续发展和员工个人利益的实现。

二、人力资源规划的内容

1. 战略规划

战略规划是根据企业总体发展战略的目标，对企业人力资源开发和利用的方针、政策和策略的规划，是各种人力资源具体计划的核心，是事关全局的关键性计划。

2. 组织规划

组织规划是对企业整体框架的设计，主要包括组织信息的采集、处理和应用，组织结构图的绘制，组织调查、诊断和评价，组织设计与调整以及组织机构的设置等。

3. 制度规划

制度规划是人力资源总规划目标实现的重要保证，包括人力资源管理制度和体系建设的程序、制度化管理等内容。

4. 人员规划

人员规划是对企业人员总量、构成、流动的整体规划，包括人力资源现状分析、企业定员、人员需求、供给预测和人员供需平衡等。

5. 费用规划

费用规划是对企业人工成本、人力资源管理费用的整体规划，包括人力资源费用的预算、核算、结算以及人力资源费用控制。

三、人力资源规划的意义

一般来说，制定和实施企业人力资源规划具有如下意义：

（1）合理利用人力资源，提高企业劳动效率，降低人工成本，增加企业经济效益。

由于种种原因，企业内部的人力配置往往没有处于最佳状态，其中一部分员工可能感到工作负担过重，另一部分员工则可能觉得自己无用武之地。人力资源规划可以调整人力配置不平衡的状况，进而谋求人力资源的合理化使用，提高企业的劳动效率。人力资源规划还可通过对现有人力资源结构进行分析检查，找出影响人力有效运用的主要矛盾，充分发挥人力效能，降低人工成本在总成本中的比重，提高企业的经济效益。

（2）发挥人力资源个体的能力，满足员工的发展需要。

完善的人力资源规划是以企业和个人两项基础为依据制定的。把人力资源规划纳入企业发展长远规划中，就可以把企业和个人的发展结合起来。员工可以根据企业人力资源规划，了解未来的职位空缺，明确目标，按照该空缺职位所需条件来充实自己、培养自己，从而适应企业发展的人力需求，并在工作中获得个人成就感。

（3）人力资源规划是保证企业生产经营正常进行的有效手段。

由于企业内外部环境的变化以及企业目标和战略的调整，企业对人员的数量要求和质量要求都可能发生变化。人力资源规划在分析企业内部人力资源现状、预测未来人力需求和供应的基础上，制定人员增补与培训规划，从而满足企业对人力的动态需要。因此，人力资源规划是保证企业生存和发展的有效工具。

四、人力资源规划的流程

人力资源规划一般可分为以下几个步骤：

1. 收集有关信息资料

人力资源规划的信息包括组织内部信息和组织外部环境信息。

组织内部信息主要包括企业的战略计划、战术计划、行动方案、本企业各部门的计划、人力资源现状等。

组织外部环境信息主要包括宏观经济形势和行业经济形势、技术的发展情况、行业的竞争性、劳动力市场、人口和社会发展趋势等。

2. 人力资源需求预测

人力资源需求预测包括短期预测和长期预测、总量预测和各个岗位需求的预测。

人力资源需求预测的典型步骤如下：

（1）现实人力资源需求预测。

（2）未来人力资源需求预测。

（3）未来人力资源流失情况预测。

（4）得出人力资源需求预测结果。

3. 人力资源供给预测

人力资源供给预测包括组织内部人力资源供给预测和外部人力资源供给预测。

人力资源供给预测的典型步骤如下：

（1）内部人力资源供给预测。

（2）外部人力资源供给预测。

（3）将组织内部人力资源供给预测数据和组织外部人力资源供给预测数据汇总，得出组织人力资源供给预测的总体数据。

4. 确定人力资源净需求

在掌握未来的人力资源需求与供给预测数据的基础上，将本组织人力资源需求的预测数与在同期内组织本身可供给的人力资源预测数进行对比分析，从对比分析中可测算出各类人员的净需求数。这里所说的"净需求"，既包括人员数量，又包括人员的质量、结构，也就是既要确定"需要多少人"，又要确定"需要什么人"，数量和质量要对应起来。这样就可以有针对性地进行招聘或培训，也为组织制定有关人力资源的政策和措施提供了依据。

5. 人力资源规划的项目

根据组织战略目标及本组织员工的净需求量编制人力资源规划，包括总体规划和各项业务计划。同时要注意总体规划、各项业务计划及各项业务计划之间的衔接和平衡，提出调整供给和需求的具体政策和措施。一个典型的人力资源规划应包括：规划时间段、规划达到的目标、情境分析、具体内容、制订者、制订时间。

（1）规划时间段。确定规划时间的长短，要具体列出从何时开始、到何时结束。如果是长期的人力资源规划，可以为5年以上；如果是短期的人力资源规划，如年度人力资源规划，则为1年。

（2）规划达到的目标。规划达到的目标要与组织的目标紧密联系起来，最好有具体的数据，同时要简明扼要。

（3）情境分析。目前情境分析：主要是在收集信息的基础上，分析组织目前人力资源的供需状况，进一步指出制订该计划的依据。未来情境分析：在收集信息的基础上，在计划的时间段内，预测组织未来的人力资源供需状况，进一步指出制订该计划的依据。

（4）具体内容。这是人力资源规划的核心部分，主要包括项目内容、执行时间、负责人、检查人、检查日期、预算这几个方面。

（5）规划制订者。规划制订者可以是一个人，也可以是一个部门。

（6）规划制订时间。主要指该规划正式确定的日期。

6. 实施人力资源规划

人力资源规划的实施，是指人力资源规划的实际操作过程。要注意协调好各部门、各环节之间的关系，在实施过程中需要注意以下几点：

（1）必须有专人负责既定方案的实施，要赋予负责人保证人力资源规划方案实现的权利和资源。

（2）要确保不折不扣地按规划执行。

（3）在实施前要做好准备。

（4）实施时要全力以赴。

（5）要有关于实施进展状况的定期报告，以确保规划能够与环境、组织的目标保持一致。

7. 人力资源规划评估

在实施人力资源规划的同时，要进行定期与不定期的评估。从以下三个方面进行：

（1）是否忠实地执行了本规划。

（2）人力资源规划本身是否合理。

（3）将实施的结果与人力资源规划进行比较，通过发现规划与现实之间的差距来指导以后的人力资源规划活动。

8. 人力资源规划的反馈与修正

对人力资源规划实施后的反馈与修正是人力资源规划过程中不可缺少的步骤。在评估结果出来后，应及时进行反馈，进而对原规划的内容进行适时的修正，使其更符合实际，能更好地促进组织目标的实现。

五、如何编制人力资源规划

具体的人力资源规划编制有以下几个步骤：

1. 制订职务编制计划

职务编制计划是根据公司发展规划和综合岗位研究报告的内容来制订的计划。职务编制计划陈述了公司的组织结构、职务设置、职位描述和职务资格要求等内容。制订职务编制计划的目的是描述公司未来的组织职能规模和模式。

2. 制订人员配置计划

人员盘点计划是根据公司发展规划，并结合公司人力资源盘点报告制订的计划。而人员配置计划陈述了担任公司每个职务的人员数量、人员的职务变动、职务人员空缺数量等。制订配置计划的目的是描述公司未来的人员数量和素质构成。

3. 预测人员需求

预测人员需求是根据职务编制计划和人员配置计划，使用预测方法来进行人员需求的预测。人员需求中应陈述人员需求的职务名称、人员数量、希望到岗时间等。最好形成一个标明了员工数量、招聘成本、技能要求、工作类别及完成组织目标所需的管理人员数量和层次的分列表。

4. 确定人员供给计划

人员供给计划是人员需求的对策性计划。主要陈述人员供给的方式、人员内外部的流动政策、人员获取途径和获取实施计划等。通过分析劳动力过去的人数、组织结构和构成、人员流动、年龄变化和录用等资料，就可以预测出未来某个特定时刻的供给情况。预测结果会勾画出组织现有的人力资源状况以及未来在流动、退休、淘汰、升职以及其他相关方面的发展变化情况。

5. 制订培训计划

培训计划对提升公司现有员工的素质、适应公司发展的需要来说非常重要。培训计划中包括培训政策、培训需求、培训内容、培训形式、培训考核等内容。

6. 制订人力资源管理政策调整计划

在人力资源管理政策调整计划中要明确计划内的人力资源政策的调整原因、调整步骤和调整范围等。其中包括招聘政策、绩效政策、薪酬与福利政策、激励政策、职业生涯政策、员工管理政策等。

7. 编写人力资源部费用预算

人力资源部费用预算主要包括招聘费用、培训费用、福利费用等预算。

8. 分析关键任务的风险及制定对策

每个公司在人力资源管理中都可能遇到风险，如招聘失败、制定的新政策引起员工不满等，这些事件很可能会影响公司的正常运转，甚至会对公司造成致命的打击。风险分析就是通过风险识别、风险估计、风险驾驭、风险控制等一系列活动来防范风险的发生。

第二节　人力资源规划管理常用表格

一、现有人员状况统计表

现有人员状况统计表主要用来反映企业所有员工的职务等级、岗位类别、婚姻状况、学历、年龄、岗位等级、司龄、职称情况，便于对员工进行管理。

使用Excel 2016制作“现有人员状况统计表”，重点是学习单元格内的自动换行操作及设置显示月份公式。

（1）创建、命名文件及设置行高。

①新建一个Excel工作表，并将其命名为“××公司现有人员状况统计表”。

②打开空白工作表，用鼠标选中第2行单元格，然后在功能区选择【格式】，用左键点击后即会出现下拉菜单，继续点击【行高】，在弹出的【行高】对话框中，把行高设置为45，然后单击【确定】，如图2-1所示。

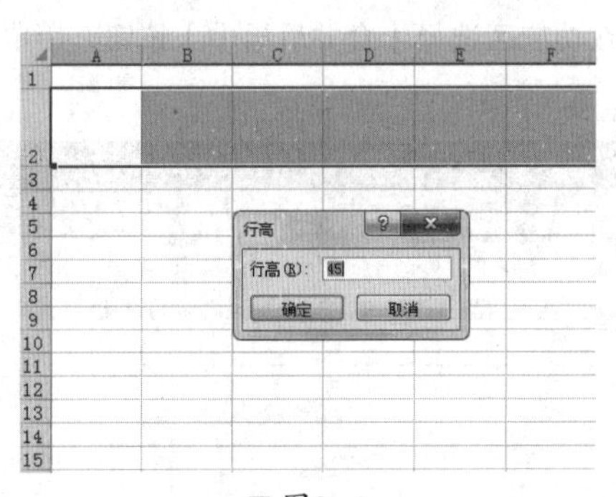

■ 图2-1

③用同样的方法，将第4行至第27行的行高设置为30，如图2-2所示。

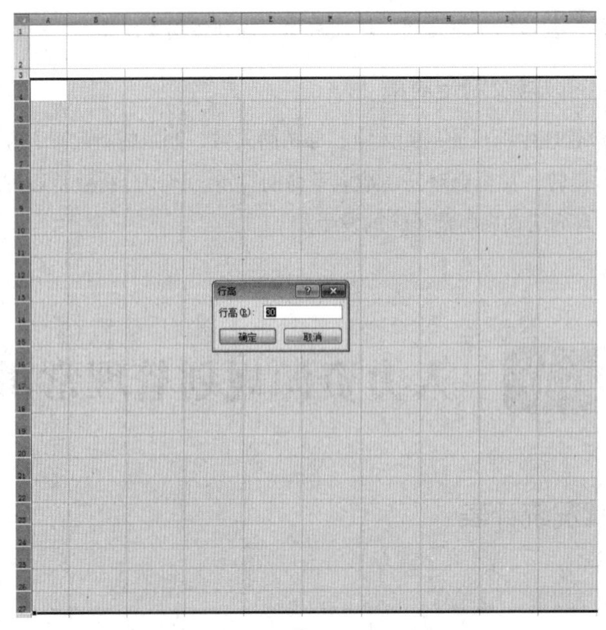

■ 图2-2

（2）设置列宽。

用鼠标选中B至J列单元格，然后在功能区选择【格式】，用左键点击后即会出现下拉菜单，然后点击【列宽】，在弹出的【列宽】对话框中，把列宽设置为13，然后单击【确定】，如图2-3所示。

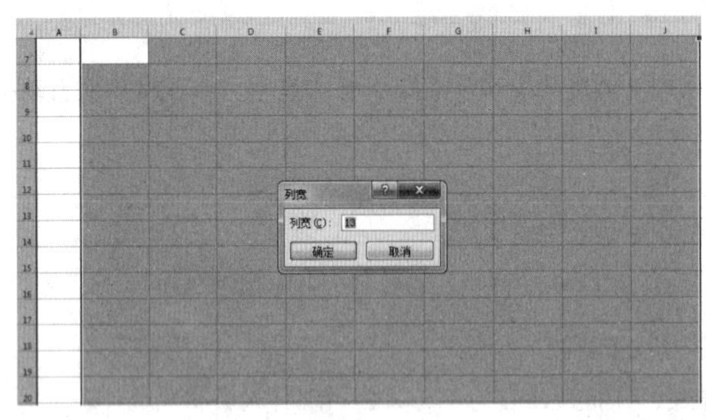

■ 图2-3

（3）合并单元格。

①用鼠标选中B2:J2，然后在功能区选择【合并后居中】按钮，用鼠标左键点击按钮，效果如图2-4所示。

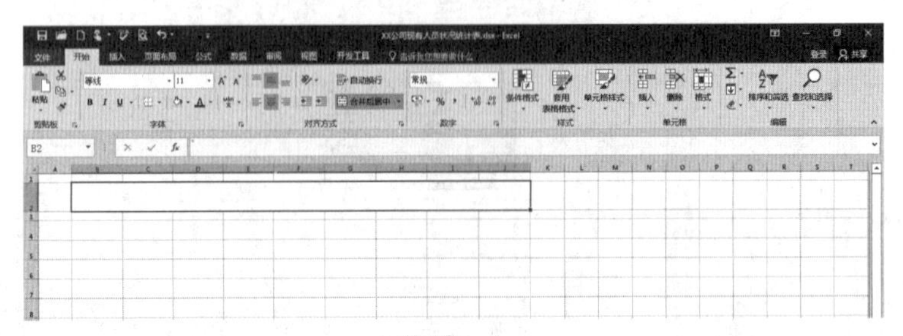

■ 图2-4

②用同样的方法，分别选中B4:B6、B7:B9、B10:B12、B13:B15、B16:B18、B19:B21、B22:B24、B25:B27，然后在功能区选择【合并后居中】按钮，用鼠标左键点击按钮，效果如图2-5所示。

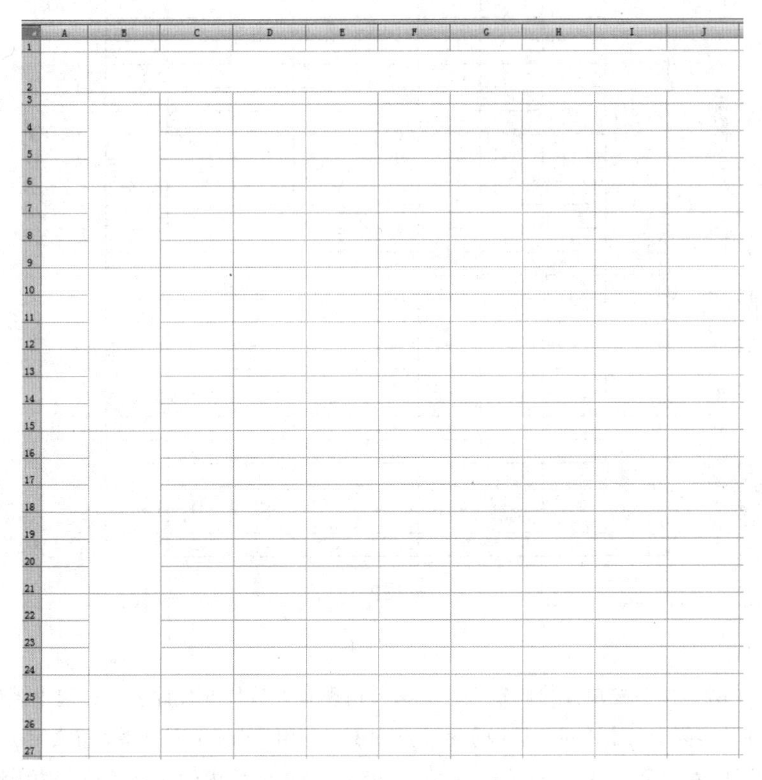

■ 图2-5

（4）设置边框线。

①用鼠标选中B4:J27，单击鼠标右键，在弹出的菜单中选择【设置单元格格式】；用鼠标点击后，就会出现【设置单元格格式】对话框；点击【边框】，选择细线，然后点击【内部】按钮；再选择粗线，最后点击【外边框】按钮，如图2-6所示。

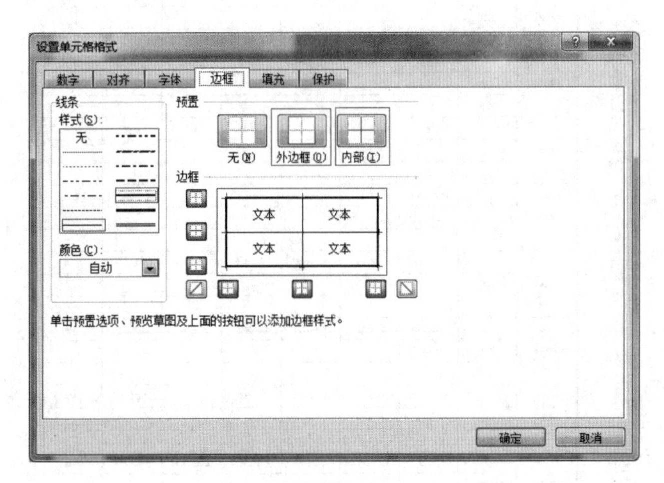

■ 图2-6

②点击【确定】后，最终的效果如图2-7所示。

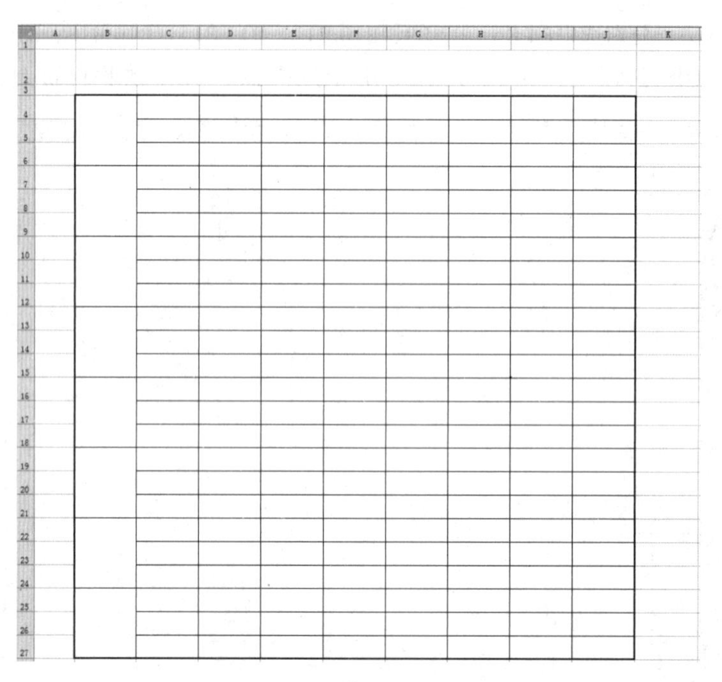

■ 图2-7

（5）输入内容。

①用鼠标选中B2，然后在单元格内输入“××公司现有人员状况统计表”；选中该单元格，将【字号】设置为26；在功能区中点击【垂直居中】和【居中】，并用【Ctrl+B】快捷键将文字加粗。

②在B3:J27区域内的单元格中分别输入文字，如果一个单元格内的文字较长，选中该单元格后点击功能区中的【自动换行】按钮，即可显示所有文字。然后按照前面提到的方法设置文字的字号、对齐方式等，效果如图2-8所示。

XX公司现有人员状况统计表

月份：

职务等级		助理	专员	主管	部门经理	副总经理/总监	总经理	不详
	人数							
	比例							
岗位类别		生产类	管理类	市场营销类	研发类	技术类	行政职能类	不详
	人数							
	比例							
婚姻状况		男（已婚）	男（未婚）	女（已婚）	女（未婚）	离异	丧偶	不详
	人数							
	比例							
学历		初中及以下	高中	大专	本科	硕士	博士及以上	不详
	人数							
	比例							
年龄		23岁以下	24~30岁	31~35岁	36~40岁	41~50岁	51岁以上	不详
	人数							
	比例							
岗位等级		5级以下	6~10级	11~15级	16~20级	21~25级	26级以上	不详
	人数							
	比例							
司龄		3个月以下	3~6个月	6个月~1年	1~2年	2~3年	3年以上	不详
	人数							
	比例							
职称情况		实习生	助理工程师	工程师	主管工程师	高级工程师	首席工程师	不详
	人数							
	比例							

■ 图2-8

（6）设置显示月份公式。

①选中C3单元格，然后在公式编辑栏中输入“=MONTH(EDATE(TODAY(),-1))”。

②单击【Enter】键，即可显示应统计的月份（即上一个月）。效果如图2-9所示。

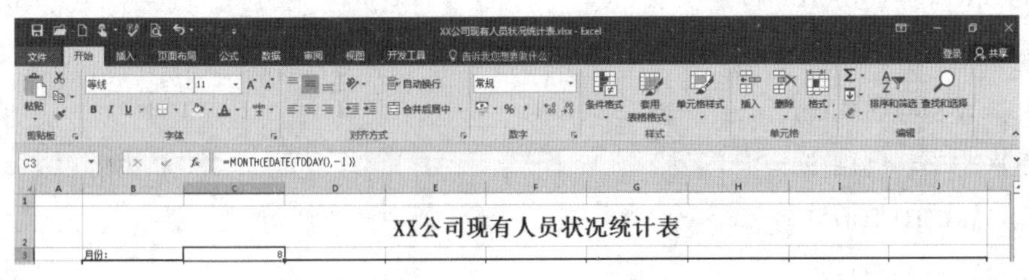

■ 图2-9

③最终的效果如图2-10所示。

XX公司现有人员状况统计表

月份：8

职务等级		助理	专员	主管	部门经理	副总经理/总监	总经理	不详
	人数							
	比例							
岗位类别		生产类	管理类	市场营销类	研发类	技术类	行政职能类	不详
	人数							
	比例							
婚姻状况		男（已婚）	男（未婚）	女（已婚）	女（未婚）	离异	丧偶	不详
	人数							
	比例							
学历		初中及以下	高中	大专	本科	硕士	博士及以上	不详
	人数							
	比例							
年龄		23岁以下	24~30岁	31~35岁	36~40岁	41~50岁	51岁以上	不详
	人数							
	比例							
岗位等级		5级以下	6~10级	11~15级	16~20级	21~25级	26级以上	不详
	人数							
	比例							
司龄		3个月以下	3~6个月	6个月~1年	1~2年	2~3年	3年以上	不详
	人数							
	比例							
职称情况		实习生	助理工程师	工程师	主管工程师	高级工程师	首席工程师	不详
	人数							
	比例							

■ 图2-10

常用日期函数说明

日期函数主要用于计算星期、工龄、年龄、账龄、利息，以及计算某个时间段的数据汇总等。下面就是常用的几个日期函数的用法和返回的结果：

（1）=TODAY()

表示取当前的系统日期。

（2）=NOW()

表示取当前系统日期和时间。

（3）=NOW()-TODAY()

表示计算当前是几点几分。也可以用=MOD(NOW(), 1)计算。

（4）=YEAR(TODAY())

表示取当前日期的年份。

（5）=MONTH(TODAY())

表示取当前日期的月份。

（6）=DAY(TODAY())

表示计算当前日期是几号。

（7）=WEEKDAY(TODAY(), 2)

表示计算今天是星期几。

（8）=EDATE(TODAY(), 1)

表示计算当前日期之后一个月的日期。

（9）=EOMONTH(TODAY(), 1)

表示计算下个月最后一天的日期。

（10）=EOMONTH(TODAY(), 0)-TODAY()

表示计算到本月底还有多少天。

二、人力资源结构调整计划表

人力资源结构调整计划表主要用来反映企业员工的学历结构、职务类别结构以及年龄性别结构的构成，便于全方位了解企业人员的结构构成。

使用Excel 2016制作“人力资源结构调整计划表”，重点是学习单元格内的自动换行操作。

（1）创建、命名文件及设置行高。

①新建一个Excel工作表，并将其命名为“××公司人力资源结构调整计划表”。

②打开空白工作表，用鼠标选中第2行单元格，然后在功能区选择【格式】，用左键点击后即会出现

下拉菜单，继续点击【行高】，在弹出的【行高】对话框中，把行高设置为45，然后单击【确定】，如图2-11所示。

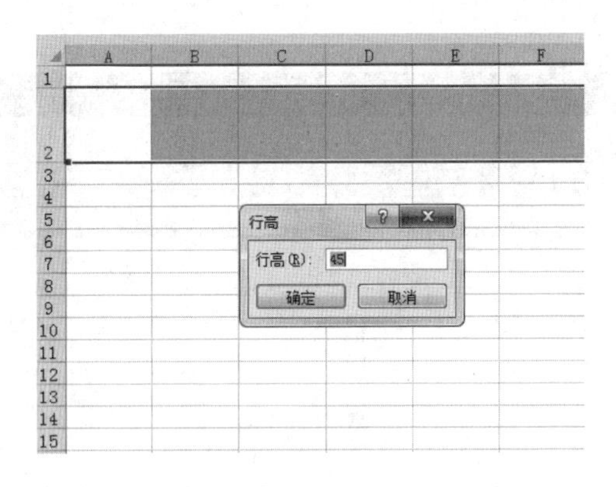

■ 图2-11

③用同样的方法，把第3行至第17行的行高设置为20，如图2-12所示。

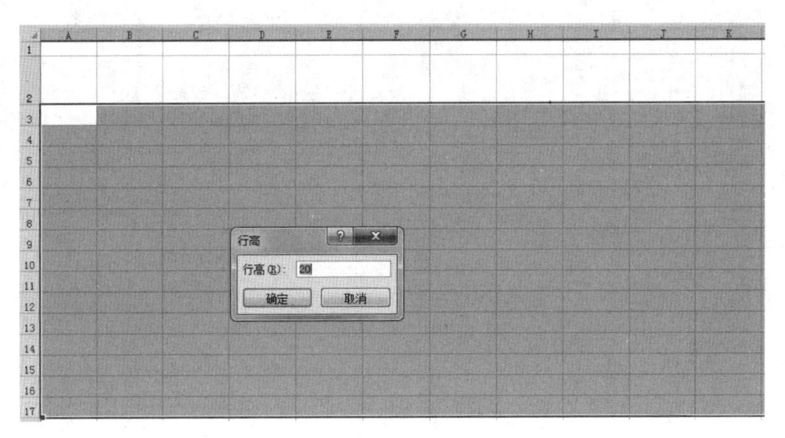

■ 图2-12

（2）设置列宽。

用鼠标选中B至K列单元格，然后在功能区选择【格式】，用左键点击后即会出现下拉菜单，然后点击【列宽】，在弹出的【列宽】对话框中，把列宽设置为10，然后单击【确定】，如图2-13所示。

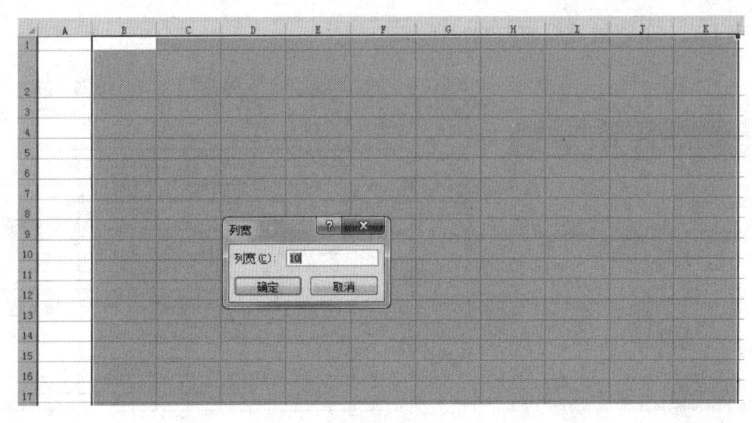

■ 图2-13

（3）合并单元格。

①用鼠标选中B2:K2，然后在功能区选择【合并后居中】按钮，用鼠标左键点击按钮，效果如图2-14所示。

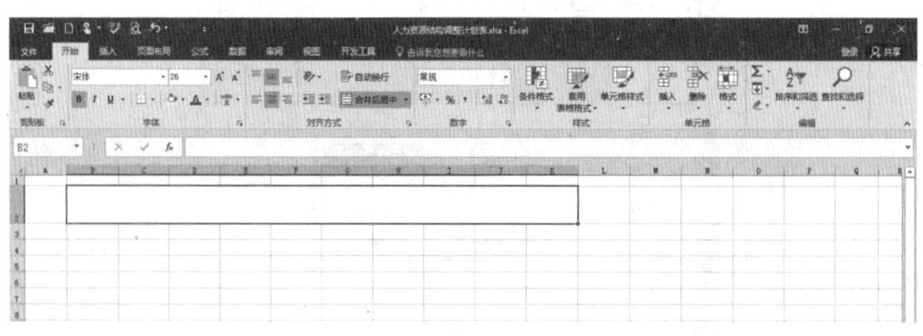

■ 图2-14

②用同样的方法，分别选中B3:B7、B8:B12、B13:B17、C3:D3、C8:D8、C13:D13，然后在功能区选择【合并后居中】按钮，用鼠标左键点击按钮，效果如图2-15所示。

■ 图2-15

（4）设置边框线。

①用鼠标选中B3:K17，单击鼠标右键，在弹出的菜单中选择【设置单元格格式】；用鼠标点击后，就会出现【设置单元格格式】对话框；点击【边框】，选择细线，然后点击【内部】按钮；再选择粗线，然后点击【外边框】按钮，如图2-16所示。

②点击【确定】后，最终的效果如图2-17所示。

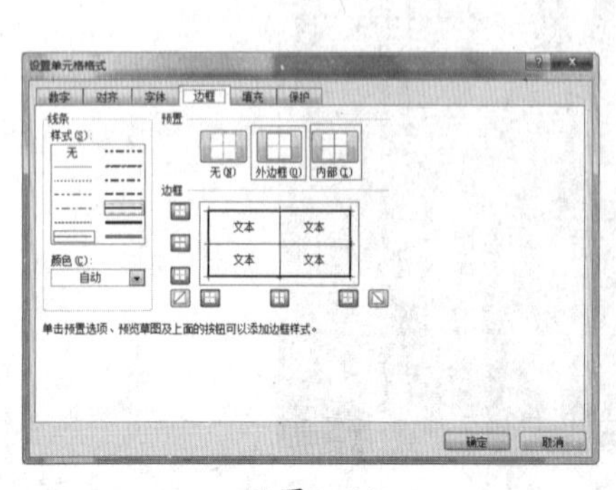

■ 图2-16

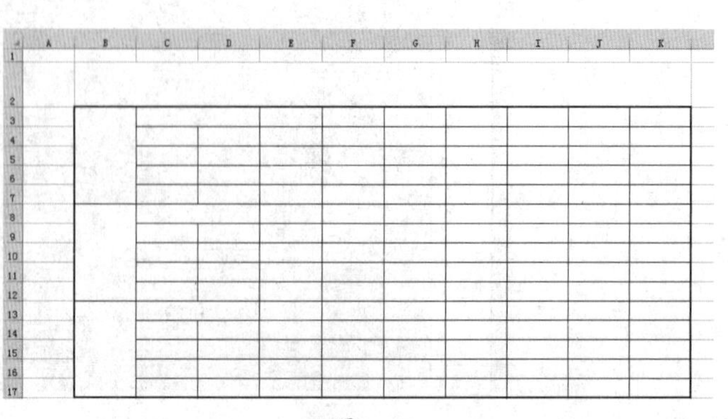

■ 图2-17

（5）输入内容。

①用鼠标选中B2，然后在单元格内输入“××公司人力资源结构调整计划表”；选中该单元格，将【字号】设置为26；在功能区中点击【垂直居中】和【居中】，并用【Ctrl+B】快捷键将文字加粗。

②在B2:K17区域内的单元格中分别输入文字，如需显示所有文字，点击功能区中的【自动换行】按钮，并按照前面提到的方法对文字进行适当调整。

③最终的效果如图2-18所示。

XX公司人力资源结构调整计划表									
学历结构	年度		小学	初中	高中	大专	本科	硕士	博士
	2018年	人数							
		比例							
	2019年	人数							
		比例							
职务类别结构	年度		行政	财务	营销	制造	研发	技术	市场
	2018年	人数							
		比例							
	2019年	人数							
		比例							
年龄性别结构	年度		18～29岁	30～44岁	45岁以上	男性	女性		
	2018年	人数							
		比例							
	2019年	人数							
		比例							

■ 图2-18

三、人力资源流动成本分析表

人力资源成本是指为了获得日常经营管理所需的人力资源，并于使用过程中及人员离职后所产生的所有费用支出，具体包括招聘、录用、培训、使用、管理、医疗、保健和福利等各项费用。人力资源流动成本是指人力资源在一定时期内增减变动所引起的成本。

使用Excel 2016制作“人力资源流动成本分析表”，重点是学习单元格填充颜色的操作。

（1）创建、命名文件及设置行高。

①新建一个Excel工作表，并将其命名为“××公司人力资源流动成本分析表”。

②打开空白工作表，用鼠标选中第2行单元格，然后在功能区选择【格式】，用左键点击后即会出现下拉菜单，继续点击【行高】，在弹出的【行高】对话框中，把行高设置为40，然后单击【确定】，如图2-19所示。

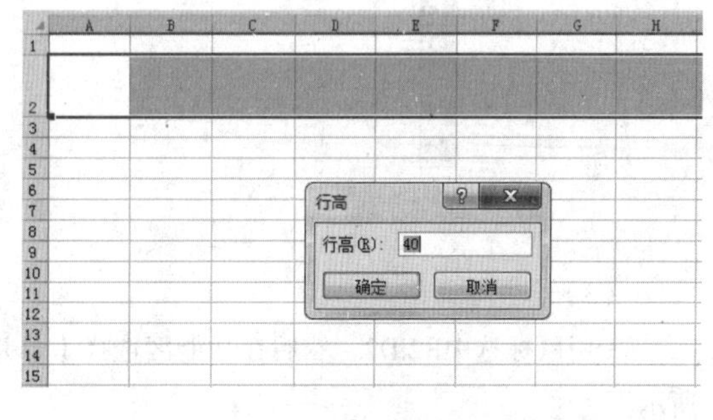

■ 图2-19

③用同样的方法，把第3行至第26行的行高设置为20，如图2-20所示。

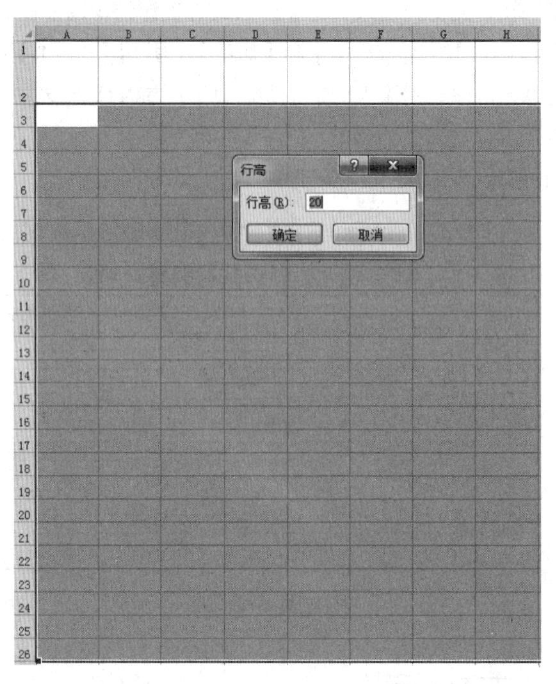

■ 图2-20

（2）设置列宽。

①用鼠标选中B列单元格，然后在功能区选择【格式】，用左键点击后即会出现下拉菜单，然后点击【列宽】，在弹出的【列宽】对话框中，把列宽设置为10，然后单击【确定】。

②用同样的方法，把C列单元格的列宽设置为52，把D列单元格的列宽设置为10，如图2-21所示。

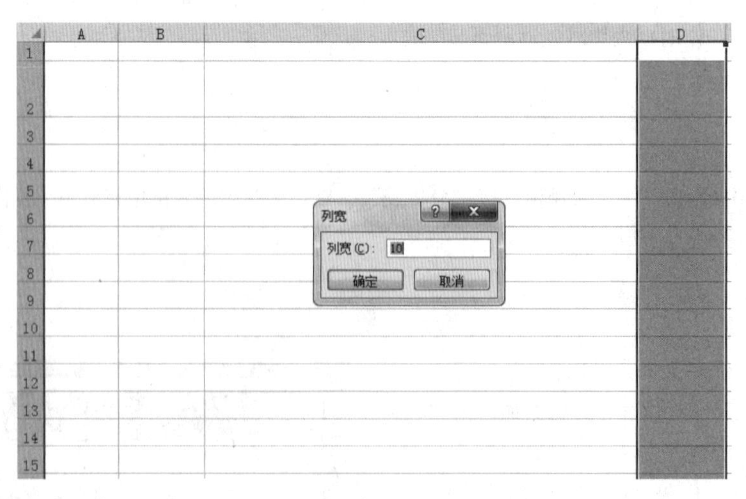

■ 图2-21

（3）合并单元格。

①用鼠标选中B2:D2，然后在功能区选择【合并后居中】按钮，用鼠标左键点击按钮，效果如图2-22所示。

■ 图2-22

②用同样的方法，分别选中B3:C3、B12:C12、B18:C18，然后在功能区选择【合并后居中】按钮，用鼠标左键点击按钮，效果如图2-23所示。

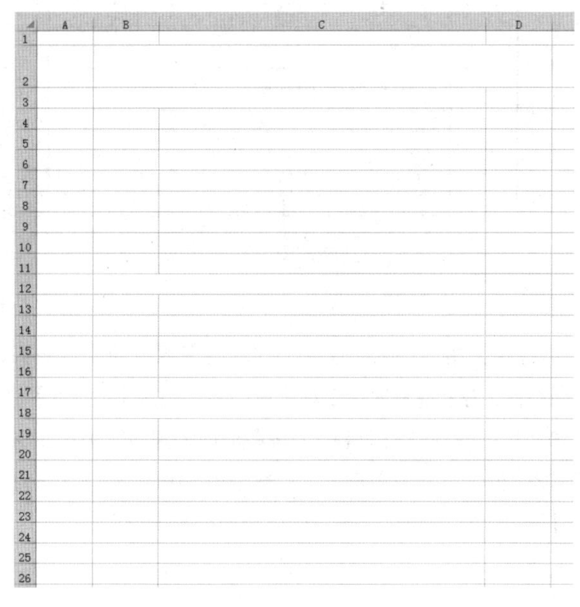

■ 图2-23

（4）设置边框线。

①用鼠标选中B3:D26，单击鼠标右键，在弹出的菜单中选择【设置单元格格式】；用鼠标点击后，就会出现【设置单元格格式】对话框；点击【边框】，选择细线，然后点击【内部】按钮；再选择粗线，然后点击【外边框】按钮，如图2-24所示。

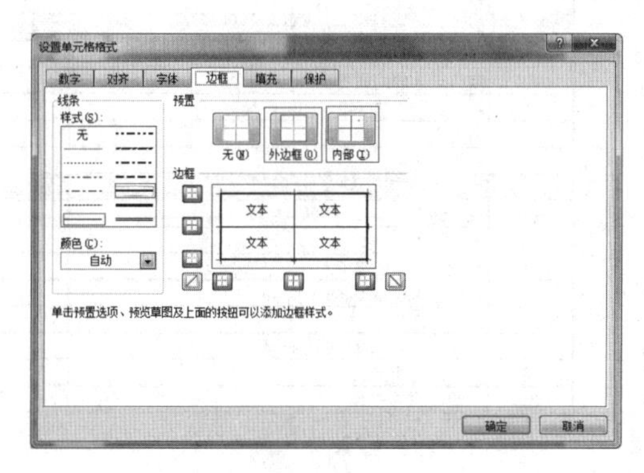

■ 图2-24

②点击【确定】后，最终的效果如图2-25所示。

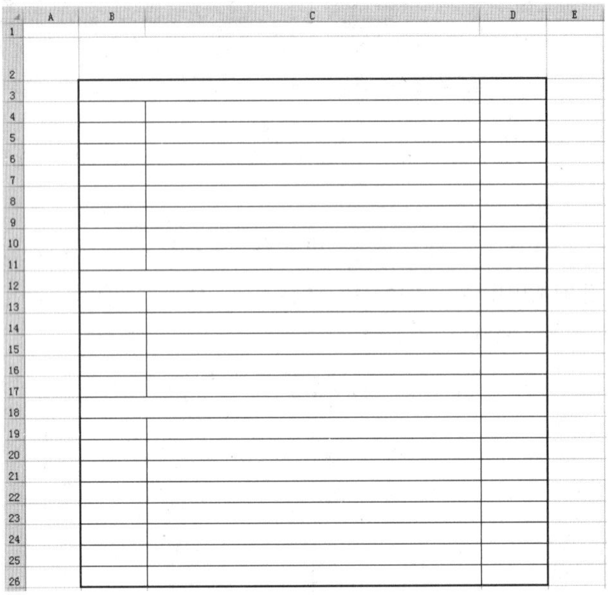

■ 图2-25

（5）输入内容。

①用鼠标选中B2，然后在单元格内输入“××公司人力资源流动成本分析表”；选中该单元格，将【字号】设置为22；在功能区中点击【垂直居中】和【居中】，并用【Ctrl+B】快捷键将文字加粗。

②在B2:D26区域内的单元格中分别输入文字，并按照前面提到的方法对文字进行适当调整。

③选中B3:D3，把【填充颜色】设置为【黄色】；选中B12:D12，把【填充颜色】设置为【绿色】；选中B18:D18，把【填充颜色】设置为【金色】。最终的效果如图2-26所示。

XX公司人力资源流动成本分析表

	招聘直接成本	量值
1	总招聘人数	
2	广告费	
3	人事代理费	
4	招聘交通费	
5	内部奖金	
6	应届招聘费	
7	招聘管理人员工资与奖金	
8	新员工人均直接成本	
	招聘间接成本	量值
9	新员工人均占用直接领导时间	
10	新员工人均培训费	
11	新员工因不熟练造成的生产损失	
12	新员工人均间接成本	
13	总招聘成本	
	内部调动成本	量值
14	总调动人数	
15	申请费用	
16	管理人员工资与福利	
17	人均占用直接领导时间	
18	人均培训时间	
19	人均因不熟练造成的生产损失	
20	人均调动间接成本	
21	人均流动总成本	

■ 图2-26

四、人力资源战略规划表

人力资源战略规划表主要用于人力资源规划编制阶段。要求明确列出企业战略规划的要素以及未来规划期内各年度人力资源数量规划以及具体的行动方案。

使用Excel 2016制作“人力资源战略规划表”，重点是掌握设置累计求和公式的操作。

（1）创建、命名文件及设置行高。

①新建一个Excel工作表，并将其命名为“××公司人力资源战略规划表”。

②打开空白工作表，用鼠标选中第2行单元格，然后在功能区选择【格式】，用左键点击后即会出现下拉菜单，继续点击【行高】，在弹出的【行高】对话框中，把行高设置为40，然后单击【确定】，如图2-27所示。

③用同样的方法，把第3行至第29行的行高设置为20，如图2-28所示。

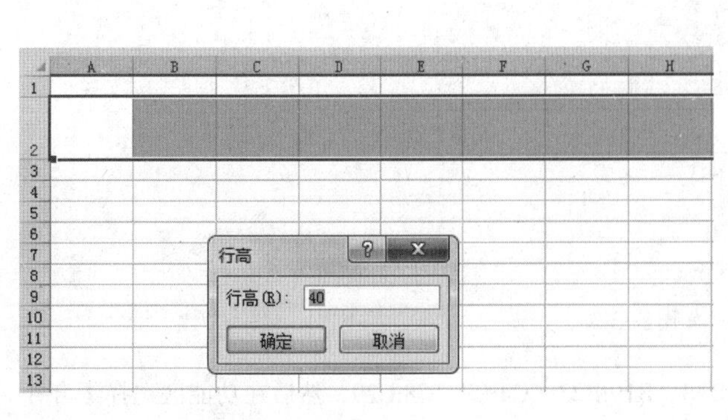

■ 图2-27

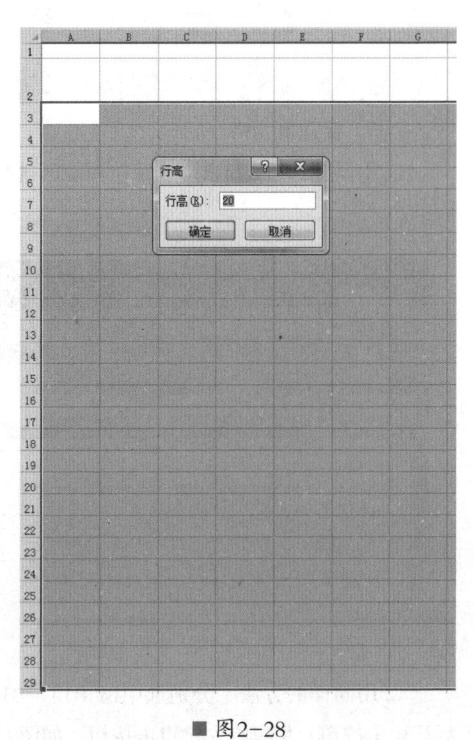

■ 图2-28

（2）设置列宽。

①用鼠标选中B列单元格，然后在功能区选择【格式】，用左键点击后即会出现下拉菜单，然后点击【列宽】，在弹出的【列宽】对话框中，把列宽设置为10，然后单击【确定】。

②用同样的方法，把C列单元格的列宽设置为10，把D列、E列、F列、G列单元格的列宽设置为20，如图2-29所示。

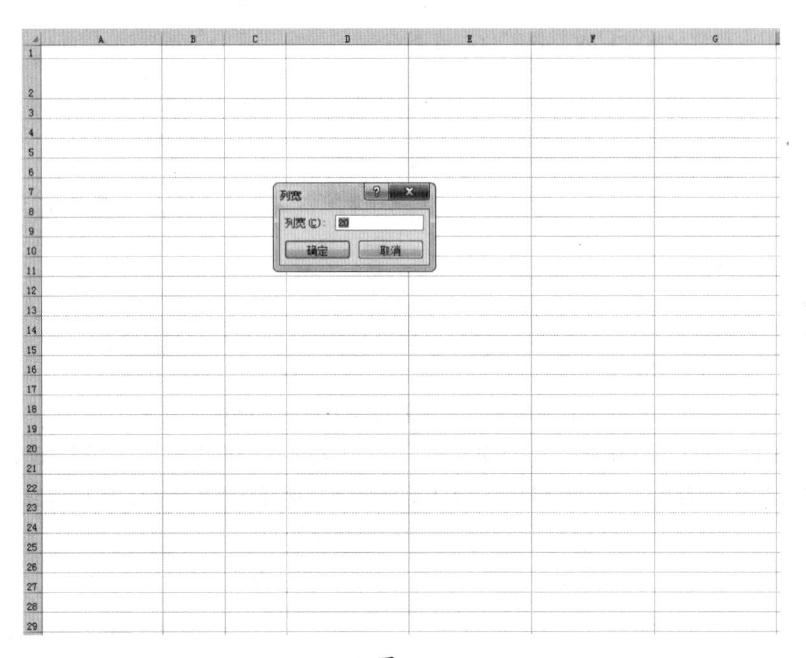

■ 图2-29

（3）合并单元格。

①用鼠标选中B2:G2，然后在功能区选择【合并后居中】按钮，用鼠标左键点击按钮，效果如图2-30所示。

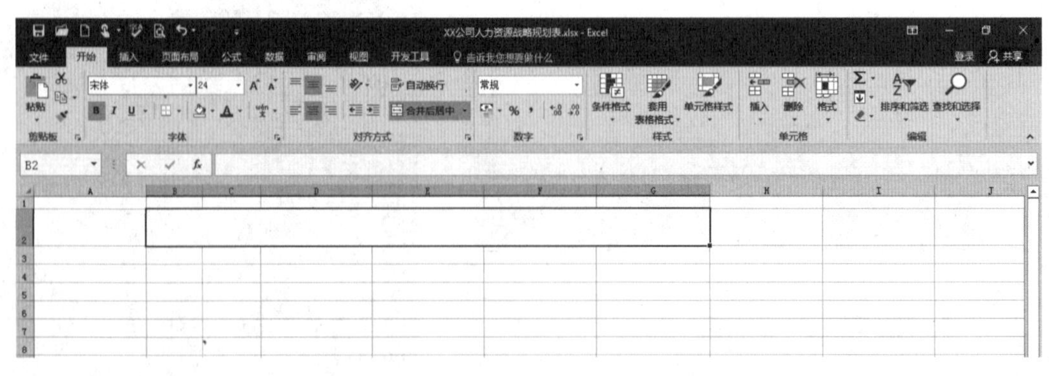

■ 图2-30

②用同样的方法，分别选中B9:B13、B14:B18、B19:B23、C4:C7、C8:C29，然后在功能区选择【合并后居中】按钮，用鼠标左键点击按钮，如图2-31所示。

■ 图2-31

（4）设置边框线。

①用鼠标选中B3:G29，单击鼠标右键，在弹出的菜单中选择【设置单元格格式】；用鼠标点击后，就会出现【设置单元格格式】对话框；点击【边框】，选择细线，然后点击【内部】按钮；再选择粗线，然后点击【外边框】按钮，如图2-32所示。

②点击【确定】后，最终的效果如图2-33所示。

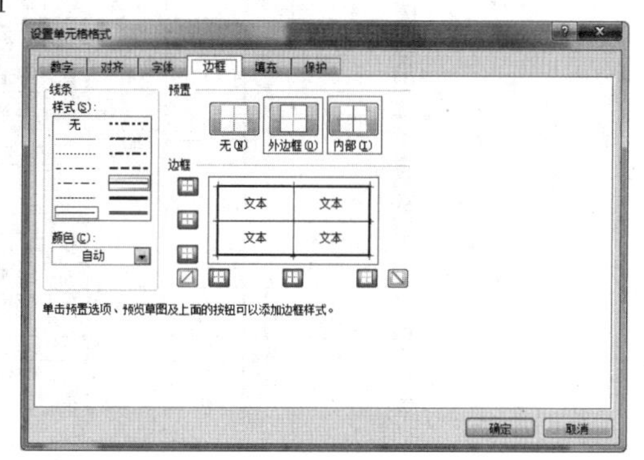

■ 图2-32

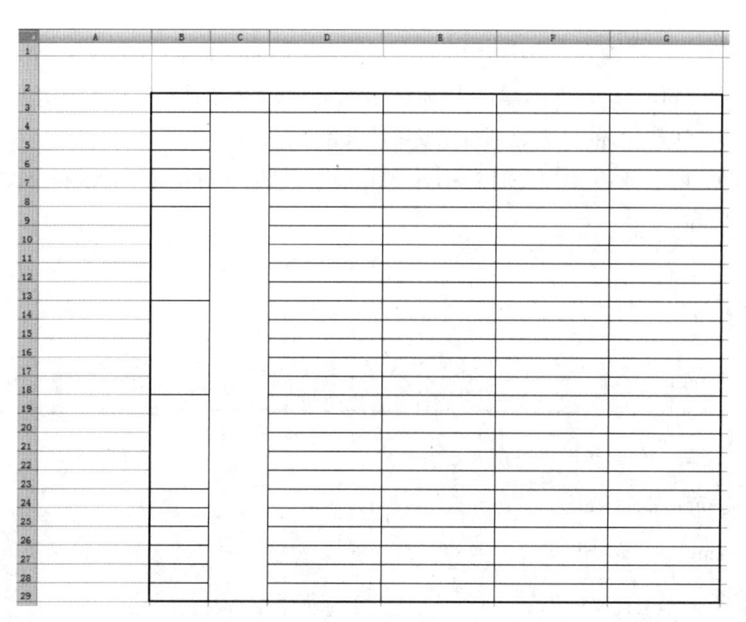

■ 图2-33

（5）输入内容。

①用鼠标选中B2，然后在单元格内输入“××公司人力资源战略规划表”；选中该单元格，将【字号】设置为24；在功能区中点击【垂直居中】和【居中】，并用【Ctrl+B】快捷键将文字加粗。

②在B3:G29区域内的单元格中分别输入文字，并按照前面提到的方法对文字进行适当调整。

③选中D9:G13，把【填充颜色】设置为【金色，个性色4，淡色80%】；选中D14:G18，把【填充颜色】设置为【绿色，个性色6，淡色80%】；选中D19:G23，把【填充颜色】设置为【蓝色，个性色1，淡色80%】，效果如图2-34所示。

XX公司人力资源战略规划表

序号	规划重点	内容	2019年	2020年	2021年
1	企业与人力资源战略	行业增长预测			
2		公司利润率预测			
3		公司年销售额			
4		人力成本率			
5	人力资源规划	员工总计划人数			
6		各职务人数计划			
		高层领导			
		部门经理			
		主管			
		员工			
7		各部门人数计划			
		市场部			
		人力行政部			
		生产部			
		研发部			
8		人员学历计划			
		大专			
		本科			
		硕士			
		博士及以上			
9		组织结构调整计划			
10		制度建设计划			
11		员工开发计划			
12		绩效评价计划			
13		薪酬福利计划			
14		员工晋级、辞退计划			

■ 图2-34

（6）设置累计求和公式。

①选中E9单元格，然后输入“=SUM(E10:E13)”，单击【Enter】键，即可完成累计求和；选中E14单元格，然后输入“=SUM(E15:E18)”，单击【Enter】键，即可完成累计求和；选中E19单元格，然后输入“=SUM(E20:E23)”，单击【Enter】键，即可完成累计求和。

②同理，在F9、F14、F19、G9、G14、G19单元格中分别输入对应的累计求和公式并单击【Enter】键，即可完成累计求和。

SUM函数说明

【用途】返回某一单元格区域中所有数值之和。

【语法】SUM(number1, [number2], ...)

【参数】number1、number2……为1到255个需要求和的数值（包括逻辑值及数字的文本表达式）、区域或引用。

【注意】参数表中的数字、逻辑值及数字的文本表达式可以参与计算，其中逻辑值TRUE被转换为1、文本被转换为数字。如果参数为数组或引用，只有其中的数字将被计算，数组或引用中的空白单元格、逻辑值、文本或错误值将被忽略。

五、岗位编制计划表

为了适应公司发展需求，有效提高劳动效率，合理配置人力资源，需要编制岗位编制计划表。通过实施岗位编制计划，使岗位设置趋于合理，有利于工作高效、协调和有序地进行。

使用Excel 2016制作“岗位编制计划表”，重点是掌握设置累计求和公式的操作。

（1）创建、命名文件及设置行高。

①新建一个Excel工作表，并将其命名为“××公司岗位编制计划表”。

②打开空白工作表，用鼠标选中第2行单元格，然后在功能区选择【格式】，用左键点击后即会出现下拉菜单，继续点击【行高】，在弹出的【行高】对话框中，把行高设置为40，然后单击【确定】，如图2-35所示。

■ 图2-35

③用同样的方法，把第3行至第39行的行高设置为20，如图2-36所示。

（2）设置列宽。

用鼠标选中B至I列单元格，然后在功能区选择【格式】，用左键点击后即会出现下拉菜单，然后点击【列宽】，在弹出的【列宽】对话框中，把列宽设置为12，然后单击【确定】，如图2-37所示。

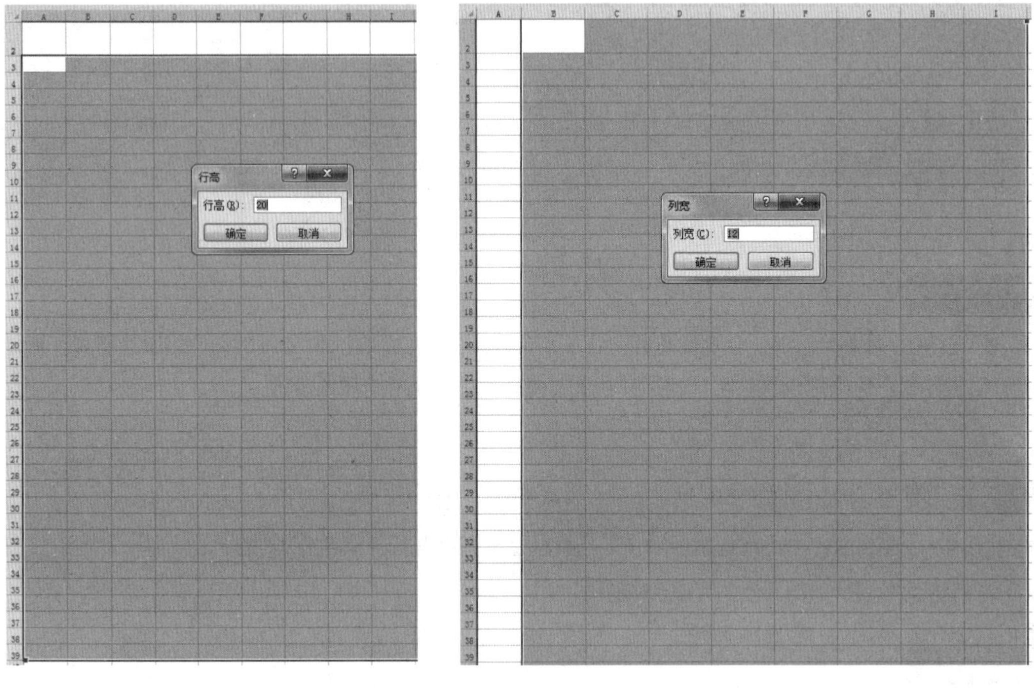

■ 图2-36　　■ 图2-37

（3）合并单元格。

①用鼠标选中B2:I2，然后在功能区选择【合并后居中】按钮，用鼠标左键点击按钮，效果如图2-38所示。

■ 图2-38

②用同样的方法，分别选中B5:B9、B10:B14、B15:B19、B20:B24、B25:B29、B30:B34、B35:B39、D3:F3、G3:H3，然后在功能区选择【合并后居中】按钮，用鼠标左键点击按钮，效果如图2-39所示。

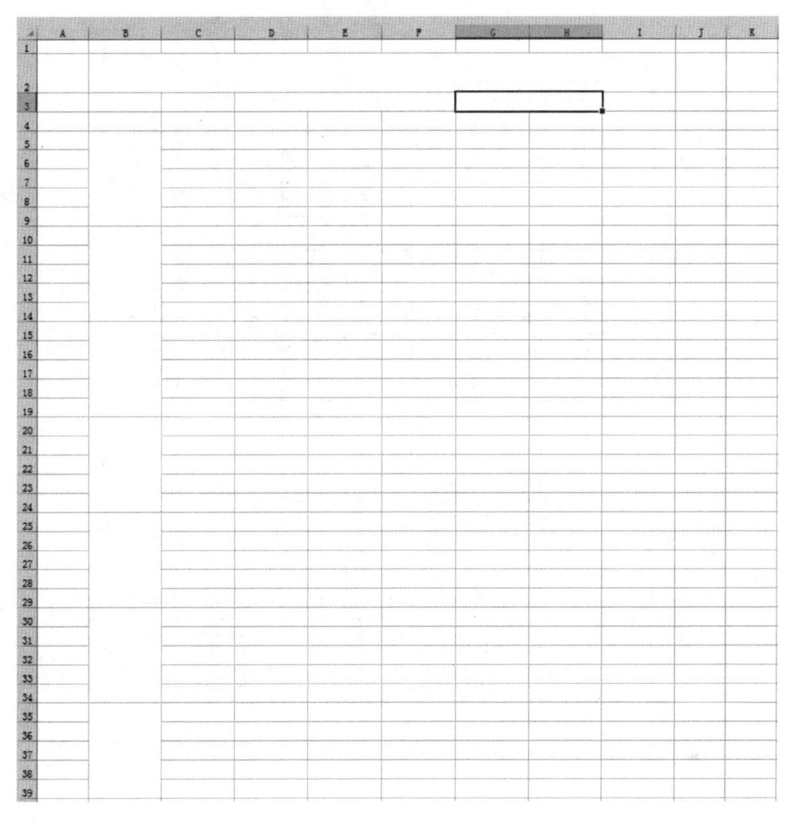

■ 图2-39

（4）设置边框线。

①用鼠标选中B3:I39，单击鼠标右键，在弹出的菜单中选择【设置单元格格式】；用鼠标点击后，就会出现【设置单元格格式】对话框；点击【边框】，选择细线，然后点击【内部】按钮；再选择粗线，然后点击【外边框】按钮，如图2-40所示。

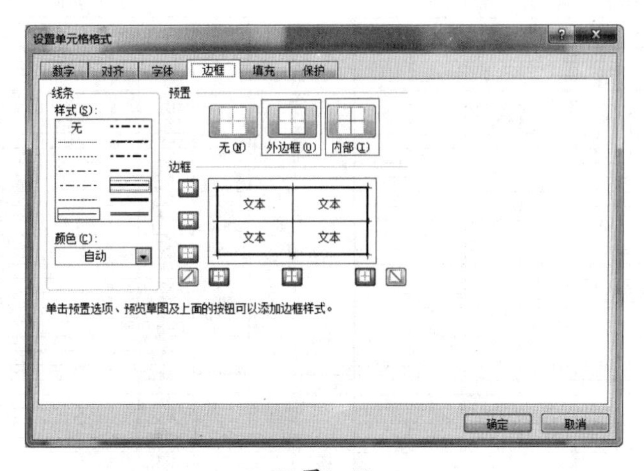

■ 图2-40

②点击【确定】后，最终的效果如图2-41所示。

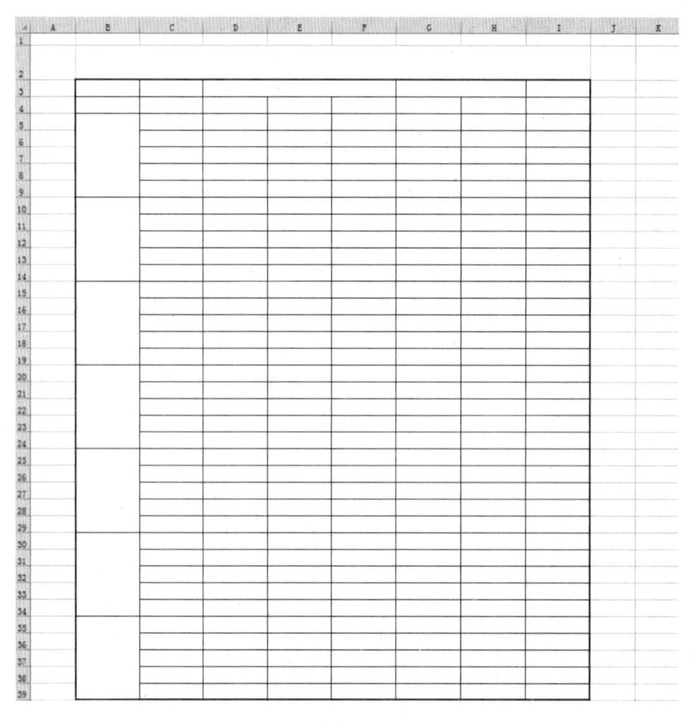

■ 图2-41

（5）输入内容。

①用鼠标选中B2，然后在单元格内输入“××公司岗位编制计划表”；选中该单元格，将【字号】设置为26；在功能区中点击【垂直居中】和【居中】，并用【Ctrl+B】快捷键将文字加粗。

②在B3:I39区域内的单元格中分别输入文字，并按照前面提到的方法对文字进行适当调整，效果如图2-42所示。

XX公司岗位编制计划表

部门	岗位	2020年			2021年		备注
		现有	增减	总数	增减	总数	
人力资源部	员工						
	主管						
	主任						
	经理						
	总监						
财务部	员工						
	主管						
	主任						
	经理						
	总监						
生产制造部	员工						
	主管						
	主任						
	经理						
	总监						
营销	员工						
	主管						
	主任						
	经理						
	总监						
软件研发部	员工						
	主管						
	主任						
	经理						
	总监						
硬件研发部	员工						
	主管						
	主任						
	经理						
	总监						
技术支持部	员工						
	主管						
	主任						
	经理						
	总监						

■ 图2-42

XX公司岗位编制计划表

部门	岗位	2020年			2021年		备注
		现有	增减	总数	增减	总数	
人力资源部	员工	8	-2	6		6	
	主管	2	1	3		3	
	主任	1	1	2		2	
	经理	1		1		1	
	总监	1		1		1	
财务部	员工	10	2	12		12	
	主管	2		2		2	
	主任	1		1		1	
	经理	1		1		1	
	总监	1		1		1	
生产制造部	员工	60	9	69		69	
	主管	3	1	4		4	
	主任	2		2		2	
	经理	2	-1	1		1	
	总监	1		1		1	
营销	员工	40		40		40	
	主管	2		2		2	
	主任	1		1		1	
	经理	1	1	2		2	
	总监	1		1		1	
软件研发部	员工	15	3	18		18	
	主管	1	1	2		2	
	主任	1		1		1	
	经理	1		1		1	
	总监	1		1		1	
硬件研发部	员工	10	-1	9		9	
	主管	1		1		1	
	主任	1		1		1	
	经理	1		1		1	
	总监	1		1		1	
技术支持部	员工	8	2	10		10	
	主管	1		1		1	
	主任	1		1		1	
	经理	1		1		1	
	总监	1		1		1	

■ 图2-43

（6）设置累计求和公式。

①选中F5单元格，然后输入“=SUM(D5:E5)”，单击【Enter】键，即可完成累计求和；选中H5单元格，然后输入“=SUM(F5:G5)”，单击【Enter】键，即可完成累计求和。

②把鼠标放置在F5单元格的右下角，向下拖动，可以自动获得所有累计求和值。

③同理，在H5单元格进行同样的操作，可以自动获得所有累计求和值。

④最终的效果如图2–43所示。

六、组织调整申请表

在进行组织结构调整的时候，必须严谨地审视组织结构调整的目的和风险因素，弄明白组织结构为什么要调整。运筹帷幄方能决胜千里。从一般意义上讲，组织结构调整的目的在于以下四个方面：第一，有利于功能的完善，实现战略落地；第二，有利于人才的整合，释放资源能量；第三，有利于管理的提升，提高组织绩效；第四，有利于人才的培养，支撑企业发展。

使用Excel 2016制作“组织调整申请表”，重点是学习合并单元格与设置边框线的操作。

（1）创建、命名文件及设置行高。

①新建一个Excel工作表，并将其命名为“××公司组织调整申请表”。

②打开空白工作表，用鼠标选中第2行单元格，然后在功能区选择【格式】，用左键点击后即会出现下拉菜单，继续点击【行高】，在弹出的【行高】对话框中，把行高设置为40，然后单击【确定】，如图2–44所示。

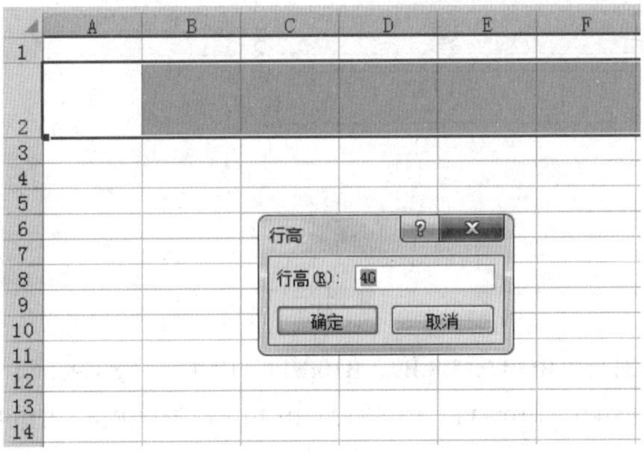

■ 图2–44

③用同样的方法，把第3行、第5行至第24行的行高设置为20，把第4行的行高设置为45，如图2-45所示。

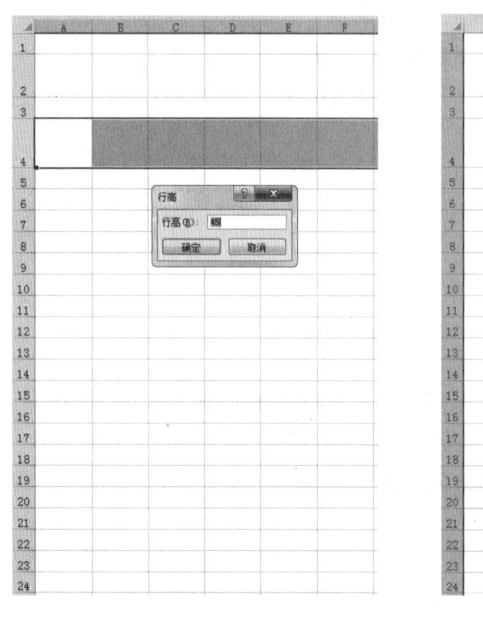

■ 图2-45

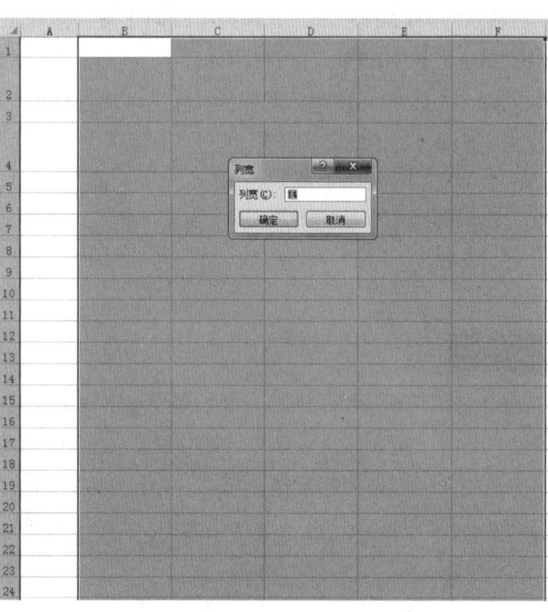

■ 图2-46

（2）设置列宽。

用鼠标选中B至F列单元格，然后在功能区选择【格式】，用左键点击后即会出现下拉菜单，然后点击【列宽】，在弹出的【列宽】对话框中，把列宽设置为14，然后单击【确定】，如图2-46所示。

（3）合并单元格。

①用鼠标选中B2:F2，然后在功能区选择【合并后居中】按钮，用鼠标左键点击按钮，效果如图2-47所示。

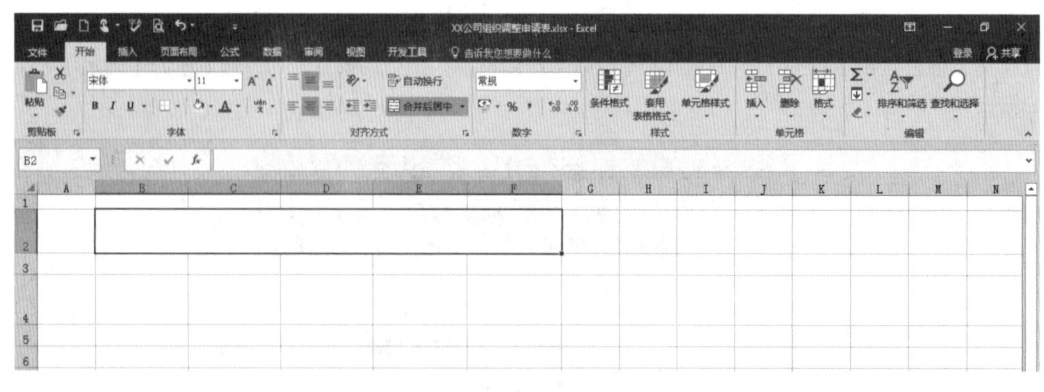

■ 图2-47

②用同样的方法，分别选中B5:B7、B8:B9、B10:B11、C5:C7、C8:C9、C10:C11、D8:D9、D10:D11、E8:E9、E10:E11、F5:F7、F8:F9、F10:F11、B12:F12、B13:F13、B14:F14、B15:F15、B16:F16、B17:F17、B18:F18、B19:F19、B20:F20、B21:F21、B22:F22、B23:F23、B24:F24，然后在功能区选择【合并后居中】按钮，用鼠标左键点击按钮，效果如图2-48所示。

■ 图2-48

（4）设置边框线。

①用鼠标选中B3:F23，单击鼠标右键，在弹出的菜单中选择【设置单元格格式】；用鼠标点击后，就会出现【设置单元格格式】对话框；点击【边框】，选择细线，然后点击【内部】按钮；再选择粗线，然后点击【外边框】按钮，如图2-49所示。

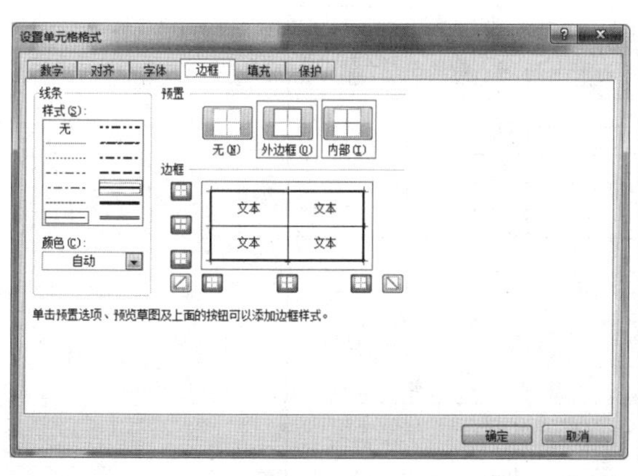

■ 图2-49

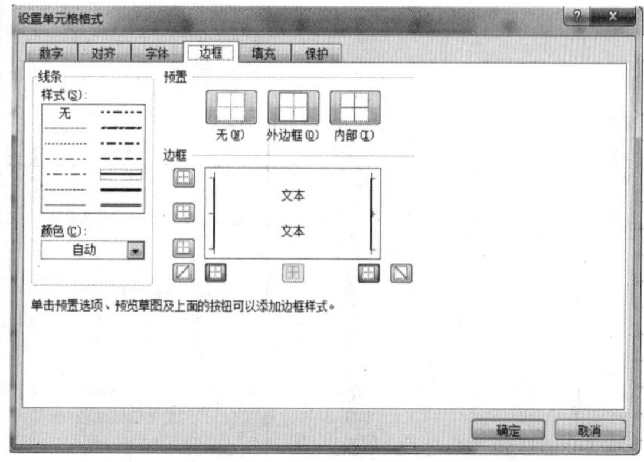

■ 图2-50

②用鼠标选中B13:B14，单击鼠标右键，在弹出的菜单中选择【设置单元格格式】；用鼠标点击后，就会出现【设置单元格格式】对话框；点击【边框】并进行相关设置，如图2-50所示。

③同理，用鼠标选中B17:B18、B21:B22进行同样的操作。

④点击【确定】后，最终的效果如图2-51所示。

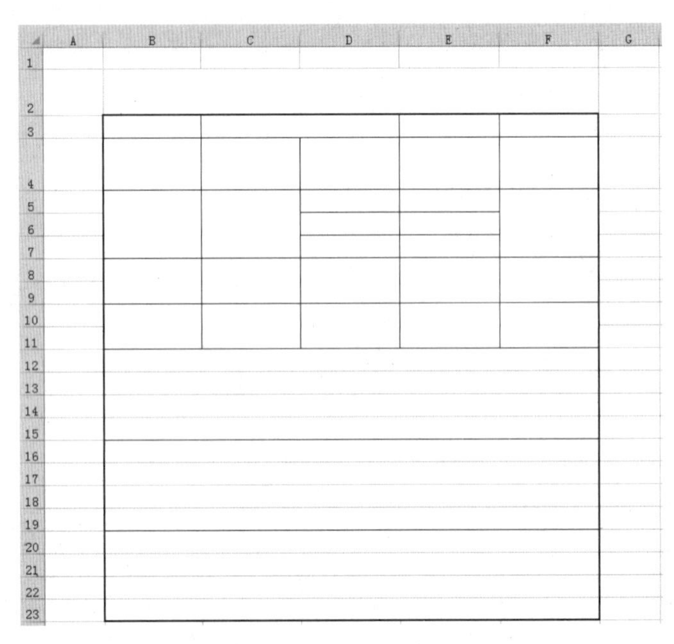

■ 图2-51

（5）输入内容。

①用鼠标选中B2，然后在单元格内输入“××公司组织调整申请表”；选中该单元格，将【字号】设置为22；在功能区中点击【垂直居中】和【居中】，并用【Ctrl+B】快捷键将文字加粗。

②在B3:F24区域内的单元格中分别输入文字，并按照前面提到的方法对文字进行适当调整。

③最终的效果如图2-52所示。

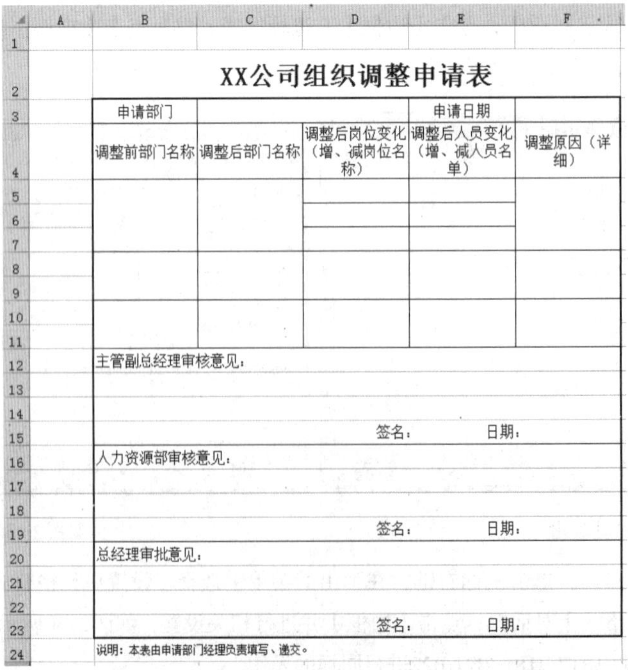

XX公司组织调整申请表

申请部门			申请日期	
调整前部门名称	调整后部门名称	调整后岗位变化（增、减岗位名称）	调整后人员变化（增、减人员名单）	调整原因（详细）
主管副总经理审核意见：				
		签名：	日期：	
人力资源部审核意见：				
		签名：	日期：	
总经理审批意见：				
		签名：	日期：	
说明：本表由申请部门经理负责填写、递交。				

■ 图2-52

七、岗位增编申请表

岗位增编申请表涵盖申请部门，申请日期，增编岗位名称，增编数量，岗位类别、等级，增编原因（详细），具体部门审核意见，人力资源部审核意见，主管副总经理审核意见，总经理审核意见等信息。

使用Excel 2016制作“岗位增编申请表”，重点是学习合并单元格与设置边框线的操作。

（1）创建、命名文件及设置行高。

①新建一个Excel工作表，并将其命名为“××公司岗位增编申请表”。

②打开空白工作表，用鼠标选中第2行单元格，然后在功能区选择【格式】，用左键点击后即会出现下拉菜单，继续点击【行高】，在弹出的【行高】对话框中，把行高设置为40，然后单击【确定】，如图2–53所示。

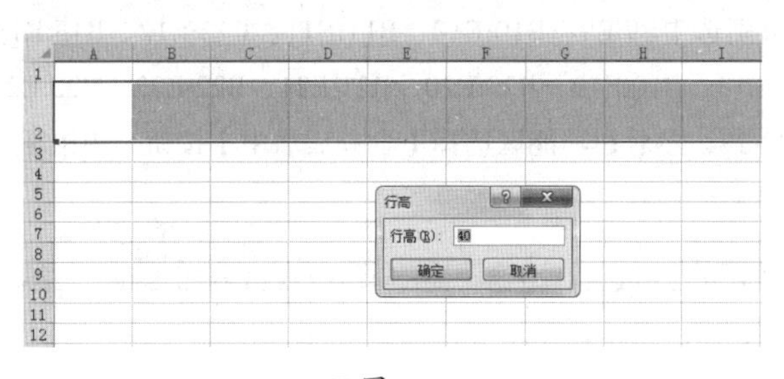

■ 图2–53

③用同样的方法，把第3行至第28行的行高设置为22，如图2–54所示。

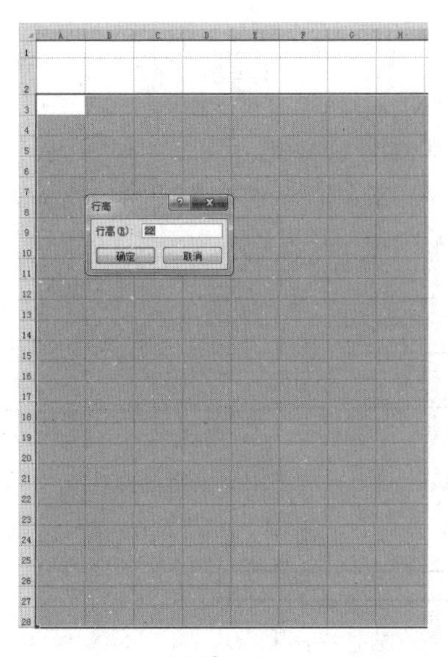

■ 图2–54

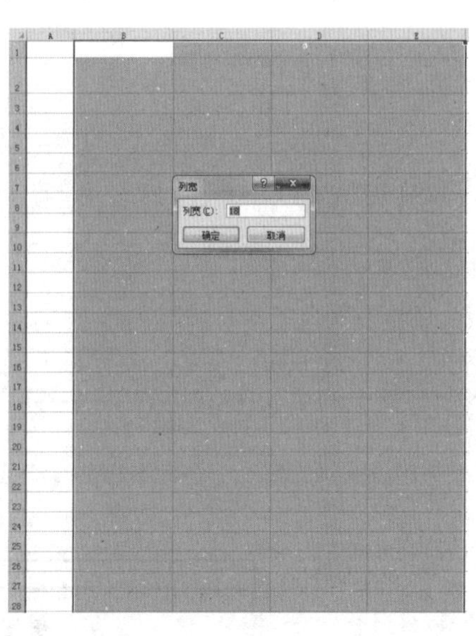

■ 图2–55

（2）设置列宽。

用鼠标选中B至E列单元格，然后在功能区选择【格式】，用左键点击后即会出现下拉菜单，然后点击【列宽】，在弹出的【列宽】对话框中，把列宽设置为18，然后单击【确定】，如图2-55所示。

（3）合并单元格。

①用鼠标选中B2:E2，然后在功能区选择【合并后居中】按钮，用鼠标左键点击按钮，效果如图2-56所示。

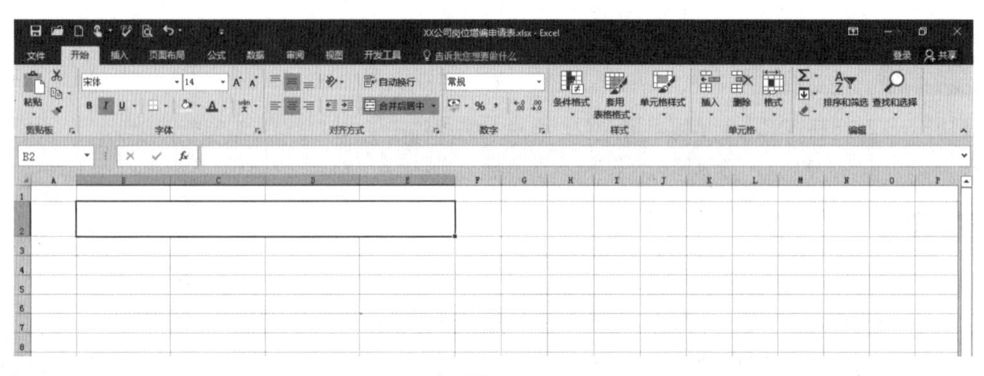

■ 图2-56

②用同样的方法，分别选中B9:E9、B10:E10、B11:E11、B12:E12、B13:E13、B14:E14、B15:E15、B16:E16、B17:E17、B18:E18、B19:E19、B20:E20、B21:E21、B22:E22、B23:E23、B24:E24、B25:E25、B26:E26、B27:E27、B28:E28，然后在功能区选择【合并后居中】按钮，用鼠标左键点击按钮，效果如图2-57所示。

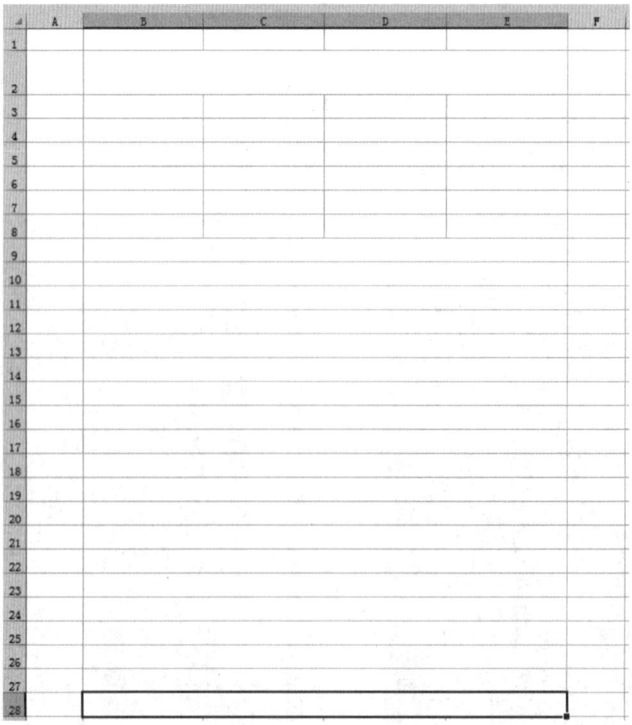

■ 图2-57

（4）设置边框线。

①用鼠标选中B3:E28，单击鼠标右键，在弹出的菜单中选择【设置单元格格式】；用鼠标点击后，就会出现【设置单元格格式】对话框；点击【边框】，选择细线，然后点击【内部】按钮；再选择粗线，然后点击【外边框】按钮，如图2-58所示。

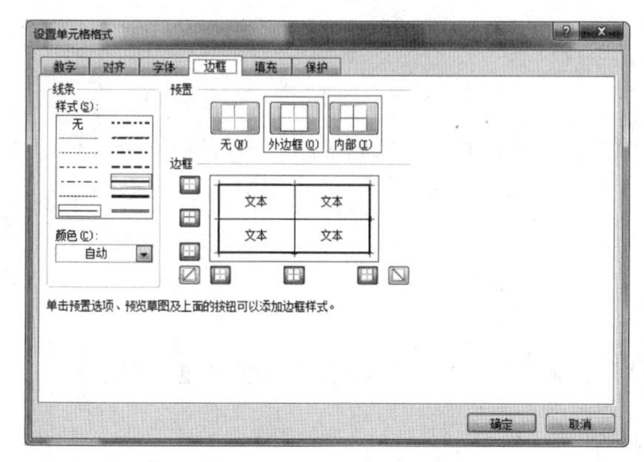

■ 图2-58

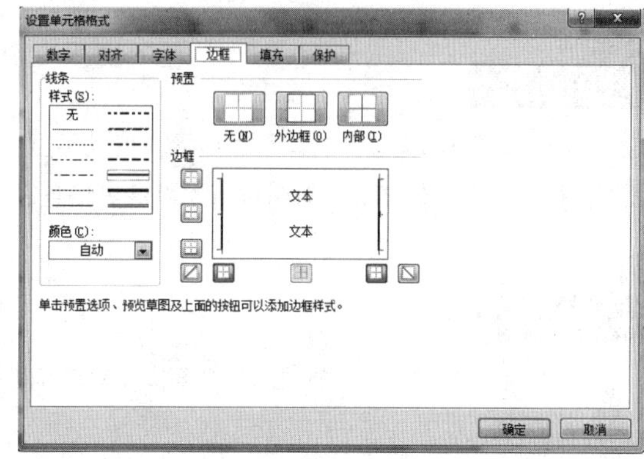

■ 图2-59

②用鼠标选中B10:B12，单击鼠标右键，在弹出的菜单中选择【设置单元格格式】；用鼠标点击后，就会出现【设置单元格格式】对话框；点击【边框】并进行相关设置，如图2-59所示。

③同理，用鼠标选中B15:B17、B20:B22、B25:B27进行同样的操作。

④点击【确定】后，最终的效果如图2-60所示。

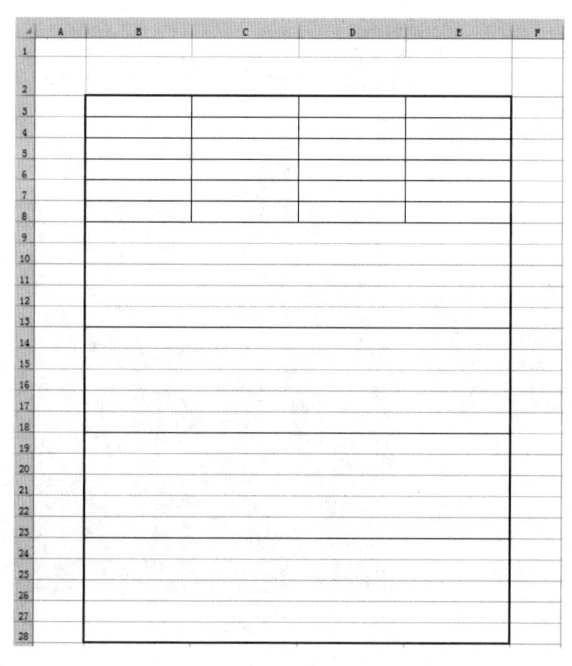

■ 图2-60

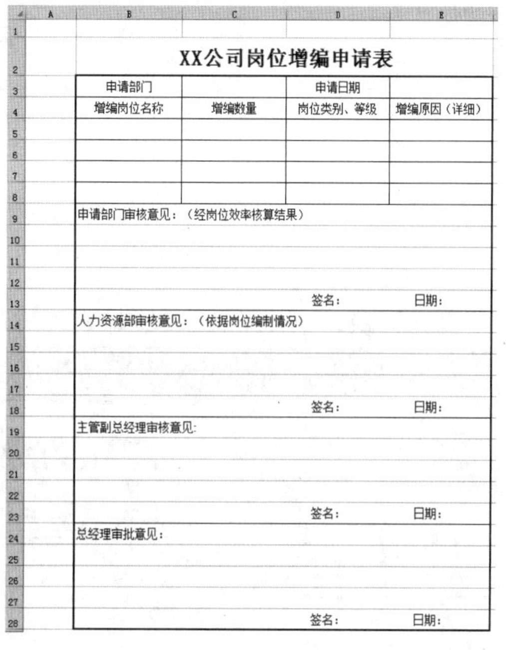

XX公司岗位增编申请表

申请部门		申请日期	
增编岗位名称	增编数量	岗位类别、等级	增编原因（详细）
申请部门审核意见：（经岗位效率核算结果）			
		签名：	日期：
人力资源部审核意见：（依据岗位编制情况）			
		签名：	日期：
主管副总经理审核意见:			
		签名：	日期：
总经理审批意见：			
		签名：	日期：

■ 图2-61

（5）输入内容。

①用鼠标选中B2，然后在单元格内输入“××公司岗位增编申请表”；选中该单元格，将【字号】设置为22；在功能区中点击【垂直居中】和【居中】，并用【Ctrl+B】快捷键将文字加粗。

②在B3:E28区域内的单元格中分别输入文字，并按照前面提到的方法对文字进行适当调整。

③最终的效果如图2-61所示。

八、公司部门内部岗位调动调整表

公司部门内部岗位调动调整表应涵盖变动类型、原岗位名称、原岗位所属部门、人员编号、承担人员或岗位待聘、新岗位名称、新岗位所属部门等信息。

使用Excel 2016制作“公司部门内部岗位调动调整表”，重点是学习合并单元格与设置边框线的操作。

（1）创建、命名文件及设置行高。

①新建一个Excel工作表，并将其命名为“××公司部门内部岗位调动调整表”。

②打开空白工作表，用鼠标选中第2行单元格，然后在功能区选择【格式】，用左键点击后即会出现下拉菜单，继续点击【行高】，在弹出的【行高】对话框中，把行高设置为40，然后单击【确定】，如图2-62所示。

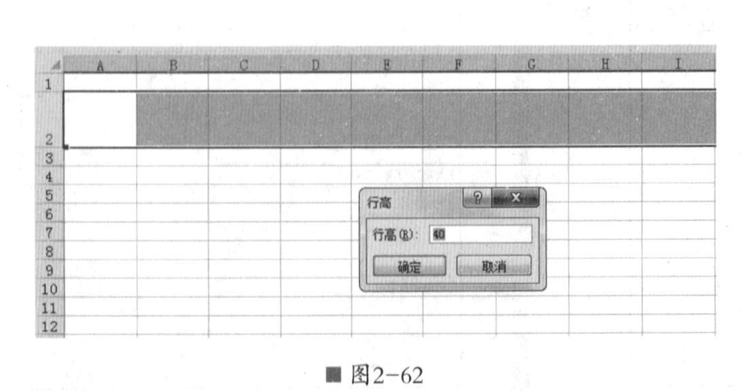

■ 图2-62

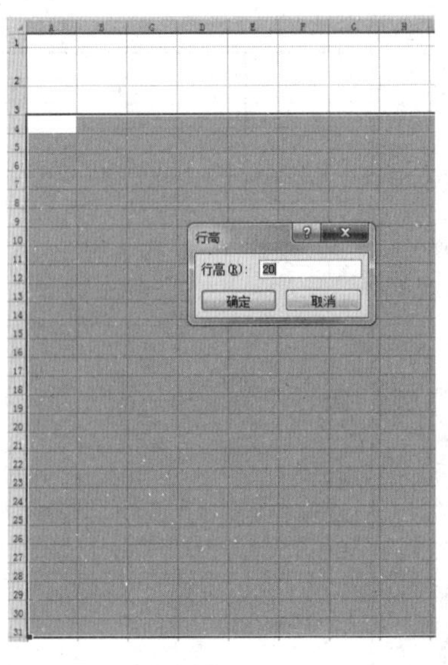

■ 图2-63

③用同样的方法，把第3行的行高设置为30，把第4行至第31行的行高设置为20，如图2-63所示。

（2）设置列宽。

用鼠标选中B至H列单元格，然后在功能区选择【格式】，用左键点击后即会出现下拉菜单，然后点击【列宽】，在弹出的【列宽】对话框中，把列宽设置为15，然后单击【确定】，如图2-64所示。

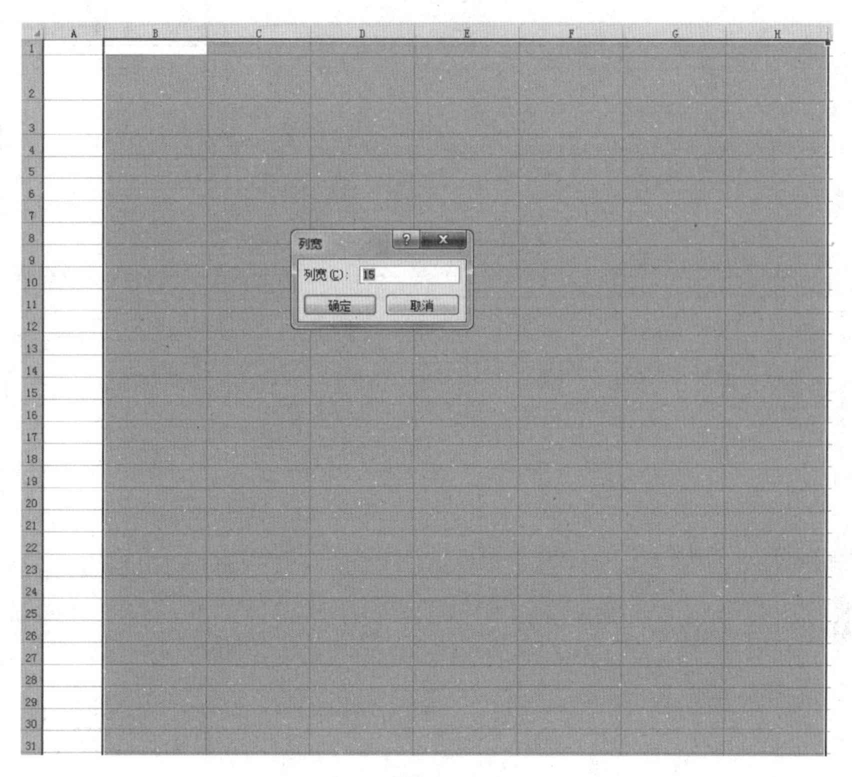

■ 图2-64

（3）合并单元格。

①用鼠标选中B2:H2，然后在功能区选择【合并后居中】按钮，用鼠标左键点击按钮，效果如图2-65所示。

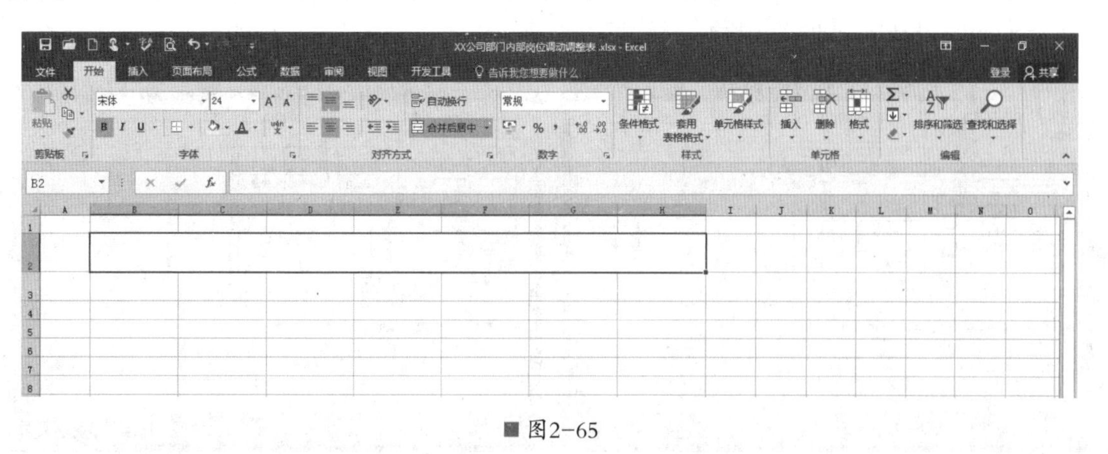

■ 图2-65

②用同样的方法，分别选中B12:H12、B13:H13、B14:H14、B15:H15、B16:H16、B17:H17、B18:H18、B19:H19、B20:H20、B21:H21、B22:H22、B23:H23、B24:H24、B25:H25、B26:H26、B27:H27、B28:H28、B29:H29、B30:H30、B31:H31，然后在功能区选择【合并后居中】按钮，用鼠标左键点击按钮，效果如图2-66所示。

■ 图2-66

（4）设置边框线。

①用鼠标选中B3:H31，单击鼠标右键，在弹出的菜单中选择【设置单元格格式】；用鼠标点击后，就会出现【设置单元格格式】对话框；点击【边框】，选择细线，然后点击【内部】按钮；再选择粗线，然后点击【外边框】按钮，如图2-67所示。

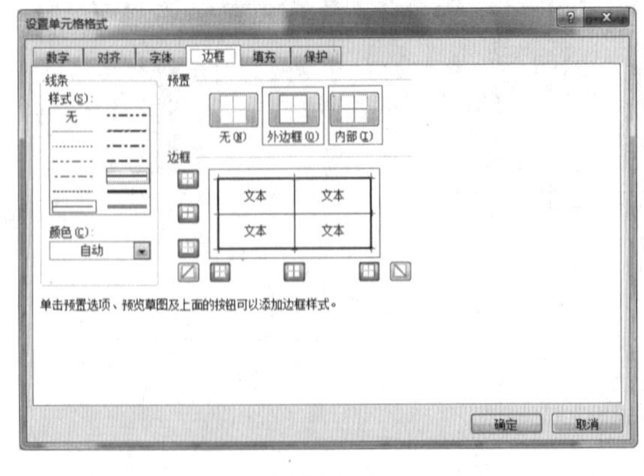

■ 图2-67

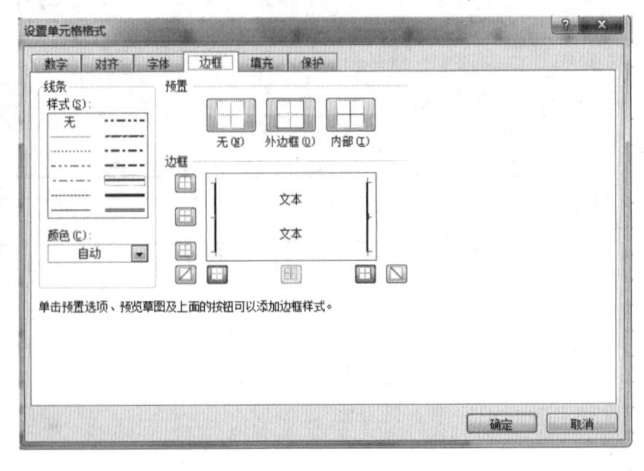

■ 图2-68

②用鼠标选中B13:B15，单击鼠标右键，在弹出的菜单中选择【设置单元格格式】；用鼠标点击后，就会出现【设置单元格格式】对话框；点击【边框】并进行相关设置，如图2-68所示。

③同理，用鼠标选中B18:B19、B22:B23、B26、B29:B30进行同样的操作。

④点击【确定】后，最终的效果如图2-69所示。

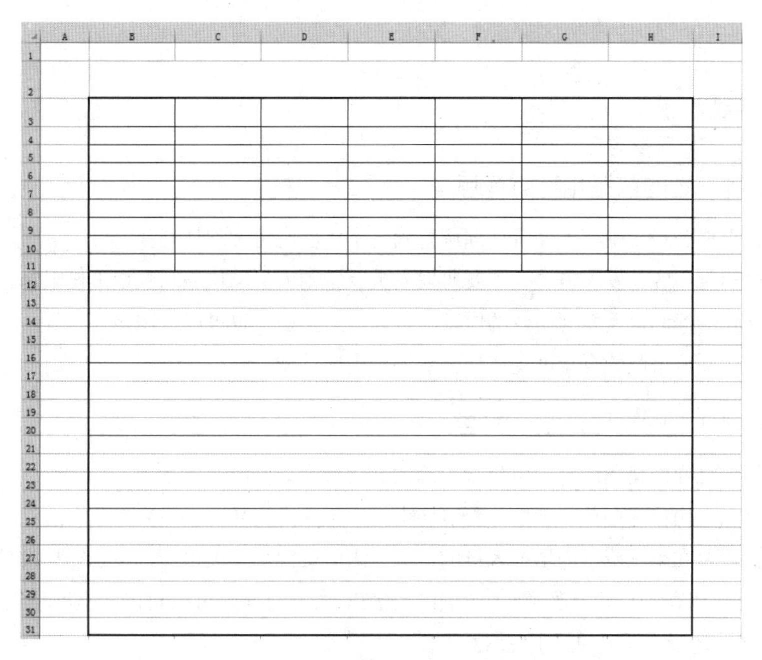

■ 图2–69

（5）输入内容。

①用鼠标选中B2，然后在单元格内输入“××公司部门内部岗位调动调整表”；选中该单元格，将【字号】设置为24；在功能区中点击【垂直居中】和【居中】，并用【Ctrl+B】快捷键将文字加粗。

②在B3:H31区域内的单元格中分别输入文字，并按照前面提到的方法对文字进行适当调整。

③最终的效果如图2–70所示。

XX公司部门内部岗位调动调整表

变动类型	原岗位名称	原岗位所属部门	人员编号	承担人员或岗位待聘	新岗位名称	新岗位所属部门

工作地点：

调动原因：

申请人签字：

年 月 日

部门意见：

经办人签字：

年 月 日

总经理意见：

总经理（或授权人）：

年 月 日

相关岗位负责人签字：

行政后勤部：

信息管理部：

人力资源部签字备案：

经办人签字：

年 月 日

■ 图2–70

疑难解答

1. 岗位编制计划的依据和特点有哪些？

（1）年度初根据公司年生产、经营计划调整确定本年度岗位编制计划。

（2）根据公司生产经营发展需要，主要研发人员及营销人员岗位编制数量不设限制。

（3）管理岗位的编制遵循精简高效的原则，可以一人多职，也可以一职多人。

（4）生产员工岗位编制依据年度生产任务量编制岗位计划。

2. 岗位编制计划的管理办法有哪些？

（1）一般岗位之间的岗职调整，由分管副总批准后报人力资源部备案。

（2）主管级以上岗位的调整，须由分管领导审批后报人力资源部，最后由公司总经理审批。

（3）各部门需要在编制范围内增补人员的，应向人力资源部提出申请，经总经理批准后进行招聘。

（4）人力资源部结合生产、管理工作和岗位编制的实际情况，可以建议调整岗位人员和人才储备。建议经总经理批准后，相关部门和员工应服从调配。

3. A公司其他部门提出要增编增岗，HR怎么去核定该增还是不该增？

一般增编增岗的情况有：因事设岗，即先有事再设岗，最后定编，如有新上项目等；客户导向增岗，根据公司发展或客户需求设岗定人。在增编增岗时应注意分工整合原则（在岗位明确分工的基础上有效整合，发挥岗位最大效能）、最少岗位原则（优化作业流程，最大限度节约人力成本）及一般性原则（即基于一般正常情况考虑设岗，而非例外情况）。如在无法有效或完全核定的情况下，建议可试行增岗增编三个月，其间进行跟踪、调整，试运行结束后形成相关岗位的岗位说明书，并提交跟踪评估报告，最后经讨论，再最终确定增编增岗结果。

4. 新增岗位如何编写岗位说明书？

HR在进行组织优化的过程中需要处理新增岗位的相关事项，但对岗位说明书的编写无从下手，很多人力资源从业人员可能都遇到类似的难题：如何为新增岗位编写岗位说明书？

一个完整的岗位说明书管理制度，应说明岗位说明书的相关定义、意义、使用范围、日常管理、制定和修订等内容。如果出现前面的问题，说明公司的岗位说明书制度不完善，应该利用这个机会，建立健全公司的岗位说明书制度。

我们首先要分析新增岗位的必要性。确认新增岗位是谁提出来的，与提出者充分沟通该岗位设置的目的、预期的工作职责、对组织的价值贡献和岗位的工作负荷等问题，分析该岗位是否有必要设置。如果新增岗位工作量不大，或者与其他岗位的主要工作内容存在较多重合，那么就没有必要增加这个岗位，可以将相关工作职责转移到其他适当的岗位上。

如果该岗位确实有必要增加，就应对该岗位进行岗位分析。考虑到新增岗位数量少，岗位分析小组可由新增岗位提出者、未来任职人员的管理监督者和人力资源部相关人员组成。

对于新增岗位，可从组织、流程入手，收集组织设计、业务及管理流程等相关资料。资料应该能够明确岗位的基本信息、上下级汇报关系、岗位存在的目的、为达到这一目的对应的岗位职责、关键考核指标、内外部沟通关系、该岗位的工作特点以及对任职者的经验、技能等的要求。

对岗位信息进行整理分析，区分岗位基本信息、岗位目的、岗位职责、岗位权限、任职资格、工作关系等要素，并填写到公司的“岗位说明书”模板中进行固化。

这样，新增岗位的岗位说明书就编写完成了。

5. 职工拒不服从工作调动应当如何处理?

（1）单位调整职工工作岗位应当符合法律规定。调整岗位属于劳动合同的变更，用人单位对此应当慎重，应当与当事人充分沟通。《中华人民共和国劳动合同法》第三十五条规定：“用人单位与劳动者协商一致，可以变更劳动合同约定的内容。变更劳动合同，应当采用书面形式。变更后的劳动合同文本由用人单位和劳动者各执一份。”

（2）出现下列情况，劳动合同可以依法变更：①订立劳动合同所依据的法律、法规已经修改或者废止。根据法律、法规的变化而变更劳动合同的相关内容是必要而且是必须的。②用人单位经上级主管部门批准或者根据市场变化决定转产、调整生产任务或者生产经营项目，如有些工种、产品生产岗位不得不撤销，或者为其他新的工种、岗位所替代，原劳动合同就可能因签订条件的改变而发生变更。③劳动者的身体健康状况发生变化、劳动能力部分丧失、所在岗位与其职业技能不相适应、职业技能提高了一定等级等，造成原劳动合同不能履行或者如果继续履行原合同规定的义务对劳动者明显不公平。④由于客观原因使得当事人原来在劳动合同中约定的权利义务的履行成为不必要的或者不可能的，这时应当允许当事人对劳动合同有关内容进行变更。合法变更劳动合同必须同时具备三个条件：一是劳动合同双方当事人在平等自愿的基础上提出或接受变更合同的条件；二是必须遵守协商一致的原则，在变更合同过程中，双方当事人必须对变更的内容进行协商，在取得一致意见的情况下进行变更；三是不得违反法律、行政法规的规定。

（3）劳动合同中约定用人单位有权随时调整劳动者岗位，为此发生争议的，应如何处理？对此上海市高级人民法院作出解答：用人单位和劳动者因劳动合同中约定，用人单位有权根据生产经营需要随时调整劳动者工作内容或岗位，双方为此发生争议的，应由用人单位举证证明其调职具有充分的合理性。用人单位不能举证证明其调职具有充分合理性的，双方仍应按原劳动合同履行。

第三章

员工的招聘与录用

招聘作为一个企业的重要管理任务，在人力资源管理中占据着极其重要的位置，与其他人力资源管理职能也有着密切的关系。规范化的招聘流程管理是确保招聘到合适、优秀人员的重要前提，Excel可以在这些工作环节中发挥作用，大大提高办公效率。

本章思维导图

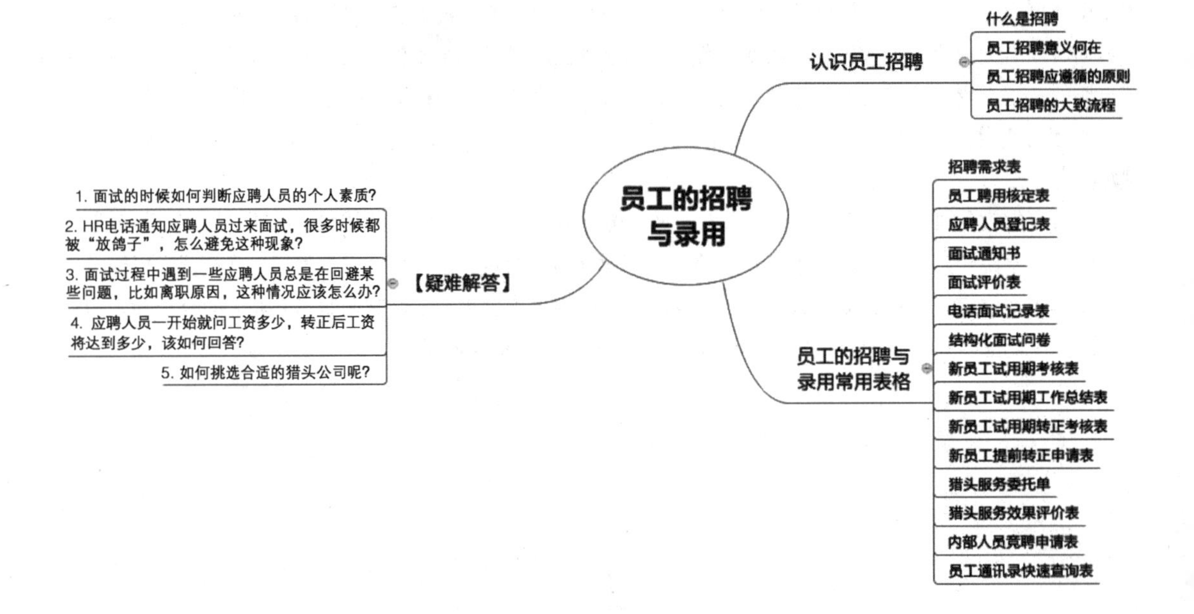

第一节　认识员工招聘

一、什么是招聘

招聘是指企业根据岗位需求，为了生存与发展的需要，依照一定的程序，运用先进的手段，通过科学的测评与选拔方法，向组织内外吸收、挑选符合岗位所需人才的过程。招聘在整个人力资源管理流程中起着承上启下的关键作用。只有通过招聘为企业获取合适的人员，企业生产才能够进行，才能实施激励、考核、薪酬管理、培训开发等管理手段，才能通过有效的管理方法进一步调动员工的积极性，提高劳动生产率，提升企业的经营业绩。

二、员工招聘意义何在

在组织的人力资源管理过程中，人员招聘是组织获取合格人才的渠道，是组织为了生存和发展的需要而进行的人员准备活动。在实践中，人员招聘状况对于组织人力资源管理的整体水平有着重要影响。

1. 招聘可确保录用人员的质量，提高组织的核心竞争力

现代组织竞争的实质是人才的竞争，人力资源成为组织的核心竞争力。招聘工作作为组织人力资源管理开发的基础，一方面直接关系到组织人力资源的形成，另一方面直接影响组织人力资源开发管理等其他环节工作的开展。只有拥有高素质的员工，才能保证企业提供高质量的产品和服务，保证企业高效有序地运作。

2. 招聘为企业注入新的活力，增强企业的创新能力

企业根据人力资源规划和工作分析要求，通过招聘，为岗位配置新的人员。新的人员在工作中运用新的管理思想、新的工作模式，可能会给企业带来制度创新、管理创新和技术创新。特别是从外部吸收人力资源，可以为企业输入新生力量，不仅可以弥补企业内人力资源的不足，而且可以带来更多新思维、新观念和新技术。

3. 招聘有利于提高企业知名度，树立企业良好的形象

招聘工作的涉及面广，企业利用各种各样的形式发布招聘信息，如通过电视、报纸、广播、多媒体等。发布招聘信息的过程提高了企业的知名度，让外界更了解本企业。有的企业以震撼人心的高薪、颇具规模和高档次的招聘过程，来表明企业对人才的渴求和企业的实力。企业对人才的招聘活动，能让企业在招聘到所需的各种人才的同时，也通过招聘工作的运作和招聘人员的素质向外界展现企业的形象。

4. 招聘有利于减少人员离职，增强企业内部的凝聚力

有效的人员招聘，可以使企业更了解应聘者到本企业工作的动机与目的，企业可以从诸多候选者中选出个人发展目标明确并愿意与企业共同发展的员工；另一方面可以使应聘者更了解企业及应聘岗位，让他们根据自己的能力、兴趣与发展目标来决定是否加盟该企业。有效的双向选择使员工愉快地胜任所从事的工作，减少人员离职，减少企业因员工离职而带来的损失，也增强企业内部凝聚力。

5. 招聘有利于促进人力资源的合理流动，提高人力资源潜能发挥的水平

一个有效的招聘系统，能促进员工通过合理流动找到适合的岗位，达到职能合理匹配，从而调动员工

的积极性、主动性和创造性，使员工的潜能得以充分发挥，也让人员得以优化配置。同时，调查表明，员工在同一岗位工作达8年以上，就容易出现疲顿现象，而合理流动会使员工感受到新岗位的压力与挑战，刺激员工发挥内在潜能。

三、员工招聘应遵循的原则

1. 公平、公正、公开原则

在招聘过程中，企业应严格遵守《中华人民共和国劳动法》及相关的劳动法规。坚持平等就业、公平竞争、双向选择，反对种族歧视、性别歧视、年龄歧视、信仰歧视，依照法律法规的规定处理弱势群体、少数民族等人员的就业问题。严格控制未成年人就业，保护妇女、儿童的合法权益。企业招聘不管是以内部调整为主，还是以外部选择为主，都要依次确定招聘条件、招聘信息的发布范围。对所有应聘者平等对待，公开、公平、公正地筛选、录用员工，使整个招聘过程有组织、有计划地进行，保证筛选录用程序严格统一，录用决策科学合理。

2. “能职匹配”原则

招聘时，应保证所招聘的人才的知识、素质、能力与岗位的要求相匹配。一定要从专业、能力、特长、个性特征等方面来衡量人才与职位之间是否匹配。在招聘时，贵在“能职匹配”。

3. 协调互补原则

有效的招聘工作，除了要达到“人适其职”的目的外，还应注意群体心理的协调。一方面，应考查群体成员的理想、信念、价值观是否一致；另一方面，应注意群体成员之间的专业、素质、年龄、个性等方面能否优势互补、相辅相成。群体成员心理相容、感情融洽、行为协调，有助于企业文化的塑造、企业目标的认同与和谐高效系统的形成。否则，可能造成群体成员间存在情感隔阂、人际关系紧张、矛盾冲突不断、工作上相互“扯皮”等情况。

4. 战略导向原则

招聘要有一定的战略眼光，对于稀缺人才、高科技人才、掌握特殊技能的人才，就算目前用不上，也可以将其作为储备人才，以满足企业未来发展的需要。

5. 综合性原则

在员工招聘中，组织应当从发展的角度出发，尽量吸收那些知识面广、综合素质高的人才，这样的人才有更好的发展前景，能够为组织的长远发展作出较大的贡献。

6. 内部为主原则

一般来说，企业总觉得人才不够，抱怨本单位人才不足。其实，每个单位都有自己的人才，问题是“千里马常有，而伯乐不常有”。因此，解决这个问题的关键是要在企业内部建立起人才资源的开发机制和使用人才的激励机制。这两个机制都很重要，如果只有开发机制，而没有激励机制，那么本企业的人才就有可能外流。从内部培养人才，给有能力的人提供机会与挑战，营造积极、激励的气氛，这是促进公司发展的动力。但是，这也并非是排斥外部人才。当确实需要从外部招聘人才时，我们也不能“画地为牢”。

四、员工招聘的大致流程

一个好的招聘流程不仅能规范招聘行为、提高招聘质量，而且能够展示公司形象。不同的企业、不同的岗位、不同的招募方式，其招聘过程也不可能完全相同，具体的招聘流程可根据现实需求进行增减。图3-1为大致的招聘流程图。

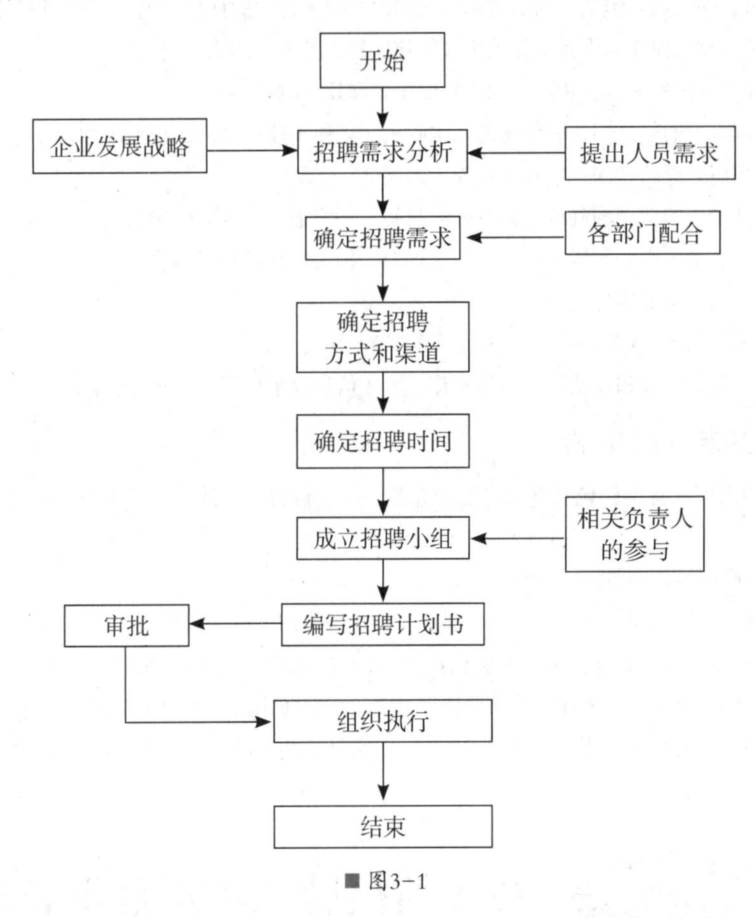

■ 图3-1

1. 招聘计划工作流程

（1）确认待招岗位人员需求，包括增员、补员的需求分析。

（2）确认待招岗位人员要求，包括人员的学历、工作能力、相关技能等。

（3）确认待招岗位人员的待遇，包括薪酬、福利、工作时间、工作内容和工作地点。

（4）确认待招岗位人员的针对人群和招聘渠道。

（5）以获取岗位需求信息为主要目的，设计制作招聘所用的人员简历表格。

（6）估算招聘工作的成本，包括总成本、人均成本、时间成本。

（7）预备两套招聘方案，以供备选。

2. 招聘实施工作流程

（1）费用的申领。

（2）招聘渠道的信息获取和第三方平台的联系。

（3）求职者信息的获取，邀约电话的内容确认（时间、地点、应聘岗位等）。

（4）初试面谈的准备，包括时间安排、地点安排、对初试应邀者的顺序安排。

（5）对求职者希望得到的企业信息作好准备和处理。

（6）HR对求职者工作初试的面谈、结构化面试及硬件测评。

（7）对初试者的筛选，包括对初试者的信息回馈和用人部门的评估沟通。

（8）用人部门复试面谈的准备，相关事项与初试相近，但由用人部门主导。

（9）用人部门复试的面谈，按岗位确定复试模式和软件测评。

（10）对复试人员的信息回馈和信息的二次收集，以便于前后信息的核对工作。

（11）用人部门对应聘者的选定和岗位配置的确认。

（12）对入选者入职信息的确认，以及入职时间、薪酬福利等内容的确认。

（13）通知入选者入职时间以及确认试用期长短、相关薪酬福利等内容。

（14）复试落选人员的信息回馈、相关的资源调整。

（15）备选人员的再筛选，备用人才资源库的管理。

（16）招聘工作的记录和评估、成本的核算、人才信息收集情况的核算报告。

3. 招聘入职后的工作内容

（1）新人的入职准备工作包括办公环境的介绍、办公位置的确认、公司人员的介绍、办公用品申领流程的告知等。

（2）劳动合同的签订准备。

（3）试用期间关于适岗、企业文化、上岗资格的相关培训工作。

（4）试用期内的人员考评（由于新人刚上岗的绩效可能不太明显，所以以工作行为导向的考评为主）。

（5）试用期间人员未通过考评，重新评估岗位需求或在备用人才库中考虑次选人员。

（6）试用期间人员通过考评，转为正式员工，进行转正前后的待遇和工作要求调整。

第二节 员工的招聘与录用常用表格

一、招聘需求表

招聘需求表由各用人部门根据本部门的需要进行填写，招聘主管和综合管理部经理就该表的填写办法进行指导。填写审批完成的招聘需求表提交给招聘主管，招聘主管负责对公司的招聘需求进行管理，及时跟踪招聘进度。

使用Excel 2016制作“招聘需求表”，重点是学会为Excel添加控件。

具体步骤

（1）创建、命名文件及设置行高。

①新建一个Excel工作表，并将其命名为“××公司招聘需求表”。

②打开空白工作表，用鼠标选中第2行单元格，然后在功能区选择【格式】，用左键点击后即会出现下拉菜单，继续点击【行高】，在弹出的【行高】对话框中，把行高设置为40，然后单击【确定】，如图3-2所示。

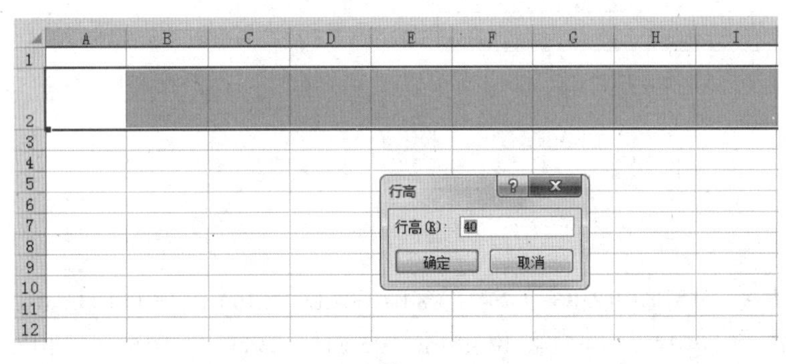

■ 图3-2

③用同样的方法，把第3行至第9行的行高设置为26，第12至第20行的行高设置为26，第10行至第11行的行高设置为70，如图3-3所示。

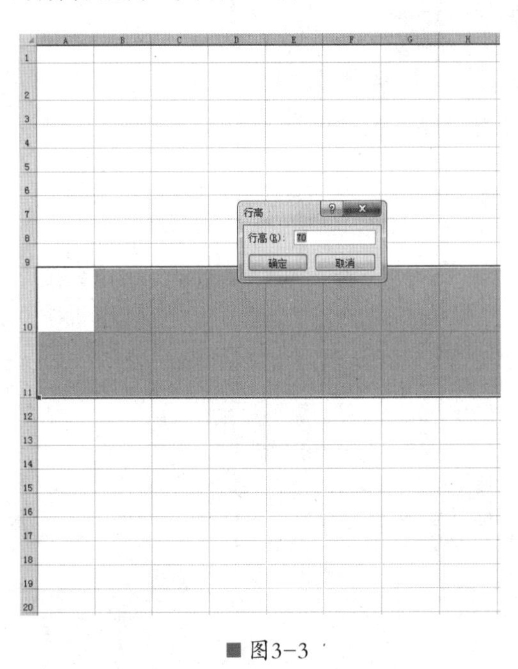

■ 图3-3

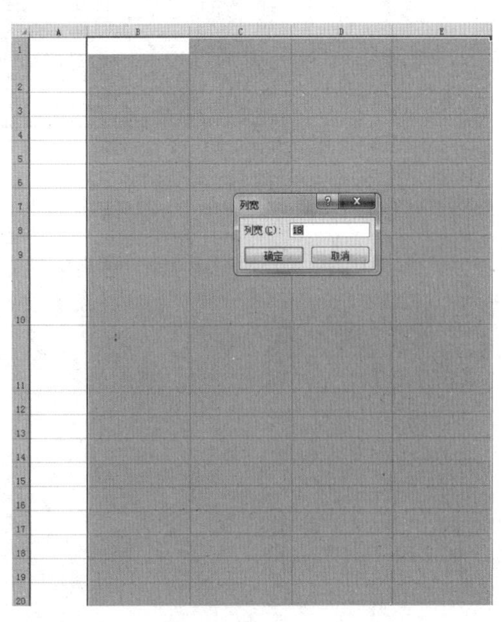

■ 图3-4

（2）设置列宽。

用鼠标选中B至E列单元格，然后在功能区选择【格式】，用左键点击后即会出现下拉菜单，然后点击【列宽】，在弹出的【列宽】对话框中，把列宽设置为18，然后单击【确定】，如图3-4所示。

（3）合并单元格。

①用鼠标选中B2:E2，然后在功能区选择【合并后居中】按钮，用鼠标左键点击按钮，效果如图3-5所示。

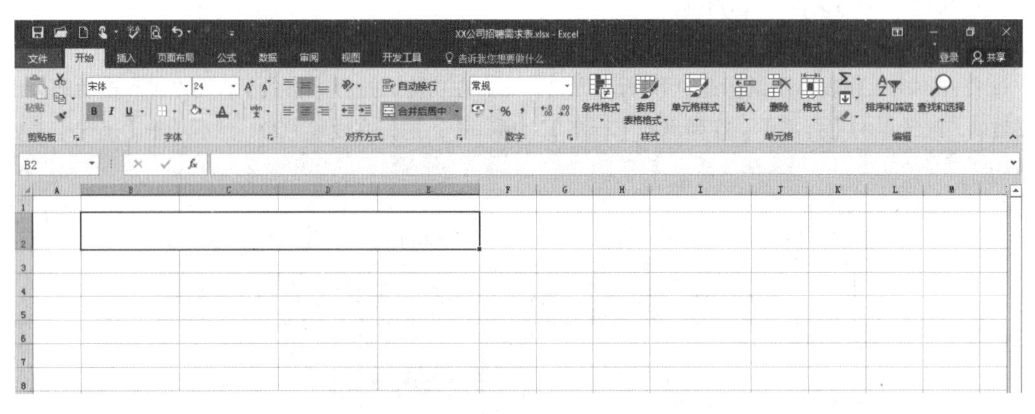

■ 图3-5

②用同样的方法，分别选中C6:E6、C7:E7、C8:E8、B9:E9、C10:E10、C11:E11、B12:C12、D12:E12、B13:C13、D13:E13、B14:C14、D14:E14、B15:C15、D15:E15、B16:C16、D16:E16、B17:E17、B18:E18、B19:E19、B20:E20，然后在功能区选择【合并后居中】按钮，用鼠标左键点击按钮，效果如图3-6所示。

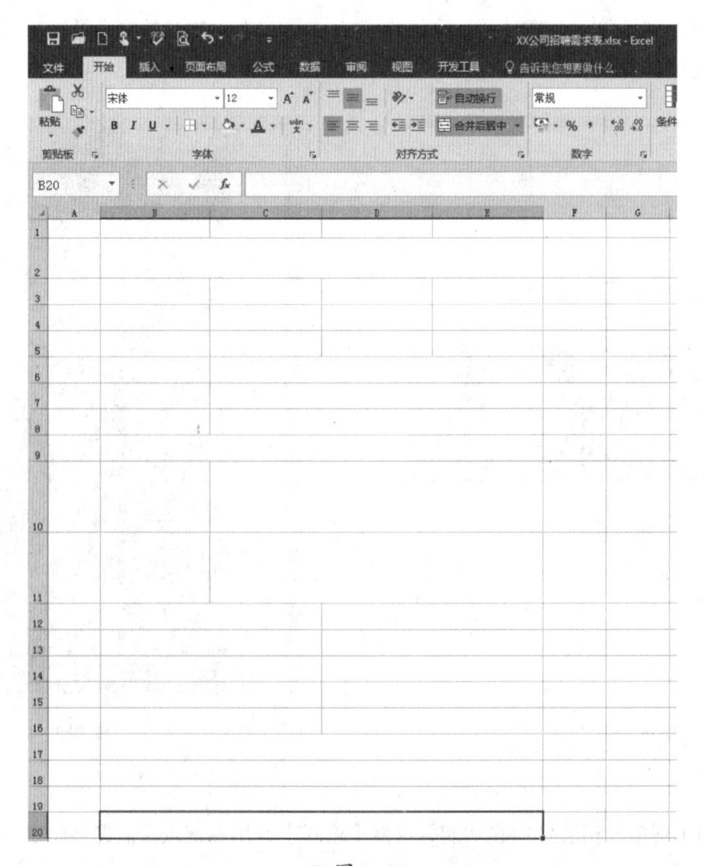

■ 图3-6

（4）设置边框线。

①用鼠标选中B3:E20，单击鼠标右键，在弹出的菜单中选择【设置单元格格式】；用鼠标点击后，就会出现【设置单元格格式】对话框；点击【边框】，选择细线，然后点击【内部】按钮；再选择粗线，然后点击【外边框】按钮，如图3-7所示。

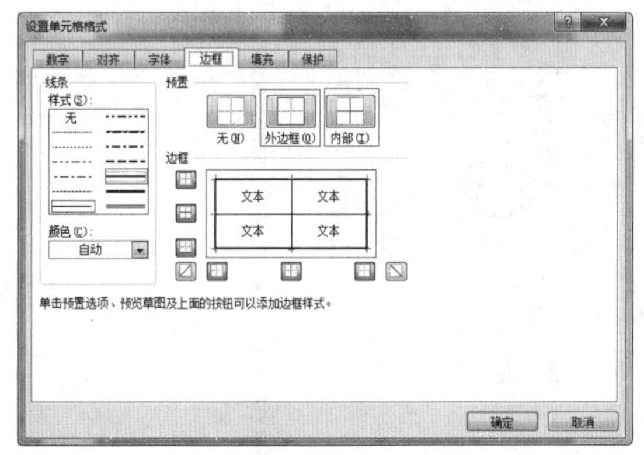

■ 图3-7

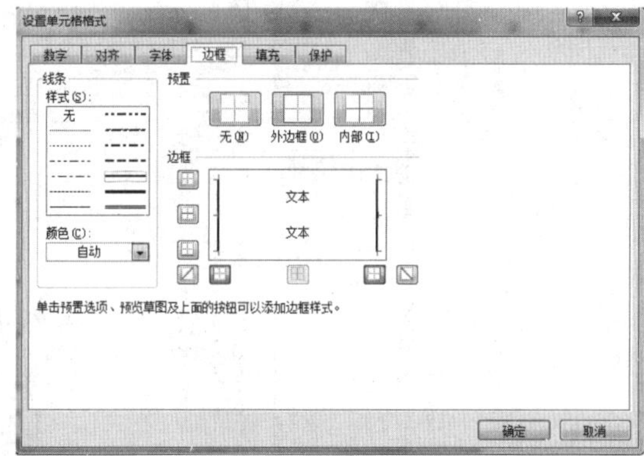

■ 图3-8

②用鼠标选中B13:B15，单击鼠标右键，在弹出的菜单中选择【设置单元格格式】；用鼠标点击后，就会出现【设置单元格格式】对话框；点击【边框】并进行相关设置，如图3-8所示。

③同理，用鼠标选中D13:D15、B18:B19进行同样的操作。

④点击【确定】后，最终的效果如图3-9所示。

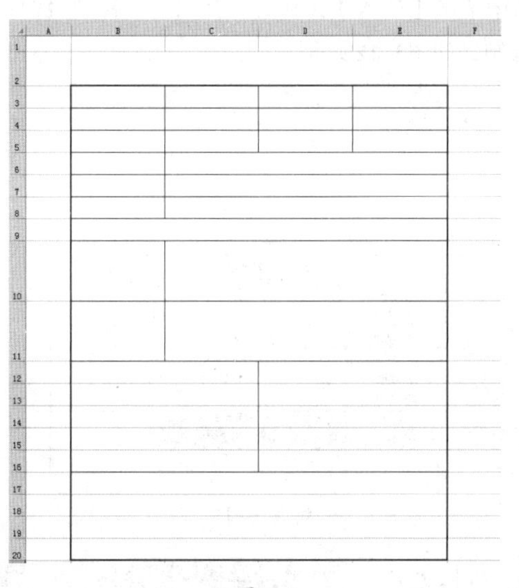

■ 图3-9

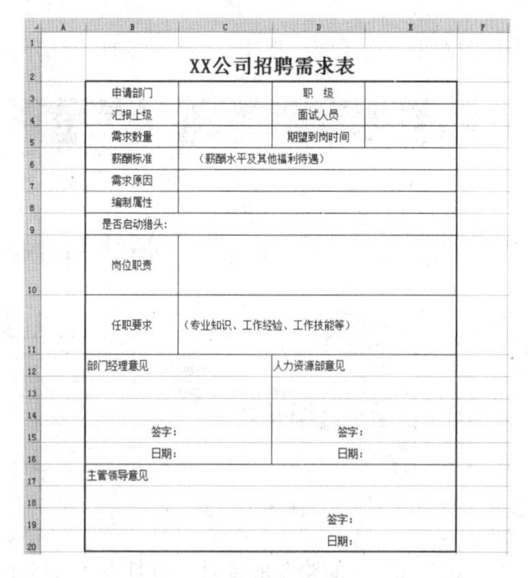

XX公司招聘需求表

申请部门		职　级	
汇报上级		面试人员	
需求数量		期望到岗时间	
薪酬标准	（薪酬水平及其他福利待遇）		
需求原因			
编制属性			
是否启动猎头：			
岗位职责			
任职要求	（专业知识、工作经验、工作技能等）		
部门经理意见 签字： 日期：		人力资源部意见 签字： 日期：	
主管领导意见 签字： 日期：			

■ 图3-10

（5）输入内容。

①用鼠标选中B2，然后在单元格内输入“××公司招聘需求表”；选中该单元格，将【字号】设置为24；在功能区中点击【垂直居中】和【居中】，并用【Ctrl+B】快捷键将文字加粗。

②在B3:E20区域内的单元格中分别输入文字，并按照前面提到的方法对文字进行适当调整，效果如图3-10所示。

（6）添加控件。

①在功能区中点击【文件】选项卡，选择【选项】并单击，在弹出的对话框中选择【自定义功能区】，点击后选择【主选项卡】中的【开发工具】复选框，然后单击【确定】，如图3–11所示。

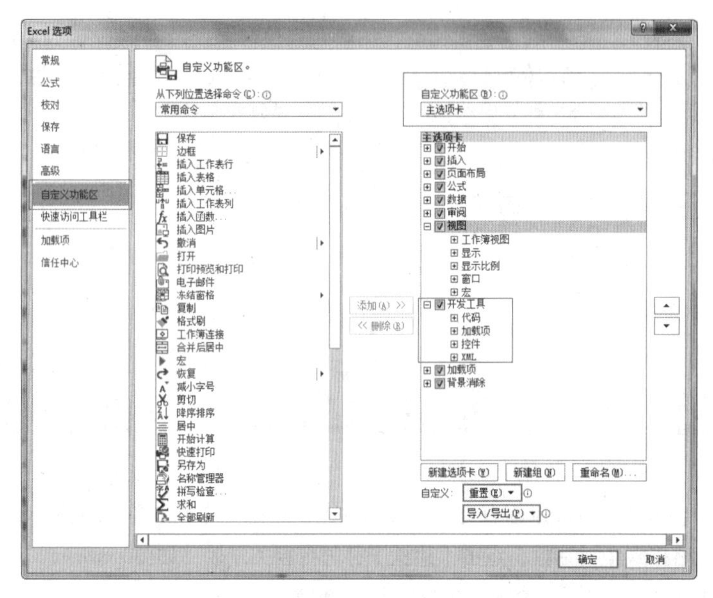

■ 图3–11

②切换到【开发工具】选项卡，在【控件】选项组中单击【插入】按钮，在弹出的下拉列表中选择【表单控件】下的【复选框】，然后在C7单元格内进行绘制，如图3–12所示。

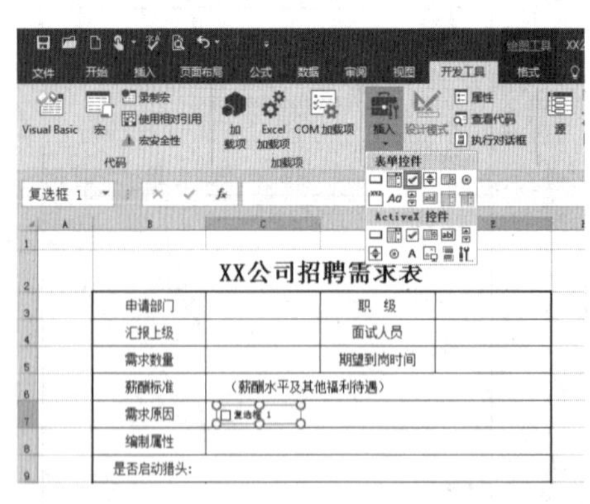

■ 图3–12

■ 图3–13

③继续选中之前绘制的控件，并使其处于编辑状态，将其文字改为“员工离职”；然后单击鼠标右键，在弹出的快捷菜单中选择【设置控件格式】，如图3–13所示。

④点击后，在弹出的【设置控件格式】对话框中，选择【控制】标签页，然后点击【三维阴影】复选框，最后单击【确定】，如图3–14所示。

■ 图3–14

⑤选择创建完成的控件，将其分别复制为三个新控件后修改相应的文字，如图3-15所示。

7	需求原因	☐员工离职	☐业务增量	☐新增业务	☐新设部门

■ 图3-15

⑥同理，在C8、C9单元格内进行同样的操作，最终的显示效果如图3-16所示。

	A	B	C	D	E
2		XX公司招聘需求表			
3		申请部门		职 级	
4		汇报上级		面试人员	
5		需求数量		期望到岗时间	
6		薪酬标准	（薪酬水平及其他福利待遇）		
7		需求原因	☐员工离职 ☐业务增量	☐新增业务 ☐新设部门	
8		编制属性	☐新增 ☐变动补员	☐其他项目 ☐外包	
9		是否启动猎头:	☐是 ☐否		
10		岗位职责			
11		任职要求	（专业知识、工作经验、工作技能等）		
12		部门经理意见		人力资源部意见	
13					
14					
15			签字:		签字:
16			日期:		日期:
17		主管领导意见			
18					
19					签字:
20					日期:

■ 图3-16

岗位职责和任职资格的编写说明

岗位职责和任职资格是整个“招聘需求表”的关键部分，是招聘工作开展的重要依据。一份好的、完整的“招聘需求表”可以使求职者和招聘工作人员都能明确了解部门对岗位任职者的要求，即在这个岗位上的员工需要完成哪些任务、应该具备哪些资质，为求职者准确投递简历提供帮助，也为招聘工作人员明确筛选简历提供方便，这样可以让招聘者更迅速地找到符合要求的人才。

岗位职责，是对岗位中“事”的方面的描述，也就是需要完成哪些工作任务。对事的描述不是一次就能到位的，在编写时可以先繁后简、先主要后次要，先将所有有关岗位工作的大大小小的“事”列出来，然后该合并的合并、该提炼的提炼，再选择关键的工作内容进行归纳，而归纳出的职责最好分为3～5项。在这些职责中，工作任务越明确越好，这样一方面可以看出罗列的工作任务，另一方面也可以看出工作的主要特征、工作性质，还能看出相关岗位人员的权限范围，以及对其他的人、物、事等实施影响或监督的权限。在编制时要注意：一是文字要简单明了，要使用浅显易懂的文字，忌用生疏或专业性过强的词汇。尤其注意对动词的使用要仔细斟酌，比如审核、监控、管理、协助、提交、审批、督促等，如果动词用得不准确，会直接导致职责的含糊。二是提炼要到位，各项描述都要单独具体，不要交叉重叠。三是要减少笼统的描述，比如一些描述只有短短的一句话，甚至是没有对岗位职责或工作内容的描述。

任职资格，是对岗位中“人”的方面的描述，也就是对应岗位对人的要求，包括对个人的知识和技能、教育水平、培训经历、工作经验和个人特性的要求等。一般来说，对“人”的描述都比对“事”的描述容易一些，但是我们往往习惯抛开工作职责来谈任职资格，总认为任职资格就是学历、专业、职称等，甚至有时为图方便，不管是招聘技术、管理还是操作岗位，一律都要求“本科以上学历，三年以上实践经验”。实际上，各岗位的工作内容和职责不同，对岗位上的人的要求就会不同。在编制时，要把握任职资格与岗位职责相对应的原则，从工作本身出发，先分析岗位职责涉及的领域，再列出与之相关的知识、技能、经验，也就是这个岗位上的“人”必须具备的、该职位所要求的能力。另外，除了要描述从事该岗位所需要的知识和技能等显性因素，还要考虑描述该岗位所要求的隐性因素，也就是个人的潜能，如个性品质、自我形象、价值观、态度等，这些因素在未来将会对员工的工作产生直接的影响。例如，在个性品质方面是内向还是外向，对不同的任职岗位会有不同的影响。

二、员工聘用核定表

使用员工聘用核定表的主要操作是利用表格的样式对文字内容进行筛选，有利于HR在核定时进行选择。

使用Excel 2016制作“员工聘用核定表”，重点是掌握套用表格样式的操作方法。

（1）创建、命名文件及设置行高。

①新建一个Excel工作表，并将其命名为“××公司员工聘用核定表”。

②打开空白工作表，用鼠标选中第2行单元格，然后在功能区选择【格式】，用左键点击后即会出现下拉菜单，继续点击【行高】，在弹出的【行高】对话框中，把行高设置为40，然后单击【确定】，如图3-17所示。

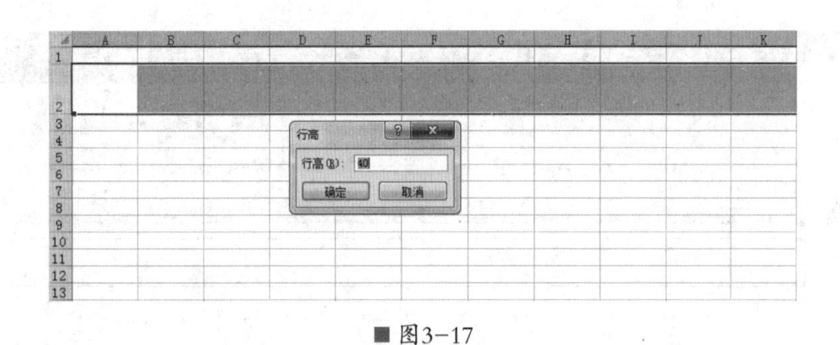

■ 图3-17

③用同样的方法，把第3行至第13行的行高设置为25，如图3-18所示。

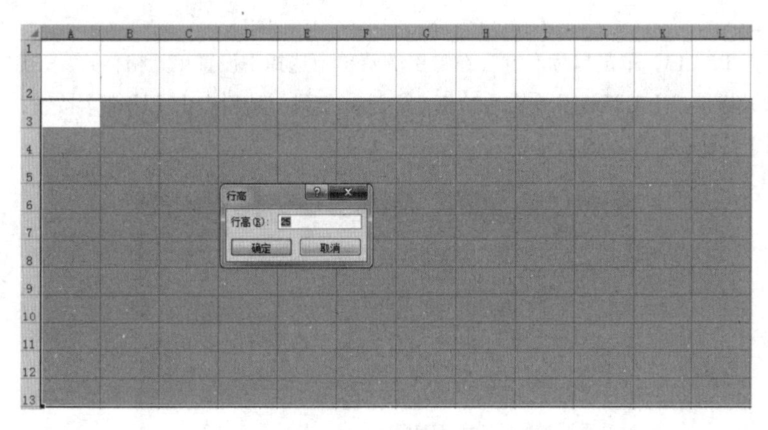

■ 图3-18

（2）设置列宽。

用鼠标选中B至F列单元格，然后在功能区选择【格式】，用左键点击后即会出现下拉菜单，然后点击【列宽】，在弹出的【列宽】对话框中，把列宽设置为9，然后单击【确定】。用同样的方法，把H至I列单元格的列宽设置为9，把K至L列单元格的列宽设置为9，把G列、J列单元格的列宽设置为14，如图3-19所示。

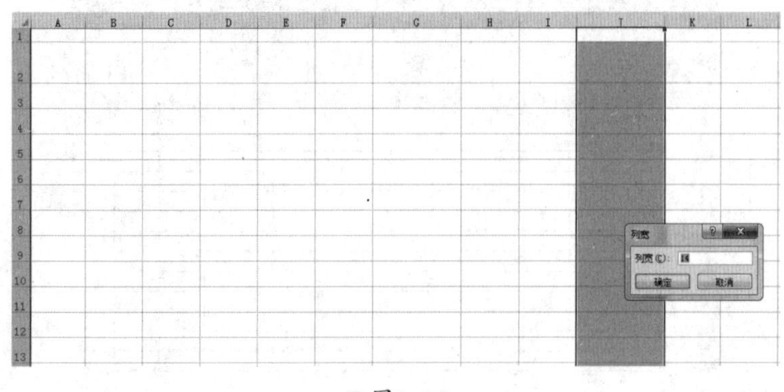

■ 图3-19

（3）合并单元格。

用鼠标选中B2:L2，然后在功能区选择【合并后居中】按钮，用鼠标左键点击按钮，效果如图3-20所示。

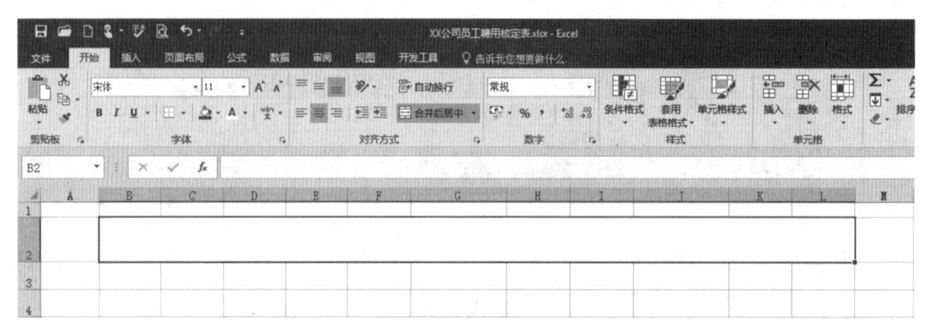

■ 图3-20

（4）设置边框线。

①用鼠标选中B3:L13，单击鼠标右键，在弹出的菜单中选择【设置单元格格式】；用鼠标点击后，就会出现【设置单元格格式】对话框；点击【边框】，选择细线，然后点击【内部】按钮；再选择粗线，然后点击【外边框】按钮，如图3-21所示。

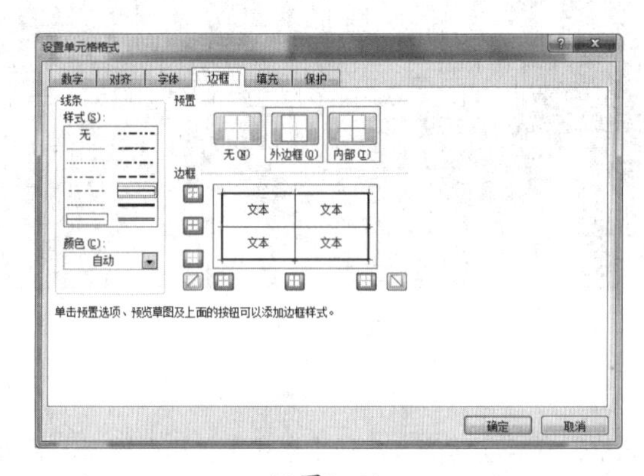

■ 图3-21

②点击【确定】后，最终的效果如图3-22所示。

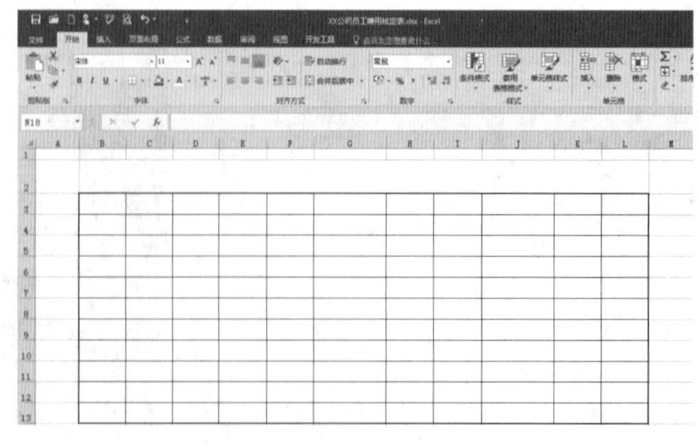

■ 图3-22

（5）输入内容。

①用鼠标选中B2，然后在单元格内输入“××公司员工聘用核定表”；选中该单元格，将【字号】设置为22；在功能区中点击【垂直居中】和【居中】，并用【Ctrl+B】快捷键将文字加粗。

②在B3:L13区域内的单元格中分别输入文字，并按照前面提到的方法对文字进行适当调整，效果如图3–23所示。

XX公司员工聘用核定表

排序	员工姓名	性别	出生日期	学历	员工特长	所在部门	岗位	主要职责	员工薪酬	批示
1	赵春生	男	1976/3/5	硕士	酒店管理	管理部	总经理	酒店管理	12000.00	同意
2	张福林	男	1987/5/15	本科	酒店管理	管理部	大堂主管	酒店服务管理	7000.00	同意
3	王涛	男	1986/3/14	本科	酒店管理	管理部	大堂副主管	酒店客房管理	7000.00	同意
4	王新元	男	1990/2/13	大专	客房服务	服务部	客房服务员	客房服务	4000.00	同意
5	高飞文	女	1993/4/5	大专	客房服务	服务部	客房服务员	客房服务	4000.00	同意
6	李双双	女	1995/4/7	大专	客房服务	服务部	客房服务员	客房服务	4000.00	同意
7	孟远方	男	1983/5/20	本科	谈判协调	销售部	销售代表	产品销售	5000.00	同意
8	陈旺刚	男	1992/3/23	大专	谈判协调	销售部	销售代表	产品销售	5000.00	同意
9	刘梦媛	女	1994/9/8	本科	熟悉办公软件	行政部	前台	日常订房服务	3000.00	同意
10	袁芳萍	女	1993/11/5	大专	熟悉办公软件	行政部	前台	日常订房服务	3000.00	同意

■ 图3–23

（6）设置数字格式。

选中K4:K13单元格区域，然后切换至【开始】选项卡，在【数字】选项组中把【数字格式】设置为【数字】。

（7）设置套用表格格式。

①选中B3:L13单元格区域，在【开始】选项卡下的【样式】选项组中，单击【套用表格格式】按钮，在弹出的下拉列表中选择【中等深浅】组中的【表样式中等深浅2】，如图3–24所示。

XX公司员工聘用核定表

排序	员工姓名	性别	出生日期	学历	员工特长	所在部门	岗位
1	赵春生	男	1976/3/5	硕士	酒店管理	管理部	总经理
2	张福林	男	1987/5/15	本科	酒店管理	管理部	大堂主管
3	王涛	男	1986/3/14	本科	酒店管理	管理部	大堂副主管
4	王新元	男	1990/2/13	大专	客房服务	服务部	客房服务员
5	高飞文	女	1993/4/5	大专	客房服务	服务部	客房服务员
6	李双双	女	1995/4/7	大专	客房服务	服务部	客房服务员
7	孟远方	男	1983/5/20	本科	谈判协调	销售部	销售代表
8	陈旺刚	男	1992/3/23	大专	谈判协调	销售部	销售代表
9	刘梦媛	女	1994/9/8	本科	熟悉办公软件	行政部	前台
10	袁芳萍	女	1993/11/5	大专	熟悉办公软件	行政部	前台

■ 图3–24

②单击后，即弹出【套用表格式】对话框，保持默认值，如图3–25所示。

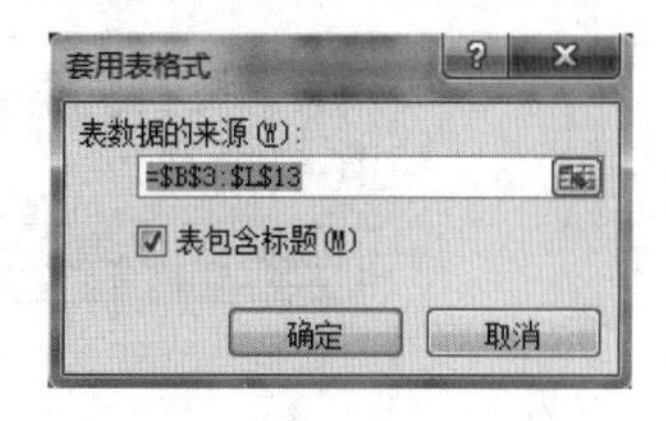

■ 图3–25

③用鼠标左键点击【确定】后，最终的效果如图3-26所示。

XX公司员工聘用核定表

排序	员工姓名	性别	出生日期	学历	员工特长	所在部门	岗位	主要职责	员工薪酬	批示
1	赵春生	男	1976/3/5	硕士	酒店管理	管理部	总经理	酒店管理	12000.00	同意
2	张福林	男	1987/5/15	本科	酒店管理	管理部	大堂主管	酒店服务管理	7000.00	同意
3	王涛	男	1986/3/14	本科	酒店管理	管理部	大堂副主管	酒店客房管理	7000.00	同意
4	王新元	男	1990/2/13	大专	客房服务	服务部	客房服务员	客房服务	4000.00	同意
5	高飞文	女	1993/4/5	大专	客房服务	服务部	客房服务员	客房服务	4000.00	同意
6	李双双	女	1995/4/7	大专	客房服务	服务部	客房服务员	客房服务	4000.00	同意
7	孟远方	男	1983/5/20	本科	谈判协调	销售部	销售代表	产品销售	5000.00	同意
8	陈旺刚	男	1992/3/23	大专	谈判协调	销售部	销售代表	产品销售	5000.00	同意
9	刘梦媛	女	1994/9/8	本科	熟悉办公软件	行政部	前台	日常订房服务	3000.00	同意
10	袁芳萍	女	1993/11/5	大专	熟悉办公软件	行政部	前台	日常订房服务	3000.00	同意

■ 图3-26

三、应聘人员登记表

内容说明

应聘人员登记表是面试者在企业留下的第一手资料，是HR了解面试者最直接的工具，一旦面试者顺利入职，该表格又会对员工管理工作起到极大的帮助。

学习任务

使用Excel 2016制作“应聘人员登记表”，重点是掌握合并单元格与美化表格的操作技巧。

具体步骤

（1）创建、命名文件及设置行高。

①新建一个Excel工作表，并将其命名为“××公司应聘人员登记表”。

②打开空白工作表，用鼠标选中第2行单元格，然后在功能区选择【格式】，用左键点击后即会出现下拉菜单，继续点击【行高】，在弹出的【行高】对话框中，把行高设置为40，然后单击【确定】，如图3-27所示。

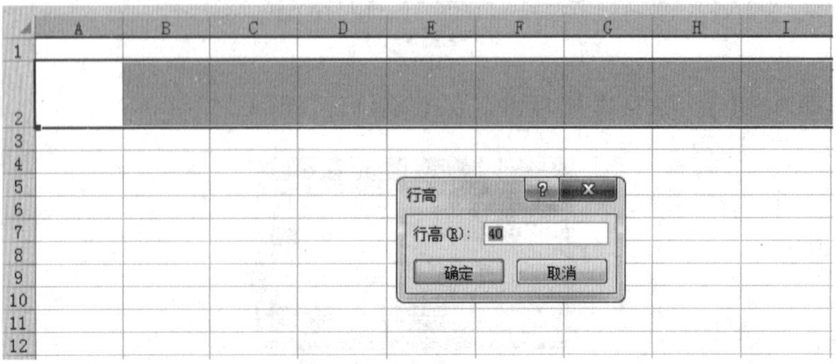

行高

行高(R)：40

确定　取消

■ 图3-27

③用同样的方法，把第3行至第30行的行高设置为30、第31行至第32行的行高设置为170、第33行至第37行的行高设置为30、第38行至第41行的行高设置为80，如图3-28所示。

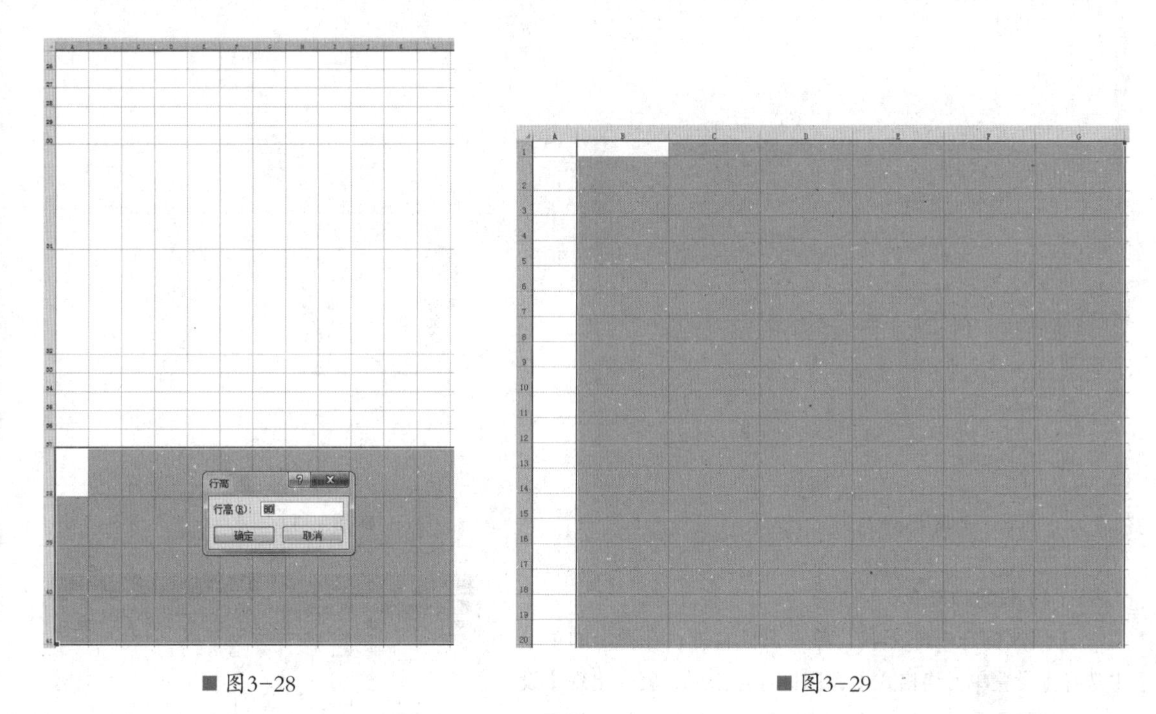

■ 图3-28　　　　■ 图3-29

（2）设置列宽。

用鼠标选中B至G列单元格，然后在功能区选择【格式】，用左键点击后即会出现下拉菜单，然后点击【列宽】，在弹出的【列宽】对话框中，把列宽设置为18，然后单击【确定】，效果如图3-29所示。

（3）合并单元格。

①用鼠标选中B2:G2，然后在功能区选择【合并后居中】按钮，用鼠标左键点击按钮，效果如图3-30所示。

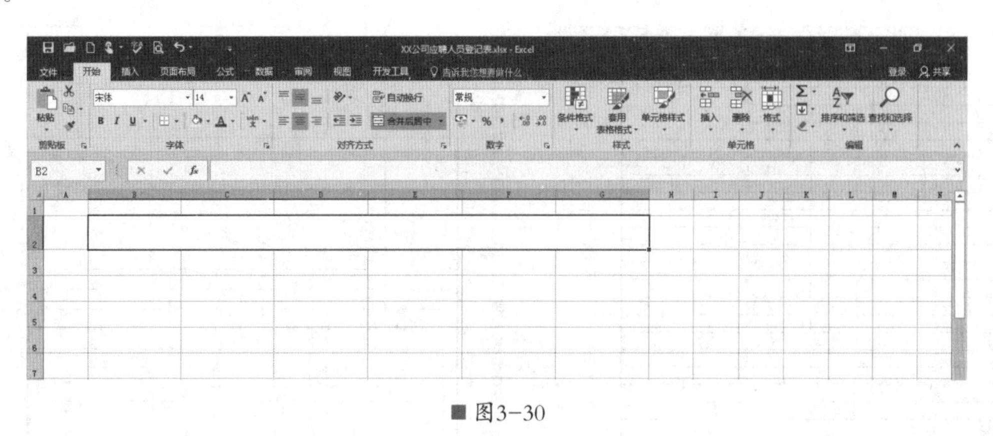

■ 图3-30

②用同样的方法，分别选中B3:G3、C6:E6、F4:G6、C7:D7、F7:G7、C9:D9、F9:G9、C10:G10、C11:D11、F11:G11、C12:D12、F12:G12、C13:D13、F13:G13、B14:D14、E14:G14、C15:D15、F15:G15、C16:D16、F16:G16、C17:D17、F17:G17、B18:G18、C22:G22、B23:G23、C28:G28、B29:G29、C30:D30、F30:G30、C31:G31、C32:G32、B33:G33、F34:G34、F35:G35、F36:G36、F37:G37、B38:G38、B39:G39、B40:G40、B41:G41，然后在功能区选择

【合并后居中】按钮，用鼠标左键点击按钮，部分设置效果如图3-31、图3-32所示。

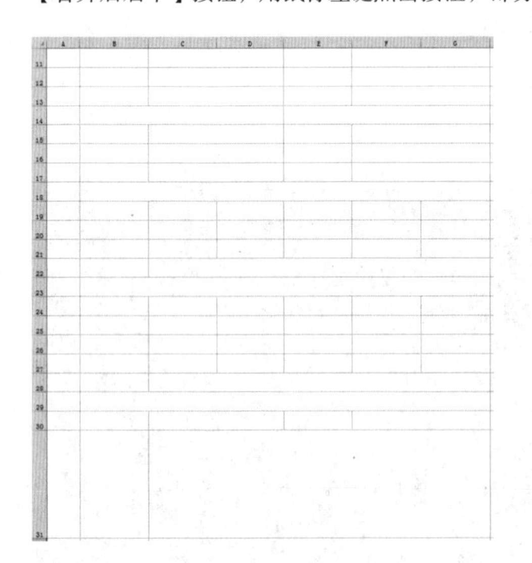

■ 图3-31

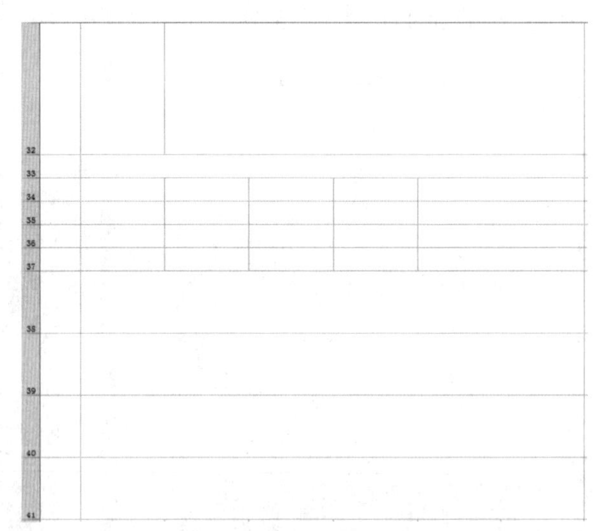

■ 图3-32

（4）设置边框线。

①用鼠标选中B3:G41，单击鼠标右键，在弹出的菜单中选择【设置单元格格式】；用鼠标点击后，就会出现【设置单元格格式】对话框；点击【边框】，选择细线，然后点击【内部】按钮；再选择粗线，然后点击【外边框】按钮，如图3-33所示。

②点击【确定】后，最终的效果如图3-34、图3-35所示。

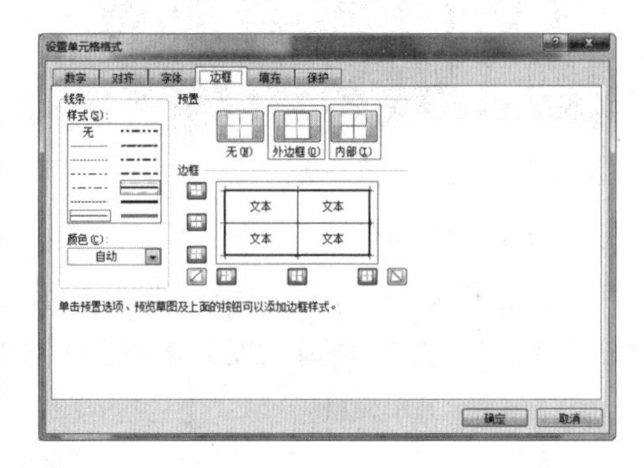

■ 图3-33

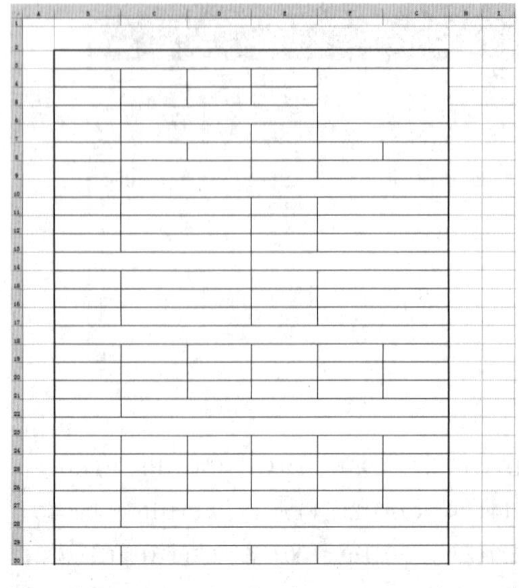

■ 图3-34

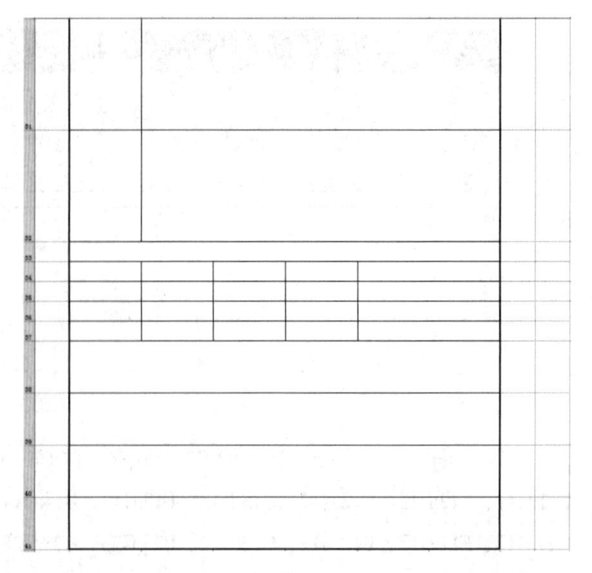

■ 图3-35

（5）输入内容并美化表格。

①用鼠标选中B2，然后在单元格内输入“××公司应聘人员登记表”；选中该单元格，将【字号】设置为24；在功能区中点击【垂直居中】和【居中】，并用【Ctrl+B】快捷键将文字加粗。

②在B3:G41区域内的单元格中分别输入文字，并按照前面提到的方法对文字进行适当调整。

③选中B3单元格，在功能区选择【字体】选项组中的【填充颜色】，将颜色设为【金色，个性色4，淡色40%】；选中B18单元格，在功能区选择【字体】选项组中的【填充颜色】，将颜色设为【绿色，个性色6，淡色40%】；选中B23单元格，在功能区选择【字体】选项组中的【填充颜色】，将颜色设为【蓝色，个性色5，淡色40%】；选中B29单元格，在功能区选择【字体】选项组中的【填充颜色】，将颜色设为【橙色，个性色2，淡色40%】；选中B33单元格，在功能区选择【字体】选项组中的【填充颜色】，将颜色设为【白色，背景1，深色25%】，最终的效果如图3-36、图3-37所示。

XX公司应聘人员登记表

基本信息栏					
姓名		英文名		附照片	
曾用名		应聘岗位			
应聘部门					
性别	1. 男　2. 女		出生日期	年　月　日	
民族		出生地		身份证号	
党派			加入日期	年　月	
婚姻状况	1. 未婚　2. 已婚　3. 丧偶　4. 离异　5. 其他				
户口类型	1. 城市户口 2. 农村户口		户口所在城市		
档案所在地			是否在本公司工作过		
与原单位关系能否处理妥当			档案关系能否顺利调出		
有无直系亲属在本公司（请注明姓名）					
本人联系电话			手机		
家庭住址			邮编		
紧急联系人			联系人电话		
学历信息栏					
入学时间	毕业时间	所在学校	所学专业	学历	学位
年　月	年　月				
年　月	年　月				
学习期间奖惩情况					
工作经历栏					
起始时间	终止时间	工作单位	岗位或职务	薪酬	证明人
工作期间奖惩情况					
人事活动信息栏					
首次参加工作时间	年　月　日		违纪记录		

■ 图3-36

来公司途径	1. 国家统分应届毕业生 2. 复转军人 3. 国家机关、事业单位调入 4. 外企 5. 社会其他单位调入 6. 回国留学生 7. 社会招生 8. 其他			
得知应聘信息渠道	1. 51job.com.cn 2. china-hr.com.cn 3. zhaopin.com.cn 4. sina.com.cn 5. 报纸广告 6. fesco.com.cn 7. 其他网站 8. 内部员工推荐 9. 现场招聘会 10. 公司网站 11. 其他（请注明）：			
社会关系栏（范围仅限父母、配偶、子女）				
与本人关系	姓名	工作单位		
外语及计算机水平				
特长爱好				
个人要求				
本人承诺所填写的内容真实、完整、有效，并对所填内容承担责任。 填表人：　　时间：				

■ 图3-37

四、面试通知书

铁打的营盘流水的兵，企业保持良好的人员流动性，才会保持蓬勃的生命力，才能持续地成长。引进合适的人才是每个企业一直持续进行的工作，首先需要从寻找人才、邀请面试开始。一封好的面试邀请函或通知书会为企业加分不少，人才的面试到岗率也会高很多。

学习任务

使用Excel 2016制作“面试通知书”，重点是掌握单元格边框线的设置方法以及在单元格内绘制直线的操作技巧。

具体步骤

（1）创建、命名文件及设置行高。

①新建一个Excel工作表，并将其命名为“××公司面试通知书”。

②打开空白工作表，用鼠标选中第2行单元格，然后在功能区选择【格式】，用左键点击后即会出现下拉菜单，继续点击【行高】，在弹出的【行高】对话框中，把行高设置为50，然后单击【确定】，如图3-38所示。

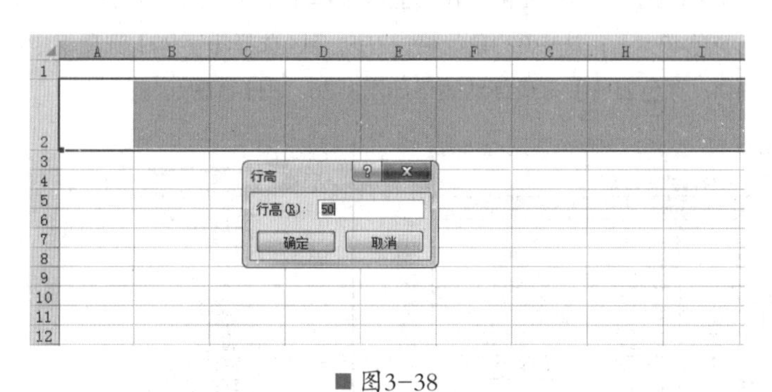

■ 图3-38

③用同样的方法，把第3行、第5行至第15行的行高设置为35，第4行的行高设置为60，如图3-39所示。

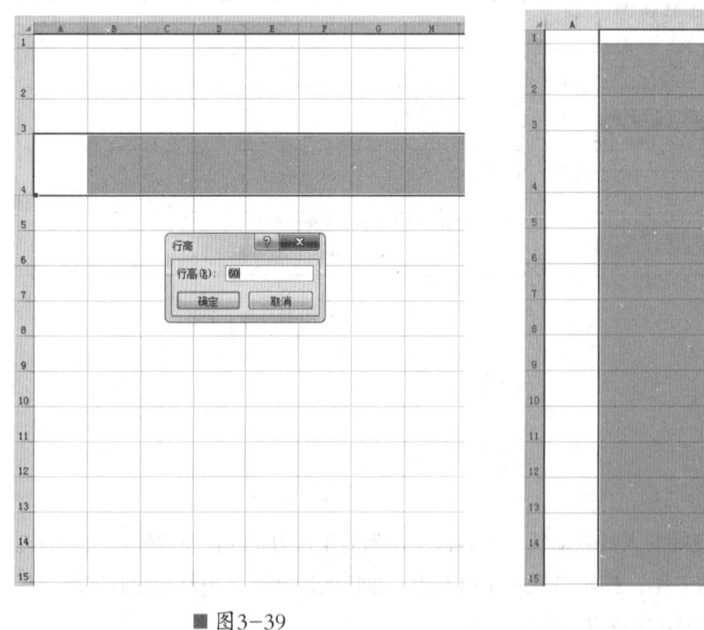

■ 图3-39

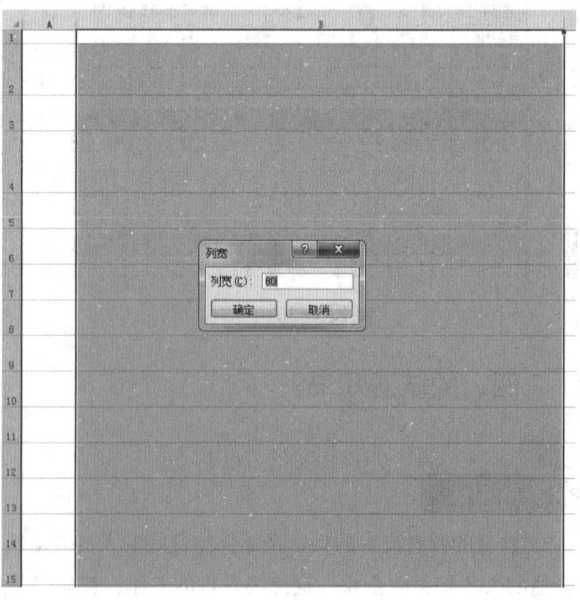

■ 图3-40

（2）设置列宽。

用鼠标选中B列单元格，然后在功能区选择【格式】，用左键点击后即会出现下拉菜单，然后点击【列宽】，在弹出的【列宽】对话框中，把列宽设置为80，然后单击【确定】，如图3-40所示。

（3）设置边框线。

①用鼠标选中B3:B15，单击鼠标右键，在弹出的菜单中选择【设置单元格格式】；用鼠标点击后，就会出现【设置单元格格式】对话框；点击【边框】，选择粗线，然后点击【外边框】按钮，如图3-41所示。

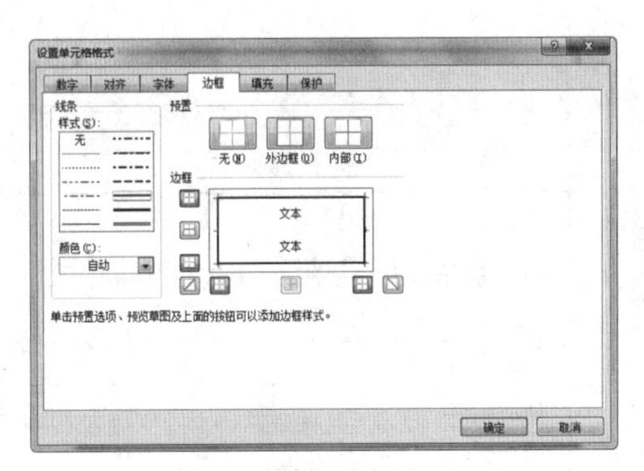

■ 图3-41

②点击【确定】后，最终的效果如图3-42所示。

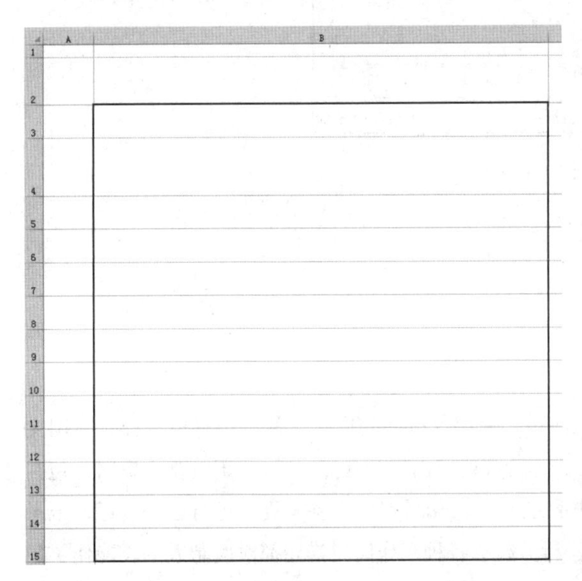

■ 图3-42

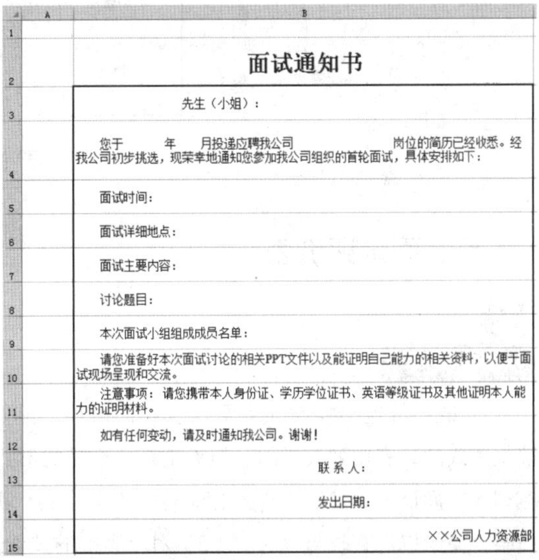

面试通知书

先生（小姐）：

您于　　年　　月投递应聘我公司　　　　岗位的简历已经收悉。经我公司初步挑选，现荣幸地通知您参加我公司组织的首轮面试，具体安排如下：

面试时间：

面试详细地点：

面试主要内容：

讨论题目：

本次面试小组组成成员名单：

请您准备好本次面试讨论的相关PPT文件以及能证明自己能力的相关资料，以便于面试现场呈现和交流。

注意事项：请您携带本人身份证、学历学位证书、英语等级证书及其他证明本人能力的证明材料。

如有任何变动，请及时通知我公司。谢谢！

联系人：

发出日期：

××公司人力资源部

■ 图3-43

（4）输入内容。

①用鼠标选中B2单元格，然后在单元格内输入“面试通知书”；选中该单元格，将【字号】设置为24；在功能区中点击【垂直居中】和【居中】，并用【Ctrl+B】快捷键将文字加粗。

②在B3:B15区域内的单元格中分别输入文字，并按照前面提到的方法对文字进行适当调整，效果如图3-43所示。

（5）绘制直线。

①切换至【插入】选项卡，单击【插图】选项组中的【形状】按钮，并在弹出的下拉列表中选择【直线】，如图3-44所示。

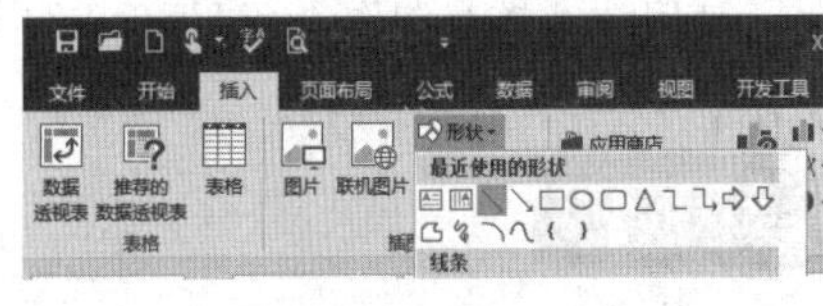

■ 图3-44

②用鼠标点击后，即可在单元格内绘制直线；然后切换至【绘图工具】下的【格式】选项卡，在【形状样式】组中，选择样式【细线-深色1】，如图3-45所示。

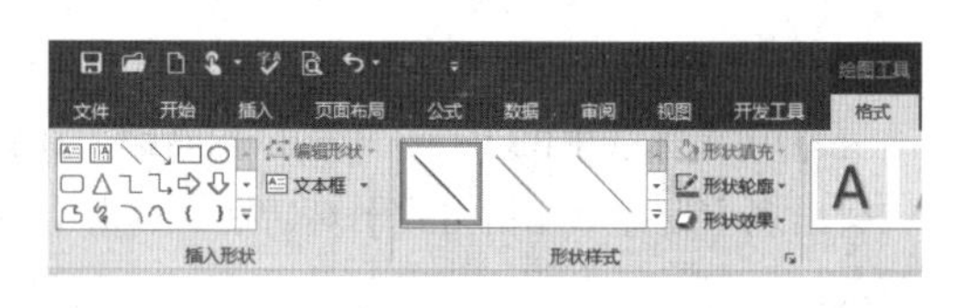

■ 图3-45

③使用同样的方法，继续绘制直线，最终效果如图3-46所示。

面试通知书

________ 先生（小姐）：

您于____年___月投递应聘我公司____________岗位的简历已经收悉。经我公司初步挑选，现荣幸地通知您参加我公司组织的首轮面试，具体安排如下：

面试时间：

面试详细地点：

面试主要内容：

讨论题目：

本次面试小组组成成员名单：

请您准备好本次面试讨论的相关PPT文件以及能证明自己能力的相关资料，以便于面试现场呈现和交流。

注意事项：请您携带本人身份证、学历学位证书、英语等级证书及其他证明本人能力的证明材料。

如有任何变动，请及时通知我公司。谢谢！

联 系 人：

发出日期：

××公司人力资源部

■ 图3-46

五、面试评价表

内容说明

面试评价是HR必做的重要工作。面试评价该如何写、采用什么样的形式，各公司都不一样，有用文档报告式的，有用列表式的。但无论是什么样的形式，评价都要突出以下几点：（1）记录基本资料，包括应聘人、面试人、性别、年龄、应聘职务、日期、联系方式等。HR要对以上基本资料进行逐一登记，记录在案，便于以后查找与核对。（2）对应聘人的技能进行分析。各种工作岗位描述都对应聘人的技能作了最低的要求，比如外语水平、计算机水平、最高学历等，要对这些技能进行了解与备案。（3）分析应聘人与岗位是否匹配。通过面试的谈话沟通，结合岗位要求的职业技能、性格特点、所需的能力等方面综合分析应聘人员的素质是否与岗位基本要求相符，是否可塑造，以及与公司及团队是否匹配。

学习任务

使用Excel 2016制作“面试评价表”，重点是学会为Excel添加控件。

具体步骤

（1）创建、命名文件及设置行高。

①新建一个Excel工作表，并将其命名为“××公司面试评价表”。

②打开空白工作表，用鼠标选中第2行单元格，然后在功能区选择【格式】，用左键点击后即会出现下拉菜单，继续点击【行高】，在弹出的【行高】对话框中，把行高设置为40，然后单击【确定】，如图3-47所示。

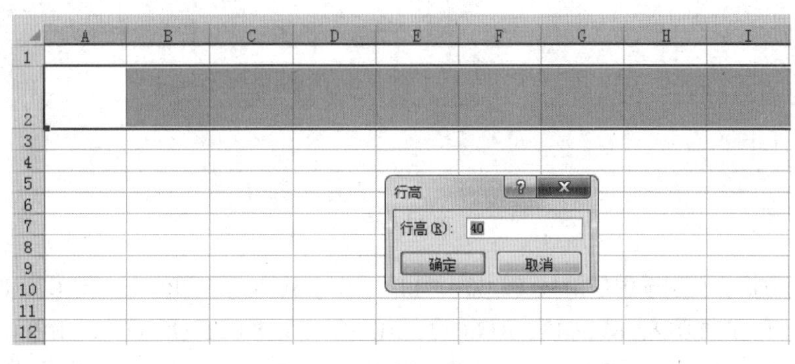

■ 图3-47

③用同样的方法，把第3行、第4行的行高设置为20，第5行至第14行的行高设置为60，第15行至第34行的行高设置为30，第35行的行高设置为60，如图3-48所示。

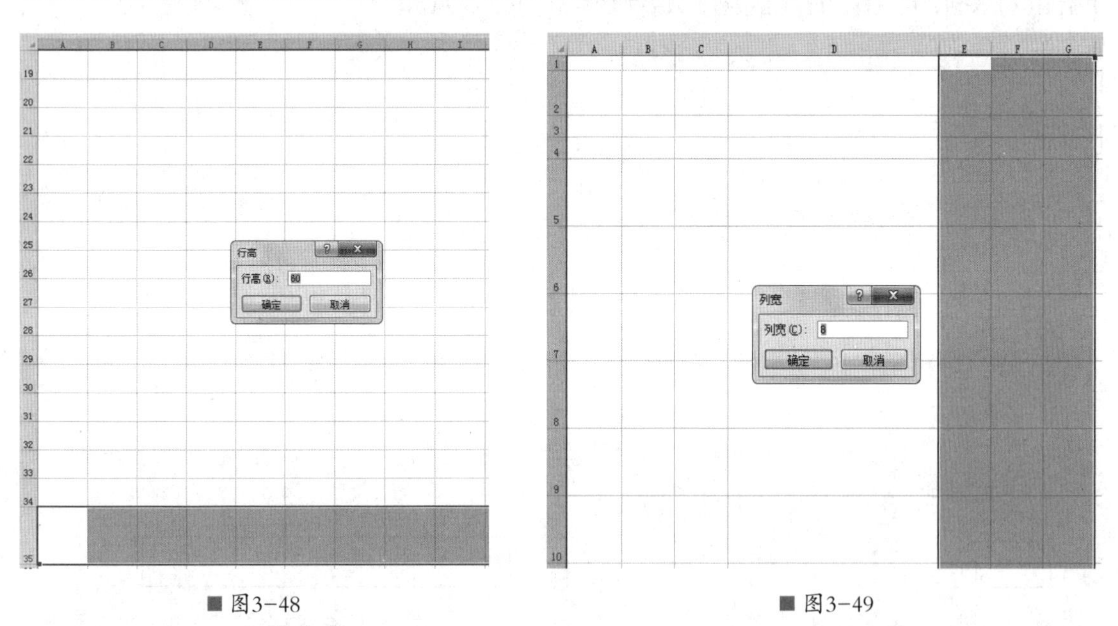

■ 图3-48　　■ 图3-49

（2）设置列宽。

①用鼠标选中B至C列单元格，然后在功能区选择【格式】，用左键点击后即会出现下拉菜单，然后点击【列宽】，在弹出的【列宽】对话框中，把列宽设置为8，然后单击【确定】。

②用同样的方法，把D列单元格的列宽设置为34，把E至G列单元格的列宽设置为8，如图3-49所示。

（3）合并单元格。

①用鼠标选中B2:G2，然后在功能区选择【合并后居中】按钮，用鼠标左键点击按钮，效果如图3-50所示。

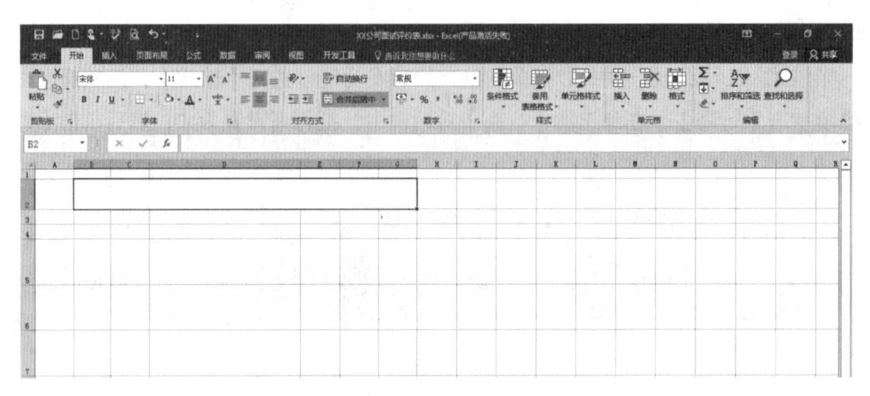

■ 图3-50

②用同样的方法，分别选中B3:D3、E3:G3、B4:D4、E4:G4、B5:C5、B6:C6、B7:C7、B8:C8、B9:C9、B10:C10、B11:C11、B12:C12、B13:C13、B14:C14、B15:B17、B18:C21、E18:G18、E19:G19、E20:G20、E21:G21、B22:C23、D22:D23、E22:G22、E23:G23、B24:C25、D24:D25、E24:G24、E25:G25、B26:C27、D26:D27、E26:G26、E27:G27、B28:C29、D28:D29、E28:G28、E29:G29、B30:C30、F30:G30、B31:C31、F31:G31、B32:D32、E32:G32、B33:D33、E33:G33、B34:C34、F34:G34、B35:G35，然后在功能区选择【合并后居中】按钮，用鼠标左键点击按钮，效果如图3-51、图3-52所示。

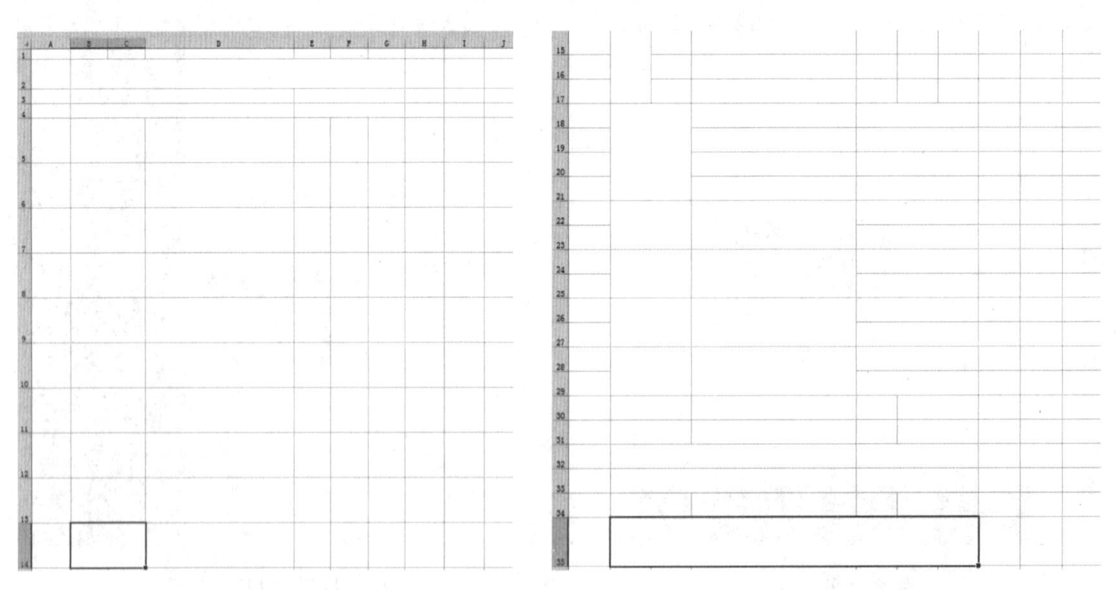

■ 图3-51　　■ 图3-52

（4）设置边框线。

①用鼠标选中B3:G35，单击鼠标右键，在弹出的菜单中选择【设置单元格格式】；用鼠标点击后，就会出现【设置单元格格式】对话框；点击【边框】，选择细线，然后点击【内部】按钮；再选择粗线，然后点击【外边框】按钮，如图3-53所示。

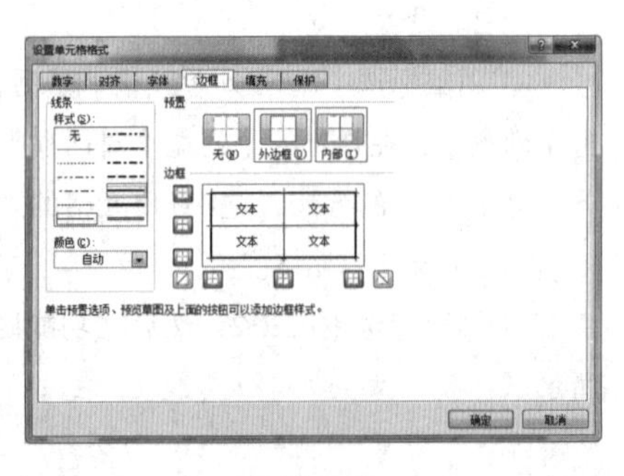

■ 图3-53

②点击【确定】后，最终的效果如图3-54、图3-55所示。

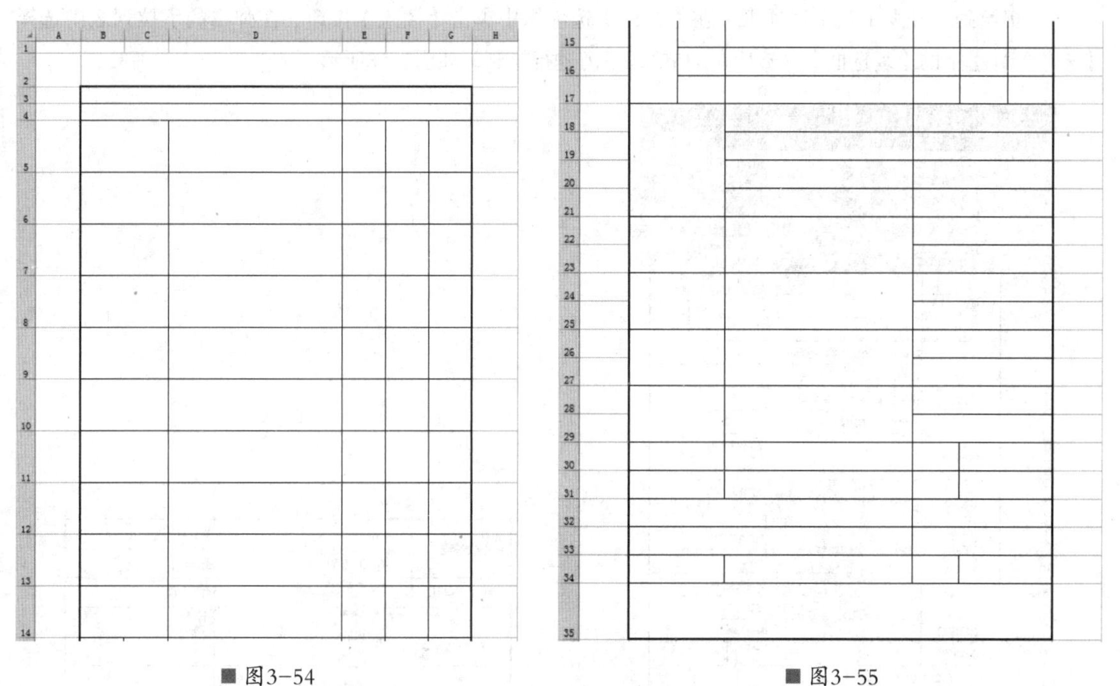

■ 图3-54　　■ 图3-55

（5）输入内容。

①用鼠标选中B2，然后在单元格内输入“××公司面试评价表”；选中该单元格，将【字号】设置为26；在功能区中点击【垂直居中】和【居中】，并用【Ctrl+B】快捷键将文字加粗。

②在B3:G35区域内的单元格中分别输入文字，并按照前面提到的方法对文字进行适当调整，效果如图3-56、图3-57所示。

XX公司面试评价表

姓名：		应聘部门：		
应聘岗位：		填表日期：		
面试要素	观察考核要点（A. 完全符合　B+. 比较符合　B. 基本符合 B-. 不太符合　C. 不符合）	人力资源	直接上级	部门经理
基本要求	学历情况、专业概况、所受培训与岗位的要求一致			
责任感	回答问题诚实、负责，办事自信，对以往的工作负责			
进取心	做事主动，努力把工作做好，不断汲取与工作相关的新知识			
沟通协作	能够有效倾听，清晰地表达自己的观点；愿意帮助或协助他人做事、喜欢集体活动，与周围人和谐相处			
适应性	能够根据变化采取灵活的应对方式，实现目标			
压力承受	有耐心、韧劲，在遇到批评、指责、压力或受到冲击时，能够克制、容忍、理智地对待			
自我认知	能够客观、正确地评价自己的优势和不足			
逻辑思维	思路清晰，对事件描述符合逻辑、严密、有条理			
工作经验	以往的工作经验与目前岗位要求一致			

■ 图3-56

专业维度	1				
	2				
	3				
了解项目（不计分，只做描述）		家庭背景特点对应聘者无不良影响			
		背景调查情况			
		薪资要求或收入现状（分别注明）			
		离职原因、应聘期望/动机			
人力资源部			是否同意试用：		
			签字：		
直接上级		（专业知识技能的适岗程度的优劣势评价）	是否同意试用：		
			签字：		
部门经理		（团队融合、整体素质情况）	是否同意试用：		
			签字：		
主管领导			是否同意试用：		
			签字：		
拟试用部门			岗位名称		
工作地点			预计报到时间		
岗位性质：职员岗 / 外包岗/工人岗					
专业序列及层级					
辅导人			直接上级		
资源配置：					

■ 图3-57

（6）添加控件。

①切换到【开发工具】选项卡，在【控件】选项组中单击【插入】按钮，在弹出的下拉列表中选择【表单控件】下的【复选框】，然后在B35单元格内进行绘制，如图3-58所示。

■ 图3-58

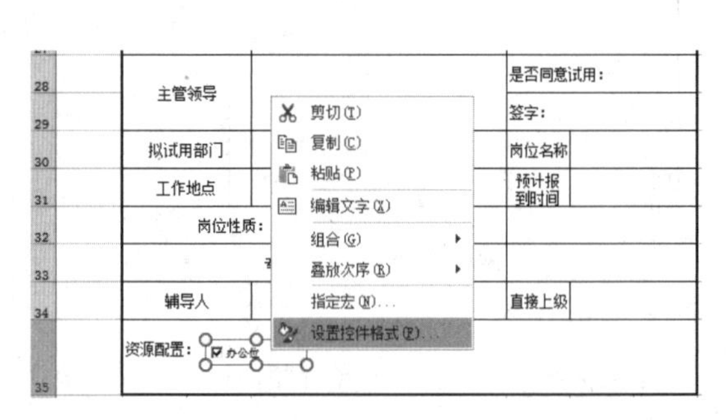

■ 图3-59

②继续选中之前绘制的控件，并使其处于编辑状态，将其文字改为“办公位”；然后单击鼠标右键，在弹出的快捷菜单中选择【设置控件格式】，如图3-59所示。

③点击后，在弹出的【设置控件格式】对话框中，选择【控制】标签页，然后点击【三维阴影】复选框，最后单击【确定】，如图3-60所示。

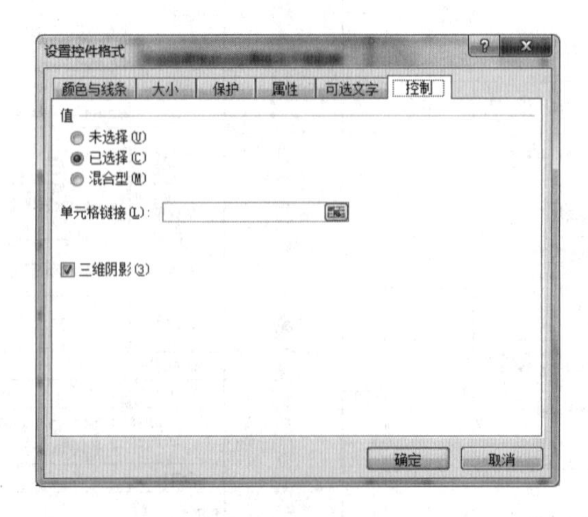

■ 图3-60

④选择创建完成的控件，将其分别复制为五个新控件后修改相应的文字，最终的效果如图3-61所示。

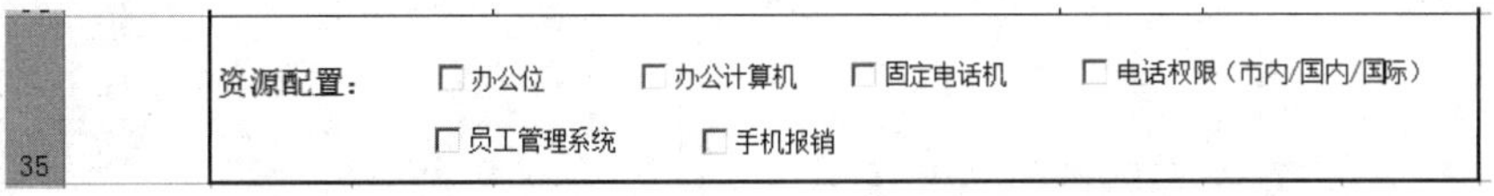

■ 图3-61

六、电话面试记录表

电话面试是在HR与求职者之间远程建立联系的过程，这一阶段的面试过程是探索性的，双方会在这一阶段初步确定双方需求是否匹配。在企业比较繁忙或者面试者数量较多的时候，HR可以考虑采取电话面试的方式提高招聘效率。电话面试的时间一般控制在10～30分钟左右，电话面试的主要目的有两个：一是筛掉明显不符合招聘要求的人；二是推销公司，取得与求职者见面的机会。

使用Excel 2016制作“电话面试记录表”，重点是掌握Excel基础表格绘制操作。

（1）创建、命名文件及设置行高。

①新建一个Excel工作表，并将其命名为“××公司电话面试记录表”。

②打开空白工作表，用鼠标选中第2行单元格，然后在功能区选择【格式】，用左键点击后即会出现下拉菜单，继续点击【行高】，在弹出的【行高】对话框中，把行高设置为40，然后单击【确定】，如图3-62所示。

■ 图3-62

③用同样的方法，把第3行至第5行的行高设置为30，把第6行至第14行的行高设置为60，如图3-63所示。

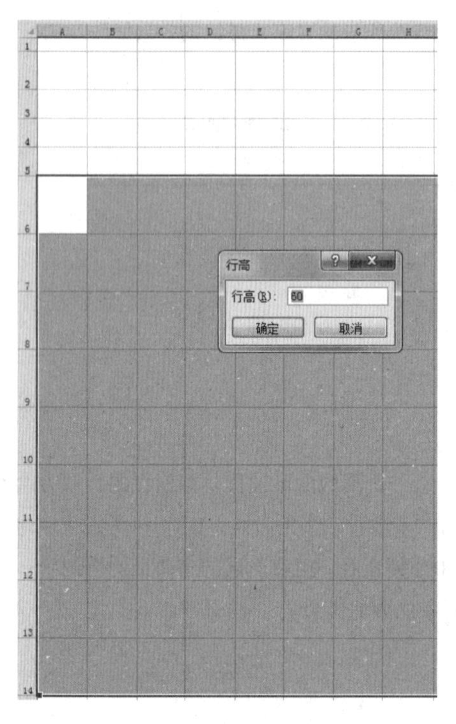

■ 图3-63

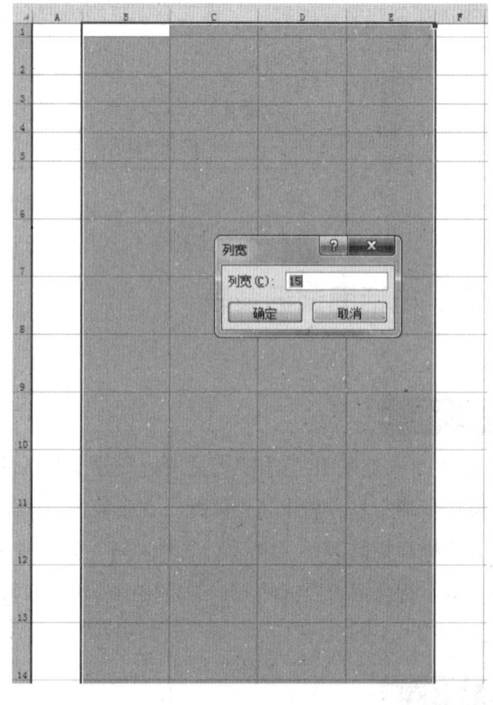

■ 图3-64

（2）设置列宽。

用鼠标选中B至E列单元格，然后在功能区选择【格式】，用左键点击后即会出现下拉菜单，然后点击【列宽】，在弹出的【列宽】对话框中，把列宽设置为15，然后单击【确定】，如图3-64所示。

（3）合并单元格。

①用鼠标选中B2:E2，然后在功能区选择【合并后居中】按钮，用鼠标左键点击按钮，效果如图3-65所示。

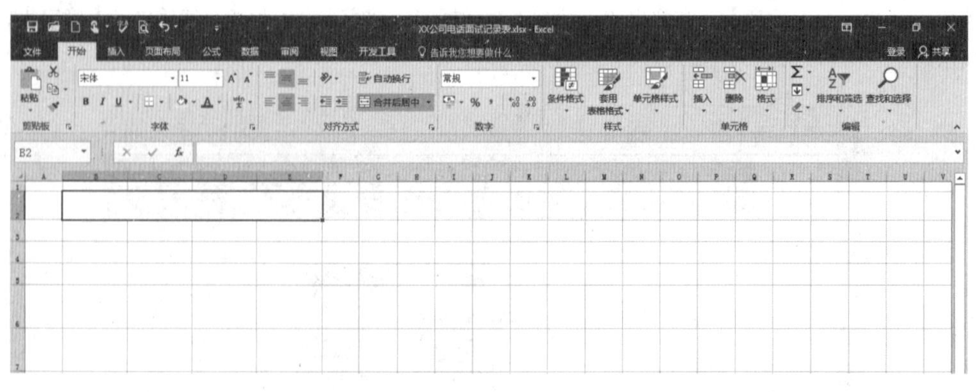

■ 图3-65

②用同样的方法，分别选中C5:E5、C6:E6、C7:E7、C8:E8、C9:E9、C10:E10、C11:E11、C12:E12、C13:E13、C14:E14，然后在功能区选择【合并后居中】按钮，用鼠标左键点击按钮，效果如图3-66所示。

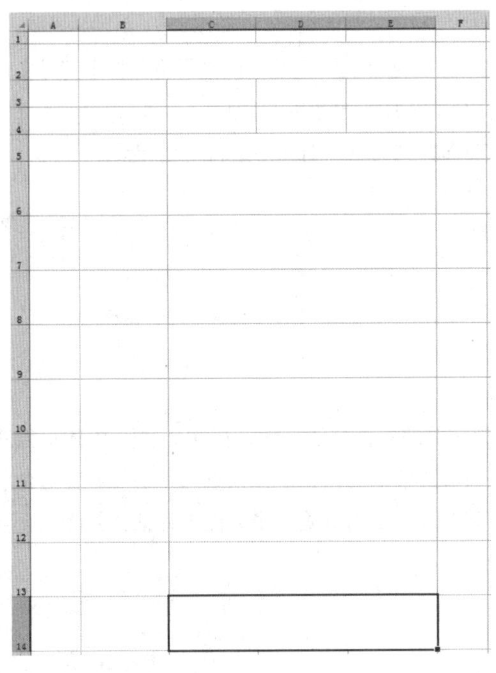

■ 图3-66

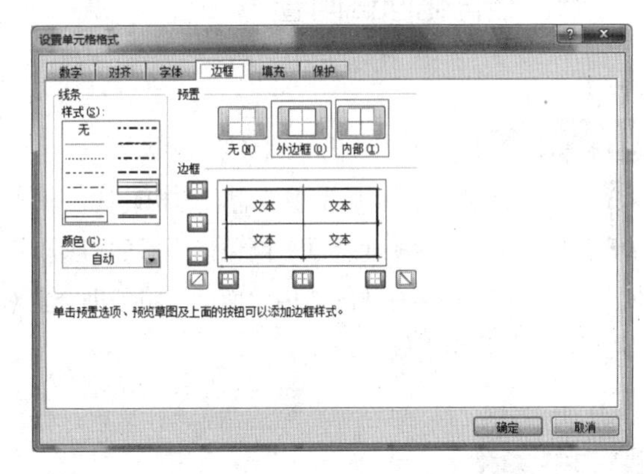

■ 图3-67

（4）设置边框线。

①用鼠标选中B3:E14，单击鼠标右键，在弹出的菜单中选择【设置单元格格式】；用鼠标点击后，就会出现【设置单元格格式】对话框；点击【边框】，选择细线，然后点击【内部】按钮；再选择粗线，然后点击【外边框】按钮，如图3-67所示。

②点击【确定】后，最终的效果如图3-68所示。

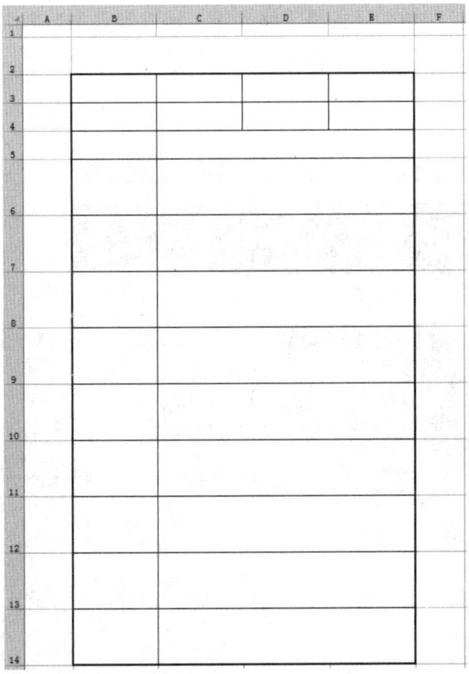

■ 图3-68

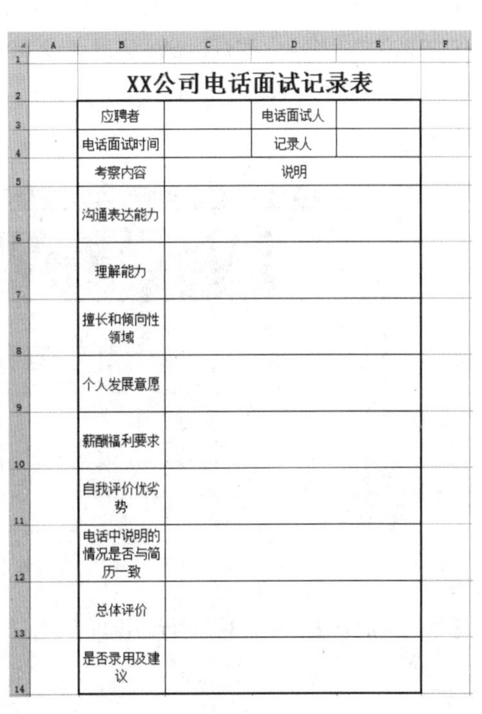

XX公司电话面试记录表

应聘者		电话面试人	
电话面试时间		记录人	
考察内容	说明		
沟通表达能力			
理解能力			
擅长和倾向性领域			
个人发展意愿			
薪酬福利要求			
自我评价优劣势			
电话中说明的情况是否与简历一致			
总体评价			
是否录用及建议			

■ 图3-69

（5）输入内容。

①用鼠标选中B2，然后在单元格内输入“××公司电话面试记录表”；选中该单元格，将【字号】设置为26；在功能区中点击【垂直居中】和【居中】，并用【Ctrl+B】快捷键将文字加粗。

②在B3:E14区域内的单元格中分别输入文字，并按照前面提到的方法对文字进行适当调整。

③最终的效果如图3-69所示。

七、结构化面试问卷

结构化面试能帮助HR发现应聘者与招聘职位职业行为相关的各种具体表现，在这个过程中HR可以获得更多有关候选人的职业背景、岗位能力等的信息，并且通过这些信息来判断该候选人是否能胜任这个职位。因此，进行科学有效的结构化面试，将帮助企业对应聘者进行更为准确的个人能力评估，并降低企业招聘成本、提高招聘效率。

使用Excel 2016制作“结构化面试问卷”，重点是掌握Excel基础表格绘制操作。

（1）创建、命名文件及设置行高。

①新建一个Excel工作表，并将其命名为“××公司结构化面试问卷”。

②打开空白工作表，用鼠标选中第2行单元格，然后在功能区选择【格式】，用左键点击后即会出现下拉菜单，继续点击【行高】，在弹出的【行高】对话框中，把行高设置为40，然后单击【确定】，如图3-70所示。

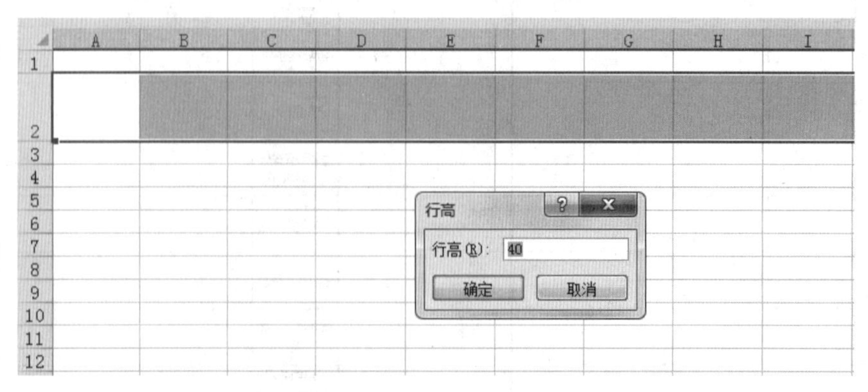

■ 图3-70

③用同样的方法，把第3行的行高设置为20，把第4行至第14行的行高设置为58，如图3-71所示。

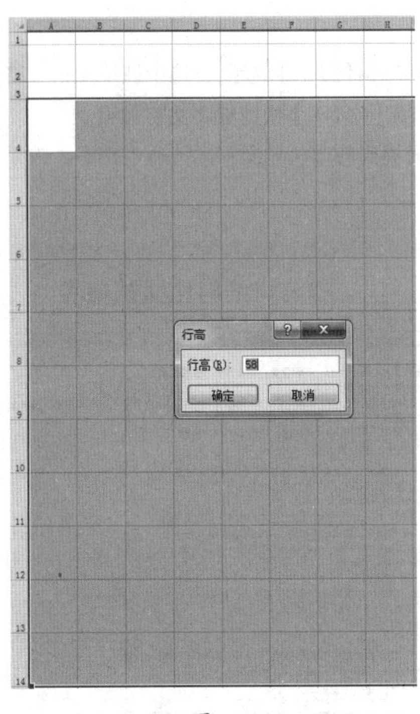

■ 图3-71

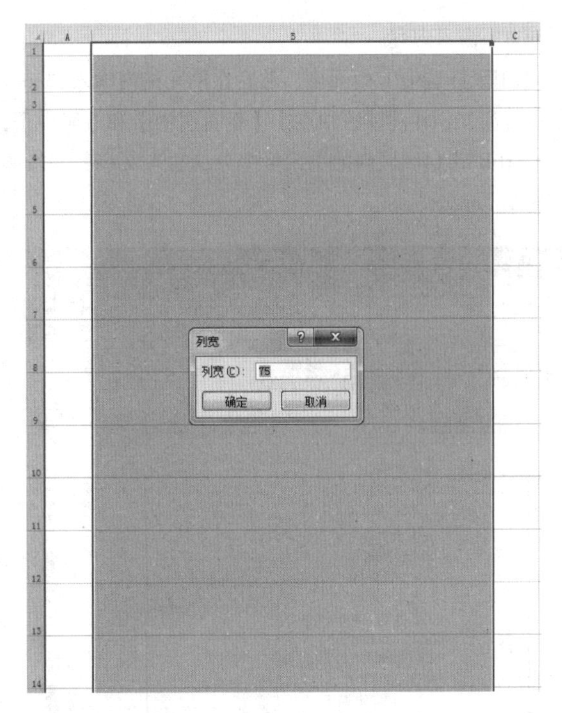

■ 图3-72

（2）设置列宽。

用鼠标选中B列单元格，然后在功能区选择【格式】，用左键点击后即会出现下拉菜单，然后点击【列宽】，在弹出的【列宽】对话框中，把列宽设置为75，然后单击【确定】，如图3-72所示。

（3）设置边框线。

①用鼠标选中B3:B14，单击鼠标右键，在弹出的菜单中选择【设置单元格格式】；用鼠标点击后，就会出现【设置单元格格式】对话框；点击【边框】，选择粗线，然后点击【外边框】按钮，如图3-73所示。

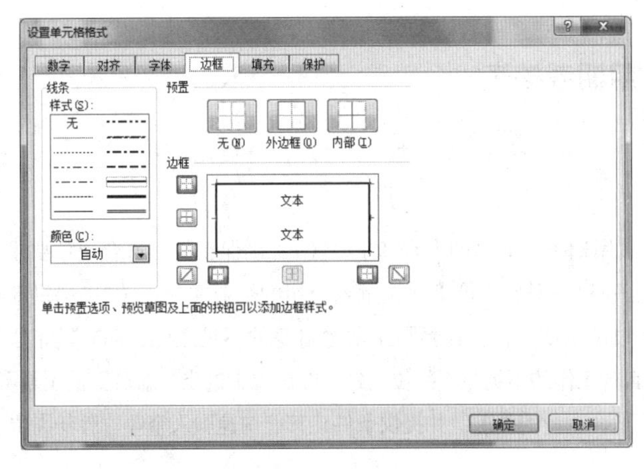

■ 图3-73

②选中B3单元格，鼠标左键单击【边框】，选择下框线，得到如图3-74所示。

（4）输入内容。

①用鼠标选中B2单元格，然后在单元格内输入“××公司结构化面试问卷”；选中该单元格，将【字号】设置为26；在功能区中点击【垂直居中】和【居中】，并用【Ctrl+B】快捷键将文字加粗。

②在B3:B14区域内的单元格中分别输入文字，并按照前面提到的方法对文字进行适当调整，效果如图3–75所示。

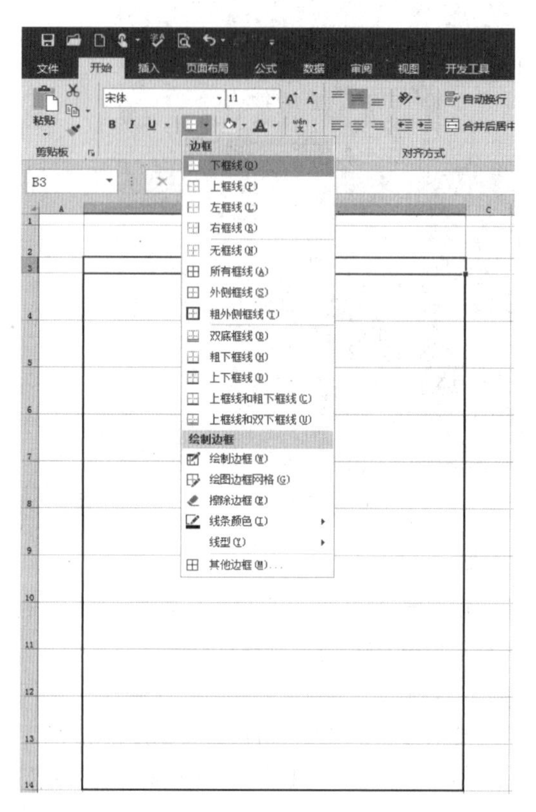

■ 图3–74

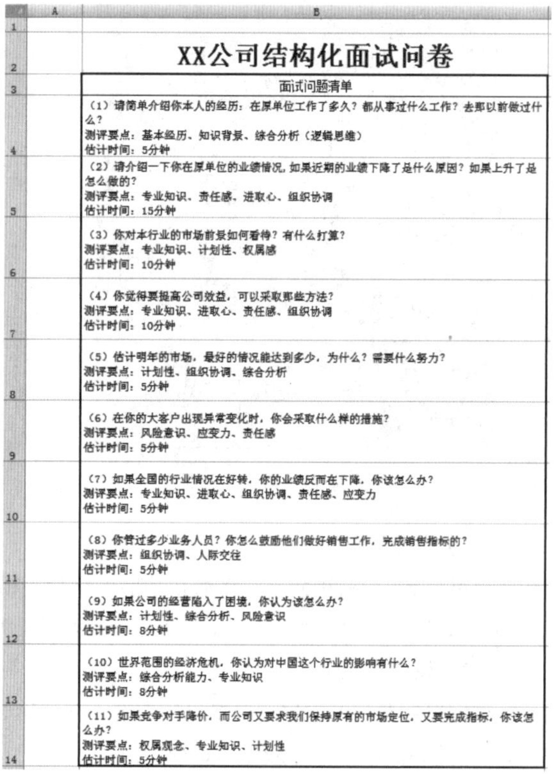

XX公司结构化面试问卷

面试问题清单

（1）请简单介绍你本人的经历：在原单位工作了多久？都从事过什么工作？去那以前做过什么？
测评要点：基本经历、知识背景、综合分析（逻辑思维）
估计时间：5分钟

（2）请介绍一下你在原单位的业绩情况，如果近期的业绩下降了是什么原因？如果上升了是怎么做的？
测评要点：专业知识、责任感、进取心、组织协调
估计时间：15分钟

（3）你对本行业的市场前景如何看待？有什么打算？
测评要点：专业知识、计划性、权属感
估计时间：10分钟

（4）你觉得要提高公司效益，可以采取那些方法？
测评要点：专业知识、进取心、责任感、组织协调
估计时间：10分钟

（5）估计明年的市场，最好的情况能达到多少，为什么？需要什么努力？
测评要点：计划性、组织协调、综合分析
估计时间：5分钟

（6）在你的大客户出现异常变化时，你会采取什么样的措施？
测评要点：风险意识、应变力、责任感
估计时间：5分钟

（7）如果全国的行业情况在好转，你的业绩反而在下降，你该怎么办？
测评要点：专业知识、进取心、组织协调、责任感、应变力
估计时间：5分钟

（8）你管过多少业务人员？你怎么鼓励他们做好销售工作，完成销售指标的？
测评要点：组织协调、人际交往
估计时间：5分钟

（9）如果公司的经营陷入了困境，你认为该怎么办？
测评要点：计划性、综合分析、风险意识
估计时间：8分钟

（10）世界范围的经济危机，你认为对中国这个行业的影响有什么？
测评要点：综合分析能力、专业知识
估计时间：8分钟

（11）如果竞争对手降价，而公司又要求我们保持原有的市场定位，又要完成指标，你该怎么办？
测评要点：权属观念、专业知识、计划性
估计时间：5分钟

■ 图3–75

八、新员工试用期考核表

内容说明

通常来说，新员工试用期考核的目的大致如下：（1）确保新员工符合岗位要求，促使员工发展与企业人力资源规划战略目标相一致，引导新员工尽快融入公司的企业文化；（2）提供新员工去留的依据，避免引起劳动纠纷；（3）通过试用期考核，让新员工清楚自身的不足之处，明确转正之后的工作目标及前进方向；（4）帮助企业审视自身工作的不足与不到位之处，在审视中进步。新员工试用期考核的意义不在于淘汰，而在于检验和反馈，留下适合企业的员工，并提供条件让其能快速融入企业、胜任岗位，为企业创造价值。

学习任务

使用Excel 2016制作“新员工试用期考核表”，重点是掌握Excel基础表格绘制操作。

（1）创建、命名文件及设置行高。

①新建一个Excel工作表，并将其命名为“××公司新员工试用期考核表”。

②打开空白工作表，用鼠标选中第2行单元格，然后在功能区选择【格式】，用左键点击后即会出现下拉菜单，继续点击【行高】，在弹出的【行高】对话框中，把行高设置为40，然后单击【确定】，如图3-76所示。

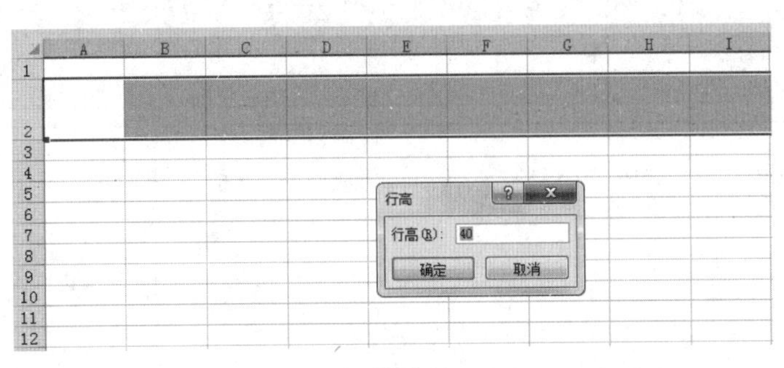

■ 图3-76

③用同样的方法，把第3行至第7行的行高设置为30、第8行至第15行的行高设置为45、第16行的行高设置为75、第17行的行高设置为30、第18行的行高设置为45，如图3-77所示。

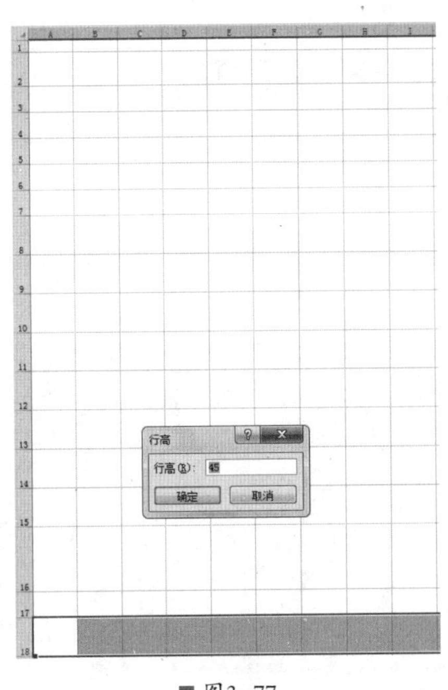

■ 图3-77

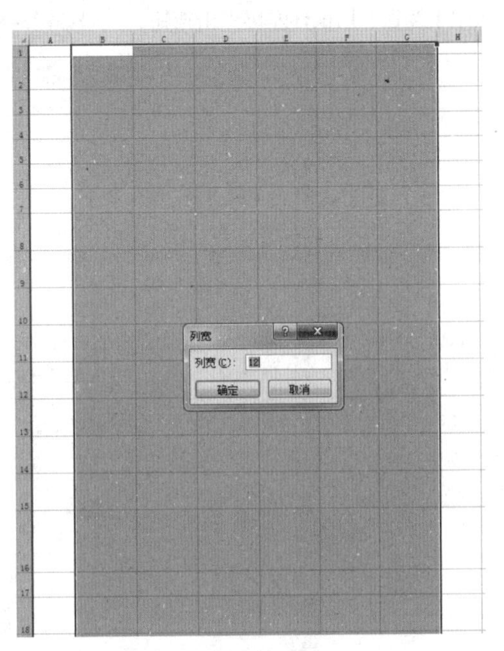

■ 图3-78

（2）设置列宽。

用鼠标选中B至G列单元格，然后在功能区选择【格式】，用左键点击后即会出现下拉菜单，然后点击【列宽】，在弹出的【列宽】对话框中，把列宽设置为12，然后单击【确定】，如图3-78所示。

（3）合并单元格。

①用鼠标选中B2:G2，然后在功能区选择【合并后居中】按钮，用鼠标左键点击按钮，效果如图3-79所示。

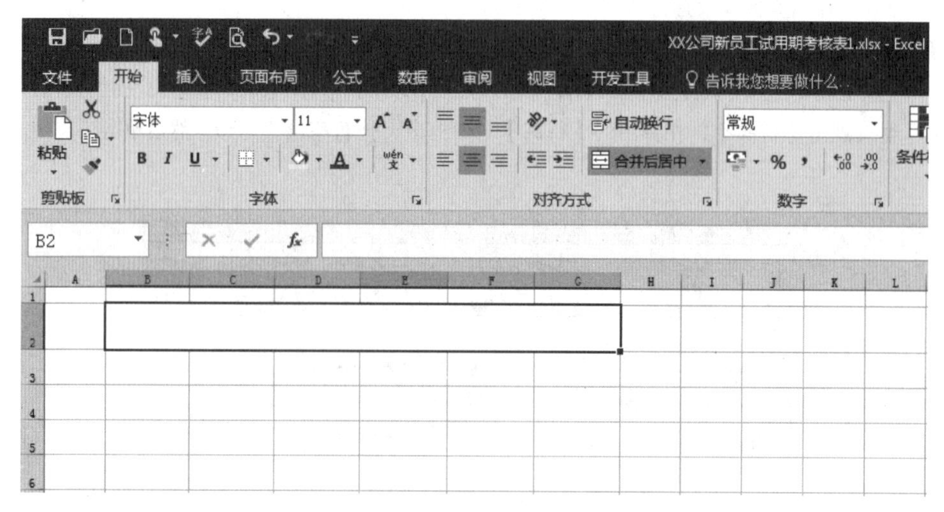

■ 图3-79

②用同样的方法，分别选中B3:G3、B6:G6、B7:C7、D7:E7、B8:B12、B13:B15、D8:E8、D9:E9、D10:E10、D11:E11、D12:E12、D13:E13、D14:E14、D15:E15、D16:E16、B17:E17，然后在功能区选择【合并后居中】按钮，用鼠标左键点击按钮，效果如图3-80所示。

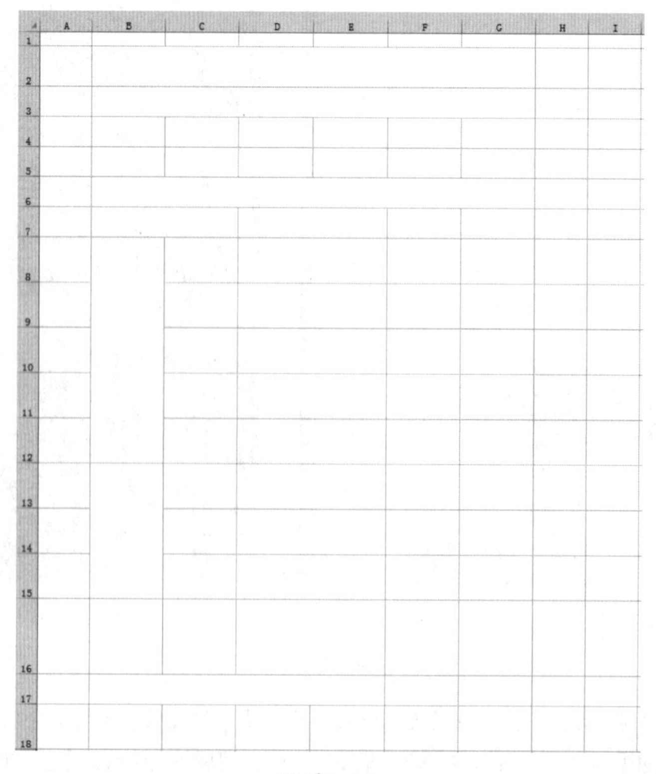

■ 图3-80

（4）设置边框线。

①用鼠标选中B3:G18，单击鼠标右键，在弹出的菜单中选择【设置单元格格式】；用鼠标点击后，就会出现【设置单元格格式】对话框；点击【边框】，选择细线，然后点击【内部】按钮；再选择粗线，然后点击【外边框】按钮，如图3-81所示。

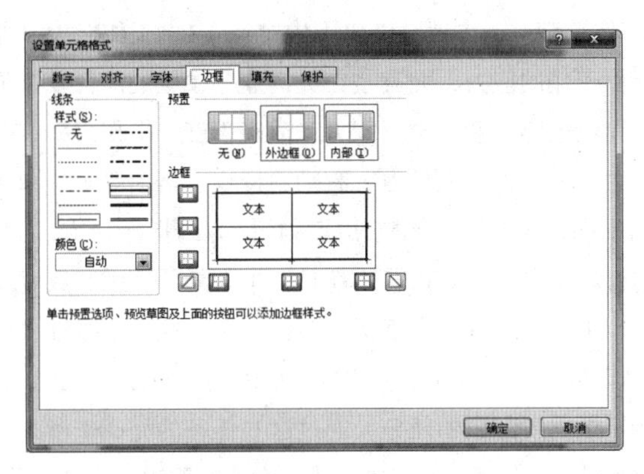

■ 图3-81

②点击【确定】后，最终的效果如图3-82所示。

（5）输入内容。

①用鼠标选中B2，然后在单元格内输入"××公司新员工试用期考核表"；选中该单元格，将【字号】设置为24；在功能区中点击【垂直居中】和【居中】，并用【Ctrl+B】快捷键将文字加粗。

②在B3:G18区域内的单元格中分别输入文字，并按照前面提到的方法对文字进行适当调整，效果如图3-83所示。

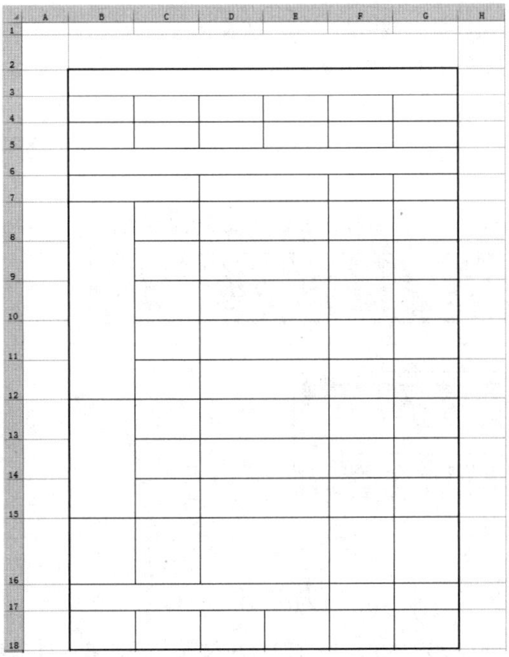

■ 图3-82

XX公司新员工试用期考核表

基本信息					
被考核人姓名		部门		岗位	
直接上级姓名		部门		岗位	
评分标准					
评价指标		描述		分值值	评分
企业文化要求	责任心	对自身岗位职责与目标负责，勇于承担责任		10	
	主动性	积极推进工作，努力寻求资源，不回避困难		10	
	团队意识	积极关注团队整体目标，与团队成员共同完成工作目标		10	
	客户意识	积极关注客户需求，主动为客户解决问题		10	
	学习领悟	善于总结、学习，正确理解工作目标，不出现相同错误		10	
岗位要求	适岗程度	相关知识、经验、能力和技能与岗位的符合程度		20	
	工作效率	在规定时间完成任务，遇到问题迅速反应		10	
	工作质量	完成的工作是否符合要求、达到预期效果		10	
培训状况	参加入职培训的表现和成绩	培训成绩对应分值：A+（8～10分）、A（6～8分）、B+（4～6分）、B（2～4分）、C（0～2分）		10	
总分				100	
对应等级	A⁺(90～100分)	A（80～90分）	B⁺(70～80分)	B（60～70分）	C（60分以下）

■ 图3-83

九、新员工试用期工作总结表

对新员工进行试用期工作总结时，主要总结以下内容：（1）工作能力。即为达成组织期望的工作业绩所必须具备的完成所在岗位工作的能力，尤其是在关键业务领域的能力要满足公司对岗位的要求。对一般员工的能力要求有：对本岗位的熟识度、学习能力、适岗程度、工作效率、工作质量等。对于管理人员要求的能力有：人际交往能力、影响力、领导力（激励、授权、培训等）、沟通能力、计划执行能力、判断决策能力等。根据岗位的不同，企业需要调整相应考核能力的指标。（2）工作态度。一个人对工作的看法不一样，自然其采取的行动也不一样。这背后就是一个人的价值观和成就动机。一个态度不端正、行为动机不强的人，工作业绩也不会怎么好。态度指标包括：纪律性、积极性、责任心、协作性、团队意识等。（3）工作结果。让一名新员工在短短几个月的试用期内创造明显的绩效，这是不现实的。但是对一些管理岗位，还是得设置一些短期内要完成的任务，通过这些任务的完成来考查其是否做事、做事是否有结果，一般有效率的人做事有计划、有条理，会统筹安排，会及时跟进，直到事情有明确结果为止。

使用Excel 2016制作“新员工试用期工作总结表”，重点是掌握Excel基础表格绘制操作。

（1）创建、命名文件及设置行高。

①新建一个Excel工作表，并将其命名为“××公司新员工试用期工作总结表”。

②打开空白工作表，用鼠标选中第2行单元格，然后在功能区选择【格式】，用左键点击后即会出现下拉菜单，继续点击【行高】，在弹出的【行高】对话框中，把行高设置为40，然后单击【确定】，如图3-84所示。

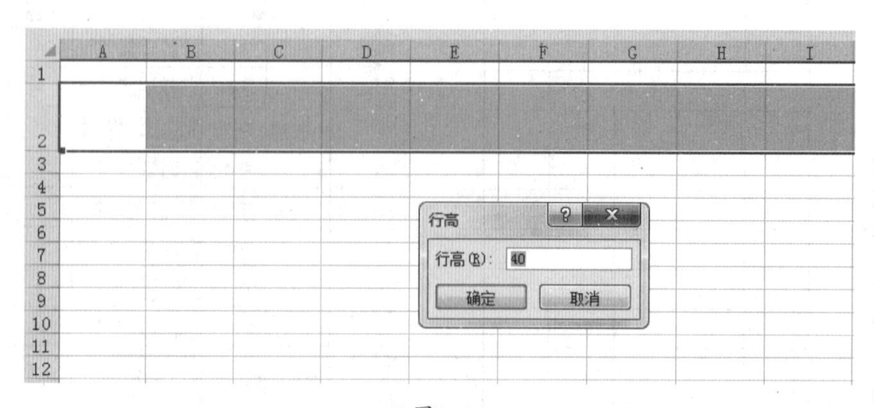

■ 图3-84

③用同样的方法，把第3行至第8行的行高设置为30、第9行至第13行的行高设置为80、第14行至第15行的行高设置为30，如图3-85所示。

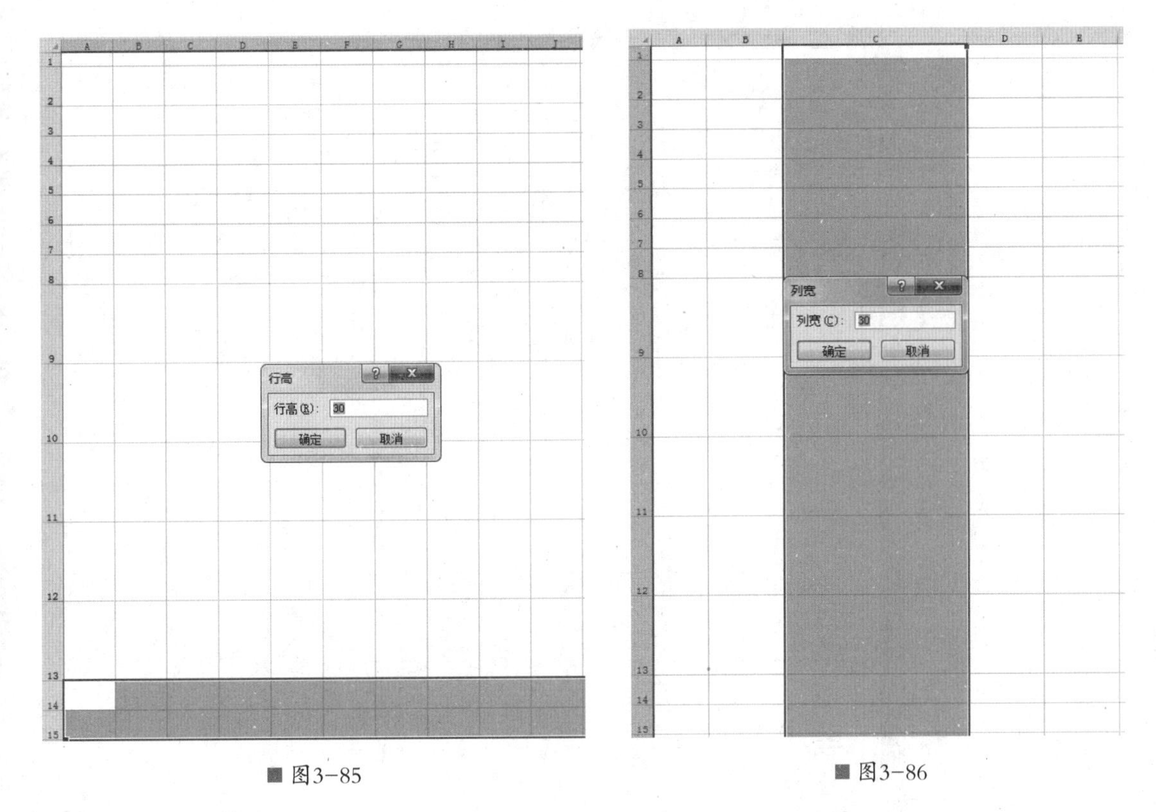

■ 图3–85　　　　■ 图3–86

（2）设置列宽。

①用鼠标选中B、D、E列单元格，然后在功能区选择【格式】，用左键点击后即会出现下拉菜单，然后点击【列宽】，在弹出的【列宽】对话框中，把列宽设置为12，然后单击【确定】。

②用同样的方法，将C列单元格的列宽设置为30，然后单击【确定】，效果如图3–86所示。

（3）合并单元格。

①用鼠标选中B2:E2，然后在功能区选择【合并后居中】按钮，用鼠标左键点击按钮，效果如图3–87所示。

■ 图3–87

②用同样的方法，分别选中B3:E3、B8:E8、C9:E9、C10:E10、C11:E11、C12:E12、C13:E13、C15:E15，然后在功能区选择【合并后居中】按钮，用鼠标左键点击按钮，效果如图3–88所示。

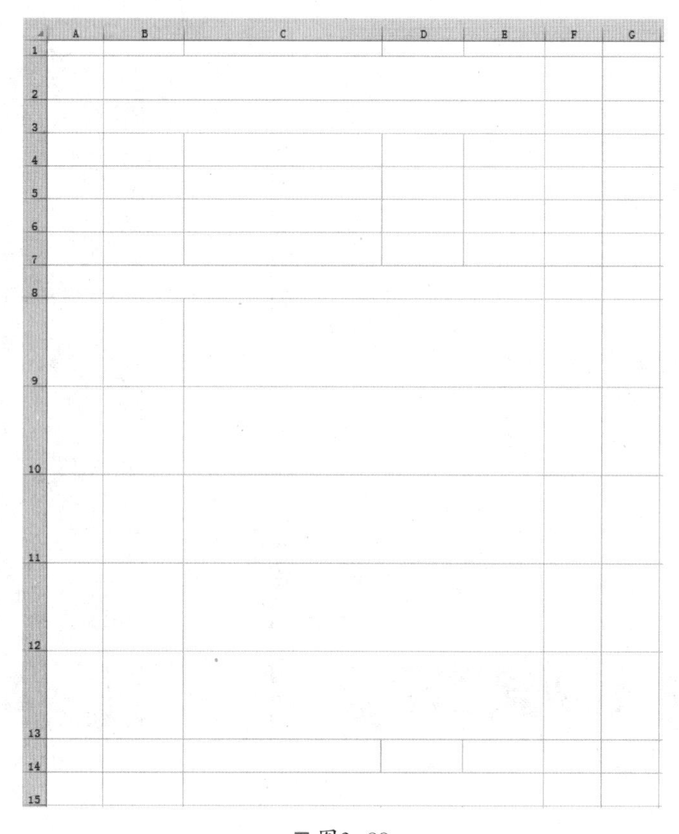

■ 图3-88

（4）设置边框线。

①用鼠标选中B3:E15，单击鼠标右键，在弹出的菜单中选择【设置单元格格式】；用鼠标点击后，就会出现【设置单元格格式】对话框；点击【边框】，选择细线，然后点击【内部】按钮；再选择粗线，然后点击【外边框】按钮，如图3-89所示。

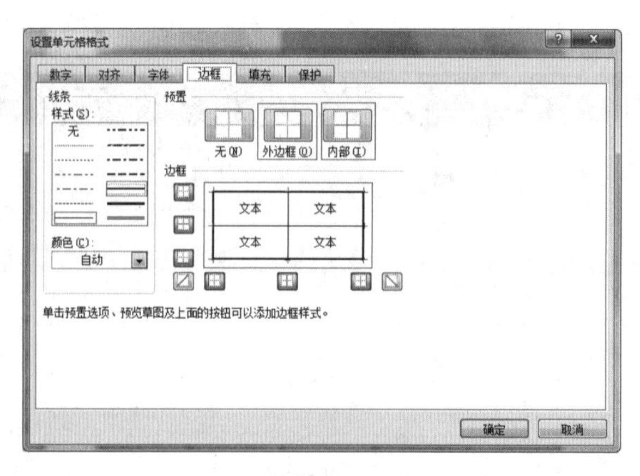

■ 图3-89

②点击【确定】后，最终的效果如图3-90所示。

XX公司新员工试用期工作总结表			
（以下栏目由人力资源部填写）			
姓　名		员工编号	
部　门		岗　位	
试用时间	年　月　日至　　年　月　日	入职培训成绩	
招聘来源	应届生/社会招聘/内调	入职材料提供完整性	
（以下栏目由新员工填写）			
直接上级及岗位			
辅导人姓名及岗位			
试用期主要工作安排			
试用期工作总结	（内容包括对试用期工作的回顾、总结，对公司文化的理解；自己在工作中的优点及不足，如何改进存在的不足；对自己今后工作的设想等）		
对公司或部门的意见或建议			
填写时间		签名	
备　注	此表请新员工收到后在3天内填写完毕并反馈直接上级或辅导人		

■ 图3-90　　■ 图3-91

（5）输入内容。

①用鼠标选中B2，然后在单元格内输入“××公司新员工试用期工作总结表”；选中该单元格，将【字号】设置为24；在功能区中点击【垂直居中】和【居中】，并用【Ctrl+B】快捷键将文字加粗。

②在B3:E15区域内的单元格中分别输入文字，并按照前面提到的方法对文字进行适当调整，效果如图3-91所示。

十、新员工试用期转正考核表

内容说明

对新员工常见的考评方式有实际操作测试、笔试、培训/工作总结报告、论文答辩、工作日志、360度考核等。企业需根据内部情况选择合适的考评方式。

学习任务

使用Excel 2016制作“新员工试用期转正考核表”，重点是学会为Excel添加控件。

具体步骤

（1）创建、命名文件及设置行高。

①新建一个Excel工作表，并将其命名为“××公司新员工试用期转正考核表”。

②打开空白工作表，用鼠标选中第2行单元格，然后在功能区选择【格式】，用左键点击后即会出现下拉菜单，继续点击【行高】，在弹出的【行高】对话框中，把行高设置为45，然后单击【确定】，如图3-92所示。

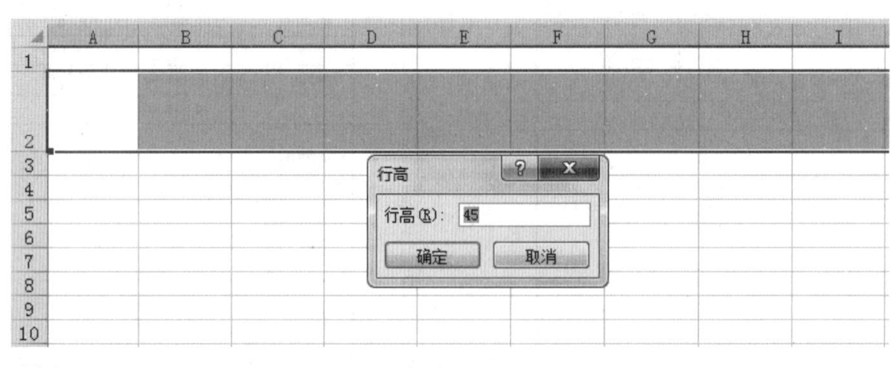

■ 图3-92

③用同样的方法，把第3行至第5行的行高设置为20、第6行的行高设置为30、第7行至第16行的行高设置为80、第17行的行高设置为30、第18行的行高设置为80、第19行的行高设置为90，部分设置效果如图3-93所示。

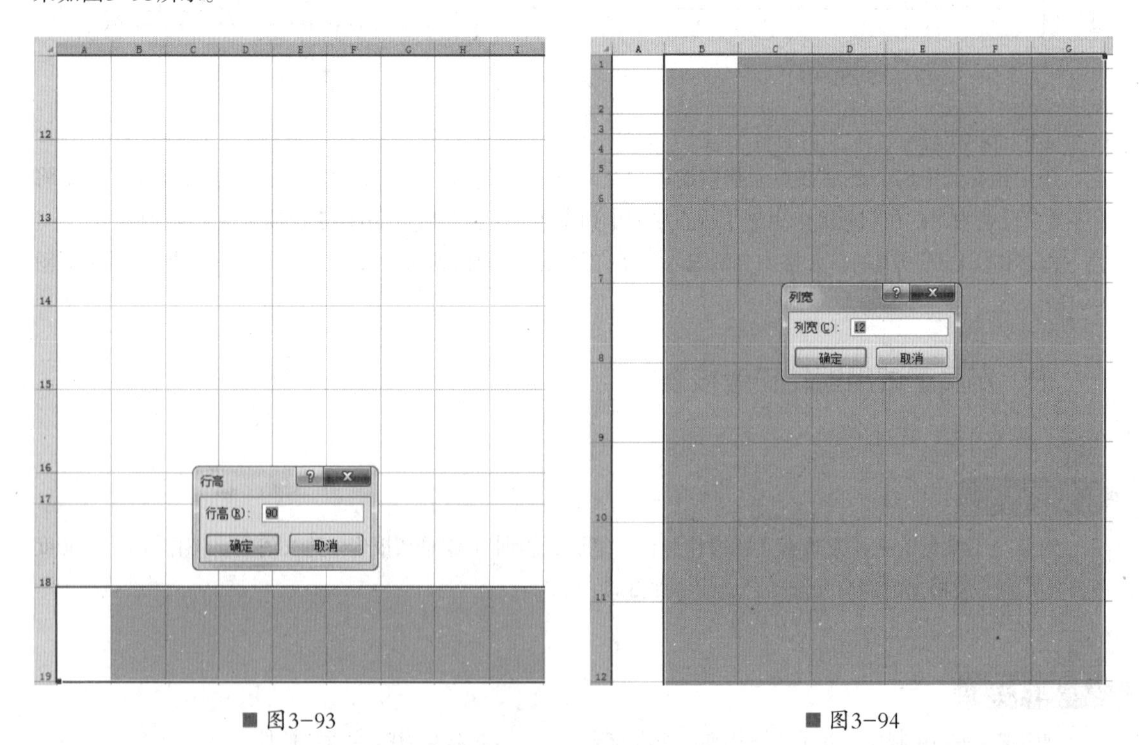

■ 图3-93　　■ 图3-94

（2）设置列宽。

用鼠标选中B至G列单元格，然后在功能区选择【格式】，用左键点击后即会出现下拉菜单，然后点击【列宽】，在弹出的【列宽】对话框中，把列宽设置为12，然后单击【确定】，如图3-94所示。

（3）合并单元格。

①用鼠标选中B2:G2，然后在功能区选择【合并后居中】按钮，用鼠标左键点击按钮，效果如图3-95所示。

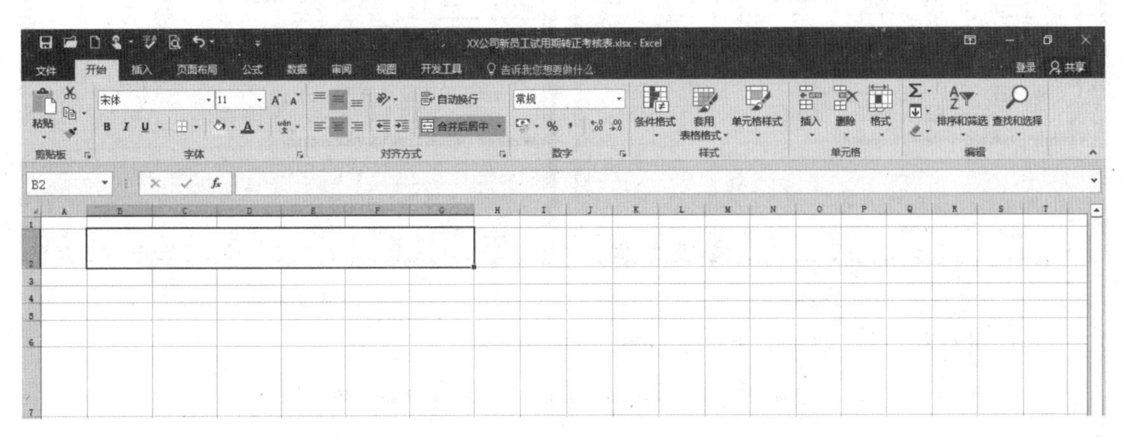

■ 图3-95

②用同样的方法，分别选中C3:D3、F3:G3、C4:D4、F4:G4、B5:G5、B6:G6、B7:G7、B8:G8、B9:G9、B10:G10、B11:G11、B12:G12、B13:G13、B14:G14、B15:G15、B16:G16、B18:G18、B19:C19、D19:E19、F19:G19，然后在功能区选择【合并后居中】按钮，用鼠标左键点击按钮，效果如图3-96、图3-97所示。

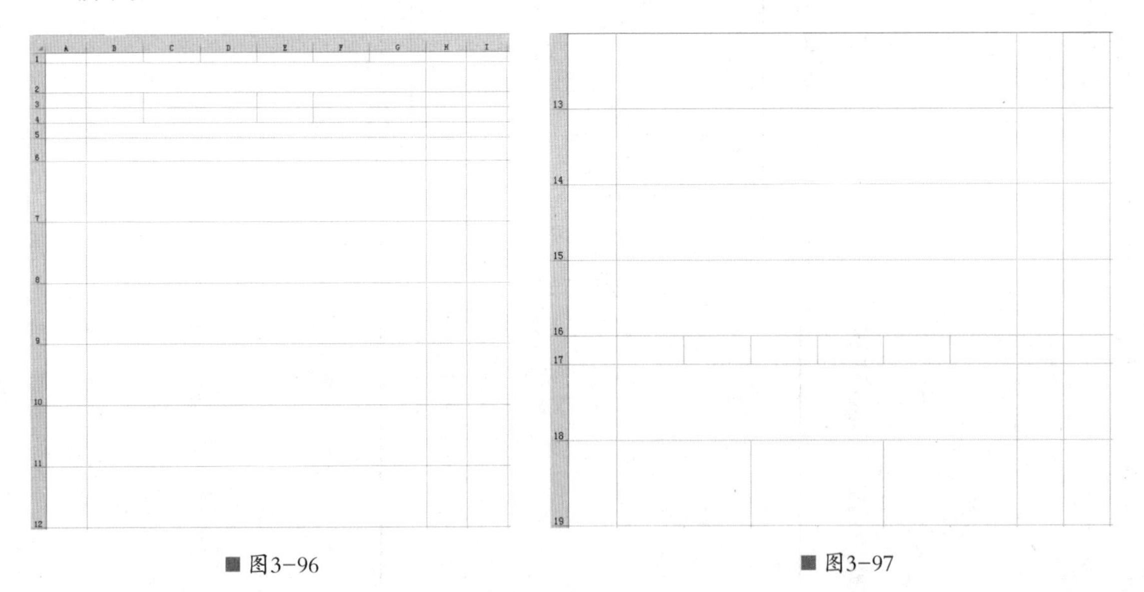

■ 图3-96　　■ 图3-97

（4）设置边框线。

①用鼠标选中B3:G19，单击鼠标右键，在弹出的菜单中选择【设置单元格格式】；用鼠标点击后，就会出现【设置单元格格式】对话框；点击【边框】，选择细线，然后点击【内部】按钮；再选择粗线，然后点击【外边框】按钮，如图3-98所示。

②用鼠标选中B6:B16，用同样的方法设置边框，如图3-99所示。

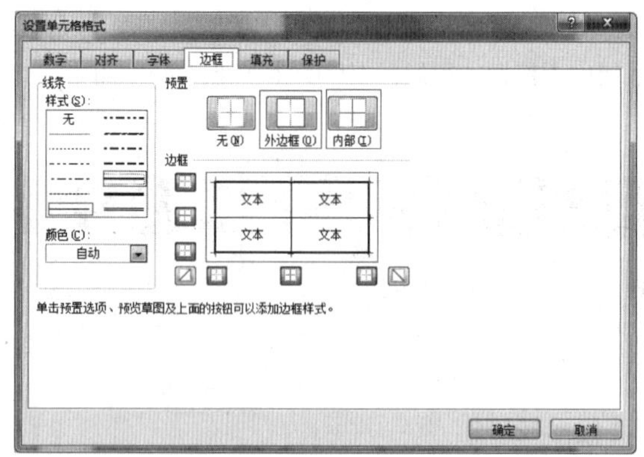

■ 图3-98

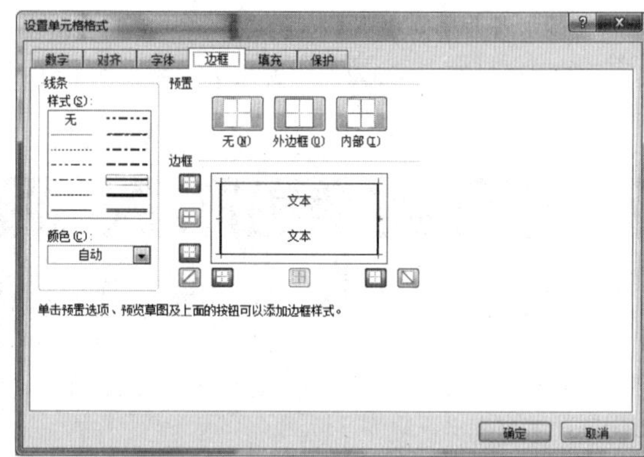

■ 图3-99

③点击【确定】后，最终的效果如图3-100、图3-101所示。

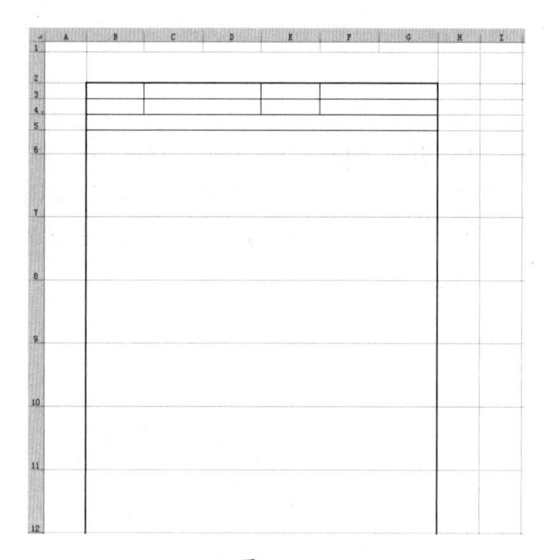

■ 图3-100

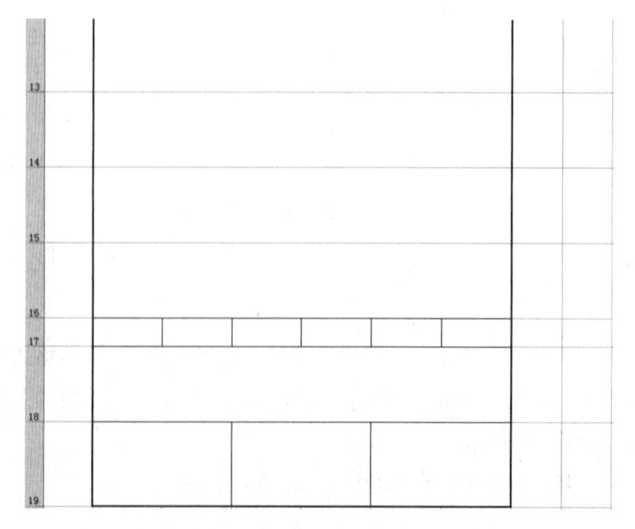

■ 图3-101

（5）输入内容。

①用鼠标选中B2，然后在单元格内输入“××公司新员工试用期转正考核表”；选中该单元格，将【字号】设置为24；在功能区中点击【垂直居中】和【居中】，并用【Ctrl+B】快捷键将文字加粗。

②在B3:G19区域内的单元格中分别输入文字，并按照前面提到的方法对文字进行适当调整，效果如图3-102、图3-103所示。

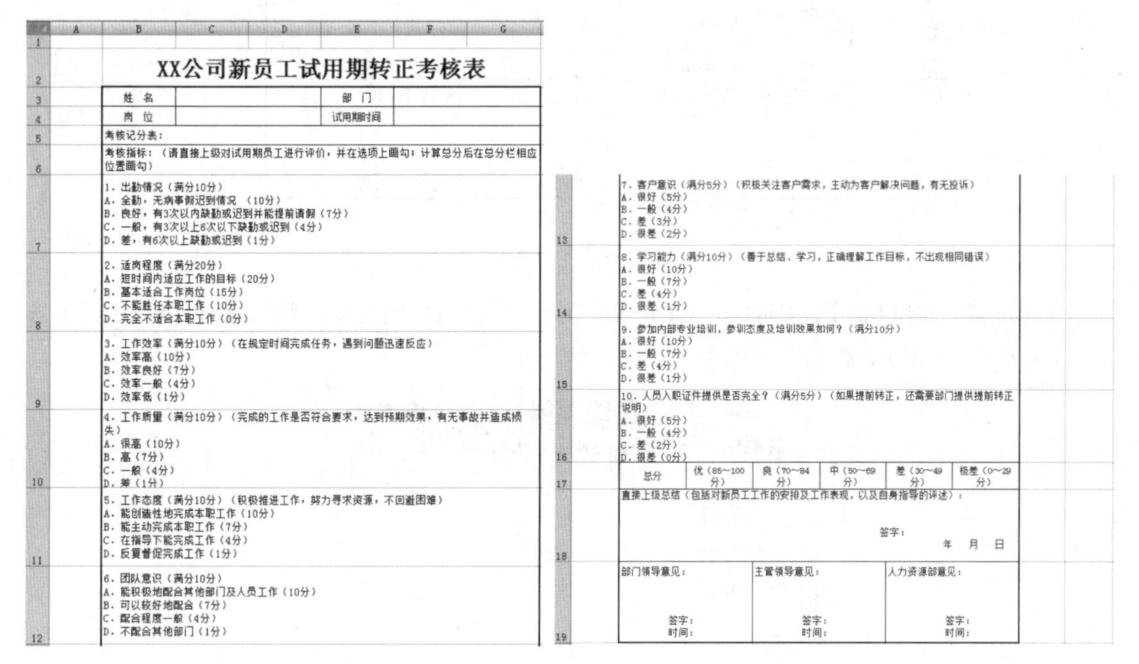

XX公司新员工试用期转正考核表

姓 名		部 门	
岗 位		试用期时间	

考核记分表：

考核指标：（请直接上级对试用期员工进行评价，并在选项上画勾；计算总分后在总分栏相应位置画勾）

1. 出勤情况（满分10分）
A. 全勤，无病事假迟到情况 （10分）
B. 良好，有3次以内缺勤或迟到并能提前请假（7分）
C. 一般，有3次以上6次以下缺勤或迟到（4分）
D. 差，有6次以上缺勤或迟到（1分）

2. 适岗程度（满分20分）
A. 短时间内适应工作的目标（20分）
B. 基本适合工作岗位（15分）
C. 不能胜任本职工作（10分）
D. 完全不适合本职工作（0分）

3. 工作效率（满分10分）（在规定时间完成任务，遇到问题迅速反应）
A. 效率高（10分）
B. 效率良好（7分）
C. 效率一般（4分）
D. 效率低（1分）

4. 工作质量（满分10分）（完成的工作是否符合要求，达到预期效果，有无事故并造成损失）
A. 很高（10分）
B. 高（7分）
C. 一般（4分）
D. 差（1分）

5. 工作态度（满分10分）（积极推进工作，努力寻求资源，不回避困难）
A. 能创造性地完成本职工作（10分）
B. 能主动完成本职工作（7分）
C. 在指导下能完成工作（4分）
D. 反复督促完成工作（1分）

6. 团队意识（满分10分）
A. 能积极地配合其他部门及人员工作（10分）
B. 可以较好地配合（7分）
C. 配合程度一般（4分）
D. 不配合其他部门（1分）

7. 客户意识（满分5分）（积极关注客户需求，主动为客户解决问题，有无投诉）
A. 很好（5分）
B. 一般（4分）
C. 差（3分）
D. 很差（2分）

8. 学习能力（满分10分）（善于总结、学习，正确理解工作目标，不出现相同错误）
A. 很好（10分）
B. 一般（7分）
C. 差（4分）
D. 很差（1分）

9. 参加内部专业培训，参训态度及培训效果如何？（满分10分）
A. 很好（10分）
B. 一般（7分）
C. 差（4分）
D. 很差（1分）

10. 人员入职证件提供是否完全？（满分5分）（如果提前转正，还需要部门提供提前转正说明）
A. 很好（5分）
B. 一般（4分）
C. 差（2分）
D. 很差（0分）

总分	优（85~100分）	良（70~84分）	中（50~69分）	差（30~49分）	极差（0~29分）

直接上级总结（包括对新员工工作的安排及工作表现，以及自身指导的评述）：

签字：
年　月　日

部门领导意见： 签字： 时间：	主管领导意见： 签字： 时间：	人力资源部意见： 签字： 时间：

■ 图3-102　　■ 图3-103

（6）添加控件。

①切换到【开发工具】选项卡，在【控件】选项组中单击【插入】按钮，在弹出的下拉列表中选择【表单控件】下的【复选框】，然后在B18单元格内进行绘制，如图3-104所示。

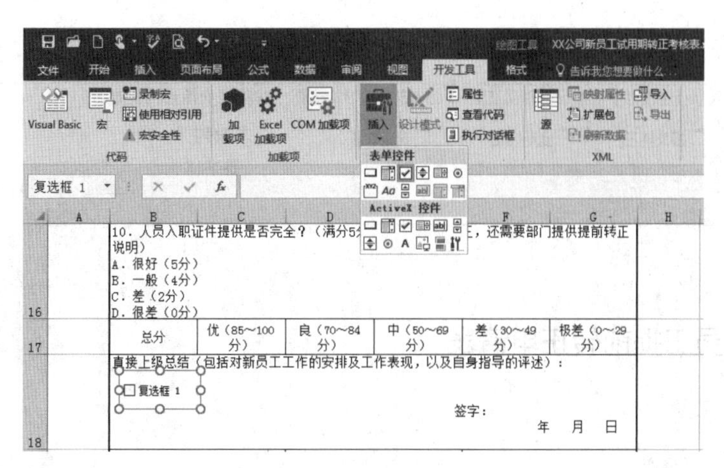

■ 图3-104

②继续选中之前绘制的控件，并使其处于编辑状态，将其文字改为“提前转正”；然后单击鼠标右键，在弹出的快捷菜单中选择【设置控件格式】，如图3-105所示。

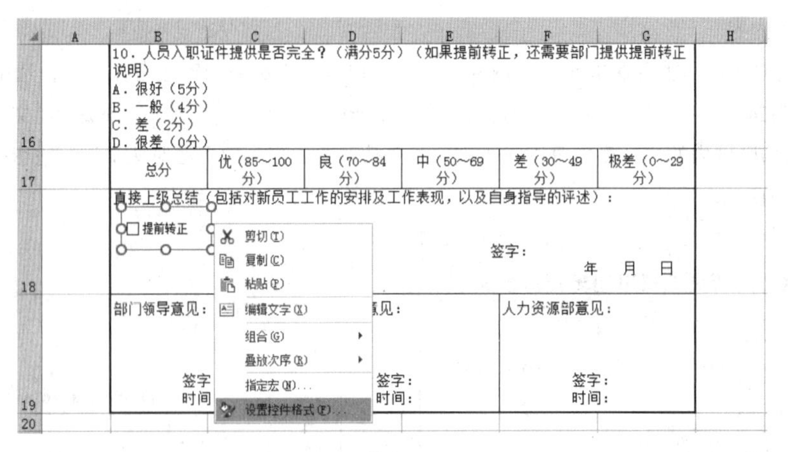

■ 图3–105

③点击后，在弹出的【设置控件格式】对话框中，选择【控制】标签页，然后点击【三维阴影】复选框，最后单击【确定】，如图3–106所示。

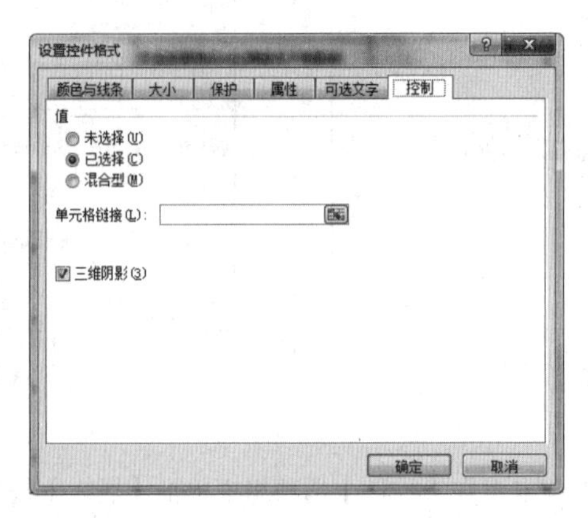

■ 图3–106

④选择创建完成的控件，将其分别复制为三个新控件后修改相应的文字，最终的效果如图3–107所示。

直接上级总结（包括对新员工工作的安排及工作表现，以及自身指导的评述）：

☐提前转正 ☐到期转正 ☐延迟转正 ☐不予转正

签字：

年 月 日

■ 图3–107

十一、新员工提前转正申请表

如果新员工试用期间工作表现优秀，可以由新员工本人或直接上级提出转正申请，填写“提前转正申请表”。提出转正申请前，转正试用期最短不得少于一个月。“提前转正申请表”须按规定逐级审核批准，并提交试用期个人工作业绩报告。

学习任务

使用Excel 2016制作“新员工提前转正申请表”，重点是掌握Excel基础表格绘制操作。

具体步骤

（1）创建、命名文件及设置行高。

①新建一个Excel工作表，并将其命名为“××公司新员工提前转正申请表”。

②打开空白工作表，用鼠标选中第2行单元格，然后在功能区选择【格式】，用左键点击后即会出现下拉菜单，继续点击【行高】，在弹出的【行高】对话框中，把行高设置为40，然后单击【确定】，如图3-108所示。

■ 图3-108

③用同样的方法，把第3行至第4行的行高设置为20、第5行至第8行的行高设置为120、第9行的行高设置为20，如图3-109所示。

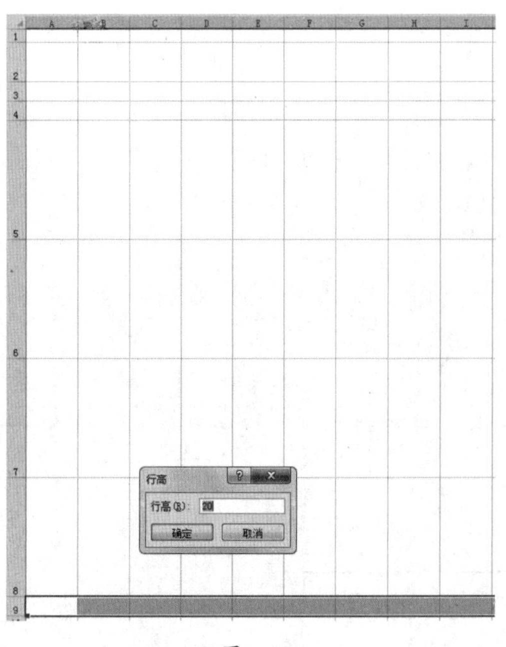

■ 图3-109

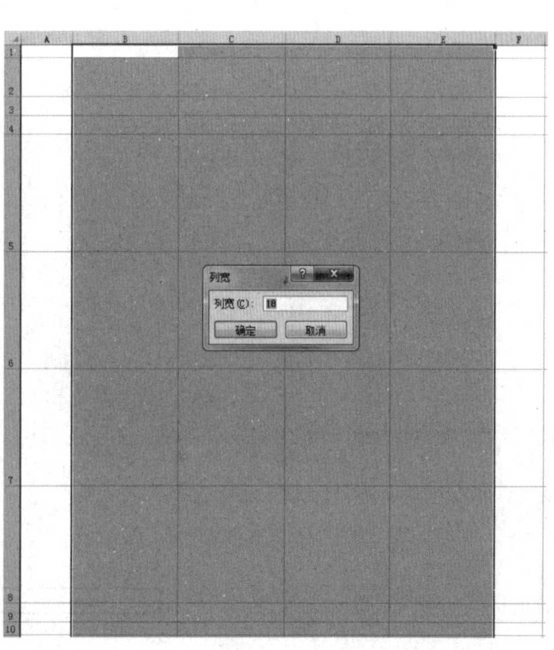

■ 图3-110

（2）设置列宽。

用鼠标选中B至E列单元格，然后在功能区选择【格式】，用左键点击后即会出现下拉菜单，然后点击【列宽】，在弹出的【列宽】对话框中，把列宽设置为18，然后单击【确定】，如图3-110所示。

（3）合并单元格。

①用鼠标选中B2:E2，然后在功能区选择【合并后居中】按钮，用鼠标左键点击按钮，效果如图3-111所示。

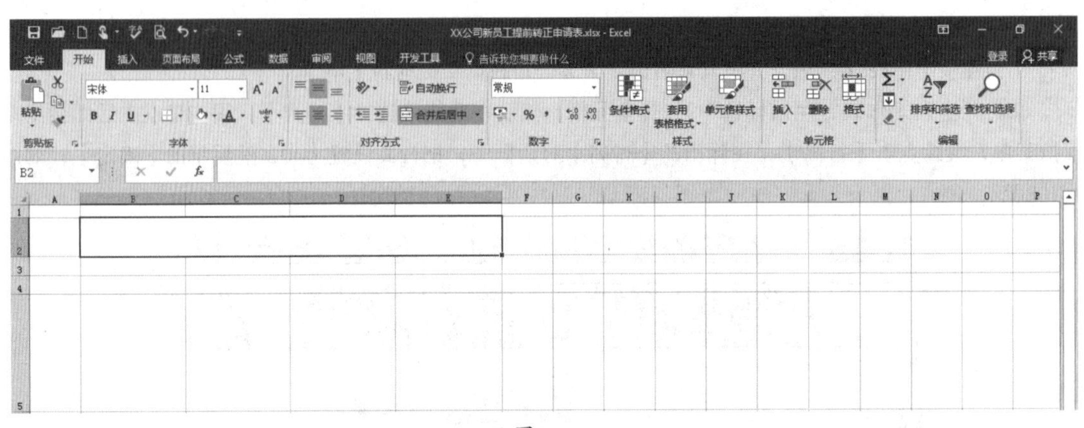

■ 图3-111

②用同样的方法，分别选中B5:E5、B6:E6、B7:E7、B8:E8、C9:E9，然后在功能区选择【合并后居中】按钮，用鼠标左键点击按钮，效果如图3-112所示。

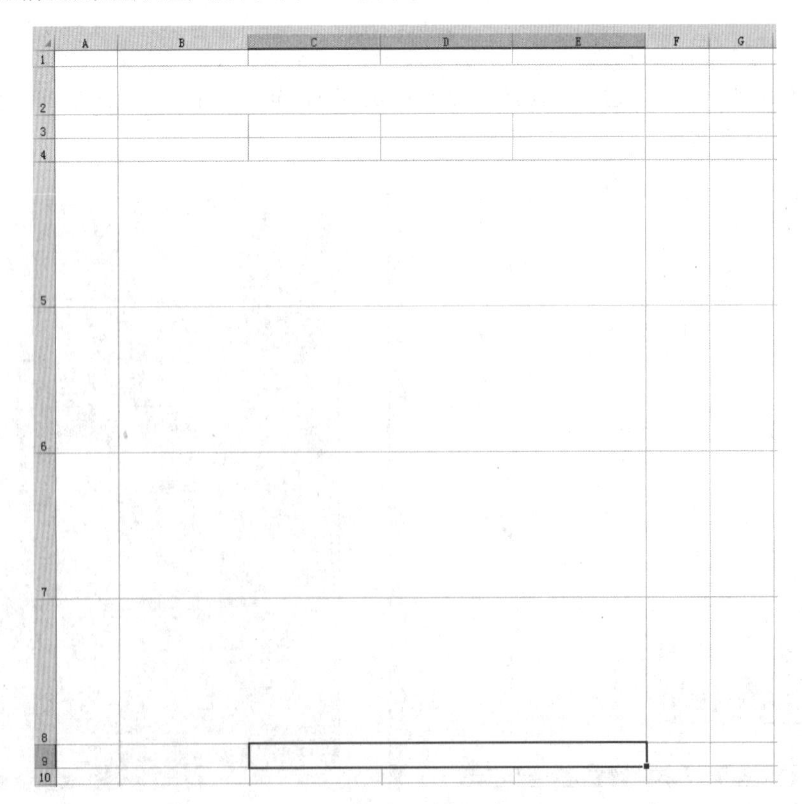

■ 图3-112

（4）设置边框线。

①用鼠标选中B3:E9，单击鼠标右键，在弹出的菜单中选择【设置单元格格式】；用鼠标点击后，就会出现【设置单元格格式】对话框；点击【边框】，选择细线，然后点击【内部】按钮；再选择粗线，然后点击【外边框】按钮，如图3–113所示。

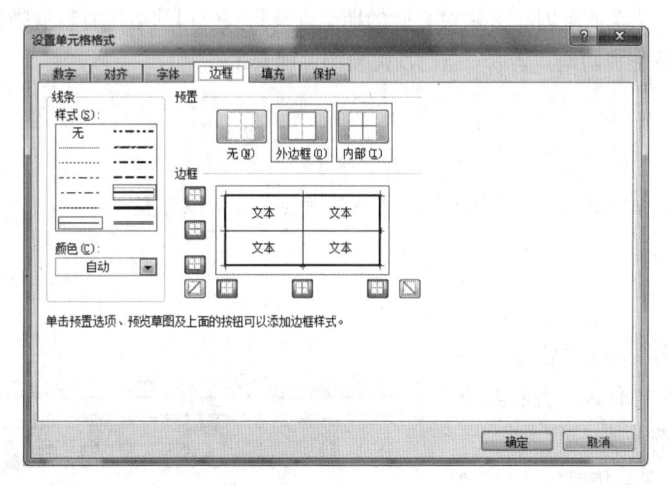

■ 图3–113

②点击【确定】后，最终的效果如图3–114所示。

■ 图3–114　　■ 图3–115

（5）输入内容。

①用鼠标选中B2，然后在单元格内输入“××公司新员工提前转正申请表”；选中该单元格，将【字号】设置为24；在功能区中点击【垂直居中】和【居中】，并用【Ctrl+B】快捷键将文字加粗。

②在B3:E9区域内的单元格中分别输入文字，并按照前面提到的方法对文字进行适当调整，效果如图3–115所示。

十二、猎头服务委托单

内容说明

HR在为企业选择猎头服务时，必须对自己的期望以及猎头公司的运作有较清晰的了解，积极参与猎头公司的服务过程，才能成功地“猎取”自己所需要的关键人才。

学习任务

使用Excel 2016制作“猎头服务委托单”，重点是学会为Excel添加控件。

具体步骤

（1）创建、命名文件及设置行高。

①新建一个Excel工作表，并将其命名为“××公司猎头服务委托单”。

②打开空白工作表，用鼠标选中第2行单元格，然后在功能区选择【格式】，用左键点击后即会出现下拉菜单，继续点击【行高】，在弹出的【行高】对话框中，把行高设置为40，然后单击【确定】，如图3-116所示。

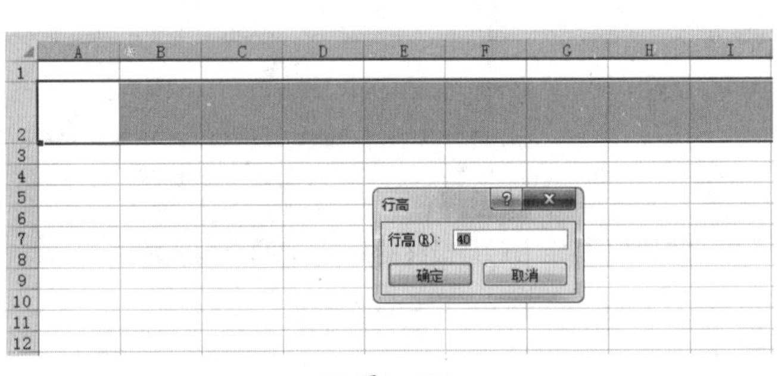

■ 图3-116

③用同样的方法，把第3行至第11行的行高设置为18、第12行的行高设置为45、第13行至第16行的行高设置为18、第17行至第20行的行高设置为45、第21行至第24行的行高设置为18，如图3-117所示。

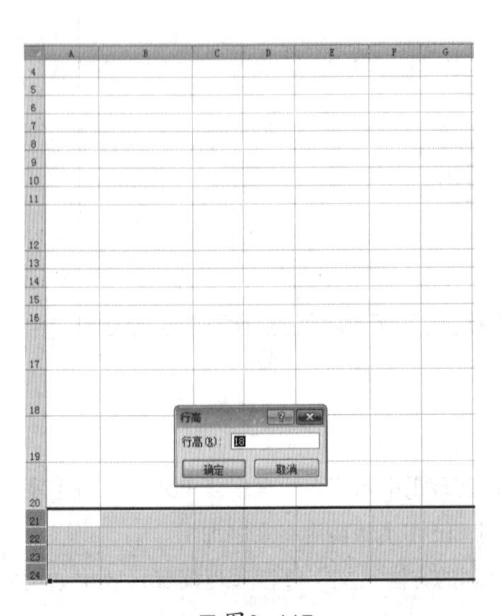

■ 图3-117

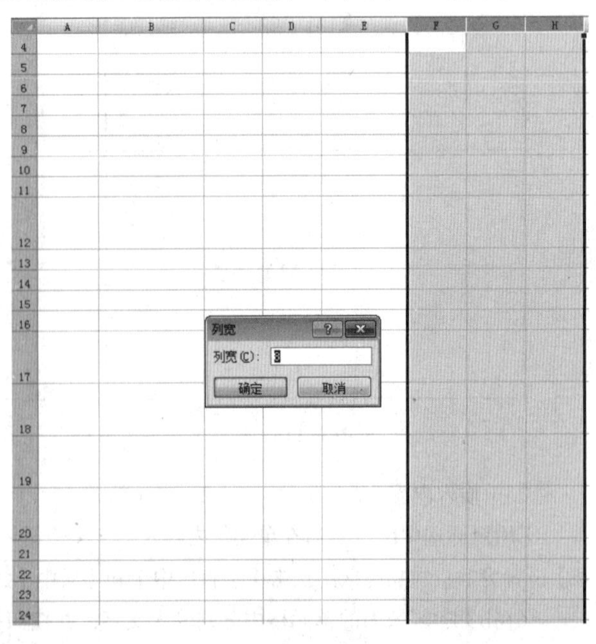

■ 图3-118

（2）设置列宽。

①用鼠标选中B列单元格，然后在功能区选择【格式】，用左键点击后即会出现下拉菜单，然后点击【列宽】，在弹出的【列宽】对话框中，把列宽设置为15，然后单击【确定】。

②用同样的方法，把C至D列单元格的列宽设置为8、E列单元格的列宽设置为12、F至H列单元格的列宽设置为8，如图3-118所示。

（3）合并单元格。

①用鼠标选中B2:H2，然后在功能区选择【合并后居中】按钮，用鼠标左键点击按钮，效果如图3-119所示。

■ 图3-119

②用同样的方法，分别选中B3:B5、C3:D5、F3:H3、F4:H4、F5:H5、C6:D6、F6:H6、C7:H7、B8:B11、C9:H9、C10:H10、C11:H11、C12:D12、F12:H12、C13:D13、F13:H13、B14:B20、C14:H14、C15:H15、C16:H16、C17:H17、C18:H18、C19:H19、C20:H20、C21:H21、B22:B24、C22:H22、C23:H23、C24:H24，然后在功能区选择【合并后居中】按钮，用鼠标左键点击按钮，效果如图3-120所示。

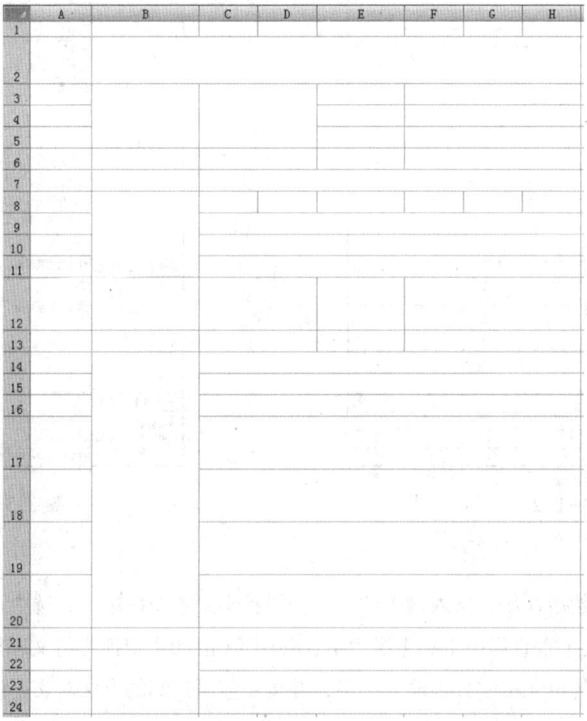

■ 图3-120

（4）设置边框线。

①用鼠标选中B3:H24，单击鼠标右键，在弹出的菜单中选择【设置单元格格式】；用鼠标点击后，就会出现【设置单元格格式】对话框；点击【边框】，选择细线，然后点击【内部】按钮；再选择粗线，然后点击【外边框】按钮，如图3-121所示。

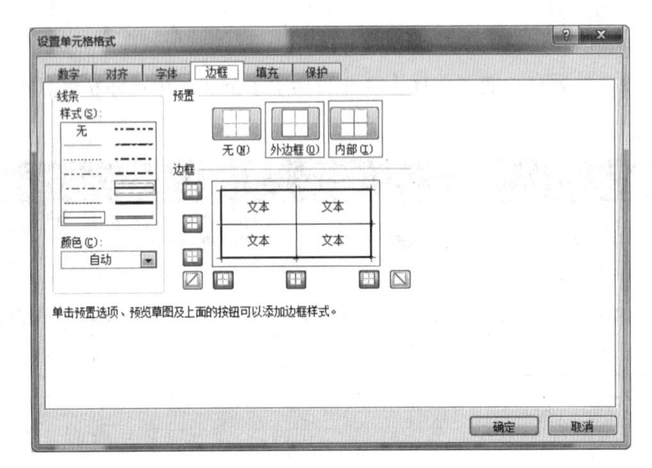

■ 图3-121

②点击【确定】后，最终的效果如图3-122所示。

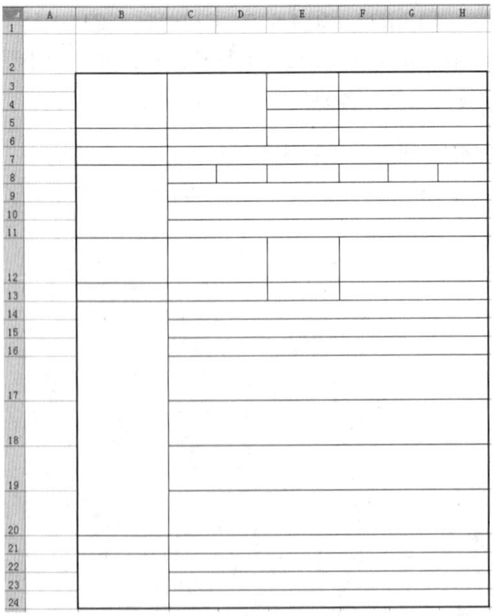

■ 图3-122

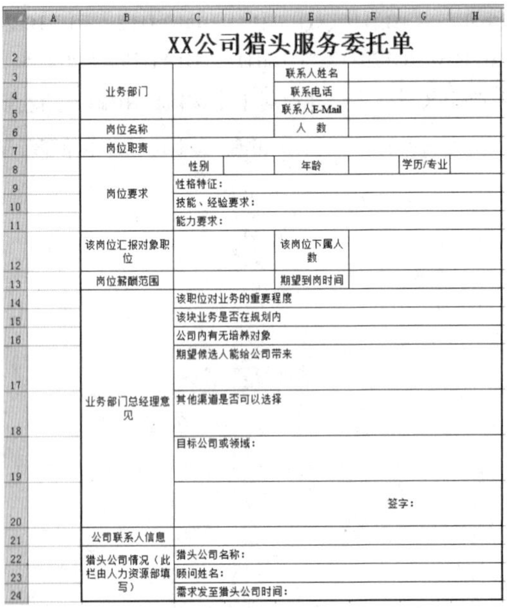

B	C	D	E	F	G	H
XX公司猎头服务委托单						
业务部门			联系人姓名			
			联系电话			
			联系人E-Mail			
岗位名称			人　数			
岗位职责						
岗位要求	性别		年龄		学历/专业	
	性格特征：					
	技能、经验要求：					
	能力要求：					
该岗位汇报对象职位			该岗位下属人数			
岗位薪酬范围			期望到岗时间			
业务部门总经理意见	该职位对业务的重要程度					
	该块业务是否在规划内					
	公司内有无培养对象					
	期望候选人能给公司带来					
	其他渠道是否可以选择					
	目标公司或领域：					
					签字：	
公司联系人信息						
猎头公司情况（此栏由人力资源部填写）	猎头公司名称：					
	顾问姓名：					
	需求发至猎头公司时间：					

■ 图3-123

（5）输入内容。

①用鼠标选中B2，然后在单元格内输入“××公司猎头服务委托单”；选中该单元格，将【字号】设置为24；在功能区中点击【垂直居中】和【居中】，并用【Ctrl+B】快捷键将文字加粗。

②在B3:H24区域内的单元格中分别输入文字，并按照前面提到的方法对文字进行适当调整，效果如图3-123所示。

（6）添加控件。

①切换到【开发工具】选项卡，在【控件】选项组中单击【插入】按钮，在弹出的下拉列表中选择【表单控件】下的【复选框】，然后在C14单元格内进行绘制，如图3-124所示。

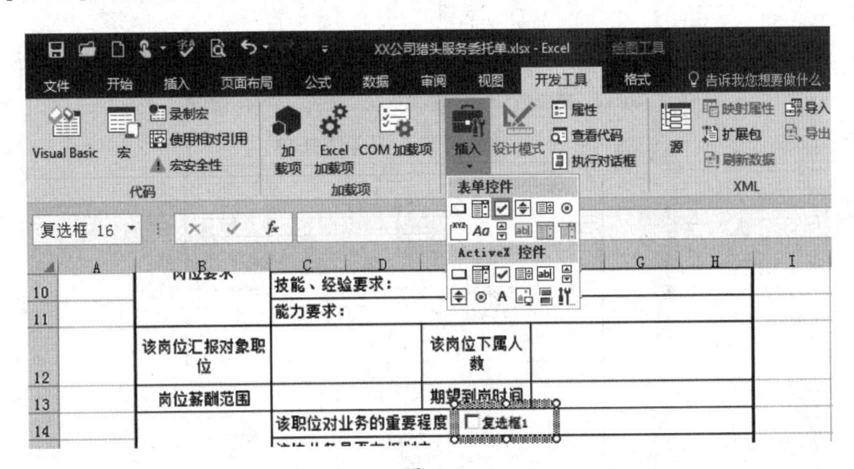

■ 图3-124

②继续选中之前绘制的控件，并使其处于编辑状态，将其文字改为“高”；然后单击鼠标右键，在弹出的快捷菜单中选择【设置控件格式】，如图3-125所示。

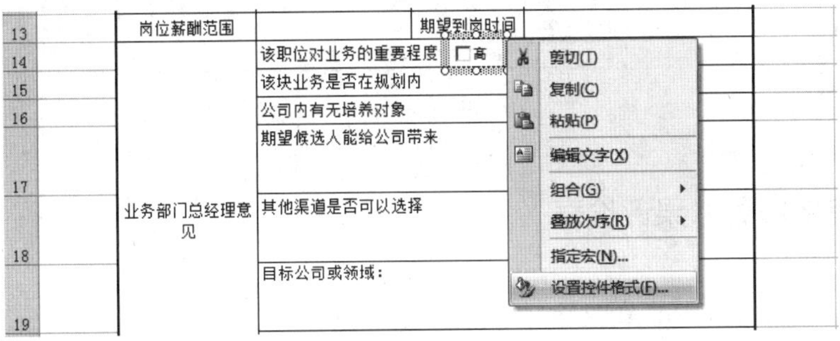

岗位薪酬范围
期望到岗时间
该职位对业务的重要程度
高
该块业务是否在规划内
公司内有无培养对象
期望候选人能给公司带来
业务部门总经理意见
其他渠道是否可以选择
目标公司或领域：
剪切(T)
复制(C)
粘贴(P)
编辑文字(X)
组合(G)
叠放次序(R)
指定宏(N)...
设置控件格式(F)...

■ 图3-125

③点击后，在弹出的【设置控件格式】对话框中，选择【控制】标签页，然后点击【三维阴影】复选框，最后单击【确定】，如图3-126所示。

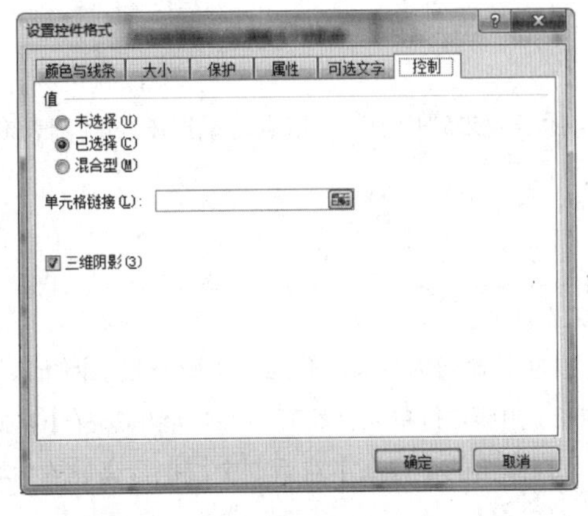

■ 图3-126

④选择创建完成的控件，将其分别复制为两个新控件后修改相应的文字，效果如图3-127所示。

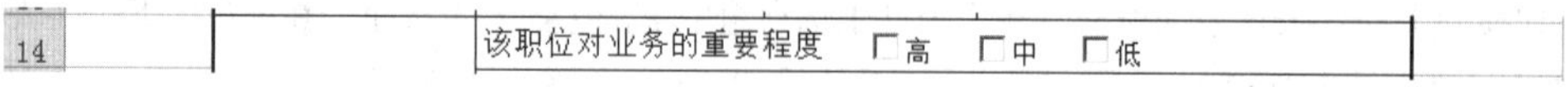

14		该职位对业务的重要程度 □高 □中 □低	

■ 图3-127

⑤同理，在C15、C16、C17、C18单元格内进行同样的操作，最终显示效果如图3-128所示。

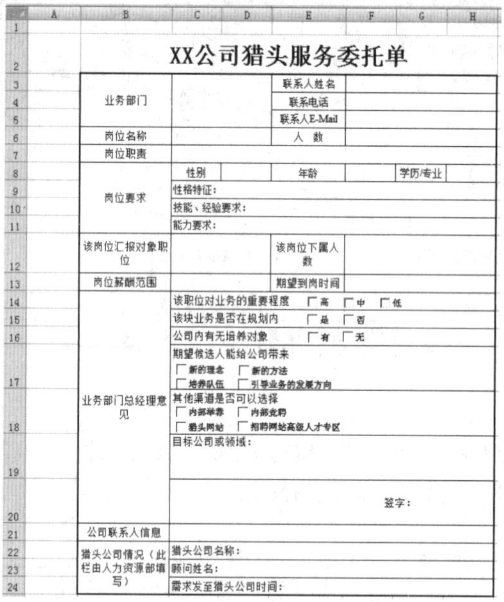

XX公司猎头服务委托单

业务部门		联系人姓名			
		联系电话			
		联系人E-Mail			
岗位名称		人 数			
岗位职责					
岗位要求	性别	年龄		学历/专业	
	性格特征：				
	技能、经验要求：				
	能力要求：				
该岗位汇报对象职位		该岗位下属人数			
岗位薪酬范围		期望到岗时间			
业务部门总经理意见	该职位对业务的重要程度 □高 □中 □低				
	该块业务是否在规划内 □是 □否				
	公司内有无培养对象 □有 □无				
	期望候选人能给公司带来 □新的理念 □新的方法 □培养队伍 □引导业务的发展方向				
	其他渠道是否可以选择 □内部举荐 □内部竞聘 □猎头网站 □招聘网站高级人才专区				
	目标公司或领域：				
	签字：				
公司联系人信息					
猎头公司情况（此栏由人力资源部填写）	猎头公司名称：				
	顾问姓名：				
	需求发至猎头公司时间：				

■ 图3-128

十三、猎头服务效果评价表

企业选择猎头服务的好处在于：（1）费用成本低；（2）招聘时间较短，招人速度快；（3）招聘到的人才质量有保障；（4）专业的人做专业的事；（5）大大减少企业的用工风险。

使用Excel 2016制作“猎头服务效果评价表”，重点是掌握Excel基础表格绘制操作。

（1）创建、命名文件及设置行高。

①新建一个Excel工作表，并将其命名为“××公司猎头服务效果评价表”。

②打开空白工作表，用鼠标选中第2行单元格，然后在功能区选择【格式】，用左键点击后即会出现下拉菜单，继续点击【行高】，在弹出的【行高】对话框中，把行高设置为40，然后单击【确定】，如图3-129所示。

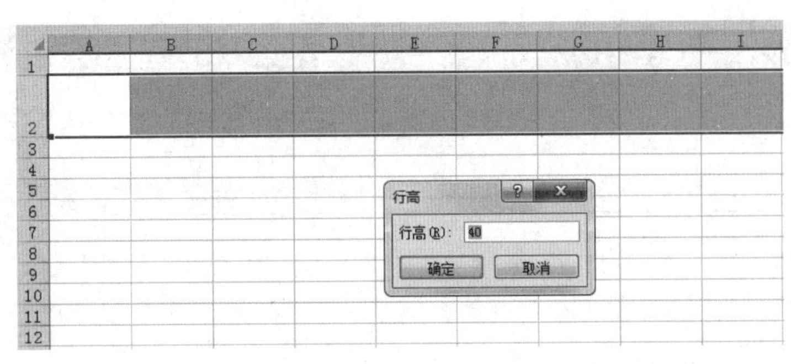

■ 图3-129

③用同样的方法，把第3行的行高设置为28、第4行的行高设置为20、第5行至第6行的行高设置为30、第7行的行高设置为20、第8行的行高设置为54、第9行的行高设置为30、第10行至第15行的行高设置为20、第16行的行高设置为30、第17行的行高设置为20、第18行的行高设置为40，如图3-130所示。

（2）设置列宽。

①用鼠标选中B列单元格，然后在功能区选择【格式】，用左键点击后即会出现下拉菜单，然后点击【列宽】，在弹出的【列宽】对话框中，把列宽设置为12，然后单击【确定】。

②用同样的方法，把C列单元格的列宽设置为25，把D至I列单元格的列宽设置为12，如图3-131所示。

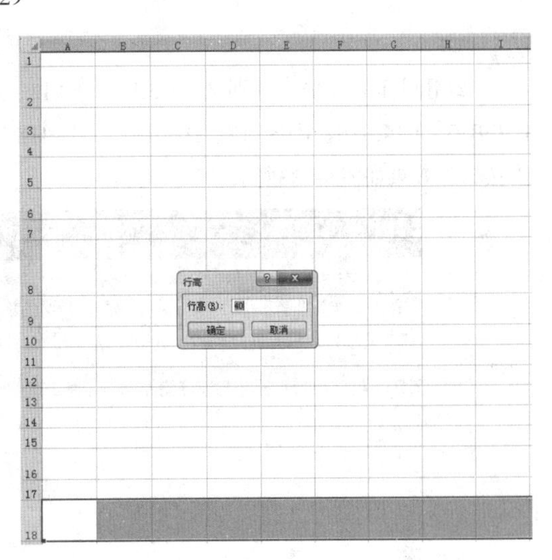

■ 图3-130

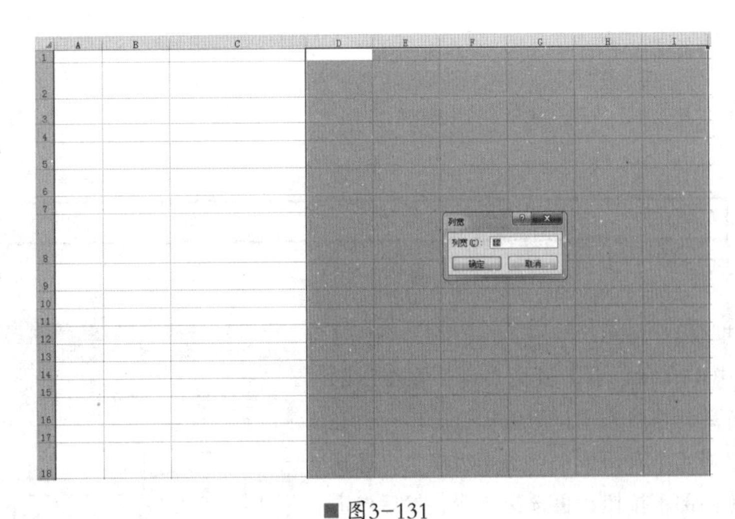

■ 图3-131

（3）合并单元格。

①用鼠标选中B2:I2，然后在功能区选择【合并后居中】按钮，用鼠标左键点击按钮，效果如图3-132所示。

■ 图3-132

②用同样的方法，分别选中C3:D3、F3:I3、C4:D4、F4:I4、B5:B6、C5:C6、D5:H5、I5:I6、B7:B9、B10:B13、B14:B16、B17:C17、D17:I17、B18:I18，然后在功能区选择【合并后居中】按钮，用鼠标左键点击按钮，效果如图3-133所示。

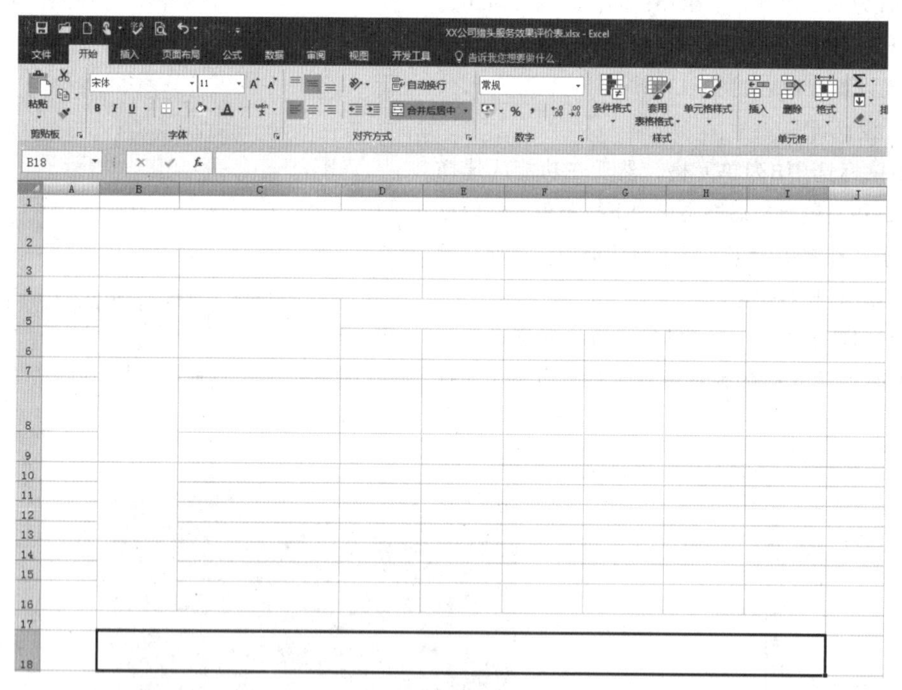

■ 图3-133

（4）设置边框线。

①用鼠标选中B3:I18，单击鼠标右键，在弹出的菜单中选择【设置单元格格式】；用鼠标点击后，就会出现【设置单元格格式】对话框；点击【边框】，选择细线，然后点击【内部】按钮；再选择粗线，然后点击【外边框】按钮，如图3-134所示。

②点击【确定】后，最终的效果如图3-135所示。

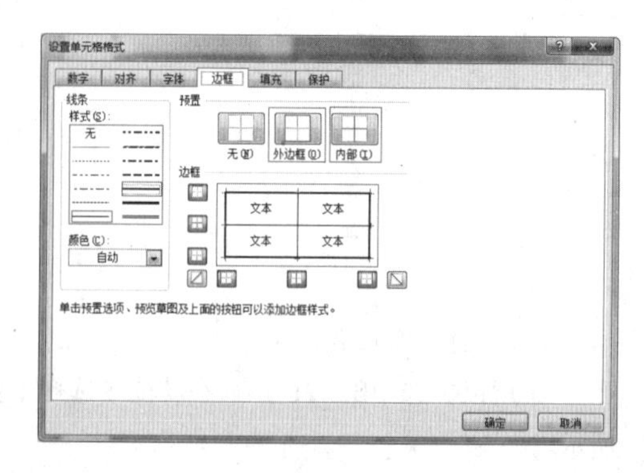

■ 图3-134

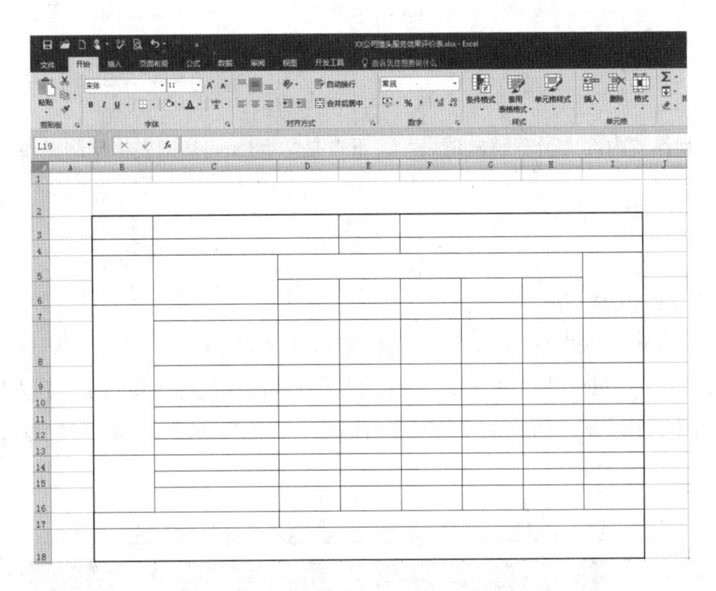

■ 图3-135

（5）输入内容。

①用鼠标选中B2，然后在单元格内输入“××公司猎头服务效果评价表”；选中该单元格，将【字号】设置为24；在功能区中点击【垂直居中】和【居中】，并用【Ctrl+B】快捷键将文字加粗。

②在B3:I18区域内的单元格中分别输入文字，并按照前面提到的方法对文字进行适当调整，效果如图3-136所示。

XX公司猎头服务效果评价表

猎头公司名称		委托访寻的岗位					
评价部门		评价人姓名					
评价类别	项　目	评分					说明（低于2分时）
		优秀 5	良好 4	一般 3	差 2	很差 1	
工作态度	顾问服务态度好						
	提交候选人相关材料：候选人面试报告、背景调查报告、薪资调查报告（测评报告）及时、完备、准确						
	职业道德好，无违反职业操守行为						
专业水平	对职位的理解准确、到位						
	访寻速度快，满足业务需要						
	简历数量丰富						
	简历质量好						
服务效果	候选人在规定的时间上岗						
	候选人上岗后满足岗位要求						
	候选人能很快融入公司的企业文化						
合　计							
业务部门意见和建议：							

■ 图3-136

十四、内部人员竞聘申请表

内部竞聘不但可以为企业节省招聘成本，同时还可以为内部员工提供晋升机会，从而激励内部员工更好地工作。随着人才竞争日益激烈，内部竞聘逐渐成为各大企业首选的招聘方式。

学习任务

使用Excel 2016制作“内部人员竞聘申请表”，重点是掌握Excel基础表格绘制操作。

具体步骤

（1）创建、命名文件及设置行高。

①新建一个Excel工作表，并将其命名为“××公司内部人员竞聘申请表”。

②打开空白工作表，用鼠标选中第2行单元格，然后在功能区选择【格式】，用左键点击后即会出现下拉菜单，继续点击【行高】，在弹出的【行高】对话框中，把行高设置为40，然后单击【确定】，如图3-137所示。

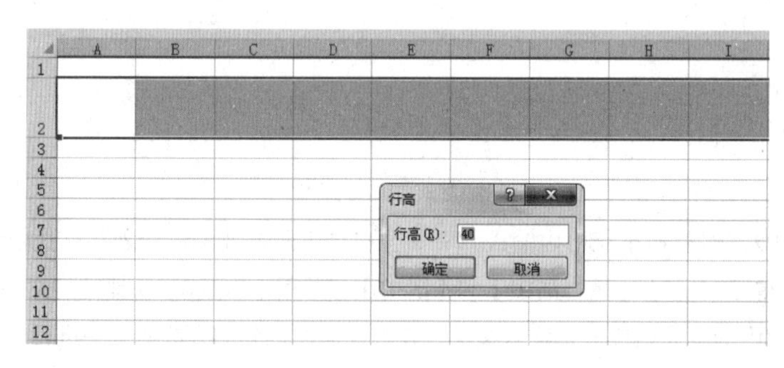

■ 图3-137

③用同样的方法，把第3行至第5行的行高设置为14、第6行的行高设置为40、第7行至第19行的行高设置为14、第20行的行高设置为40、第21行的行高设置为14、第22行的行高设置为40、第23行的行高设置为14、第24行的行高设置为40，如图3-138所示。

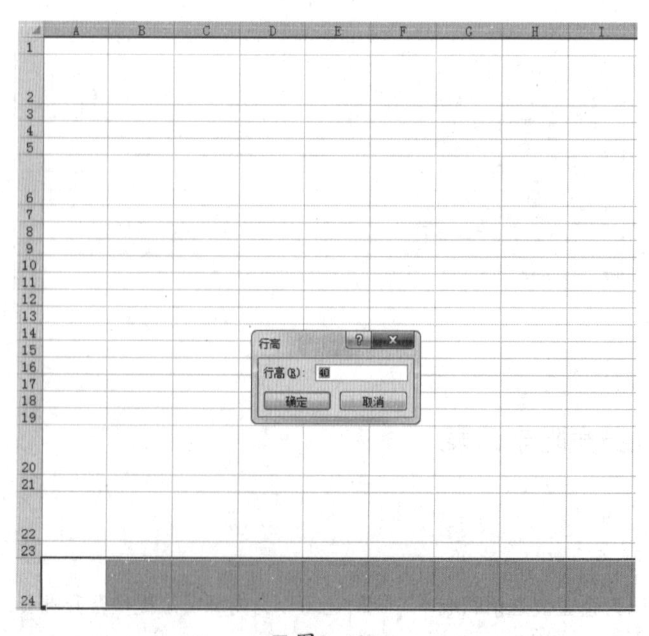

■ 图3-138

（2）设置列宽。

用鼠标选中B至G列单元格，然后在功能区选择【格式】，用左键点击后即会出现下拉菜单，然后点击【列宽】，在弹出的【列宽】对话框中，把列宽设置为18，然后单击【确定】，如图3-139所示。

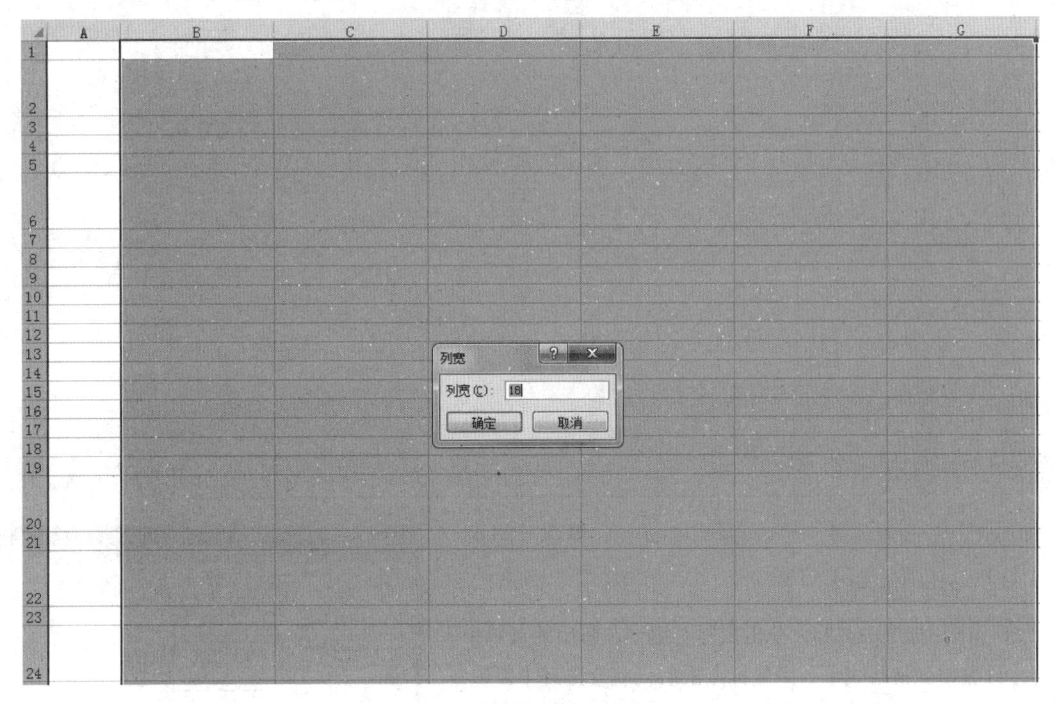

■ 图3-139

（3）合并单元格。

①用鼠标选中B2:G2，然后在功能区选择【合并后居中】按钮，用鼠标左键点击按钮，效果如图3-140所示。

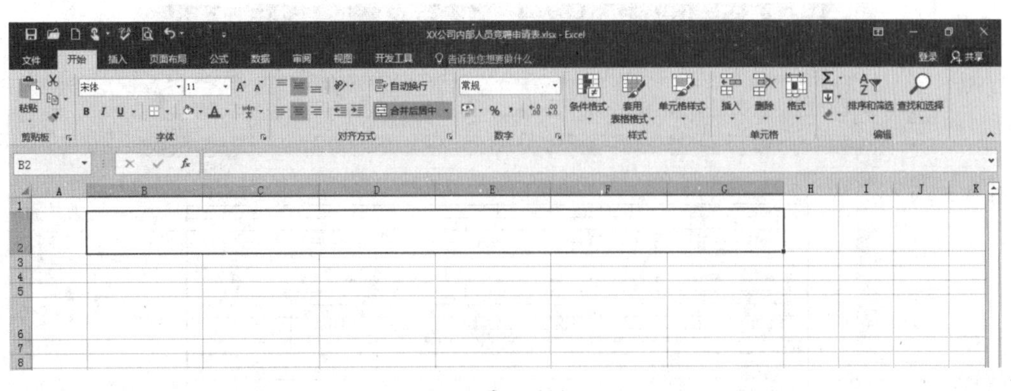

■ 图3-140

②用同样的方法，分别选中B6:G6、B7:G7、D8:E8、D9:E9、D10:E10、D11:E11、D12:E12、B13:G13、B14:C14、D14:E14、F14:G14、B15:C15、D15:E15、F15:G15、B16:C16、D16:E16、F16:G16、B17:C17、D17:E17、F17:G17、B18:C18、D18:E18、F18:G18、B19:G19、B20:G20、B21:G21、B22:G22、B23:G23、B24:G24，然后在功能区选择【合并后居中】按钮，用鼠标左键点击按钮，效果如图3-141所示。

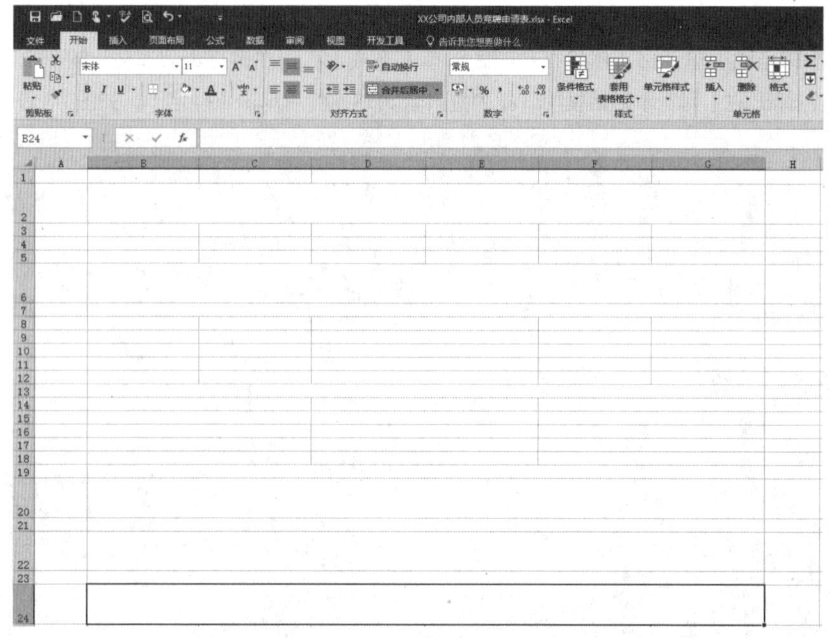

■ 图3-141

（4）设置边框线。

①用鼠标选中B3:G24，单击鼠标右键，在弹出的菜单中选择【设置单元格格式】；用鼠标点击后，就会出现【设置单元格格式】对话框；点击【边框】，选择细线，然后点击【内部】按钮；再选择粗线，然后点击【外边框】按钮，如图3-142所示。

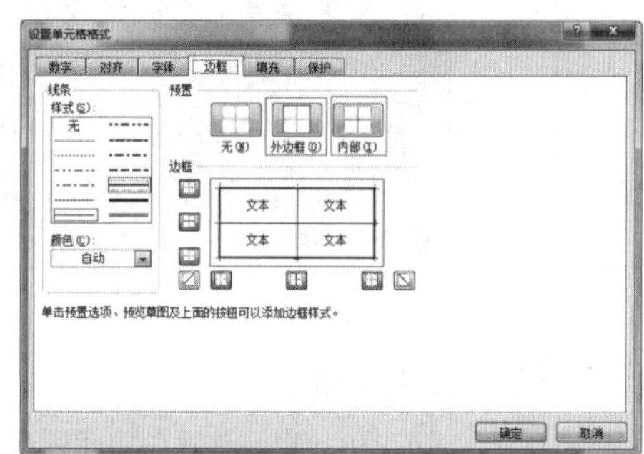

■ 图3-142

②点击【确定】后，最终的效果如图3-143所示。

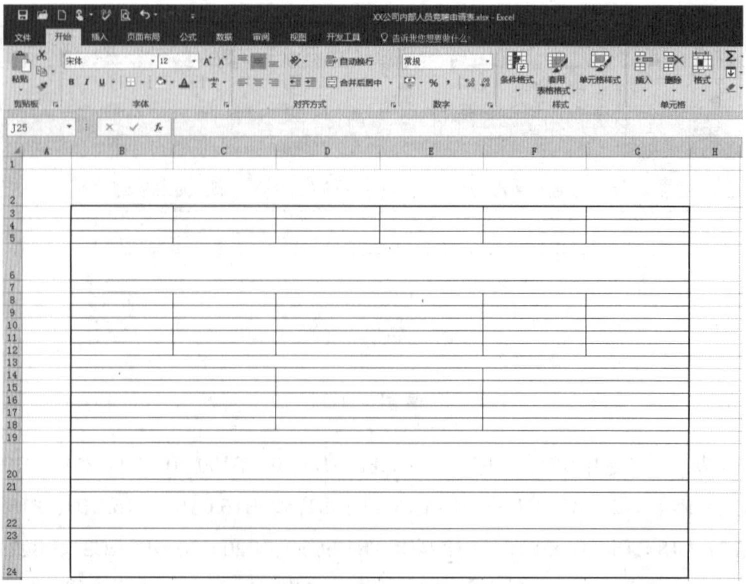

XX公司内部人员竞聘申请表.xlsx - Excel
文件 开始 插入 页面布局 公式 数据 审阅 视图 开发工具 告诉我您想要做什么
粘贴 宋体 12 自动换行 合并后居中 常规 条件格式 套用表格格式 单元格样式 插入 删除 格式
剪贴板 字体 对齐方式 数字 样式 单元格
J25
A B C D E F G H
1 2 3 4 5 6 7 8 9 10 11 12 13 14 15 16 17 18 19 20 21 22 23 24

■ 图3-143

（5）输入内容。

①用鼠标选中B2，然后在单元格内输入“××公司内部人员竞聘申请表”；选中该单元格，将【字号】设置为24；在功能区中点击【垂直居中】和【居中】，并用【Ctrl+B】快捷键将文字加粗。

②在B3:G24区域内的单元格中分别输入文字，并按照前面提到的方法对文字进行适当调整，效果如图3-144所示。

	A	B	C	D	E	F	G	H
1								
2		XX公司内部人员竞聘申请表						
3		姓　名		编　号		目前所在部门		
4		职　务		进入公司时间		上级主管		
5		申请职位		申请职位部门		申请日期		
6		申请职位理由简要陈述：						
7		工作简历						
8		岗位	公司	工作起止时间		工作职责描述	薪酬水平	
9								
10								
11								
12								
13		教育及培训经历						
14		培训课程		培训起止时间		培训部门		
15								
16								
17								
18								
19		专业特长						
20								
21		相关资格						
22								
23		奖惩情况						
24								

■ 图3-144

十五、员工通讯录快速查询表

当公司通讯录涉及的员工数量比较大时，有必要为公司通讯录的Excel表格添加函数，方便操作者快速查找员工信息。

使用Excel 2016制作“员工通讯录快速查询表”，重点是掌握INDEX函数的设置方法。

（1）创建、命名文件及设置行高。

①新建一个Excel工作表，并将其命名为“××公司员工通讯录快速查询表”。

②打开空白工作表，用鼠标选中第2行单元格，然后在功能区选择【格式】，用左键点击后即会出现下拉菜单，继续点击【行高】，在弹出的【行高】对话框中，把行高设置为40，然后单击【确定】，如图3-145所示。

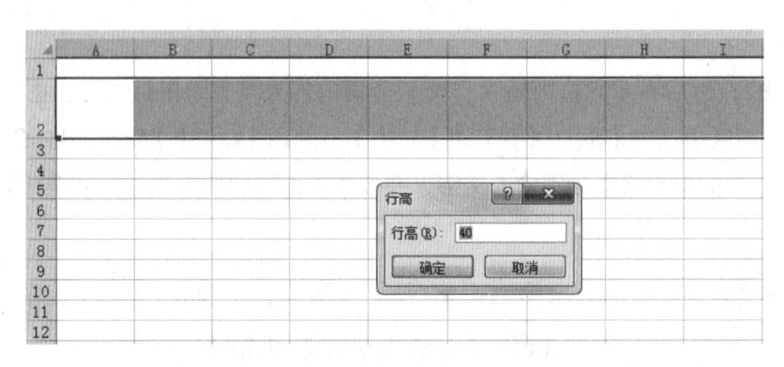

■ 图3-145

③用同样的方法，把第3行至第24行的行高设置为20，如图3-146所示。

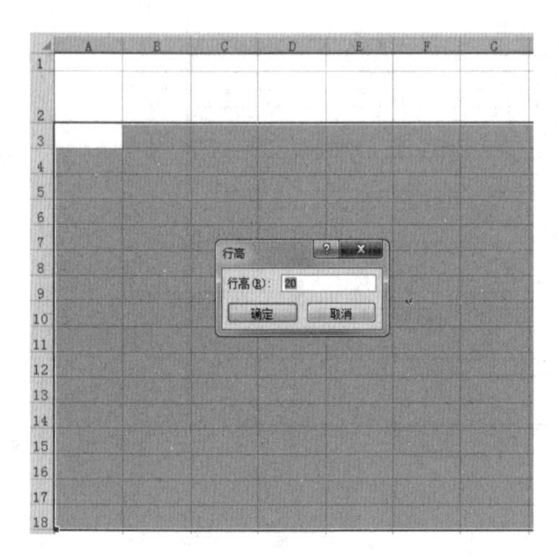

■ 图3-146

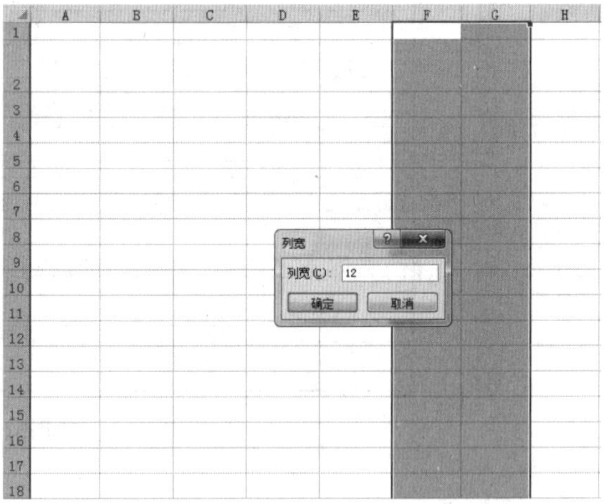

■ 图3-147

（2）设置列宽。

用鼠标选中B至E列单元格，然后在功能区选择【格式】，用左键点击后即会出现下拉菜单，然后点击【列宽】，在弹出的【列宽】对话框中，把列宽设置为9，然后单击【确定】。用同样的方法，把F至G列单元格的列宽设置为12，如图3-147所示。

（3）合并单元格。

①用鼠标选中B2:G2，然后在功能区选择【合并后居中】按钮，用鼠标左键点击按钮，效果如图3-148所示。

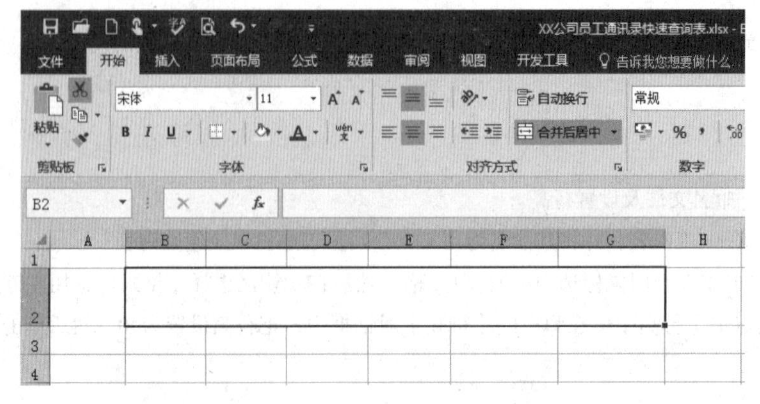

■ 图3-148

②用同样的方法，分别选中B20:C20、B22:G22，然后在功能区选择【合并后居中】按钮，用鼠标左键点击按钮，效果如图3–149所示。

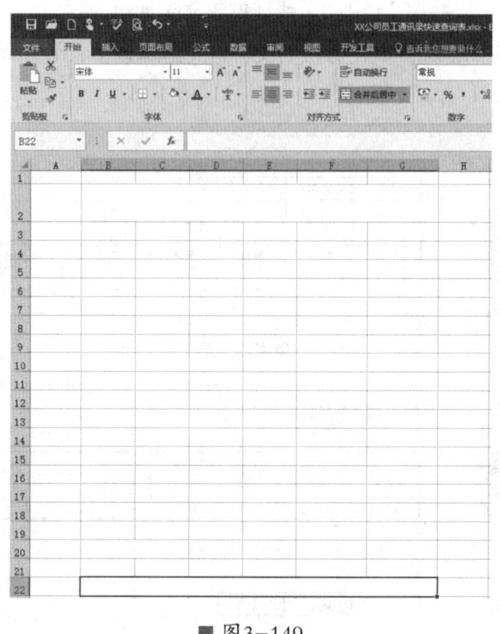

■ 图3–149

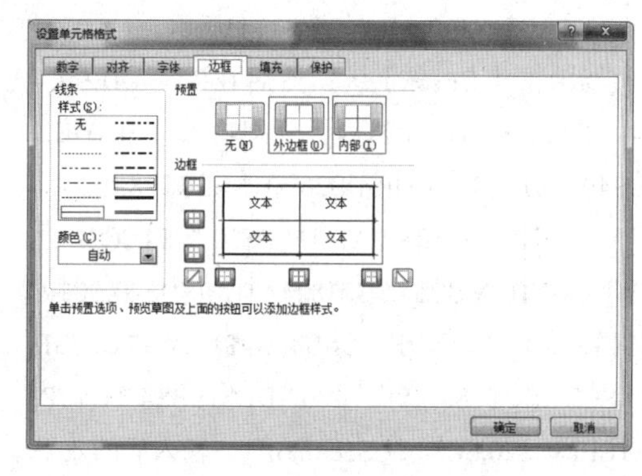

■ 图3–150

（4）设置边框线。

①用鼠标选中B3:G18，单击鼠标右键，在弹出的菜单中选择【设置单元格格式】；用鼠标点击后，就会出现【设置单元格格式】对话框；点击【边框】，选择细线，然后点击【内部】按钮；再选择粗线，然后点击【外边框】按钮，如图3–150所示。

②用同样的方法，选中B20:D20、B22:G24，进行相关的设置并点击【确定】后，最终的效果如图3–151所示。

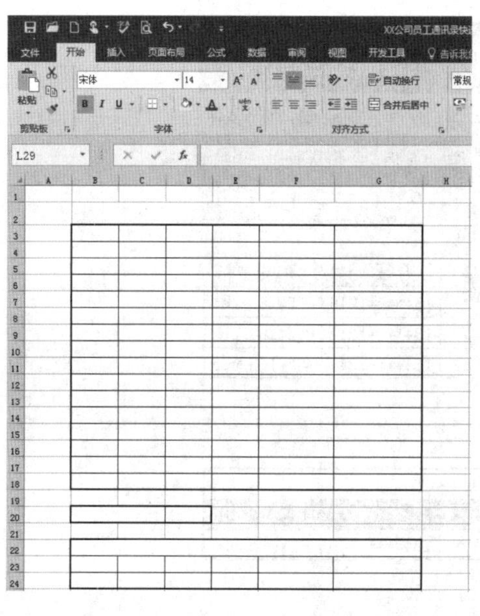

■ 图3–151

XX公司员工通讯录快速查询表

工号	姓名	性别	职务	手机	电子邮箱
A001	张白玉	男	总经理	134****1234	ZBY@163.com
A002	赵路清	男	行政总监	134****1235	ZLQ@163.com
A003	王芳萍	女	财务总监	134****1236	WFP@163.com
A004	刘勇	男	财务主管	134****1237	LY@163.com
A005	田甜	女	技术总监	134****1238	TT@163.com
A006	李朗	男	销售总监	134****1239	LL@163.com
A007	潘欣	女	人事专员	134****1240	PX@163.com
A008	朱永琪	男	职员	134****1241	ZYQ@163.com
A009	朱玲玲	女	职员	134****1242	ZLL@163.com
A010	唐新林	男	职员	134****1243	TXL@163.com
A011	郑强	男	职员	134****1244	ZQ@163.com
A012	郑宇	男	职员	134****1245	ZY@163.com
A013	陈莎莎	女	职员	134****1246	CSS@163.com
A014	陈立新	男	职员	134****1247	CLX@163.com
A015	吴桂芳	女	职员	134****1248	WGF@163.com

输入要查询的姓名：

查询结果					
工号	姓名	性别	职务	手机	电子邮箱

■ 图3–152

（5）输入内容。

①用鼠标选中B2，然后在单元格内输入“××公司员工通讯录快速查询表”；选中该单元格，将【字号】设置为22；在功能区中点击【垂直居中】和【居中】，并用【Ctrl+B】快捷键将文字加粗。

②在B3:G24区域内的单元格中分别输入文字，并按照前面提到的方法对文字进行适当调整，效果如图3-152所示。

（6）设置函数。

①用鼠标左键双击B24单元格，然后输入INDEX函数公式“=INDEX($B$4:$G$18,MATCH($D$20,$C$4:$C$18,0),1)”，如图3-153所示。

20	输入要查询的姓名：					
21						
22	查询结果					
23	工号	姓名	性别	职务	手机	电子邮箱
24	=INDEX($B$4:$G$18,MATCH($D$20,$C$4:$C$18,0),1)					
25						

■ 图3-153

②单击【Enter】键；然后在C24、D24、E24、F24、G24单元格内，分别输入“=INDEX($B$4:$G$18,MATCH($D$20,$C$4:$C$18,0),2)”“=INDEX($B$4:$G$18,MATCH($D$20,$C$4:$C$18,0),3)”“=INDEX($B$4:$G$18,MATCH($D$20,$C$4:$C$18,0),4)”“=INDEX($B$4:$G$18,MATCH($D$20,$C$4:$C$18,0),5)”“=INDEX($B$4:$G$18,MATCH($D$20,$C$4:$C$18,0),6)”，输入后的效果如图3-154所示。

19						
20	输入要查询的姓名：					
21						
22	查询结果					
23	工号	姓名	性别	职务	手机	电子邮箱
24	#N/A	#N/A	#N/A	#N/A	#N/A	#N/A

■ 图3-154

③在D20单元格内输入“潘欣”，然后单击【Enter】键进行验证，即可快速得出“潘欣”的基本资料，效果如图3-155所示。

20	输入要查询的姓名：	潘欣				
21						
22	查询结果					
23	工号	姓名	性别	职务	手机	电子邮箱
24	A007	潘欣	女	人事专员	134****1240	PX@163.com

■ 图3-155

（7）美化表格。

①按住【Ctrl】键，然后分别选中B20:D20、B23:G23单元格区域，在功能区选择【字体】选项组中的【填充颜色】，将颜色设为【橙色，个性色2】，如图3-156所示。

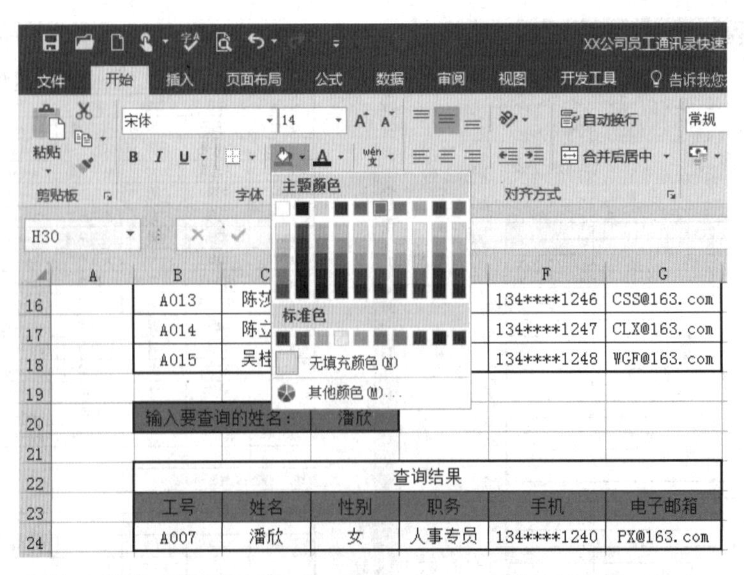

■ 图3-156

②继续选中B20:D20、B23:G23单元格区域，然后选择【字体】选项组中的【字体颜色】，将颜色设为【白色，背景1】，如图3-157所示。

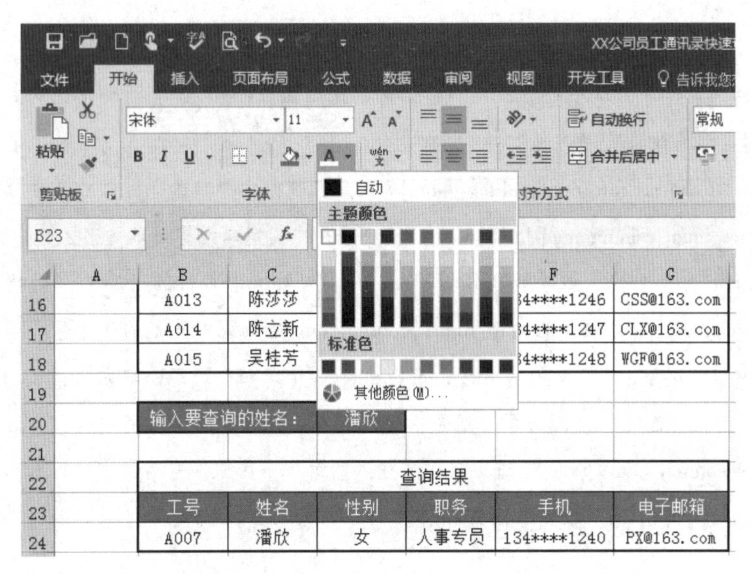

■ 图3-157

③最终的效果如图3-158所示。

	A	B	C	D	E	F	G	H
1								
2		XX公司员工通讯录快速查询表						
3		工号	姓名	性别	职务	手机	电子邮箱	
4		A001	张白玉	男	总经理	134****1234	ZBY@163.com	
5		A002	赵路清	男	行政总监	134****1235	ZLQ@163.com	
6		A003	王芳萍	女	财务总监	134****1236	WFP@163.com	
7		A004	刘勇	男	财务主管	134****1237	LY@163.com	
8		A005	田甜	女	技术总监	134****1238	TT@163.com	
9		A006	李朗	男	销售总监	134****1239	LL@163.com	
10		A007	潘欣	女	人事专员	134****1240	PX@163.com	
11		A008	朱永琪	男	职员	134****1241	ZYQ@163.com	
12		A009	朱玲玲	女	职员	134****1242	ZLL@163.com	
13		A010	唐新林	男	职员	134****1243	TXL@163.com	
14		A011	郑强	男	职员	134****1244	ZQ@163.com	
15		A012	郑宇	男	职员	134****1245	ZY@163.com	
16		A013	陈莎莎	女	职员	134****1246	CSS@163.com	
17		A014	陈立新	男	职员	134****1247	CLX@163.com	
18		A015	吴桂芳	女	职员	134****1248	WGF@163.com	
19								
20		输入要查询的姓名：		潘欣				
21								
22		查询结果						
23		工号	姓名	性别	职务	手机	电子邮箱	
24		A007	潘欣	女	人事专员	134****1240	PX@163.com	

■ 图3-158

INDEX函数说明

【用途】返回表格或区域中的数值或对数值的引用。函数INDEX()有两种形式：数组和引用。数组形式通常返回数值或数值数组；引用形式通常返回引用。

【语法】INDEX(array,row_num,[column_num])，返回数组中指定的单元格或单元格数组的数值。INDEX(reference,row_num,[column_num],[area_num])，返回引用中指定单元格或单元格区域的引用。

【参数】array为单元格区域或数组常数；row_num为数组中某行的行序号，函数从该行返回数值。如果省略row_num，则必须有column_num；column_num是数组中某列的列序号，函数从该列返回数值。如果省略column_num，则必须有row_num。reference是对一个或多个单元格区域的引用，如果为引用输入一个不连续的选定区域，必须用括号括起来。area_num是选择引用中的一个区域，并返回该区域中row_num和column_num的交叉区域。选中或输入的第一个区域序号为1，第二个为2，以此类推。如果省略area_num，则INDEX函数使用区域1。

1. 面试的时候如何判断应聘人员的个人素质?

（1）提供个人素质综合评分表，作基础判断。

（2）设定情境由应聘人员进入，看主观表现。

（3）与应聘人员面试交流，比如有一些服务岗位会涉及主动改变环境的能力和素质，可模拟现场杂乱的场景，看应聘人员表现。

2. HR电话通知应聘人员过来面试，很多时候都被“放鸽子”，怎么避免这种现象?

通常HR被“放鸽子”会由以下几种原因造成：（1）被邀约者对所提供的岗位其实没有意向，但电话中盛情难却；（2）被邀约者应聘意向不强烈，同时在等待和对比其他邀约；（3）被邀约者临时有紧急事情需要处理，不能按时赴约。

所以我们在分析邀约失败率的时候，一定要把被邀约者的缺席原因归好类，然后再从邀约对象的选择、岗位的吸引程度、邀约的话术技巧等方面综合地进行提升。

当然最重要的一点就是，我们对于自己招聘的岗位的能力要求、薪酬水平以及到岗后的职能规划要非常地清楚，千万别将电话邀约变成简单的“时间确认”，我们与求职者沟通得越深入，对求职者的把握也就越准确。

3. 面试过程中遇到一些应聘人员总是在回避某些问题，比如离职原因，这种情况应该怎么办?

如果想找到准确的答案，HR最好在面试前认真分析应聘人员的简历，在面试中对有疑问的地方进行追踪问答，同时认真观察应聘人员在回答问题时的肢体语言，通过肢体语言来判断其是否在撒谎（有关肢体语言判断的技巧，建议阅读一些相关的心理学专业书籍）。面试后进行相应的背景调查，从而综合评判应聘人员的真实情况。

4. 应聘人员一开始就问工资多少，转正后工资将达到多少，该如何回答？

在回答这些问题之前，我们必须要知道公司给薪的底线和最高上限，但是只告诉应聘人员给薪范围的下限及中间值，这样一方面可以替公司筛选掉对薪资有过高预期的应聘人员，另一方面又保留了谈判空间，遇到经验丰富或者条件极佳的应聘人员时，还可以有往上调整的弹性空间。

5. 如何挑选合适的猎头公司呢？

（1）选择顾问而不是公司。为什么说要选择顾问而不是公司呢？因为和猎头顾问进行详细谈判，可以了解其能力和态度。在挑选猎头的时候，一定要对其专业能力进行深入的了解，就像去招聘一个中高级人才一样，不进行深入、全面的甄选，你是不敢录用他的。

（2）多询问其他客户的意见。要了解猎头顾问的专业水平和服务能力是比较困难的，光听猎头公司自己的介绍肯定不行。有一个可行的方法，就是要求每个候选的猎头公司提供最近几家客户的名单，然后去拜访这几家客户，问问他们对这个猎头公司的看法，看看他们的业绩。这样，就能比较客观地知道猎头的水平了。

（3）优先选择队伍稳定、合作精神好的公司。猎头行业是一个典型的依靠人才的行业，其核心竞争优势就是有经验和专业知识的猎头们。这个行业也是个进入门槛相对较低的行业，人员流失率很高，很容易分家。一个人员流失率高的猎头公司必定是个自身也不重视人力资源管理的公司，这样的公司能否提供优质的专业服务就可想而知了。

第四章

员工的培训管理

在企业中，企业管理者和HR都清楚培训对企业的重要性。在培训管理工作中，培训需求调查、培训计划、培训实施、结果反馈、培训评估等一系列工作都是HR必须熟悉的内容，Excel不仅能够科学合理地记录员工培训信息，实现便捷式管理，更能帮助HR减少繁复的工作步骤。

本章思维导图

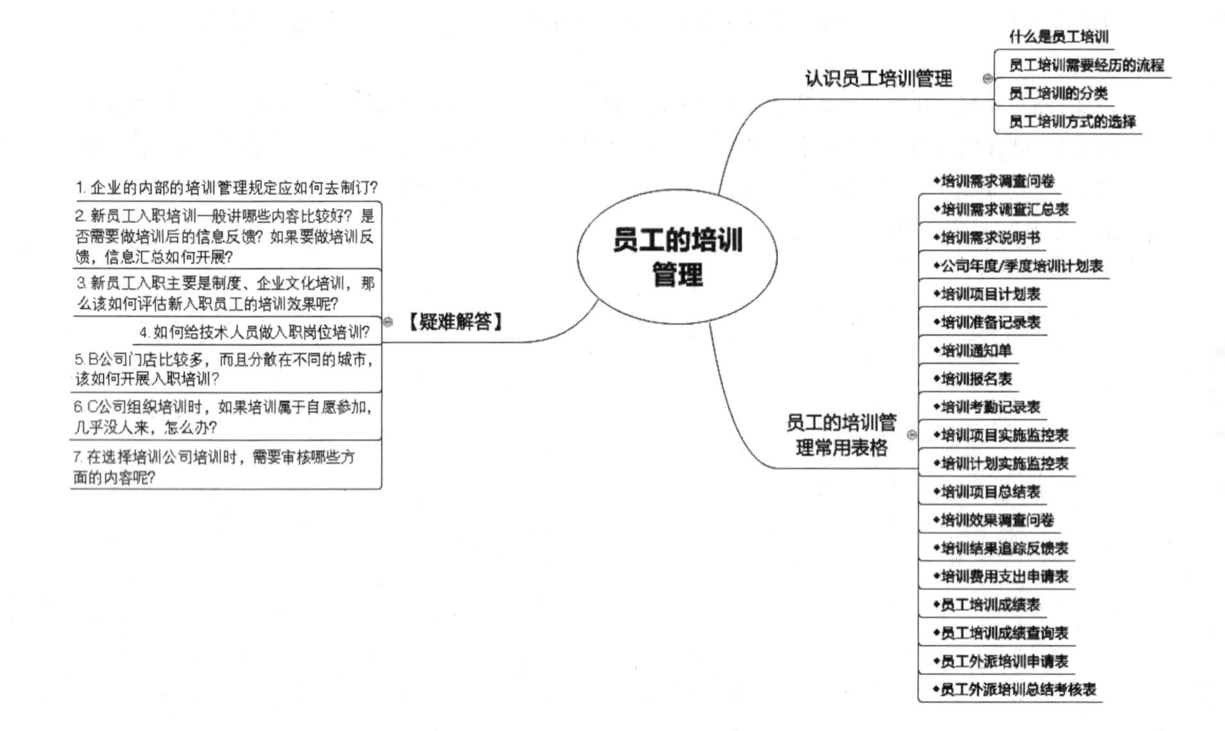

第一节　认识员工培训管理

一、什么是员工培训

员工培训有广义和狭义之分。狭义的员工培训是指员工的工作训练，是使员工“知其行”的过程。所谓“行”，就是指特定岗位所要求的工作技能以及态度等方面。“知其行”是根据岗位要求掌握相关技能的过程。而广义的员工培训包括训练和教育两个方面，不但要使员工“知其行”，还要使员工“知其能”。“能”代表员工的潜在能力，“知其能”的过程就是让员工充分发挥潜力以展示其才能的过程。

二、员工培训需要经历的流程

培训是一个系统的流程，包括培训需求分析、培训设计与实施、培训效果评估、培训总结四个阶段，如图4–1所示。

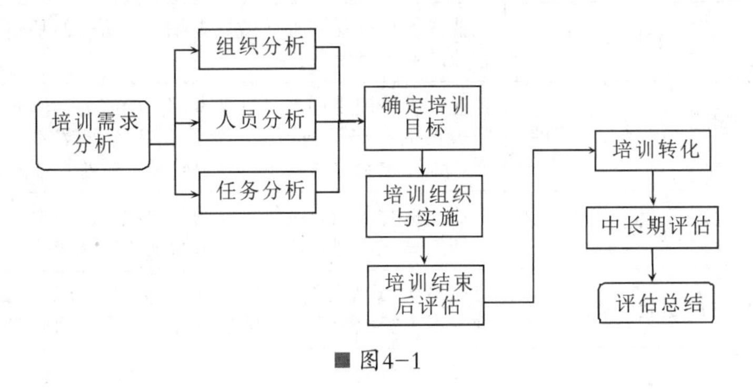

■ 图4–1

1. 培训需求分析

培训需求分析是在计划与设计每项培训活动之前，采取一定的方法和技术，对组织及其成员的目标、知识、技能等方面所进行的系统研究，以确定是否需要培训和培训内容的过程。通过培训需求分析，可以确定有哪些培训需求、谁需要培训、哪些任务需要培训等。

培训需求分析具有很强的指导性，是确定培训目标、制订培训计划、有效实施培训的前提，是现代培训活动的首要环节，是进行培训评估的基础，对企业的培训工作至关重要，是使培训工作准确、及时和有效进行的重要保证。

2. 培训设计与实施

这个阶段首先要确定培训目标，这样员工学习培训内容才会更加有效。目标可以针对每一培训阶段设置，也可以面向整个培训计划来设定。培训目标通常包括三个方面：一是说明员工应该做什么；二是阐释可以被接受的绩效水平；三是受训者完成指定学习成果的条件。

设计培训方案时，可以从以下方面着手：设计适当的培训项目；确定培训对象；选择培训项目的负责人，包含组织的负责人和具体培训的负责人；确定培训的方式与方法；选择培训地点等。

培训实施是员工培训中最为关键的环节，实施员工培训时，培训者要完成许多具体的工作任务，包括确定课程名称、目标学员、课程目标、培训时间、培训地点、培训讲师、教材等。

3. 培训效果评估

培训效果评估是员工培训流程中的重要环节，一般要做好三个方面的工作：确定培训项目评价标准、评价方案设计和对培训的评价。

4. 培训总结

员工培训总结是员工培训流程中的最后环节。通过对培训效果的具体测定与比较，可以了解员工培训所产生的收益，把握组织的投资回报率；也可以对组织的培训决策及培训工作的改善提供依据，有利于更好地进行员工培训与开发。

三、员工培训的分类

员工培训的分类，见表4-1。

表4-1 员工培训的分类

培训的分类		具体内容
根据受训人员在企业组织中的层次分类	基层人员培训	企业注重培训受训人员做好本职工作所需的基础知识、基本技能、企业的规章制度等
	中层人员培训	企业注重培训受训人员管理本部门的能力，例如，学会如何培养部门成员的合作互助精神、提高团队工作效率、加强上下级间的沟通，以及学会时间管理、项目管理、效益管理的方法等
	高层人员培训	企业注重对受训人员领导能力、组织协调能力、管理才能的提升，例如提高战略规划能力、了解激励的措施和效果等
根据受训人员在企业中的职能分类		可以分为营销人员的培训、生产人员的培训、研究开发人员的培训、人力资源管理人员的培训和财务人员的培训等
根据培训时员工与工作岗位的关系分类		可以分为新员工入职培训、员工在职培训（也叫在岗培训）、员工离职培训（也叫脱产培训）等
根据内容分类	技能培训	技能培训是为了增强市场就业竞争力，由技能培训机构开展的培训。通过技能考核，受训人员可以得到国家认可的技能证书。与学历教育不同，学历教育注重综合素质的提高，而技能培训注重某项技能的提高。比如电脑技能培训、软件开发技能培训、汽修技能培训、厨师技能培训
	绩效培训	绩效培训关注的是员工中期或者长期的绩效改善。绩效培训的时间从几个月到几年不等。在绩效培训中，企业和员工没有必要过分关注细节
	发展培训	发展培训是为了开发员工的各项潜能而开展的一种培训，其内容丰富多样。在发展培训中，企业可以设定多个主题。参加培训的人员面对的是更加抽象的概念，而不是技能培训中的具体信息，也不是绩效培训的评估标准 发展培训一般注重解决问题，如受训人员的定位如何，他们未来的职业通道如何确定，怎样才能使员工克服性格上的不足，如何才能使员工与同事有效合作、一起高效地工作等。发展培训关注员工有关职业、事业和生活方面的问题，这些问题是企业发展和员工成长的结合点。在员工领导能力开发项目中，常会安排发展培训。由于发展培训具有高度个性化的特征，所以大多数企业一般聘请外部人员来实施培训

（续上表）

培训的分类	具体内容
根据培训的实施主体分类	可以分为企业培训、专业机构培训和咨询公司培训等。企业可以根据培训的内容和要求、自身的规模和实力及员工的具体情况选择不同的培训主体
根据培训的授课形式分类	根据培训的授课形式，可以把培训分为案例式培训、讲演式培训、角色扮演培训、互动式培训、网络在线培训等

四、员工培训方式的选择

培训方式可以按照不同的标准划分为不同的类型，这里我们将其分为传统的培训方式与新兴的培训方式两大类。

（1）传统的培训方式，见表4-2。

表4-2　传统的培训方式

方式	内容
讲授法	讲授法是指培训师按照准备好的讲稿系统地向受训者传授知识的方法。是最基本的培训方法，适用于各类学员系统地了解学科知识、前沿理论，主要有灌输式讲授、启发式讲授、画龙点睛式讲授三种方式。培训师是讲授法成败的关键因素 优点：①传授内容多，知识比较系统、全面，有利于大面积培养人才；②对培训环境要求不高；③有利于培训师的发挥；④学员可利用教室环境相互沟通；⑤学员能够向培训师请教疑难问题；⑥员工平均培训费用较低 缺点：①传授内容多，学员难以吸收、消化；②单向传授不利于教学双方互动；③不能满足学员的个性需求；④培训师水平直接影响培训效果，容易导致理论与实践相脱节；⑤传授方式较为枯燥单一，不适合成人学习
专题讲座法	针对某一个专题知识，一般只安排一次培训。这种培训方法适合管理人员或技术人员了解专业技术发展方向或当前热点问题等方面的知识 优点：①培训不占用大量的时间，形式比较灵活；②可随时满足员工某一方面的培训需求；③讲授内容集中于某一专题，培训对象易对其加深理解 缺点：讲座中传授的知识相对集中，内容可能不具备较好的系统性
研讨法	研讨法是指在培训师引导下，学员围绕某一个或几个主题进行交流、相互启发的培训方法 类型：①以培训师为中心的研讨和以学生为中心的研讨；②任务取向的研讨与过程取向的研讨 优点：①多向式信息交流；②要求学员积极参与，有利于培养学员的综合能力；③加深学员对知识的理解；④研讨法形式多样、适应性强，可针对不同培训目的选择适当的形式 难点：①对研讨题目、内容的准备要求较高；②对培训师的要求较高 选题注意事项：①题目应具有代表性、启发性；②题目难度要适当；③研讨题目应事先提供给学员，以便学员做好研讨准备
案例研究法	案例研究法是为参加培训的学员提供有关组织问题（案例）的书面描述，让他们各自去分析这个案例，诊断问题所在，提出解决方案，然后在培训师的指导下集体讨论各自的研究结果，形成一定的共识 案例分析法中的案例用于教学时应满足以下三个要求：①内容真实；②案例中应包含一定的管理问题；③案例必须有明确的目的
事件处理法	是指让学员自行收集亲身经历的案例，将这些案例作为个案，利用案例研究法进行分析讨论，并用讨论结果来处理日常工作中可能出现的问题 适用范围：①适用于使各类员工了解解决问题时收集各种情报及分析具体情况的重要性；②使学员了解工作中相互倾听、相互商量、不断思考的重要性；③通过自编案例及案例的交流分析，提高学员理论联系实际的能力、分析解决问题的能力以及表达、交流能力；④培养员工间良好的人际关系 优点：①参与性强，使学员由被动接受变为主动参与；②将学员解决问题能力的提高融入知识传授中；③教学方式生动具体，直观易学；④学员之间能够通过案例分析达到交流的目的 缺点：①案例准备的时间较长且要求高；②案例法需要较多的培训时间，同时对学员能力有一定的要求；③对培训顾问的能力要求高；④无效的案例会浪费培训对象的时间和精力

（续上表）

方式	内容
头脑风暴法	头脑风暴法又称研讨会法、讨论培训法或管理加值训练法，其特点是培训对象在培训活动中相互启发思想、激发创造性思维，能最大限度地发挥每个参加者的创造能力，提供解决问题的更多、更好的方案 操作要点：①只规定一个主题，即明确要解决的问题，保证讨论内容不泛滥；②把参加者组织在一起，无拘无束地提出解决问题的建议或方案，组织者和参加者都不能评议他人的建议和方案。事后再收集各参加者的意见，交给全体参加者；③排除重复的、明显不合理的方案，重新表达内容含糊的方案；④组织全体参加者对各可行方案逐一评估，选出最优方案 关键：要排除思维障碍，消除心理压力，让参加者轻松自由、各抒己见 优点：①培训过程中为企业解决了实际问题，大大提高了培训的收益；②可以帮助学员解决工作中遇到的实际困难；③培训中学员参与性强；④小组讨论有利于加深学员对问题的理解程度；⑤集中了集体的智慧，达到了相互启发的目的 缺点：①对培训顾问要求高，如果其不善于引导讨论，可能会使讨论漫无边际；②培训顾问主要扮演引导的角色，讲授的机会较少；③研究的主题能否得到解决也受到培训对象水平的限制；④主题的挑选难度大，不是所有的主题都适合用来讨论
模拟训练法	模拟训练法以工作中的实际情况为基础，将实际工作中可利用的资源、约束条件和工作过程模型化，学员在假定的工作情境中参与活动，学习从事特定工作的行为和技能，提高其处理问题的能力 优点：①学员在培训中工作技能将会获得提高；②有利于加强员工的竞争意识；③可以带动培训中的学习气氛 缺点：①模拟情景准备时间长，而且质量要求高；②对组织者要求高，要求其熟悉培训中的各项技能
敏感性训练法	敏感性训练法又称T小组法，简称ST法。敏感性训练要求学员在小组中就参加者的个人情感、态度及行为进行坦率、公正的讨论，相互交流对各自行为的看法，并说明其引起的情绪反应 适用范围：①组织发展训练；②晋升前的人际关系训练；③中青年管理人员的人格塑造训练；④新进人员的集体组织训练；⑤外派工作人员的异国文化训练等 活动方式：集体住宿训练、小组讨论、个别交流等
管理者训练法	管理者训练法简称MTP法，是产业界最为普及的管理人员培训方法。这种方法旨在使学员系统地学习、深刻地理解管理的基本原理和知识，从而提高他们的管理能力 适用范围：适用于培训中低层管理人员掌握管理的基本原理、知识，提高管理的能力 培训方式：①专家授课；②学员间研讨 操作要点：指导教师是管理者训练法的关键，由外聘专家或由企业内部曾接受过此训练法的高级管理人员担任
角色扮演法	角色扮演法是指在一个模拟真实的工作情境中，让参加者身处模拟的日常工作环境之中，并按照他在实际工作中应有的权责来担当与实际工作类似的角色，模拟性地处理工作事务，从而提高处理各种问题的能力 方法的精髓是“以动作和行为作为练习的内容来开发设想” 行为模仿法是一种特殊的角色扮演法，它是通过向学员展示特定行为的范本，由学员在模拟的环境中进行角色扮演，并由指导者对其行为提供反馈的训练方法，适宜于中层管理人员、基层管理人员、一般员工的培训
工作指导法	工作指导法又称教练法、实习法，是指由一位有经验的老员工或直接主管人员在工作岗位上对受训者进行培训的方法。指导教练的任务是指导受训者怎样做、提出如何做好的建议，并对受训者进行激励
工作轮换法	工作轮换法是让受训者在预定时期内变换工作岗位，使其获得不同岗位的工作经验的培训方式。主要用于新进普通员工、新进入组织的年轻的管理人员或有管理潜能的未来管理人员
特别任务法	特别任务法是指企业通过为某些员工分派特别任务对其进行培训的方法，此法常用于管理培训
个别指导法	个别指导法和我国传统的“师傅带徒弟”或“学徒工制度”相类似。目前我国仍有很多企业在实行这种帮带式培训方式，其主要特点在于通过资历较深的员工的指导，新员工能够迅速掌握岗位技能

（2）新兴的培训方式，见表4-3。

表4-3　新兴的培训方式

方式	内容
网络培训	网络培训可以轻易实现内容的更新并提高广大听众对培训的接收效率；也可以在受训者需要的时候及时实施培训，受训者可以控制怎样接受信息和何时接受信息；可以使用附加信息的链接，也可以选择信息和练习的深度以更好地适应个体的培训需要
多媒体培训	多媒体是由计算机驱动，使各种类型的课文、图表、图像和声音信息实现交互性交流的系统。各种方式的多媒体相互结合可以使各种内容被使用者以多种方式获得，学习进度也可以由使用者自由掌控
远程学习	优点在于多人同时培训，节约费用，不受空间限制；缺点在于缺乏沟通，受传输设备影响大

第二节　员工的培训管理常用表格

一、培训需求调查问卷

发放培训需求调查问卷是对员工培训需求进行调查的一种方式，即人力资源部将培训事项设计成具体的问题，然后请相关人员回答，并提出建议和意见。人力资源部可以对调查结果进行整理、分析，进而对培训项目作出适当的修改。

使用Excel 2016制作“培训需求调查问卷”，重点是掌握Excel基础表格绘制操作。

（1）创建、命名文件及设置行高。

①新建一个Excel工作表，并将其命名为“××公司培训需求调查问卷”。

②打开空白工作表，用鼠标选中第2行单元格，然后在功能区选择【格式】，用左键点击后即会出现下拉菜单，继续点击【行高】，在弹出的【行高】对话框中，把行高设置为45，然后单击【确定】，如图4-2所示。

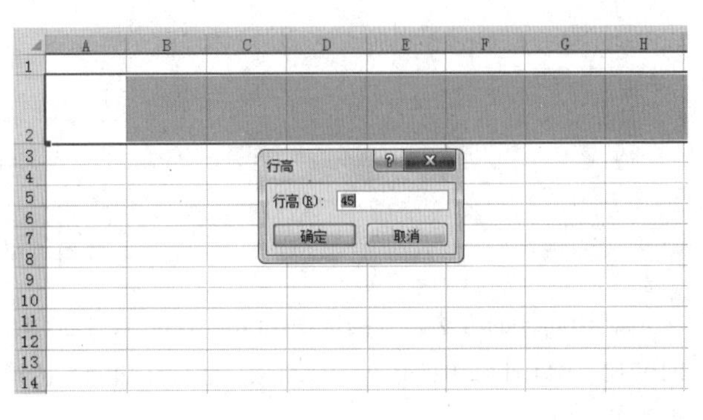

■ 图4-2

③用同样的方法，把第3行至第6行的行高设置为30、第7行的行高设置为100、第8行的行高设置为30、第9行的行高设置为100、第

10行的行高设置为30、第11行的行高设置为100、第12行的行高设置为30，如图4-3所示。

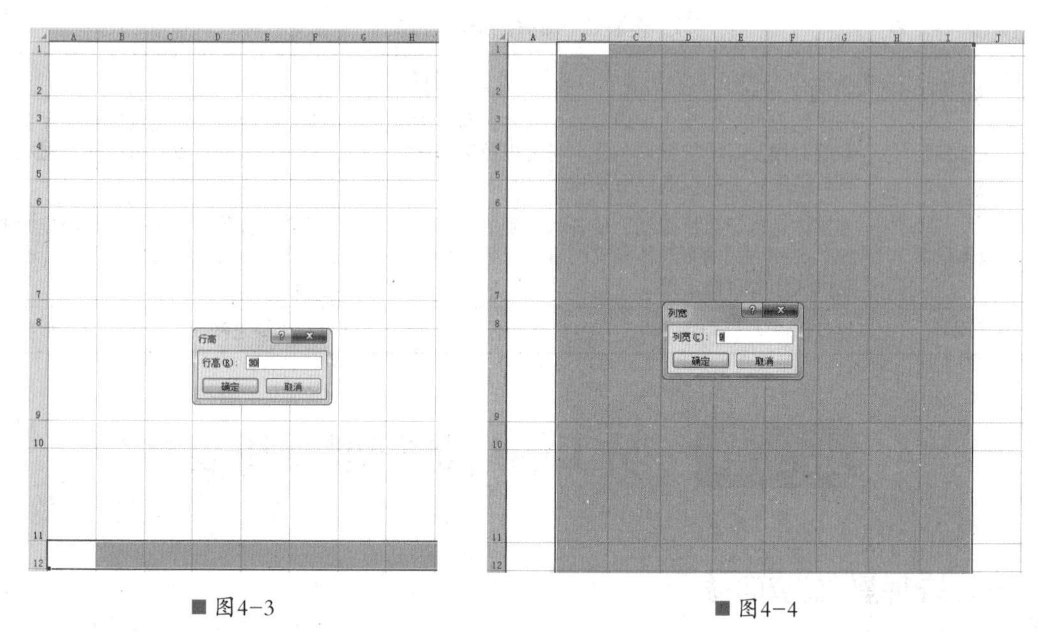

■ 图4-3　　　　■ 图4-4

（2）设置列宽。

用鼠标选中B至I列单元格，然后在功能区选择【格式】，用左键点击后即会出现下拉菜单，然后点击【列宽】，在弹出的【列宽】对话框中，把列宽设置为9，然后单击【确定】，如图4-4所示。

（3）合并单元格。

①用鼠标选中B2:I2，然后在功能区选择【合并后居中】按钮，用鼠标左键点击按钮，效果如图4-5所示。

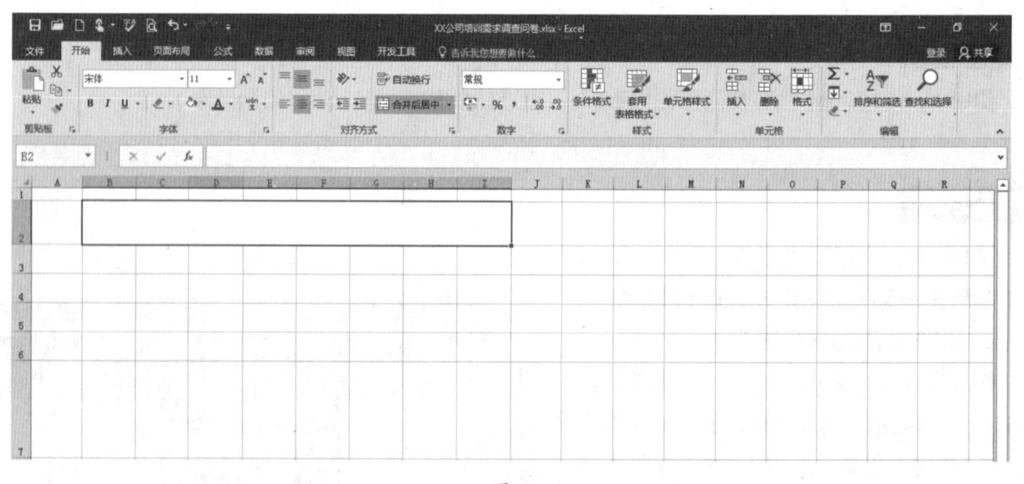

■ 图4-5

②用同样的方法，分别选中B3:I3、B5:C5、D5:E5、F5:G5、H5:I5、B6:I6、B7:I7、B8:I8、B9:I9、B10:I10、B11:I11、B12:C12、D12:I12，然后在功能区选择【合并后居中】按钮，用鼠标左键点击按钮，效果如图4-6所示。

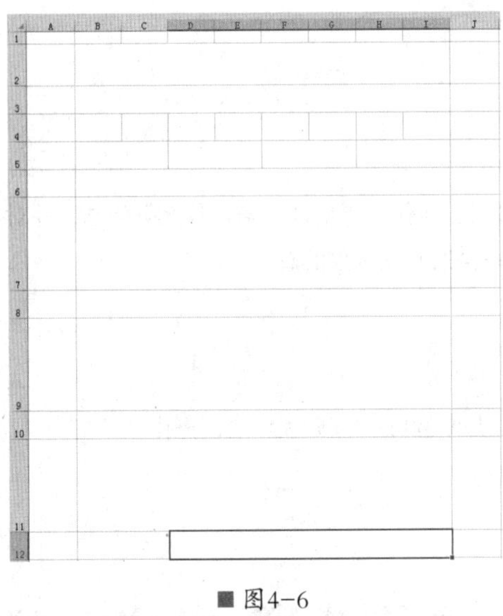

■ 图4-6

设置单元格格式
数字
对齐
字体
边框
填充
保护
线条
样式(S):
无
颜色(C):
自动
预置
无(N)
外边框(O)
内部(I)
边框
文本
单击预置选项、预览草图及上面的按钮可以添加边框样式。
确定
取消

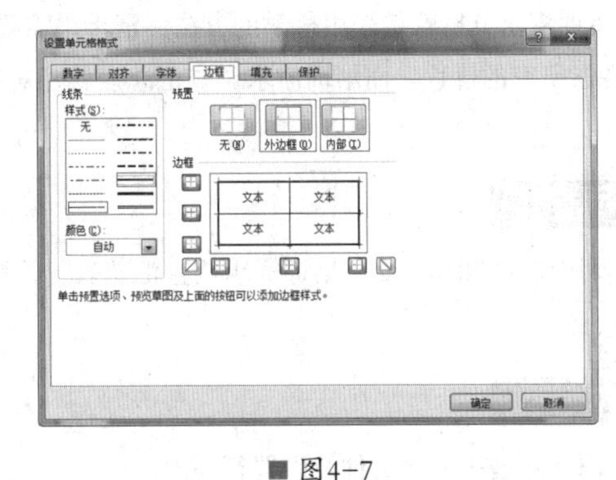

■ 图4-7

（4）设置边框线。

①用鼠标选中B3:I12，单击鼠标右键，在弹出的菜单中选择【设置单元格格式】；用鼠标点击后，就会出现【设置单元格格式】对话框；点击【边框】，选择细线，然后点击【内部】按钮；再选择粗线，然后点击【外边框】按钮，如图4-7所示。

②点击【确定】后，最终的效果如图4-8所示。

（5）输入内容。

①用鼠标选中B2，然后在单元格内输入“××公司培训需求调查问卷”；选中该单元格，将【字号】设置为24；在功能区中点击【垂直居中】和【居中】，并用【Ctrl+B】快捷键将文字加粗。

②在B3:I12区域内的单元格中分别输入文字，并按照前面提到的方法对文字进行适当调整，效果如图4-9所示。

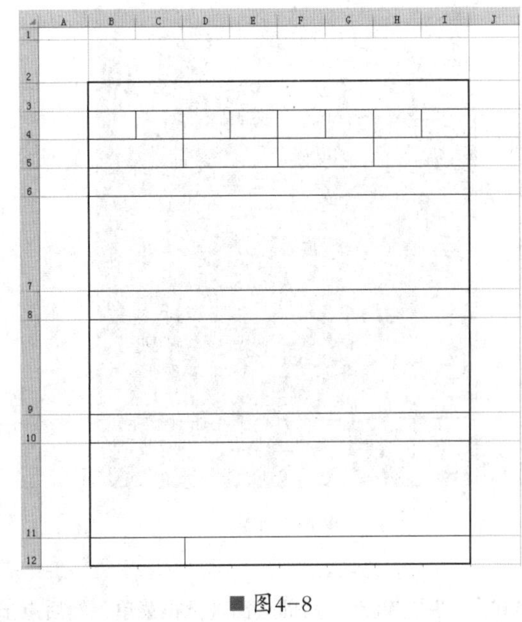

■ 图4-8

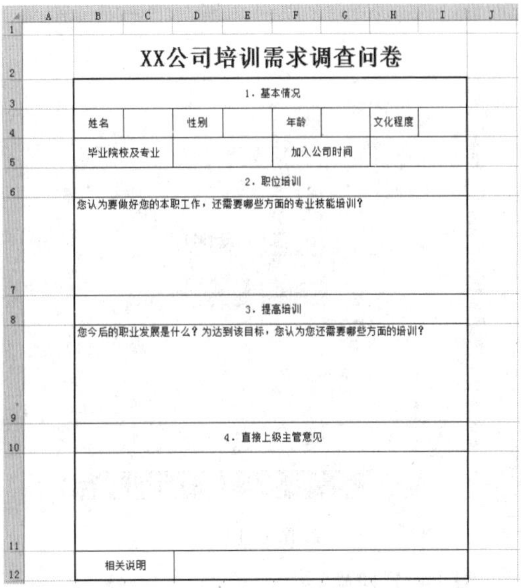

XX公司培训需求调查问卷
1. 基本情况
姓名
性别
年龄
文化程度
毕业院校及专业
加入公司时间
2. 职位培训
您认为要做好您的本职工作，还需要哪些方面的专业技能培训？
3. 提高培训
您今后的职业发展是什么？为达到该目标，您认为您还需要哪些方面的培训？
4. 直接上级主管意见
相关说明

■ 图4-9

二、培训需求调查汇总表

内容说明

培训需求分析就是采用科学的方法弄清谁最需要培训、为什么要培训、培训什么等问题，并对此进行深入探索研究的过程，而培训需求调查汇总表就是对这一探索研究过程的总结。

学习任务

使用Excel 2016制作“培训需求调查汇总表”，重点是掌握Excel基础表格绘制操作。

具体步骤

（1）创建、命名文件及设置行高。

①新建一个Excel工作表，并将其命名为“××公司培训需求调查汇总表”。

②打开空白工作表，用鼠标选中第2行单元格，然后在功能区选择【格式】，用左键点击后即会出现下拉菜单，继续点击【行高】，在弹出的【行高】对话框中，把行高设置为45，然后单击【确定】，如图4-10所示。

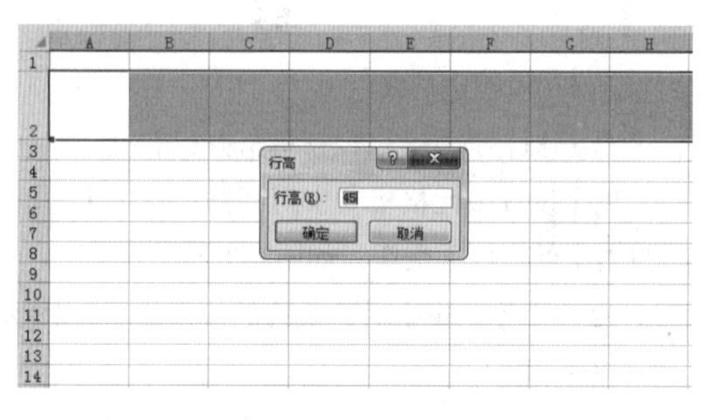

■ 图4-10

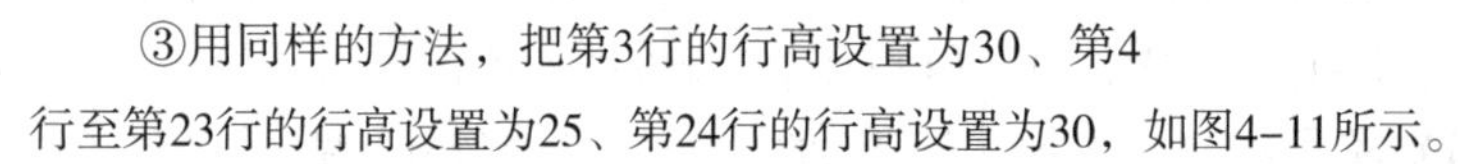

③用同样的方法，把第3行的行高设置为30、第4行至第23行的行高设置为25、第24行的行高设置为30，如图4-11所示。

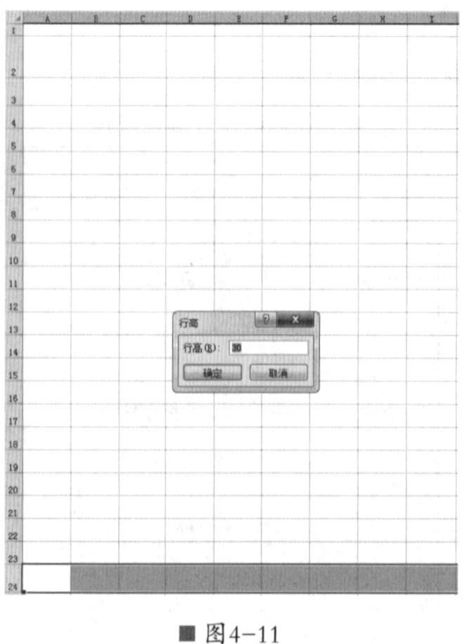

■ 图4-11

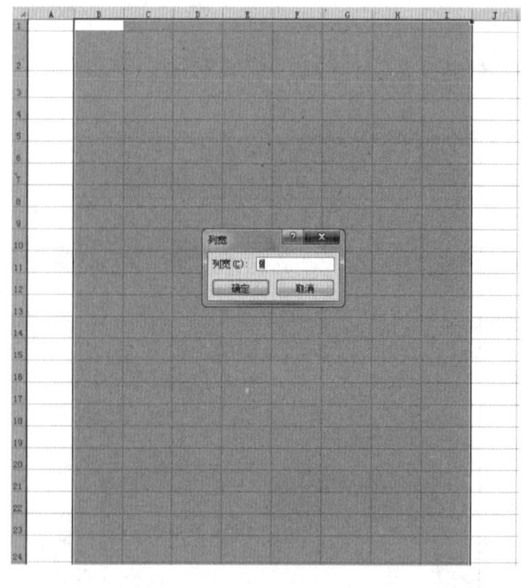

■ 图4-12

（2）设置列宽。

用鼠标选中B至I列单元格，然后在功能区选择【格式】，用左键点击后即会出现下拉菜单，然后点击

【列宽】，在弹出的【列宽】对话框中，把列宽设置为9，然后单击【确定】，如图4-12所示。

（3）合并单元格。

①用鼠标选中B2:I2，然后在功能区选择【合并后居中】按钮，用鼠标左键点击按钮，效果如图4-13所示。

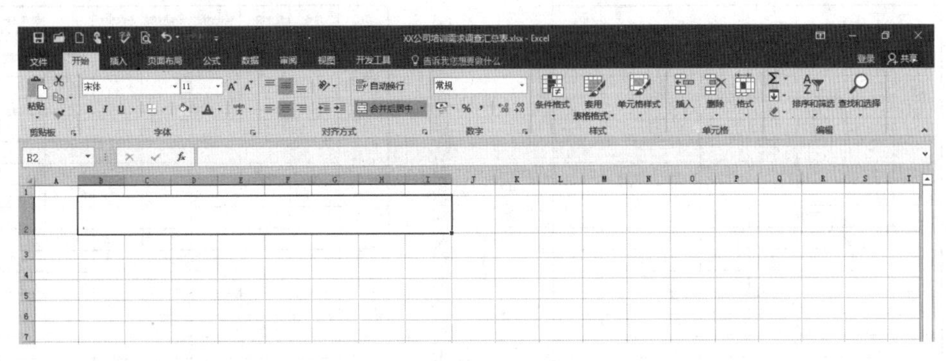

■ 图4-13

②用同样的方法，分别选中B4:B7、B8:B11、B12:B15、B16:B19、B20:B23、B24:C24、D24:I24，然后在功能区选择【合并后居中】按钮，用鼠标左键点击按钮，效果如图4-14所示。

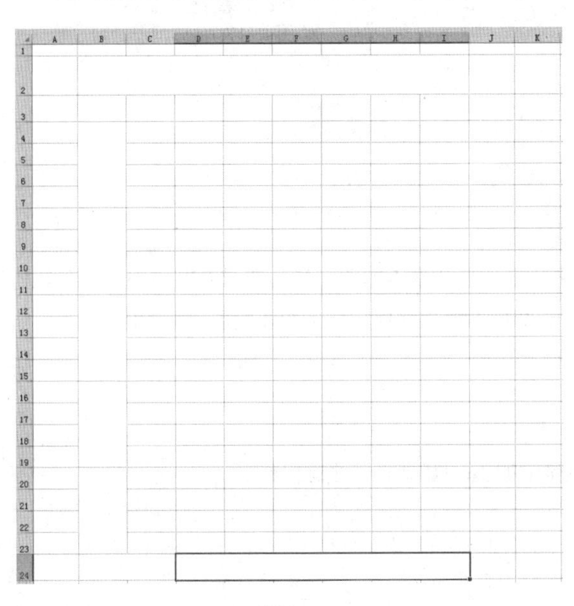

■ 图4-14

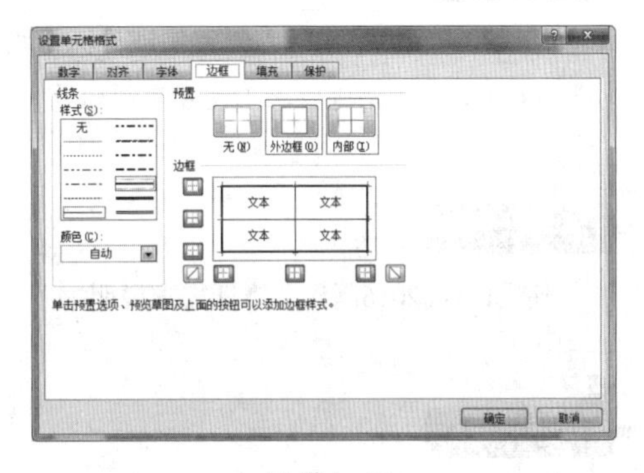

■ 图4-15

（4）设置边框线。

①用鼠标选中B3:I24，单击鼠标右键，在弹出的菜单中选择【设置单元格格式】；用鼠标点击后，就会出现【设置单元格格式】对话框；点击【边框】，选择细线，然后点击【内部】按钮；再选择粗线，然后点击【外边框】按钮，如图4-15所示。

②点击【确定】后，最终的效果如图4-16所示。

（5）输入内容。

①用鼠标选中B2，然后在单元格内输入“××公司培训需求调查汇总表”；选中该单元格，将【字号】设置为24；在功能区中点击【垂直居中】和【居中】，并用【Ctrl+B】快捷键将文字加粗。

②在B3:I24区域内的单元格中分别输入文字，并按照前面提到的方法对文字进行适当调整，效果如图4-17所示。

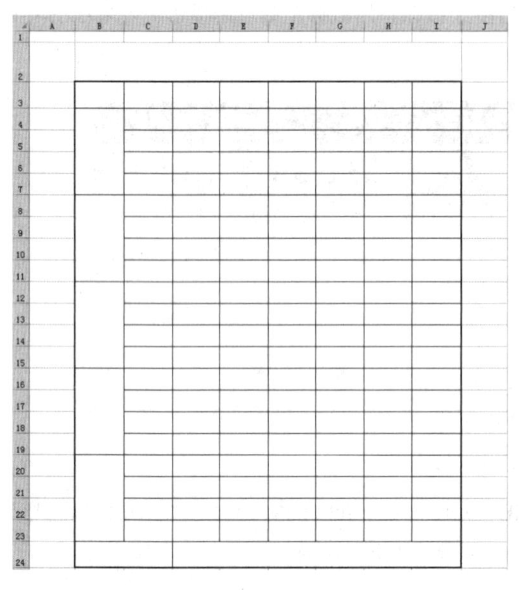

■ 图4-16

XX公司培训需求调查汇总表							
部门	序号	需求课程	预计时间	培训对象	培训方式	人数	费用估计
A部门							
B部门							
C部门							
D部门							
E部门							
相关说明							

■ 图4-17

三、培训需求说明书

培训需求说明书应涵盖年度培训目标、职业化要求及职业化素养差距、能力要求及能力差距、绩效行为能力差距、纠正措施要求（现存问题和重大事项）、新员工招聘计划、员工职业发展目标等内容。

使用Excel 2016制作“培训需求说明书”，重点是掌握Excel基础表格绘制操作。

（1）创建、命名文件及设置行高。

①新建一个Excel工作表，并将其命名为“××公司培训需求说明书”。

②打开空白工作表，用鼠标选中第2行单元格，然后在功能区选择【格式】，用左键点击后即会出现下拉菜单，继续点击【行高】，在弹出的【行高】对话框中，把行高设置为45，然后单击【确定】，如图4-18所示。

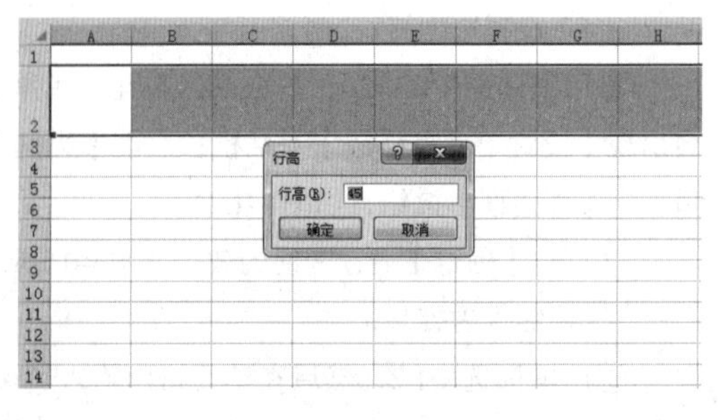

■ 图4-18

③用同样的方法，把第3行至第9行的行高设置为80，把第10行的行高设置为50，如图4-19所示。

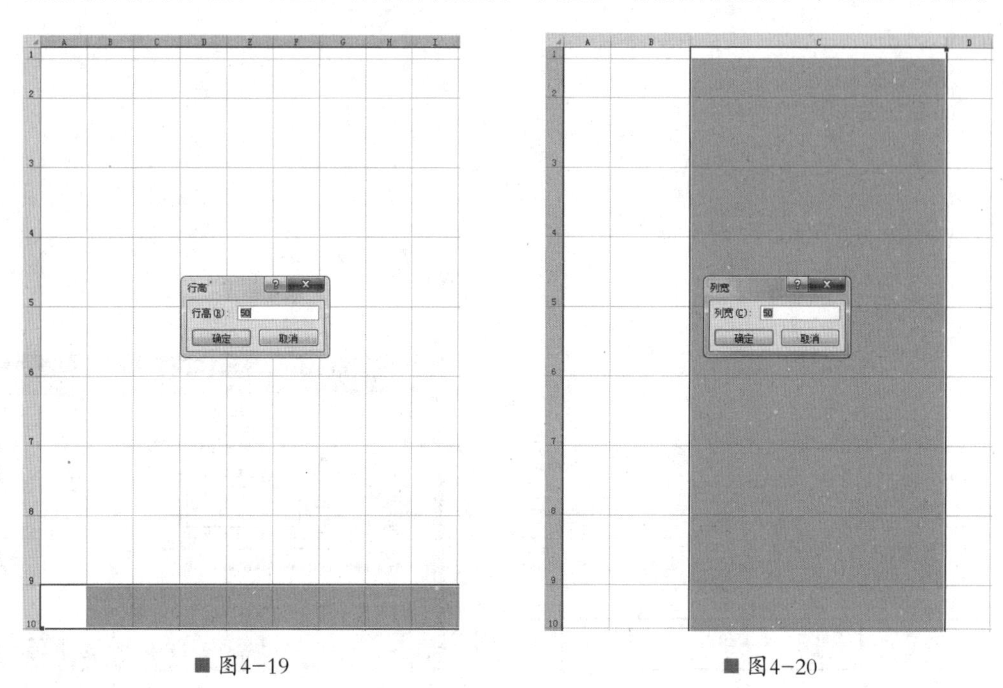

■ 图4-19　　■ 图4-20

（2）设置列宽。

①用鼠标选中B列单元格，然后在功能区选择【格式】，用左键点击后即会出现下拉菜单，然后点击【列宽】，在弹出的【列宽】对话框中，把列宽设置为15，然后单击【确定】。

②用同样的方法，把C列单元格的列宽设置为50，如图4-20所示。

（3）合并单元格。

①用鼠标选中B2:C2，然后在功能区选择【合并后居中】按钮，用鼠标左键点击按钮，效果如图4-21所示。

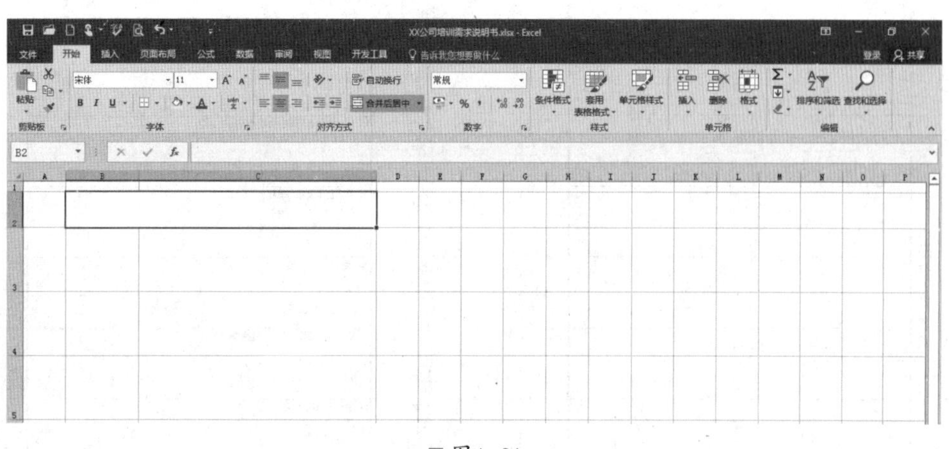

■ 图4-21

②用同样的方法，分别选中B3:C3、B4:C4、B5:C5、B6:C6、B7:C7、B8:C8、B9:C9，然后在功能区选择【合并后居中】按钮，用鼠标左键点击按钮，效果如图4-22所示。

■ 图4-22

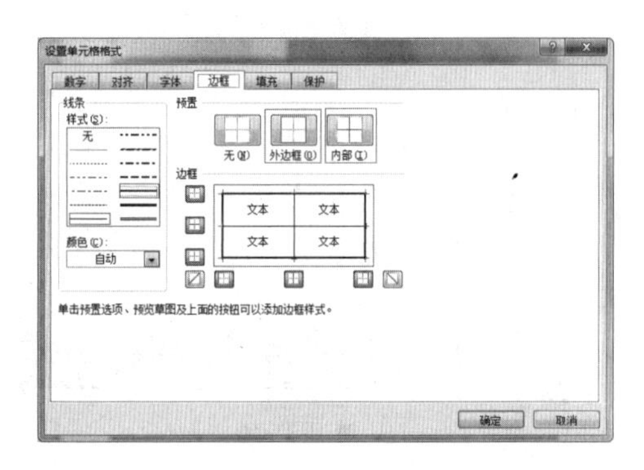

■ 图4-23

（4）设置边框线。

①用鼠标选中B3:C10，单击鼠标右键，在弹出的菜单中选择【设置单元格格式】；用鼠标点击后，就会出现【设置单元格格式】对话框；点击【边框】，选择细线，然后点击【内部】按钮；再选择粗线，然后点击【外边框】按钮，如图4-23所示。

②点击【确定】后，最终的效果如图4-24所示。

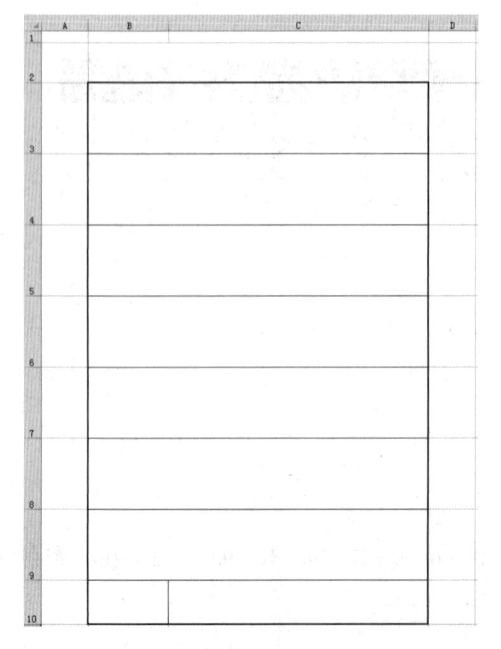

■ 图4-24

■ 图4-25

（5）输入内容。

①用鼠标选中B2，然后在单元格内输入“××公司培训需求说明书”；选中该单元格，将【字号】设置为24；在功能区中点击【垂直居中】和【居中】，并用【Ctrl+B】快捷键将文字加粗。

②在B3:C10区域内的单元格中分别输入文字，并按照前面提到的方法对文字进行适当调整，效果如图4–25所示。

四、公司年度/季度培训计划表

从企业的角度来看，企业培训资源总是有限的，需要系统地规划和使用，以使其产生最大的效用，而年度/季度培训计划就是规划公司年度/季度培训资源和工作重点的重要工具；从人力资源部的角度来看，年度/季度培训计划是人力资源规划的重要组成部分，是年度/季度培训工作如何开展的蓝图和指引；从员工的角度来看，该计划可以使员工有意识地思考和提出个人的学习发展计划与目标，通过设定年度/季度学习计划与公司共同成长。

使用Excel 2016制作“公司年度/季度培训计划表”，重点是掌握Excel基础表格绘制操作。

（1）创建、命名文件及设置行高。

①新建一个Excel工作表，并将其命名为“××公司年度/季度培训计划表”。

②打开空白工作表，用鼠标选中第2行单元格，然后在功能区选择【格式】，用左键点击后即会出现下拉菜单，继续点击【行高】，在弹出的【行高】对话框中，把行高设置为40，然后单击【确定】，如图4–26所示。

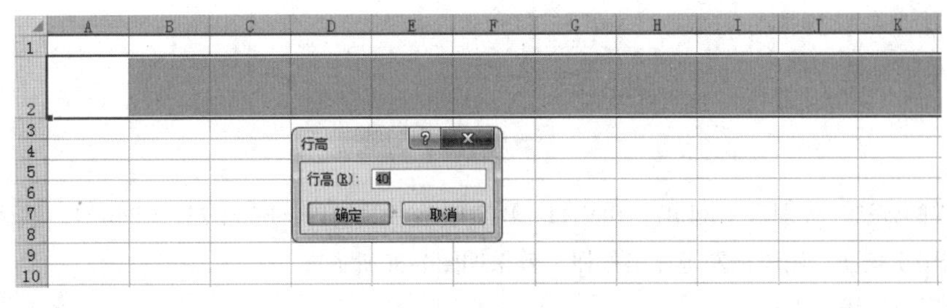

■ 图4–26

③用同样的方法，把第3行的行高设置为30，把第4行至第24行的行高设置为25，如图4–27所示。

（2）设置列宽。

①用鼠标选中B列单元格，然后在功能区选择【格式】，用左键点击后即会出现下拉菜单，然后点击【列宽】，在弹出的【列宽】对话框中，把列宽设置为12，然后单击【确定】。

②用同样的方法，把C至I列单元格的列宽设置为8，如图4–28所示。

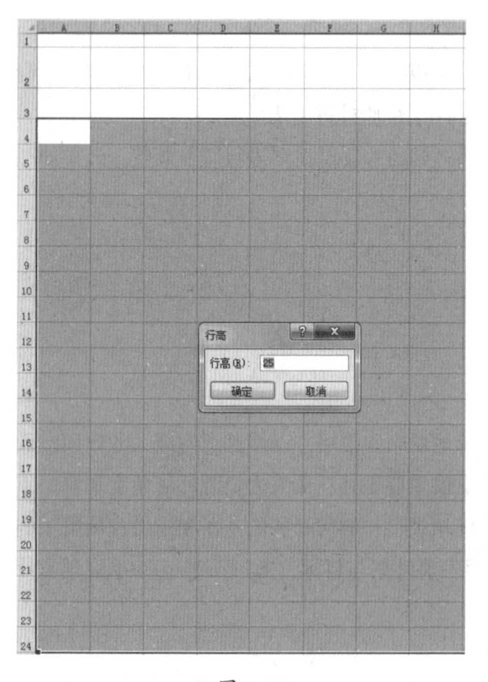

■ 图4-27

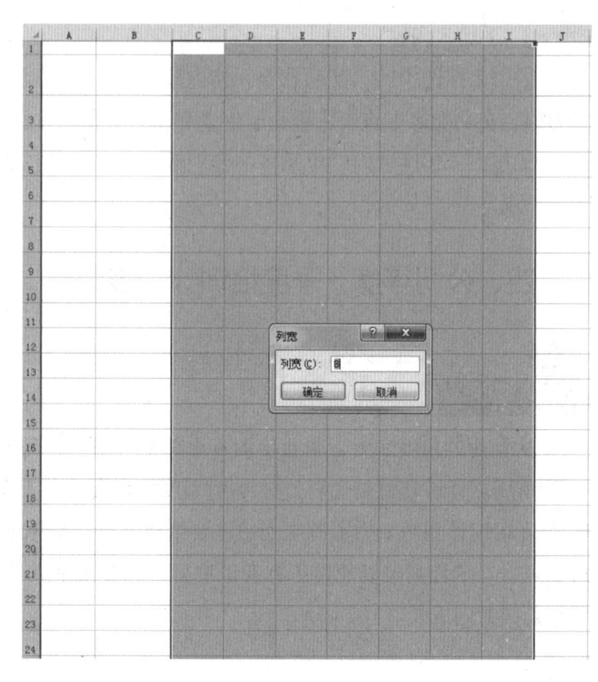

■ 图4-28

（3）合并单元格。

①用鼠标选中B2:I2，然后在功能区选择【合并后居中】按钮，用鼠标左键点击按钮，效果如图4-29所示。

■ 图4-29

②用同样的方法，分别选中B4:B7、B8:B11、B12:B15、B16:B19、B20:B23、C24:I24，然后在功能区选择【合并后居中】按钮，用鼠标左键点击按钮，效果如图4-30所示。

（4）设置边框线。

①用鼠标选中B3:I24，单击鼠标右键，在弹出的菜单中选择【设置单元格格式】；用鼠标点击后，就会出现【设置单元格格式】对话框；点击【边框】，选择细线，然后点击【内部】按钮；再选择粗线，然后点击【外边框】按钮，如图4-31所示。

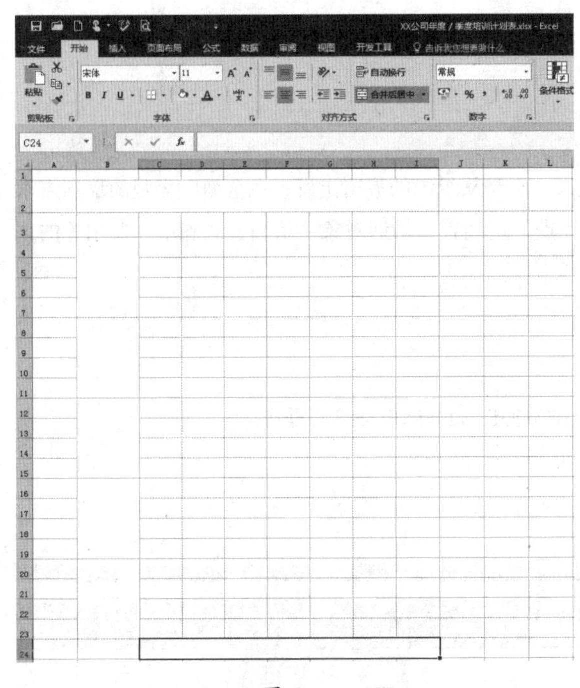

■ 图4-30

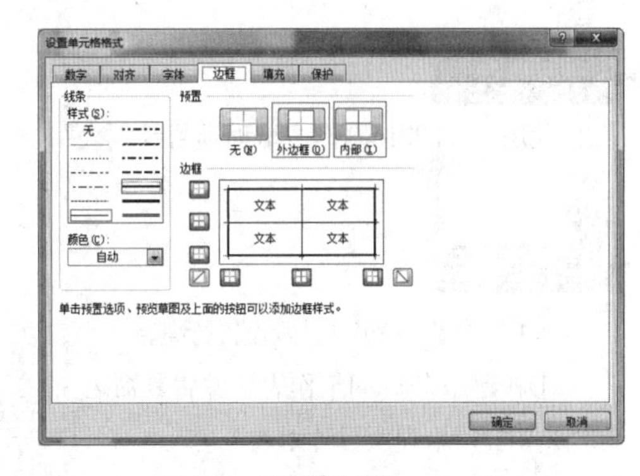

■ 图4-31

②点击【确定】后，最终的效果如图4-32所示。

（5）输入内容。

①用鼠标选中B2，然后在单元格内输入“××公司年度/季度培训计划表”；选中该单元格，将【字号】设置为24；在功能区中点击【垂直居中】和【居中】，并用【Ctrl+B】快捷键将文字加粗。

②在B3:I24区域内的单元格中分别输入文字，并按照前面提到的方法对文字进行适当调整，效果如图4-33所示。

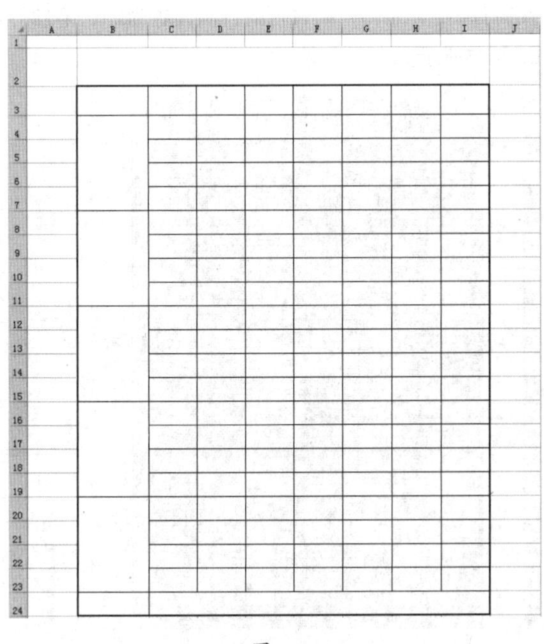

■ 图4-32

XX公司年度/季度培训计划表

培训类别	培训名称	培训时间	参加人员	学时	费用预算	培训形式及讲师	调整或修改内容
新员工培训							
管理类							
职业技能类							
规章规范类							
外派培训							
相关说明							

■ 图4-33

五、培训项目计划表

内容说明

培训项目计划是按照一定的逻辑顺序排列的记录，它是从组织的战略出发，在全面、客观的培训需求分析的基础上作出的对培训内容、培训时间、培训地点、培训者、培训对象、培训方式和培训费用等的预先系统设定。

学习任务

使用Excel 2016制作“培训项目计划表”，重点是掌握Excel基础表格绘制操作。

具体步骤

（1）创建、命名文件及设置行高。

①新建一个Excel工作表，并将其命名为“××公司培训项目计划表”。

②打开空白工作表，用鼠标选中第2行单元格，然后在功能区选择【格式】，用左键点击后即会出现下拉菜单，继续点击【行高】，在弹出的【行高】对话框中，把行高设置为40，然后单击【确定】，如图4-34所示。

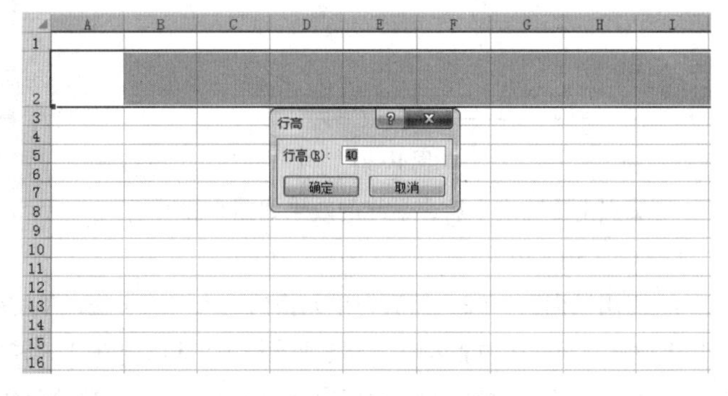

■ 图4-34

③用同样的方法，把第3行至第5行的行高设置为70、第6行至第9行的行高设置为25、第10行的行高设置为70、第11行的行高设置为25、第12行的行高设置为70、第13行至第18行的行高设置为25，如图4-35所示。

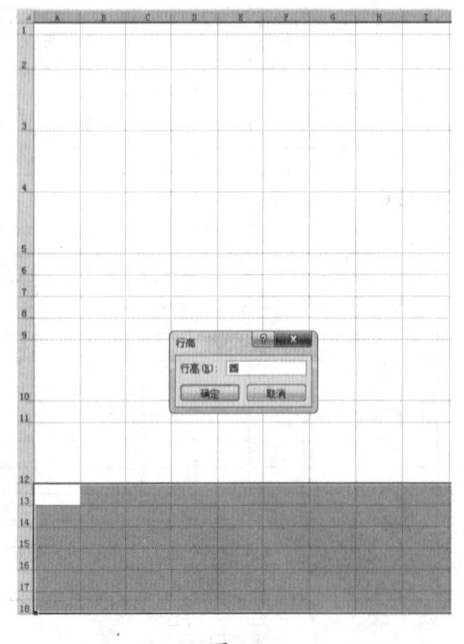

■ 图4-35

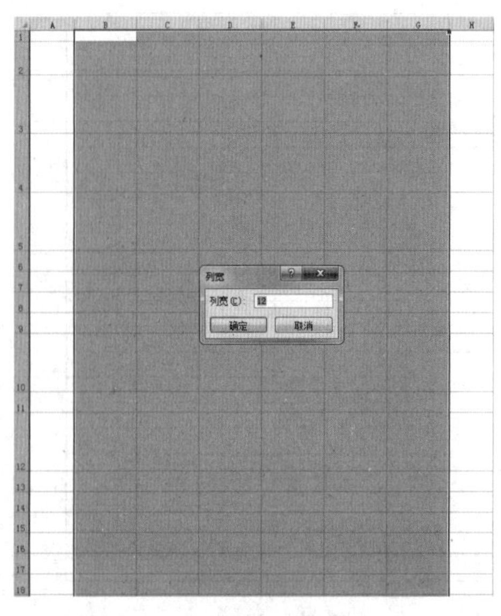

■ 图4-36

（2）设置列宽。

用鼠标选中B至G列单元格，然后在功能区选择【格式】，用左键点击后即会出现下拉菜单，然后点击【列宽】，在弹出的【列宽】对话框中，把列宽设置为12，然后单击【确定】，如图4-36所示。

（3）合并单元格。

①用鼠标选中B2:G2，然后在功能区选择【合并后居中】按钮，用鼠标左键点击按钮，效果如图4-37所示。

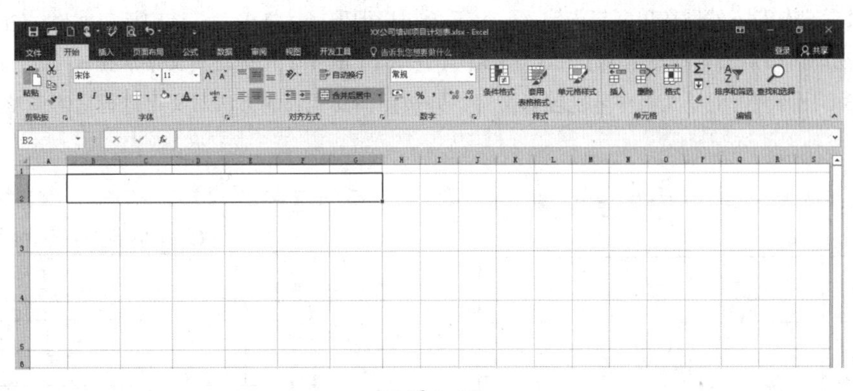

■ 图4-37

②用同样的方法，分别选中C3:G3、C4:G4、C5:G5、E6:G6、C7:G7、E9:G9、C10:G10、C12:G12、B13:B16、E13:E16、C13:D13、F13:G13、C14:D14、F14:G14、C15:D15、F15:G15、C16:D16、F16:G16、C18:G18，然后在功能区选择【合并后居中】按钮，用鼠标左键点击按钮，效果如图4-38所示。

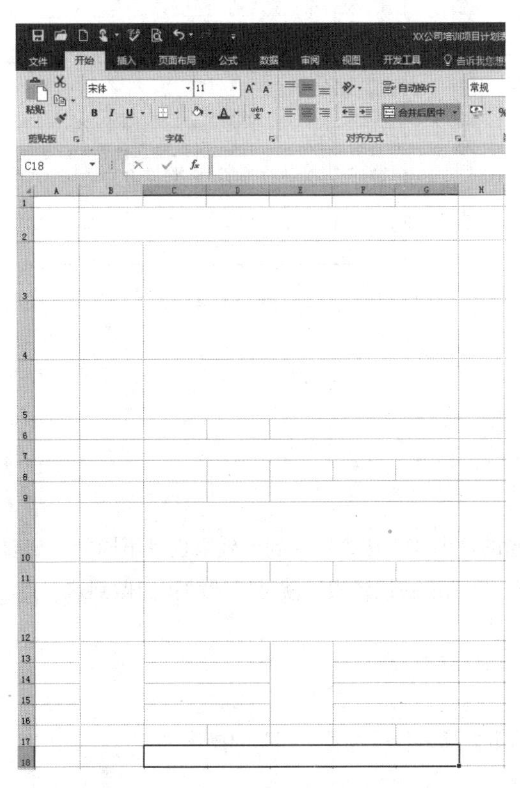

■ 图4-38

■ 图4-39

（4）设置边框线。

①用鼠标选中B3:G18，单击鼠标右键，在弹出的菜单中选择【设置单元格格式】；用鼠标点击后，就会出现【设置单元格格式】对话框；点击【边框】，选择细线，然后点击【内部】按钮；再选择粗线，然后点击【外边框】按钮，如图4-39所示。

②点击【确定】后，最终的效果如图4-40所示。

（5）输入内容。

①用鼠标选中B2，然后在单元格内输入“××公司培训项目计划表”；选中该单元格，将【字号】设置为24；在功能区中点击【垂直居中】和【居中】，并用【Ctrl+B】快捷键将文字加粗。

②在B3:G18区域内的单元格中分别输入文字，并按照前面提到的方法对文字进行适当调整，效果如图4-41所示。

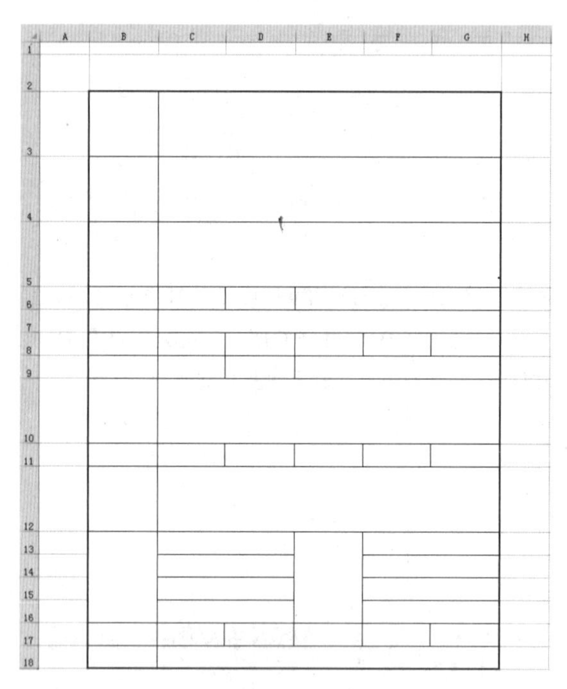

■ 图4-40

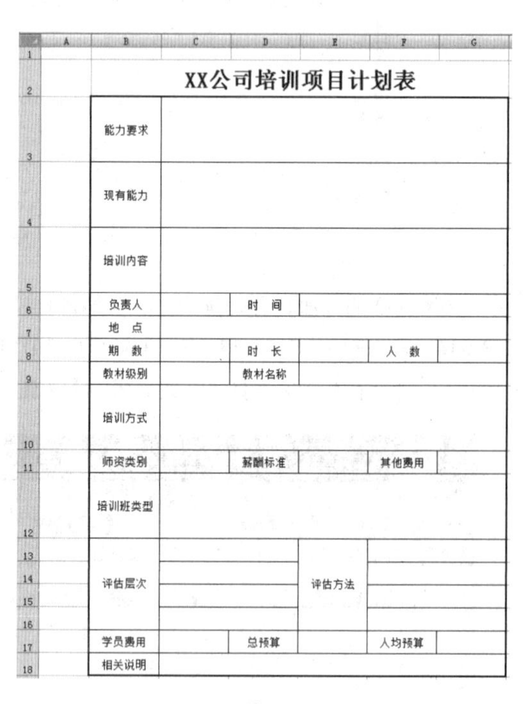

■ 图4-41

六、培训准备记录表

大多数企业都会进行培训，但是我们会发现不同的培训和方法，所起到的效果也是不同的。想要让企业培训更好地发挥作用，事前准备就需要做到位。“培训准备记录表”就可以帮助我们做到这一点。

使用Excel 2016制作“培训准备记录表”，重点是掌握插入特殊符号“□”的操作。

（1）创建、命名文件及设置行高。

①新建一个Excel工作表，并将其命名为“××公司培训准备记录表”。

②打开空白工作表，用鼠标选中第2行单元格，然后在功能区选择【格式】，用左键点击后即会出现下拉菜单，继续点击【行高】，在弹出的【行高】对话框中，把行高设置为40，然后单击【确定】，如图4-42所示。

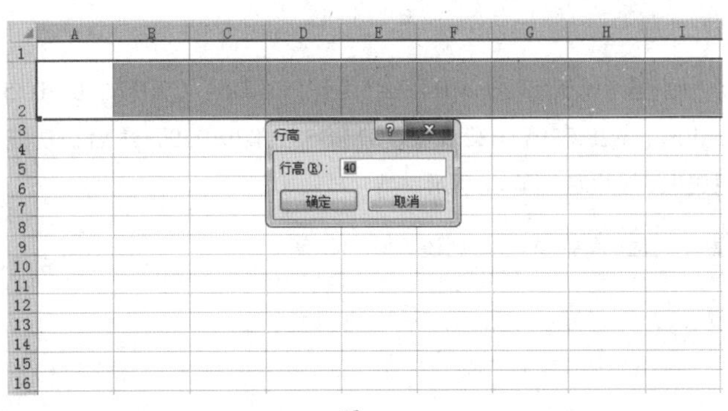

■ 图4-42

③用同样的方法，把第3行至第11行的行高设置为16、第12行的行高设置为30、第13行至第38行的行高设置为16、第39行的行高设置为50，部分设置效果如图4-43所示。

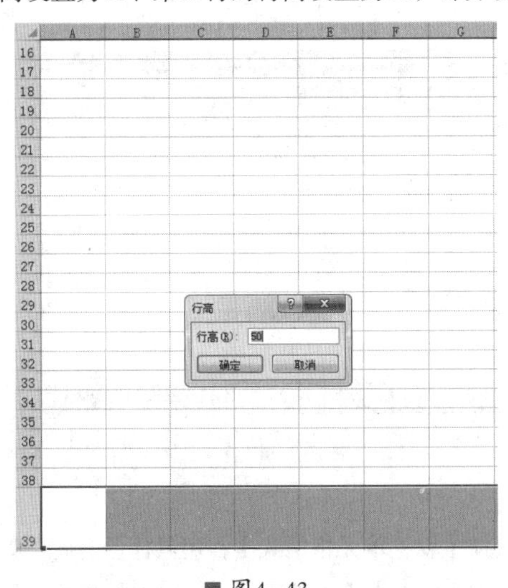

■ 图4-43

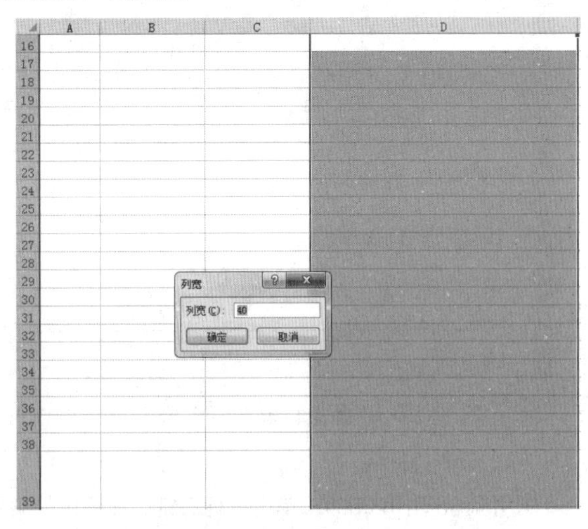

■ 图4-44

（2）设置列宽。

①用鼠标选中B至C列单元格，然后在功能区选择【格式】，用左键点击后即会出现下拉菜单，然后点击【列宽】，在弹出的【列宽】对话框中，把列宽设置为15，然后单击【确定】。

②用同样的方法，把D列单元格的列宽设置为40，如图4-44所示。

（3）合并单元格。

①用鼠标选中B2:D2，然后在功能区选择【合并后居中】按钮，用鼠标左键点击按钮，效果如图4-45所示。

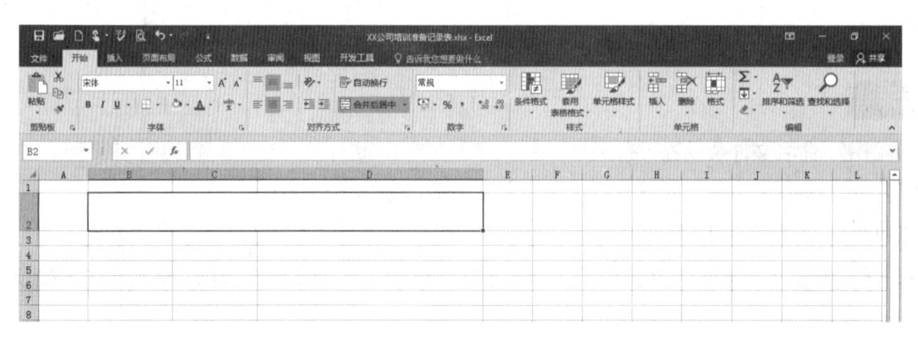

■ 图4-45

②用同样的方法，分别选中C3:D3、C4:D4、C5:D5、C6:D6、C7:D7、B8:B15、C8:C11、B16:B27、C16:C18、C20:C21、B28:B31、C28:C29、B32:B37、C38:D38、B39:D39，然后在功能区选择【合并后居中】按钮，用鼠标左键点击按钮，效果如图4-46所示。

■ 图4-46

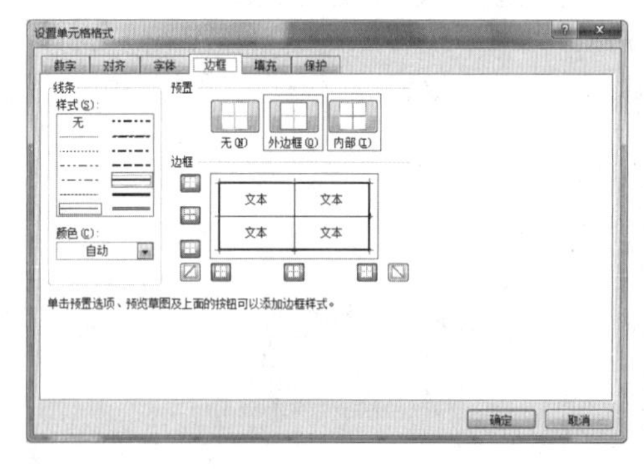

■ 图4-47

（4）设置边框线。

①用鼠标选中B3:D39，单击鼠标右键，在弹出的菜单中选择【设置单元格格式】；用鼠标点击后，就会出现【设置单元格格式】对话框；点击【边框】，选择细线，然后点击【内部】按钮；再选择粗线，然后点击【外边框】按钮，如图4-47所示。

②点击【确定】后，最终的效果如图4-48所示。

（5）输入内容。

①用鼠标选中B2，然后在单元格内输入"××公司培训准备记录表"；选中该单元格，将【字号】设置为24；在功能区中点击【垂直居中】和【居中】，并用【Ctrl+B】快捷键将文字加粗。

②在B3:D39区域内的单元格中分别输入文字，并按照前面提到的方法对文字进行适当调整，效果如图4-49所示。

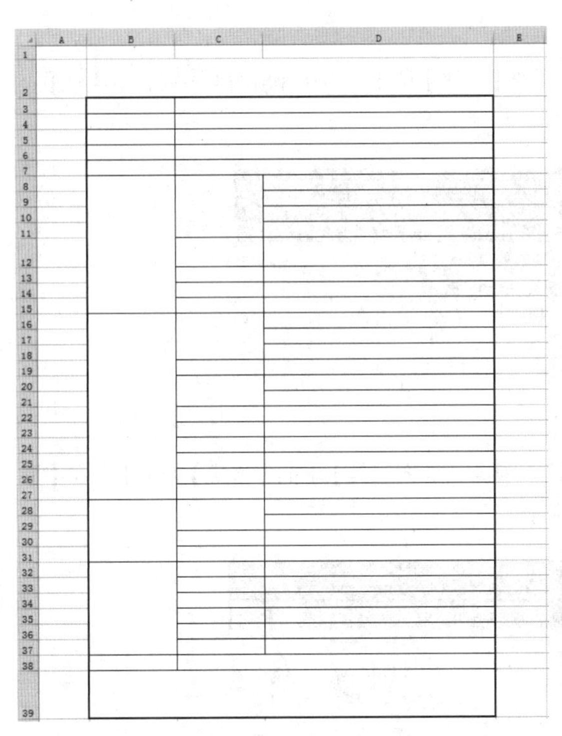

■ 图4-48

XX公司培训准备记录表

项目		内容
课程名称		
日　期		
地　点		
讲　师		
学员人数		
教室安排	桌椅布置	U字型
		小组型　每组　人
		课桌型
		其他
	是否需要分组讨论的教室	是　数量　个，否
	灯光	良好
	空调	良好
	茶水供应	到位
设　备	投影仪	电脑
		纸张
		胶片
	屏幕	
	白板	数量　个
		白板纸　白板笔　颜色　种
	录像机	
	胶带	
	指示牌	
	音响	
	拖线板	数量　个
	其他	
教　材	预读材料	有　发放时间
		无
	课前调查问卷	有　发放时间　回收时间
	学员培训手册	准备完毕
相关材料	学员笔记本和笔	
	学员名卡	
	学员签到表	
	培训评估表	
	学员证书	
	培训规则	
其　他		
培训组织人签字：		

■ 图4-49

（6）插入特殊符号“□”。

①选中D8单元格，切换至【插入】选项卡，在【符号】选项组中单击【符号】按钮，在弹出的【符号】对话框中，单击【子集】下拉按钮，然后找到【几何图形符】中的“□”，如图4-50所示。

■ 图4-50

教室安排	桌椅布置	U字型　□
		小组型　□　每组　人
		课桌型　□
		其他
	是否需要分组讨论的教室	是　□　数量　个，否　□
	灯光	良好　□
	空调	良好　□
	茶水供应	到位　□
设　备	投影仪	电脑　□
		纸张　□
		胶片　□
	屏幕	□
	白板	□　数量　个
		白板纸　□　白板笔　□　颜色　种
	录像机	□
	胶带	□
	指示牌	□
	音响	□
	拖线板	□　数量　个
	其他	
教　材	预读材料	有　□　发放时间
		无　□
	课前调查问卷	有　□　发放时间　回收时间
	学员培训手册	准备完毕□
相关材料	学员笔记本和笔	□
	学员名卡	□
	学员签到表	□
	培训评估表	□
	学员证书	□
	培训规则	□

■ 图4-51

②用鼠标点击【插入】后，即可在单元格内插入符号“□”；然后再点击【关闭】，将对话框关闭。用同样的方法，在其他单元格内都插入相应的特殊符号“□”，效果如图4-51所示。

（7）绘制直线。

①切换至【插入】选项卡，单击【插图】选项组中的【形状】按钮，并在弹出的下拉列表中选择【直线】，如图4–52所示。

■ 图4–52

②用鼠标点击后，即可在单元格内绘制直线；然后切换至【绘图工具】下的【格式】选项卡，在【形状样式】组中，选择样式【细线–深色1】，如图4–53所示。

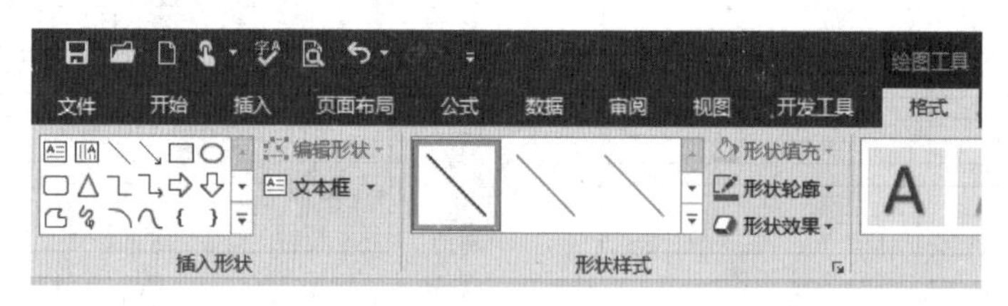

■ 图4–53

③使用同样的方法，继续绘制直线，效果如图4–54所示。

行				
8		教室安排	桌椅布置	U字型 □
9				小组型 □ 每组___人
10				课桌型 □
11				其他
12			是否需要分组讨论的教室	是 □ 数量___个，否 □
13			灯光	良好 □
14			空调	良好 □
15			茶水供应	到位 □
16		设　备	投影仪	电脑 □
17				纸张 □
18				胶片 □
19			屏幕	□
20			白板	□ 数量___个
21				白板纸 □ 白板笔 □ 颜色___种
22			录像机	□
23			胶带	□
24			指示牌	□
25			音响	□
26			拖线板	□ 数量___个
27			其他	

■ 图4–54

七、培训通知单

培训通知单应说明课程名称、讲师姓名、讲师简介、培训时间、培训地点、参训人员、培训内容（大

纲）、培训纪律、培训考核等内容。

学习任务

使用Excel 2016制作“培训通知单”，重点是掌握Excel基础表格绘制操作。

具体步骤

（1）创建、命名文件及设置行高。

①新建一个Excel工作表，并将其命名为“××公司培训通知单”。

②打开空白工作表，用鼠标选中第2行单元格，然后在功能区选择【格式】，用左键点击后即会出现下拉菜单，继续点击【行高】，在弹出的【行高】对话框中，把行高设置为40，然后单击【确定】，如图4-55所示。

■ 图4-55

③用同样的方法，把第3行至第8行的行高设置为30，把第9行至第13行的行高设置为90，如图4-56所示。

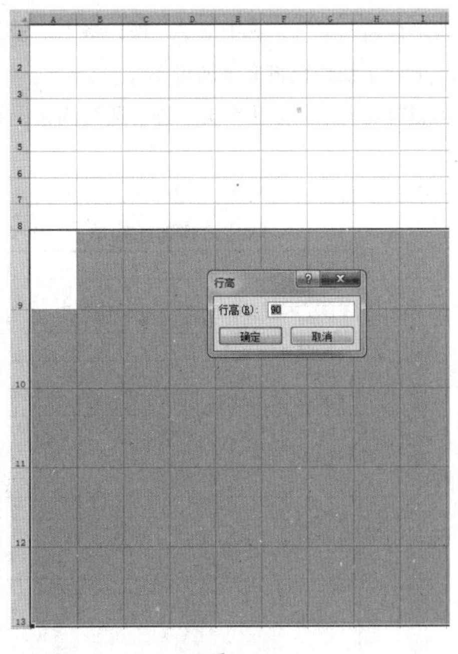

■ 图4-56

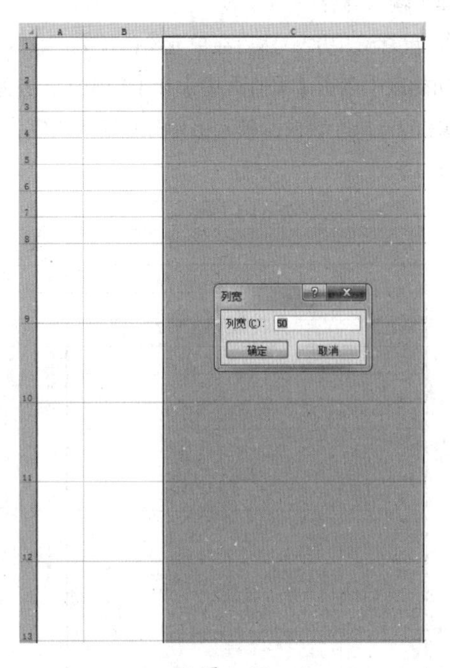

■ 图4-57

（2）设置列宽。

①用鼠标选中B列单元格，然后在功能区选择【格式】，用左键点击后即会出现下拉菜单，然后点击【列宽】，在弹出的【列宽】对话框中，把列宽设置为15，然后单击【确定】。

②用同样的方法，把C列单元格的列宽设置为50，如图4-57所示。

（3）合并单元格。

用鼠标选中B2:C2，然后在功能区选择【合并后居中】按钮，用鼠标左键点击按钮，效果如图4-58所示。

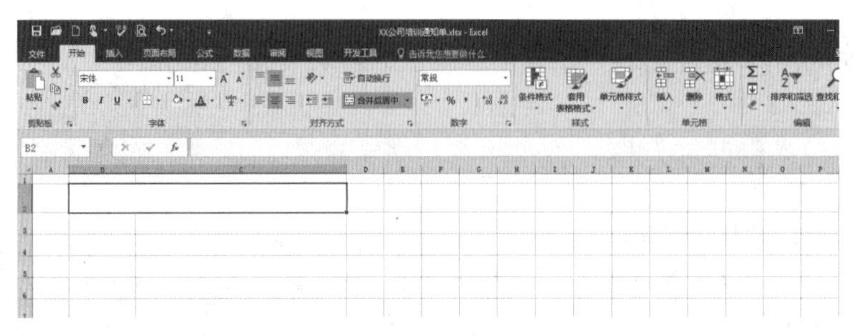

■ 图4-58

（4）设置边框线。

①用鼠标选中B3:C13，单击鼠标右键，在弹出的菜单中选择【设置单元格格式】；用鼠标点击后，就会出现【设置单元格格式】对话框；点击【边框】，选择细线，然后点击【内部】按钮；再选择粗线，然后点击【外边框】按钮，如图4-59所示。

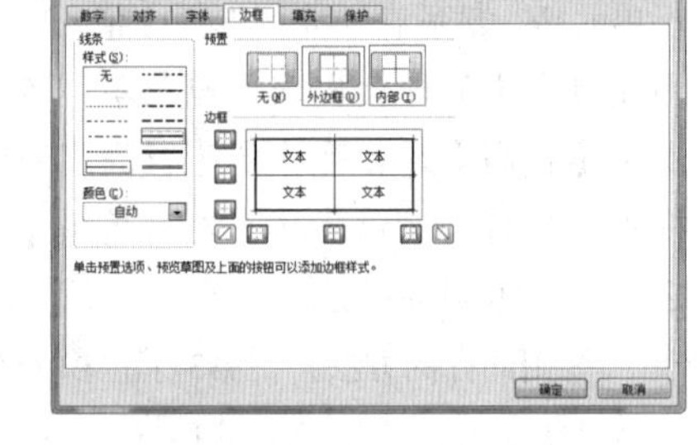

■ 图4-59

②点击【确定】后，最终的效果如图4-60所示。

（5）输入内容。

①用鼠标选中B2，然后在单元格内输入“××公司培训通知单”；选中该单元格，将【字号】设置为24；在功能区中点击【垂直居中】和【居中】，并用【Ctrl+B】快捷键将文字加粗。

②在B3:C13区域内的单元格中分别输入文字，并按照前面提到的方法对文字进行适当调整，效果如图4-61所示。

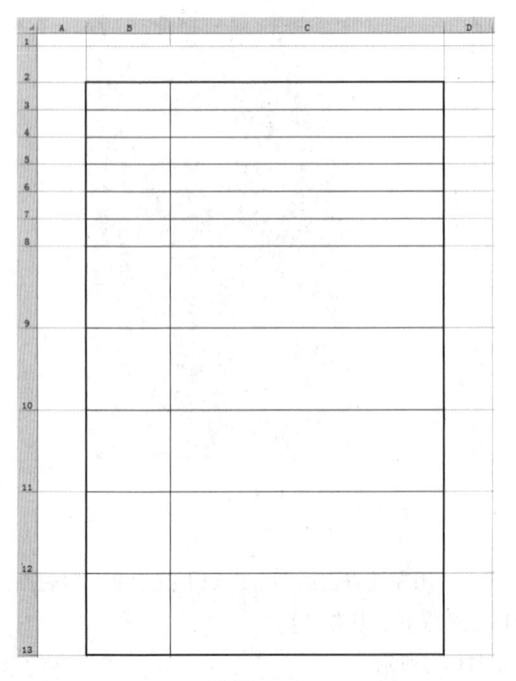

■ 图4-60

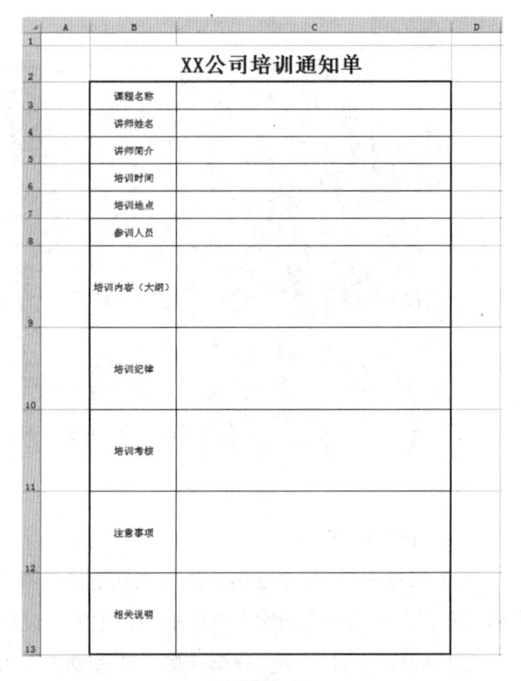

XX公司培训通知单

课程名称	
讲师姓名	
讲师简介	
培训时间	
培训地点	
参训人员	
培训内容（大纲）	
培训纪律	
培训考核	
注意事项	
相关说明	

■ 图4-61

八、培训报名表

培训报名表应包括报名课程、培训讲师、培训时间、报名人、部门、岗位等基本信息，要详细记录清楚培训报名的整个过程。

使用Excel 2016制作“培训报名表”，重点是掌握Excel基础表格绘制操作。

（1）创建、命名文件及设置行高。

①新建一个Excel工作表，并将其命名为“××公司培训报名表”。

②打开空白工作表，用鼠标选中第2行单元格，然后在功能区选择【格式】，用左键点击后即会出现下拉菜单，继续点击【行高】，在弹出的【行高】对话框中，把行高设置为40，然后单击【确定】，如图4-62所示。

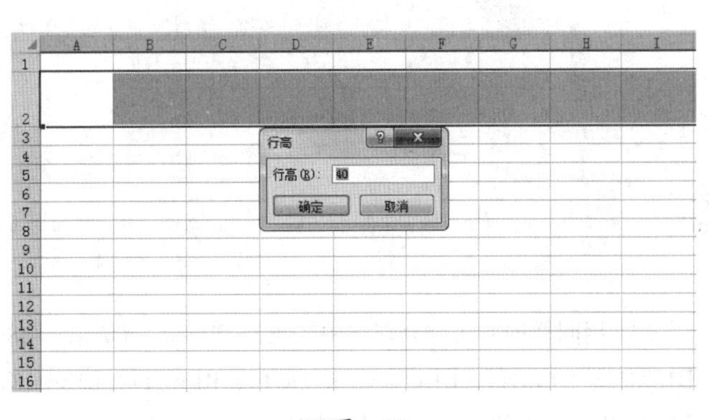

■ 图4-62

③用同样的方法，把第3行至第7行的行高设置为25、第8行的行高设置为50、第9行的行高设置为25、第10行至第11行的行高设置为50、第12行至第13行的行高设置为25、第14行至第16行的行高设置为50、第17行至第18行的行高设置为25，如图4-63所示。

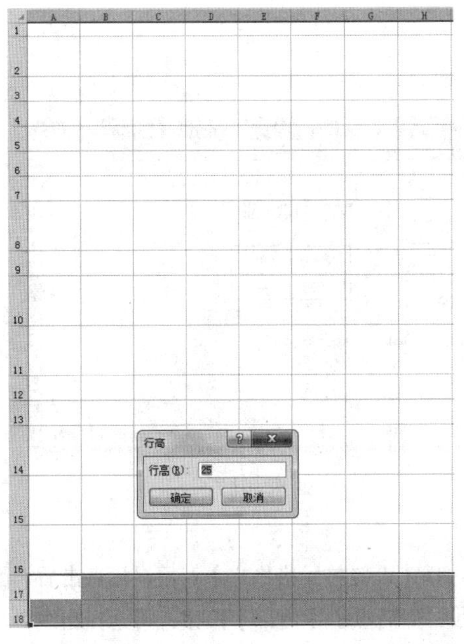

■ 图4-63

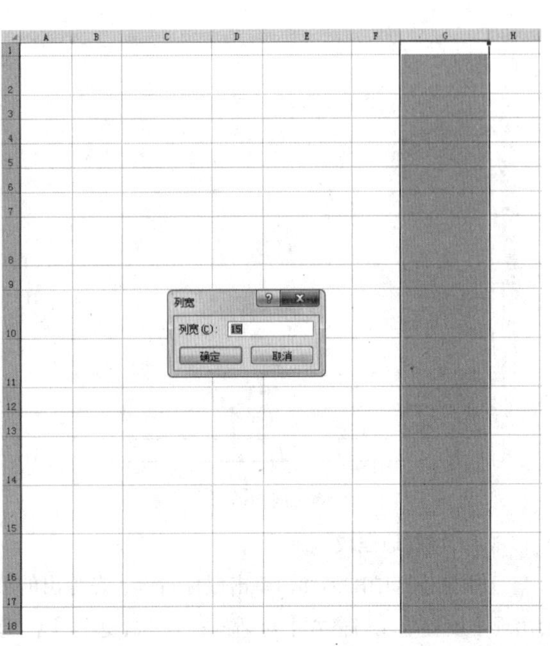

■ 图4-64

（2）设置列宽。

①用鼠标选中B列单元格，然后在功能区选择【格式】，用左键点击后即会出现下拉菜单，然后点击【列宽】，在弹出的【列宽】对话框中，把列宽设置为8，然后单击【确定】。

②用同样的方法，把C列、E列、G列单元格的列宽设置为15，D列、F列单元格的列宽设置为8，如图4-64所示。

（3）合并单元格。

①用鼠标选中B2:G2，然后在功能区选择【合并后居中】按钮，用鼠标左键点击按钮，效果如图4-65所示。

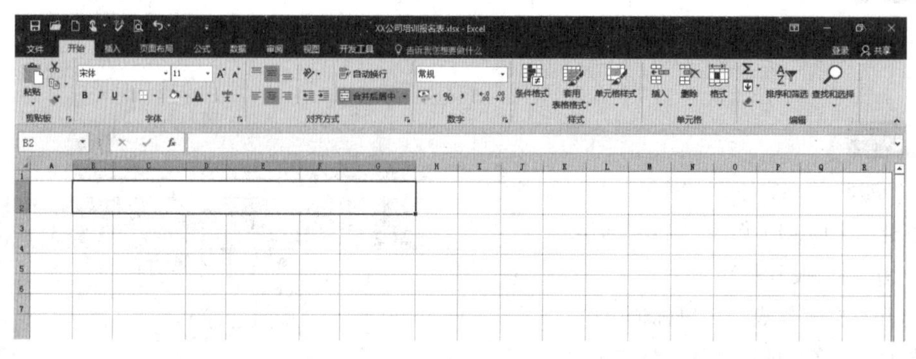

■ 图4-65

②用同样的方法，分别选中B3:G3、B6:G6、B7:G7、B8:G8、B9:G9、B10:G10、B11:G11、B12:G12、B13:G13、B14:G14、B15:G15、B16:G16、B17:G17、B18:G18，然后在功能区选择【合并后居中】按钮，用鼠标左键点击按钮，效果如图4-66所示。

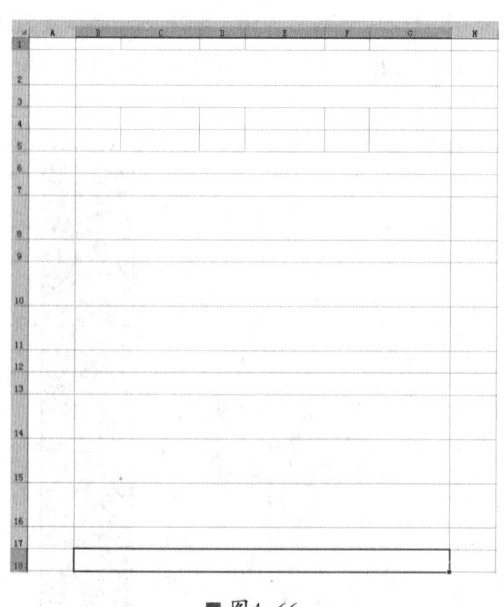

■ 图4-66

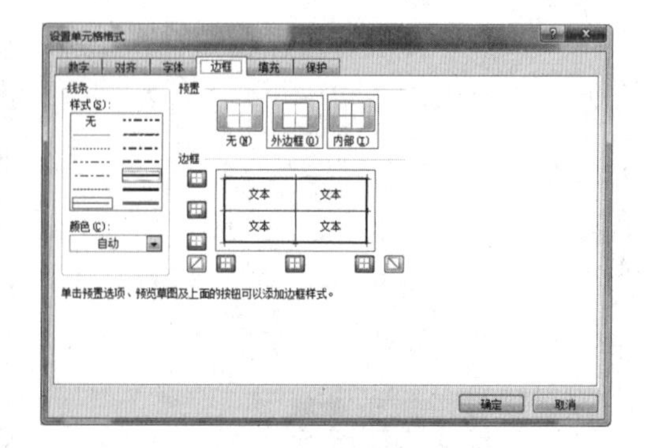

■ 图4-67

（4）设置边框线。

①用鼠标选中B3:G18，单击鼠标右键，在弹出的菜单中选择【设置单元格格式】；用鼠标点击后，就会出现【设置单元格格式】对话框；点击【边框】，选择细线，然后点击【内部】按钮；再选择粗线，然

后点击【外边框】按钮，如图4–67所示。

②点击【确定】后，最终的效果如图4–68所示。

（5）输入内容。

①用鼠标选中B2，然后在单元格内输入“××公司培训报名表”；选中该单元格，将【字号】设置为24；在功能区中点击【垂直居中】和【居中】，并用【Ctrl+B】快捷键将文字加粗。

②在B3:G18区域内的单元格中分别输入文字，并按照前面提到的方法对文字进行适当调整，效果如图4–69所示。

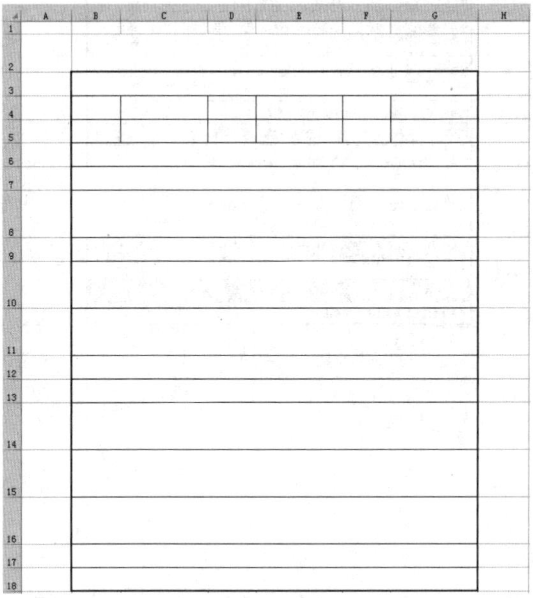

■ 图4–68

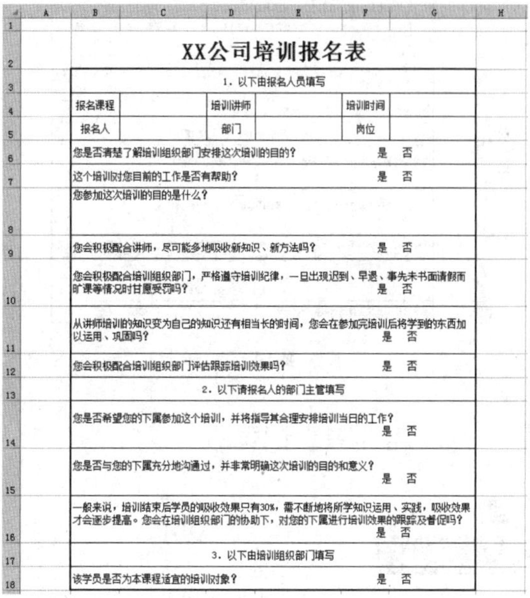

XX公司培训报名表
1. 以下由报名人员填写
报名课程
培训讲师
培训时间
报名人
部门
岗位
您是否清楚了解培训组织部门安排这次培训的目的？ 是 否
这个培训对您目前的工作是否有帮助？ 是 否
您参加这次培训的目的是什么？
您会积极配合讲师，尽可能多地吸收新知识、新方法吗？ 是 否
您会积极配合培训组织部门，严格遵守培训纪律，一旦出现迟到、早退、事先未书面请假而旷课等情况时甘愿受罚吗？ 是 否
从讲师培训的知识变为自己的知识还有相当长的时间，您会在参加完培训后将学到的东西加以运用、巩固吗？ 是 否
您会积极配合培训组织部门评估跟踪培训效果吗？ 是 否
2. 以下请报名人的部门主管填写
您是否希望您的下属参加这个培训，并将指导其合理安排培训当日的工作？ 是 否
您是否与您的下属充分地沟通过，并非常明确这次培训的目的和意义？ 是 否
一般来说，培训结束后学员的吸收效果只有30%，需不断地将所学知识运用、实践，吸收效果才会逐步提高。您会在培训组织部门的协助下，对您的下属进行培训效果的跟踪及督促吗？ 是 否
3. 以下由培训组织部门填写
该学员是否为本课程适宜的培训对象？ 是 否

■ 图4–69

（6）插入特殊符号“□”。

①选中B6单元格，切换至【插入】选项卡，在【符号】选项组中单击【符号】按钮，在弹出的【符号】对话框中，单击【子集】下拉按钮，然后找到【几何图形符】中的“□”，如图4–70所示。

②用鼠标点击【插入】后，即可在单元格内插入符号“□”；然后再点击【关闭】，将对话框关闭；用同样的方法，在其他单元格内，都插入相应的特殊符号“□”，效果如图4–71所示。

符号
符号(S)
特殊字符(P)
字体(F): (普通文本)
子集(U): 几何图形符
近期使用过的符号(R):
Unicode 名称:
空心方形
字符代码(C): 25A1
来自(M): Unicode(十六进制)
自动更正(A)...
快捷键(K)...
快捷键: 25A1, Alt+X
插入(I)
取消

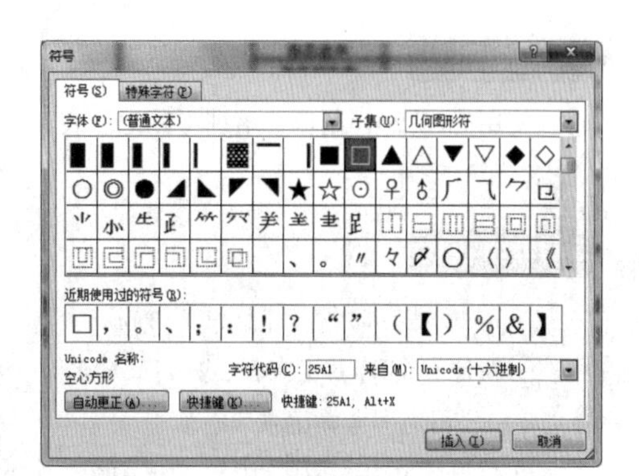

■ 图4–70

（7）美化表格。

①选中B3单元格区域，然后选择【字体】选项组中的【填充颜色】，将颜色设为【绿色，个性色6，淡色60%】。

②选中B13单元格区域，然后选择【字体】选项组中的【填充颜色】，将颜色设为【金色，个性色4，淡色60%】。

③选中B17单元格区域，然后选择【字体】选项组中的【填充颜色】，将颜色设为【蓝色，个性色1，淡色60%】。

④最终效果如图4-72所示。

XX公司培训报名表					
1. 以下由报名人员填写					
报名课程		培训讲师		培训时间	
报名人		部门		岗位	
您是否清楚了解培训组织部门安排这次培训的目的？ □是 □否					
这个培训对您目前的工作是否有帮助？ □是 □否					
您参加这次培训的目的是什么？					
您会积极配合讲师，尽可能多地吸收新知识、新方法吗？ □是 □否					
您会积极配合培训组织部门，严格遵守培训纪律，一旦出现迟到、早退、事先未书面请假而旷课等情况时甘愿受罚吗？ □是 □否					
从讲师培训的知识变为自己的知识还有相当长的时间，您会在参加完培训后将学到的东西加以运用、巩固吗？ □是 □否					
您会积极配合培训组织部门评估跟踪培训效果吗？ □是 □否					
2. 以下请报名人的部门主管填写					
您是否希望您的下属参加这个培训，并将指导其合理安排培训当日的工作？ □是 □否					
您是否与您的下属充分地沟通过，并非常明确这次培训的目的和意义？ □是 □否					
一般来说，培训结束后学员的吸收效果只有30%，需不断地将所学知识运用、实践，吸收效果才会逐步提高。您会在培训组织部门的协助下，对您的下属进行培训效果的跟踪及督促吗？ □是 □否					
3. 以下由培训组织部门填写					
该学员是否为本课程适宜的培训对象？ □是 □否					

■ 图4-71

XX公司培训报名表					
1. 以下由报名人员填写					
报名课程		培训讲师		培训时间	
报名人		部门		岗位	
您是否清楚了解培训组织部门安排这次培训的目的？ □是 □否					
这个培训对您目前的工作是否有帮助？ □是 □否					
您参加这次培训的目的是什么？					
您会积极配合讲师，尽可能多地吸收新知识、新方法吗？ □是 □否					
您会积极配合培训组织部门，严格遵守培训纪律，一旦出现迟到、早退、事先未书面请假而旷课等情况时甘愿受罚吗？ □是 □否					
从讲师培训的知识变为自己的知识还有相当长的时间，您会在参加完培训后将学到的东西加以运用、巩固吗？ □是 □否					
您会积极配合培训组织部门评估跟踪培训效果吗？ □是 □否					
2. 以下请报名人的部门主管填写					
您是否希望您的下属参加这个培训，并将指导其合理安排培训当日的工作？ □是 □否					
您是否与您的下属充分地沟通过，并非常明确这次培训的目的和意义？ □是 □否					
一般来说，培训结束后学员的吸收效果只有30%，需不断地将所学知识运用、实践，吸收效果才会逐步提高。您会在培训组织部门的协助下，对您的下属进行培训效果的跟踪及督促吗？ □是 □否					
3. 以下由培训组织部门填写					
该学员是否为本课程适宜的培训对象？ □是 □否					

■ 图4-72

九、培训考勤记录表

内容说明

培训考勤记录表应包括培训项目、培训教师、培训时间、培训地点、项目负责人、培训编号等信息。

学习任务

使用Excel 2016制作“培训考勤记录表”，重点是掌握插入特殊符号“√”的操作。

具体步骤

（1）创建、命名文件及设置行高。

①新建一个Excel工作表，并将其命名为“××公司培训考勤记录表”。

②打开空白工作表，用鼠标选中第2行单元格，然后在功能区选择【格式】，用左键点击后即会出现下拉菜单，继续点击【行高】，在弹出的【行高】对话框中，把行高设置为40，然后单击【确定】，如图4-73所示。

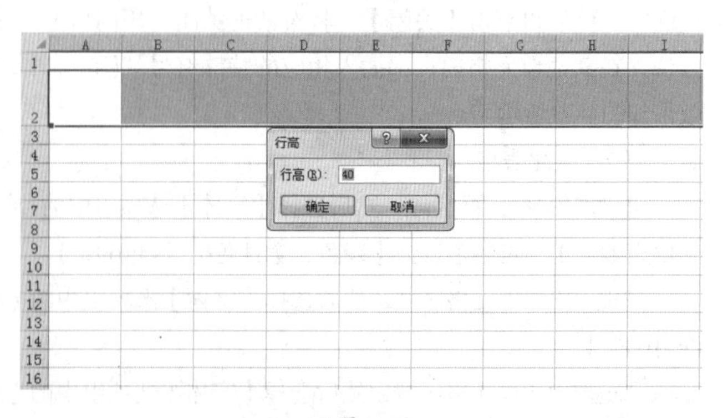

■ 图4-73

③用同样的方法，把第3行至第16行的行高设置为28，效果如图4-74所示。

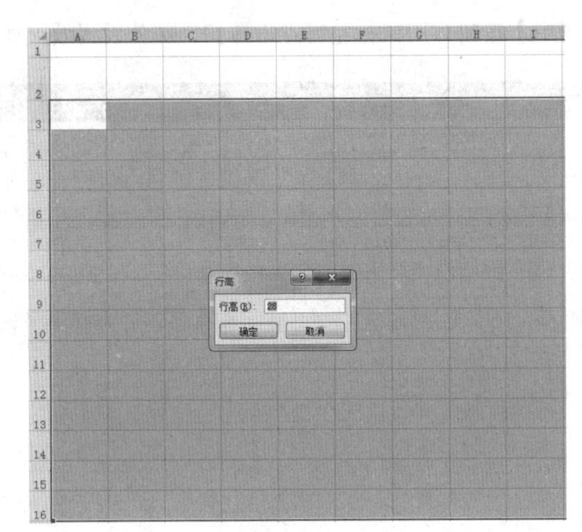

■ 图4-74

（2）设置列宽。

用鼠标选中B至J列单元格，然后在功能区选择【格式】，用左键点击后即会出现下拉菜单，然后点击【列宽】，在弹出的【列宽】对话框中，把列宽设置为12，然后单击【确定】，如图4-75所示。

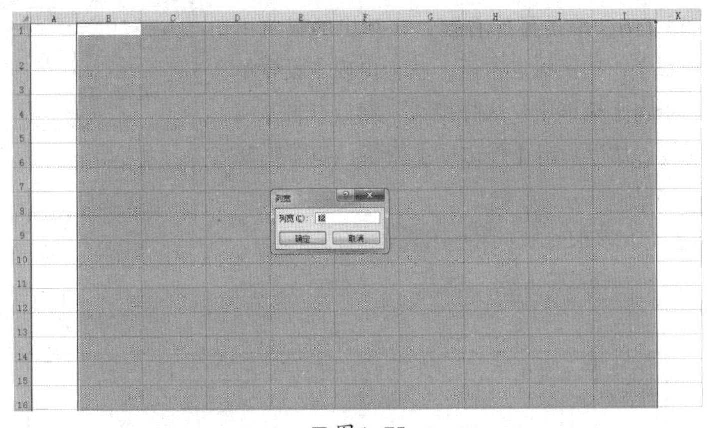

■ 图4-75

（3）合并单元格。

①用鼠标选中B2:J2，然后在功能区选择【合并后居中】按钮，用鼠标左键点击按钮，效果如图4-76所示。

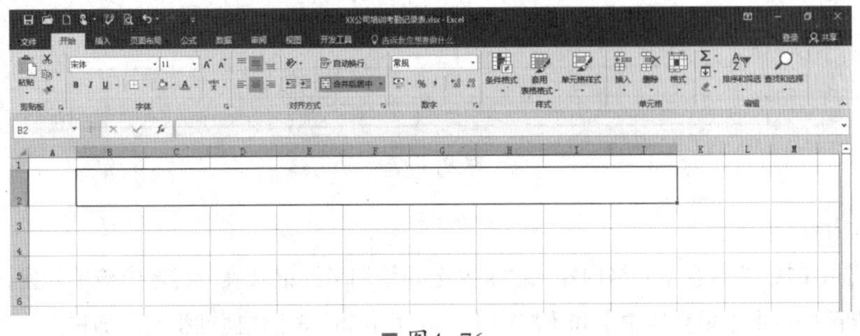

■ 图4-76

②用同样的方法，分别选中C3:F3、H3:J3、C4:F4、H4:J4、C5:F5、H5:J5、E6:I6、B15:J15、C16:J16，然后在功能区选择【合并后居中】按钮，用鼠标左键点击按钮，部分设置效果如图4-77所示。

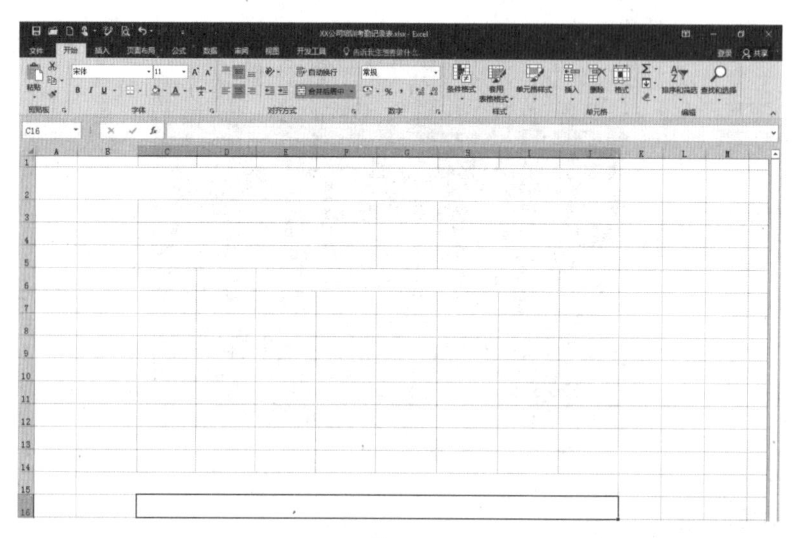

■ 图4-77

（4）设置边框线。

①用鼠标选中B3:J16，单击鼠标右键，在弹出的菜单中选择【设置单元格格式】；用鼠标点击后，就会出现【设置单元格格式】对话框；点击【边框】，选择细线，然后点击【内部】按钮；再选择粗线，然后点击【外边框】按钮，如图4-78所示。

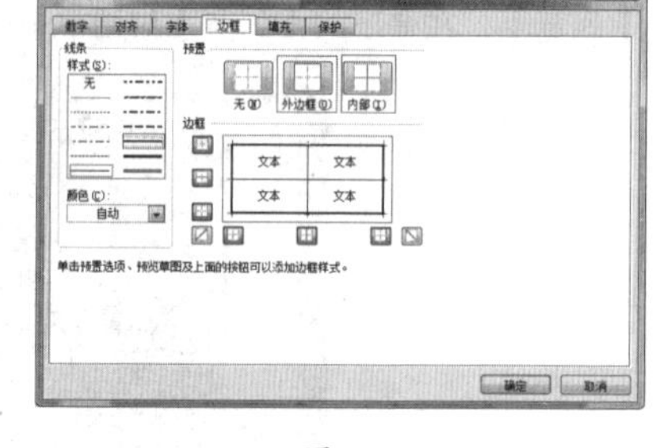

■ 图4-78

②点击【确定】后，最终的效果如图4-79所示。

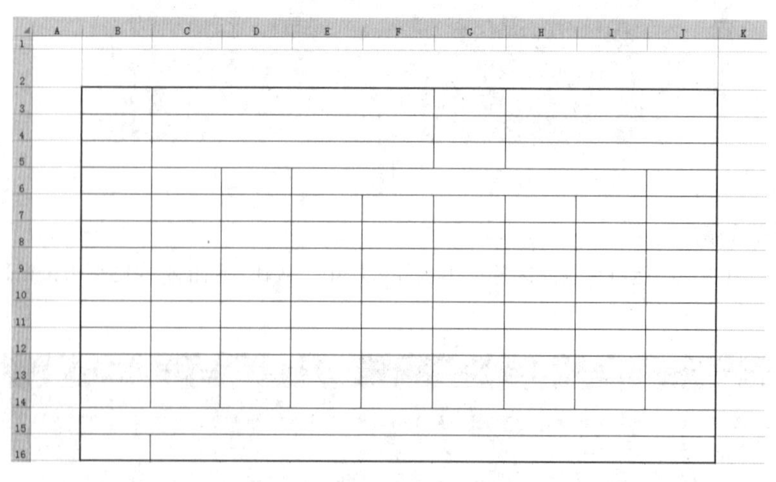

■ 图4-79

（5）输入内容。

①用鼠标选中B2，然后在单元格内输入“××公司培训考勤记录表”；选中该单元格，将【字号】设置为24；在功能区中点击【垂直居中】和【居中】，并用【Ctrl+B】快捷键将文字加粗。

②在B3:J16区域内的单元格中分别输入文字，并按照前面提到的方法对文字进行适当调整，效果如图4-80所示。

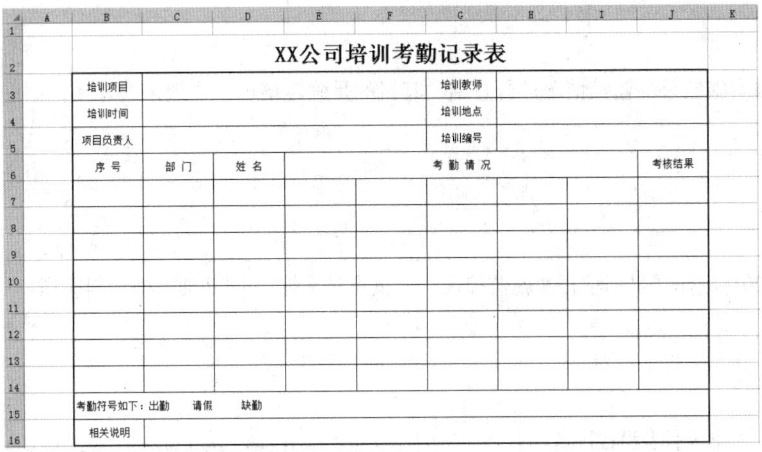

XX公司培训考勤记录表
培训项目
培训教师
培训时间
培训地点
项目负责人
培训编号
序 号
部 门
姓 名
考 勤 情 况
考核结果
考勤符号如下：出勤　请假　缺勤
相关说明

■ 图4-80

（6）插入特殊符号“√”。

①选中B15单元格，切换至【插入】选项卡，在【符号】选项组中单击【符号】按钮，在弹出的【符号】对话框中，单击【子集】下拉按钮，然后找到【数学运算符】中的“√”，如图4-81所示。

②用鼠标点击【插入】后，即可在单元格内插入符号“√”；然后再点击【关闭】，将对话框关闭。

③用同样的方法，在B15单元格内，插入特殊符号“△”和“×”，效果如图4-82所示。

符号
符号(S)
特殊字符(P)
字体(F): 宋体
子集(U): 数学运算符
近期使用过的符号(R):
Unicode 名称:
平方根
字符代码(C): 221A
来自(M): Unicode(十六进制)
自动更正(A)...
快捷键(K)...
快捷键: 221A, Alt+X
插入(I)
取消

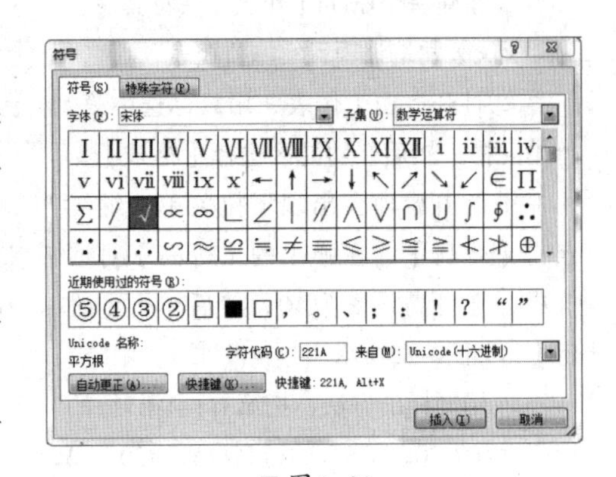

■ 图4-81

XX公司培训考勤记录表
培训项目
培训教师
培训时间
培训地点
项目负责人
培训编号
序 号
部 门
姓 名
考 勤 情 况
考核结果
考勤符号如下：出勤√　请假 △　缺勤 ×
相关说明

■ 图4-82

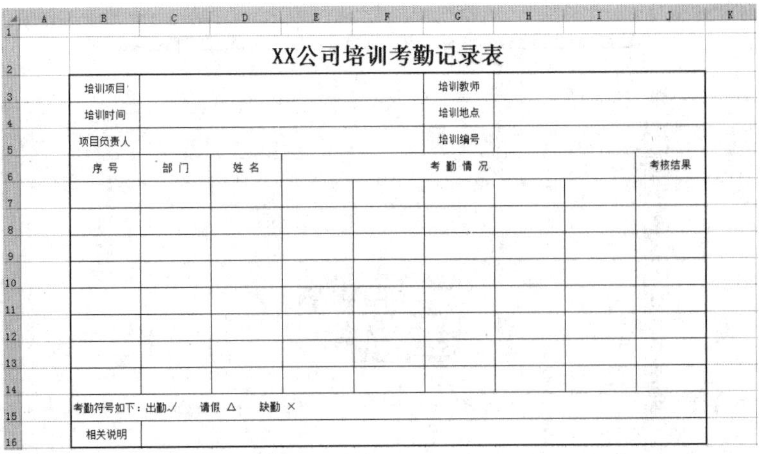

十、培训项目实施监控表

对培训项目实施效果的监控情况进行总结，其目的是确定培训工作效果的好坏，更重要的是帮助培训者提高培训水平。

使用Excel 2016制作“培训项目实施监控表”，重点是掌握Excel基础表格绘制操作。

（1）创建、命名文件及设置行高。

①新建一个Excel工作表，并将其命名为“××公司培训项目实施监控表”。

②打开空白工作表，用鼠标选中第2行单元格，然后在功能区选择【格式】，用左键点击后即会出现下拉菜单，继续点击【行高】，在弹出的【行高】对话框中，把行高设置为40，然后单击【确定】，如图4-83所示。

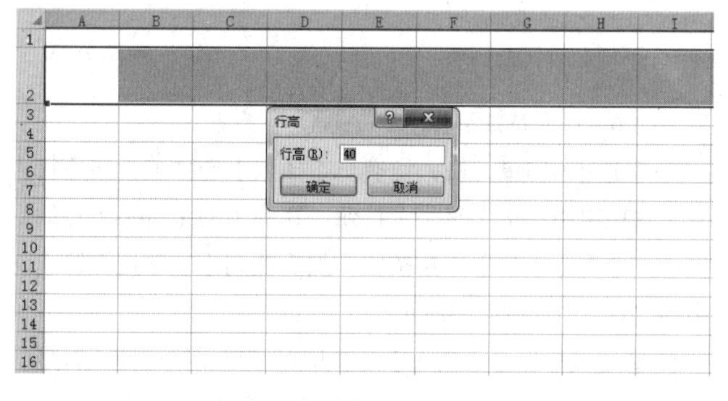

■ 图4-83

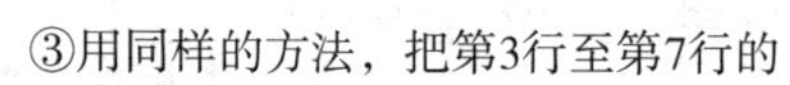

③用同样的方法，把第3行至第7行的行高设置为20、第8行的行高设置为30、第9行至第13行的行高设置为20、第14行的行高设置为30、第15行至第16行的行高设置为60、第17行的行高设置为30，如图4-84所示。

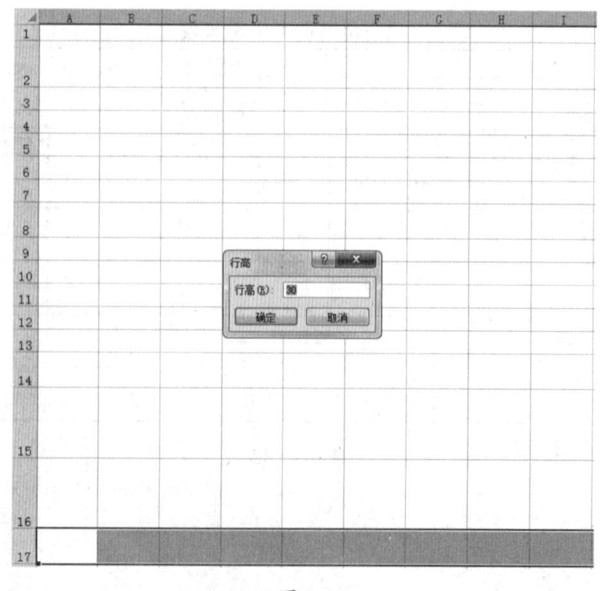

■ 图4-84

（2）设置列宽。

用鼠标选中B至H列单元格，然后在功能区选择【格式】，用左键点击后即会出现下拉菜单，然后点击【列宽】，在弹出的【列宽】对话框中，把列宽设置为15，然后单击【确定】，如图4-85所示。

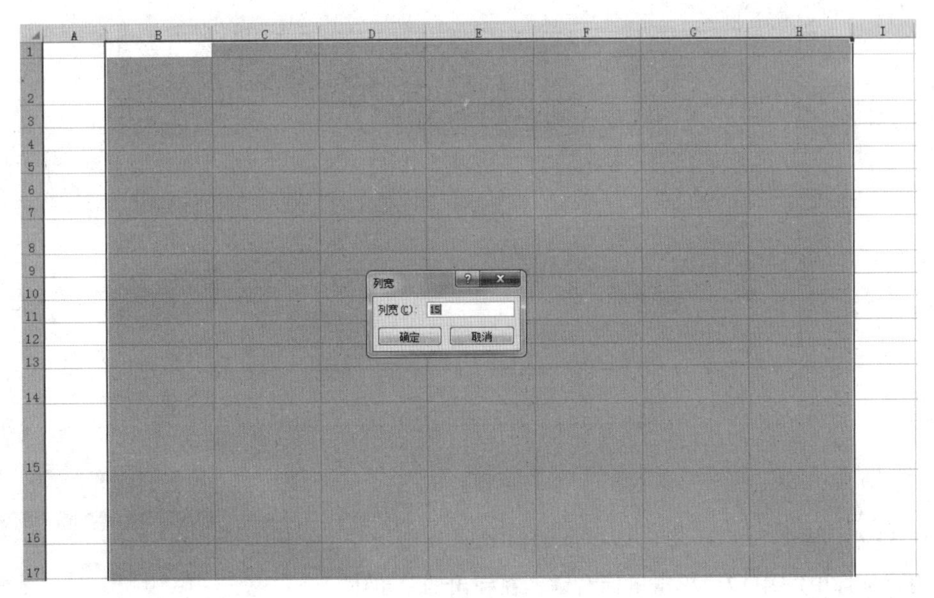

■ 图4-85

（3）合并单元格。

①用鼠标选中B2:H2，然后在功能区选择【合并后居中】按钮，用鼠标左键点击按钮，效果如图4-86所示。

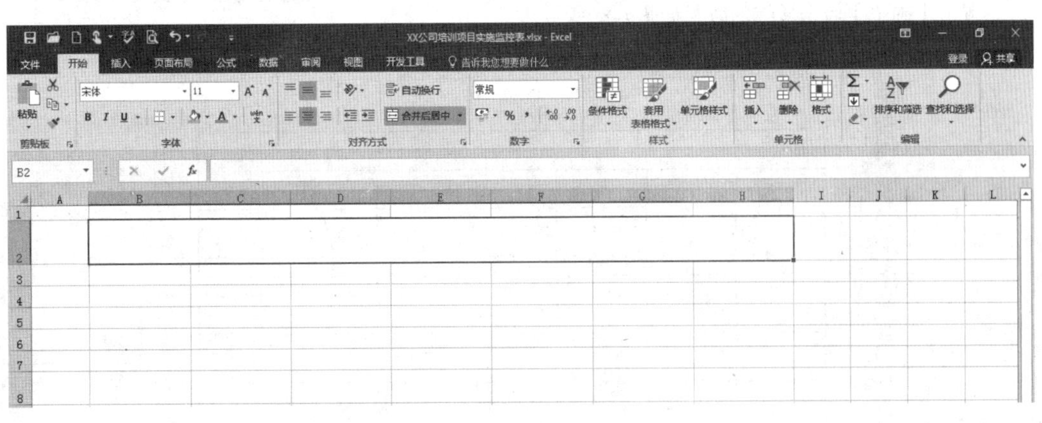

■ 图4-86

②用同样的方法，分别选中C3:H3、C4:H4、B5:B7、C5:C7、E5:H5、E6:F6、E7:F7、C8:E8、G8:H8、B9:B12、E9:E12、G9:H9、G10:H10、G11:H11、G12:H12、B13:B14、C15:H15、B16:H16、C17:H17，然后在功能区选择【合并后居中】按钮，用鼠标左键点击按钮，效果如图4-87所示。

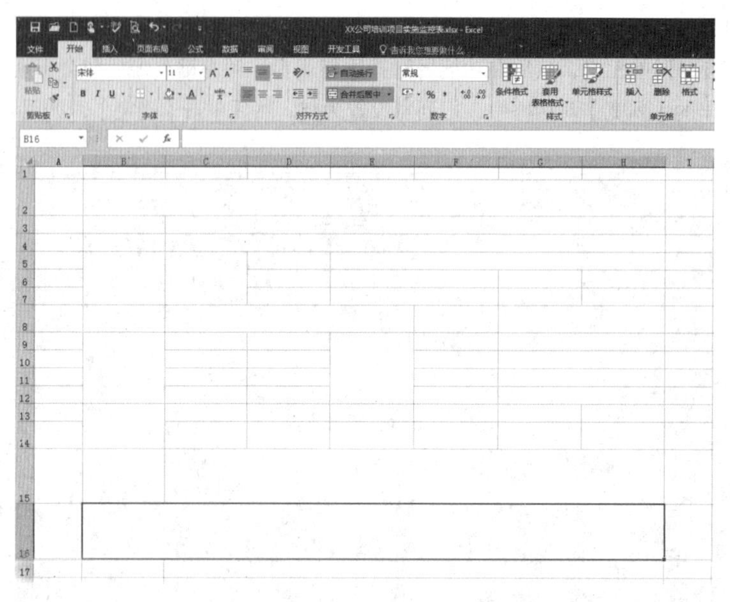

■ 图4-87

（4）设置边框线。

①用鼠标选中B3:H17，单击鼠标右键，在弹出的菜单中选择【设置单元格格式】；用鼠标点击后，就会出现【设置单元格格式】对话框；点击【边框】，选择细线，然后点击【内部】按钮；再选择粗线，然后点击【外边框】按钮，如图4-88所示。

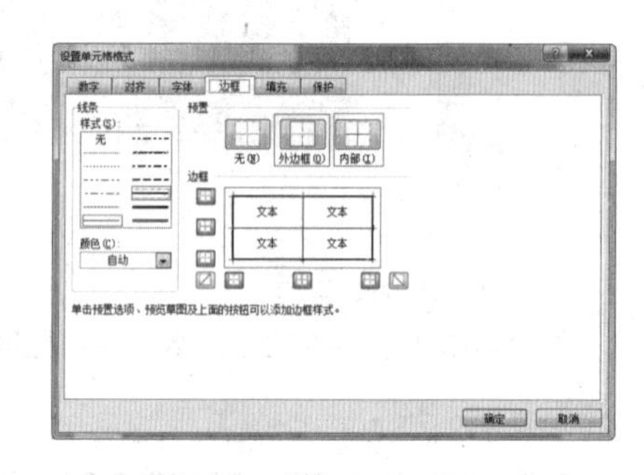

■ 图4-88

②点击【确定】后，最终的效果如图4-89所示。

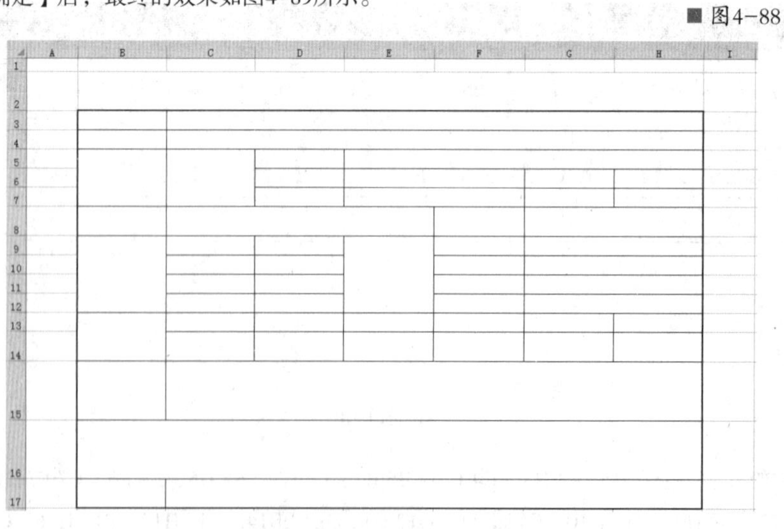

■ 图4-89

（5）输入内容。

①用鼠标选中B2，然后在单元格内输入“××公司培训项目实施监控表”；选中该单元格，将【字号】设置为24；在功能区中点击【垂直居中】和【居中】，并用【Ctrl+B】快捷键将文字加粗。

②在B3:H17区域内的单元格中分别输入文字，并按照前面提到的方法对文字进行适当调整，效果如图4–90所示。

XX公司培训项目实施监控表

培训主题						
培训目标						
培训需求说明		培训日程安排				
		培训方式			负责人	
		承办培训单位			费用支付方式	
培训教材名称、数量				培训总课时		
学员情况	人数		培训师情况	姓名		
	学历					
	岗位					
培训结果评价	学员满意率		学员合格率		学员单位满意率	
	学员获得的知识/技能		学员工作业绩的改变		组织业绩的改变	
培训过程监视方式	（1）发现问题时培训监察人员与培训组织部门进行磋商； （2）到培训现场检查，确认培训是否按策划方案进行； （3）收集有关培训的资料和记录，查看是否与培训计划有差异。					
评审意见： 批准人： 年　月　日						
培训教案编写时间及管理要求						

■ 图4–90

十一、培训计划实施监控表

内容说明

培训计划实施监控表主要用于说明在不同培训阶段，对员工培训管理工作的监控结果。

学习任务

使用Excel 2016制作“培训计划实施监控表”，重点是掌握Excel基础表格绘制操作。

具体步骤

（1）创建、命名文件及设置行高。

①新建一个Excel工作表，并将其命名为“××公司培训计划实施监控表”。

②打开空白工作表，用鼠标选中第2行单元格，然后在功能区选择【格式】，用左键点击后即会出现下拉菜单，继续点击【行高】，在弹出的【行高】对话框中，把行高设置为40，然后单击【确定】，如图4–91所示。

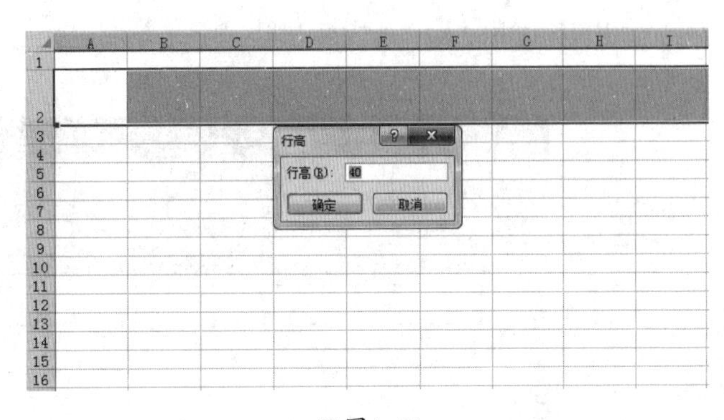

■ 图4–91

③用同样的方法，把第3行至第20行的行高设置为22，如图4-92所示。

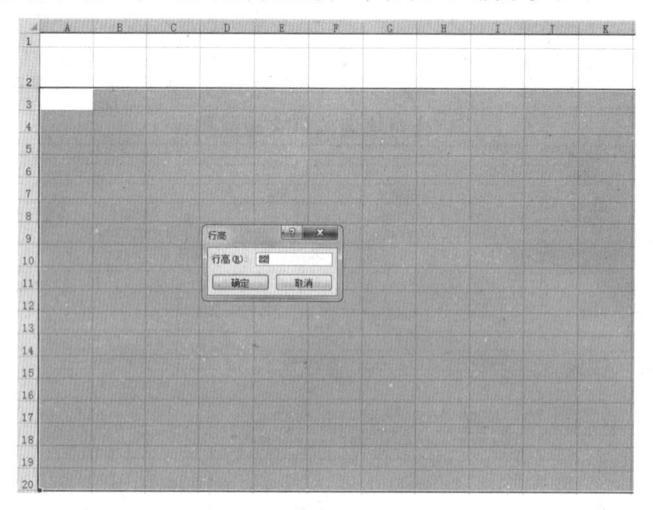

■ 图4-92

（2）设置列宽。

用鼠标选中B至K列单元格，然后在功能区选择【格式】，用左键点击后即会出现下拉菜单，然后点击【列宽】，在弹出的【列宽】对话框中，把列宽设置为11，然后单击【确定】，如图4-93所示。

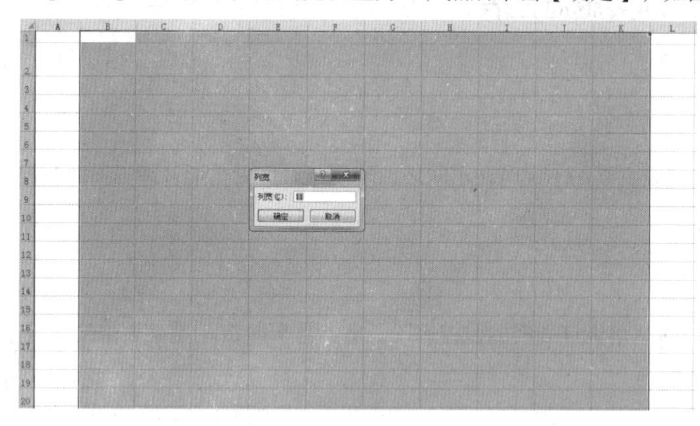

■ 图4-93

（3）合并单元格。

①用鼠标选中B2:K2，然后在功能区选择【合并后居中】按钮，用鼠标左键点击按钮，效果如图4-94所示。

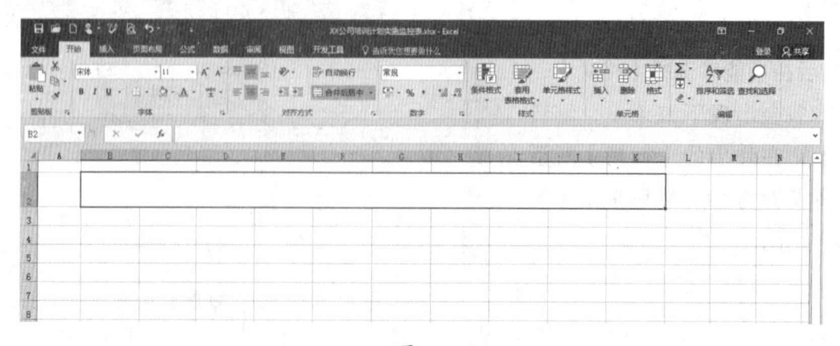

■ 图4-94

②用同样的方法，分别选中B3:B10、C3:K3、C7:K7、B11:B14、C11:K11、B15:B19、C15:K15、C20:K20，然后在功能区选择【合并后居中】按钮，用鼠标左键点击按钮，效果如图4-95所示。

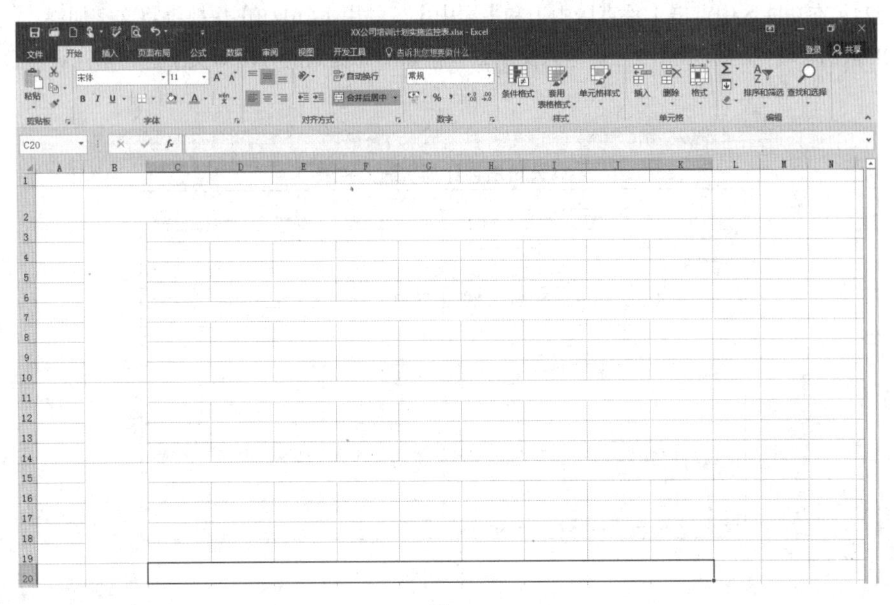

■ 图4-95

（4）设置边框线。

①用鼠标选中B3:K20，单击鼠标右键，在弹出的菜单中选择【设置单元格格式】；用鼠标点击后，就会出现【设置单元格格式】对话框；点击【边框】，选择细线，然后点击【内部】按钮；再选择粗线，然后点击【外边框】按钮，如图4-96所示。

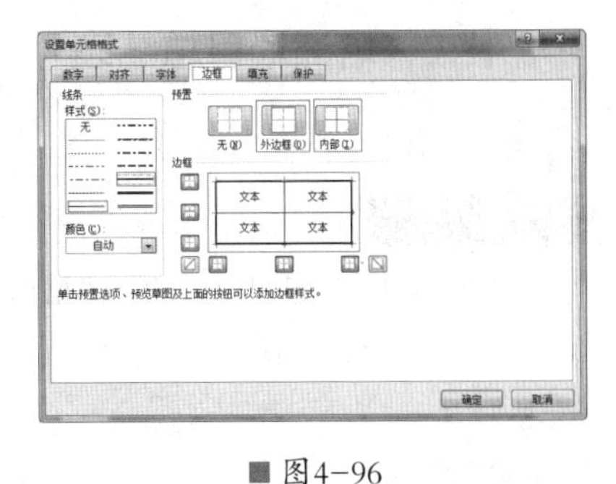

■ 图4-96

②点击【确定】后，最终的效果如图4-97所示。

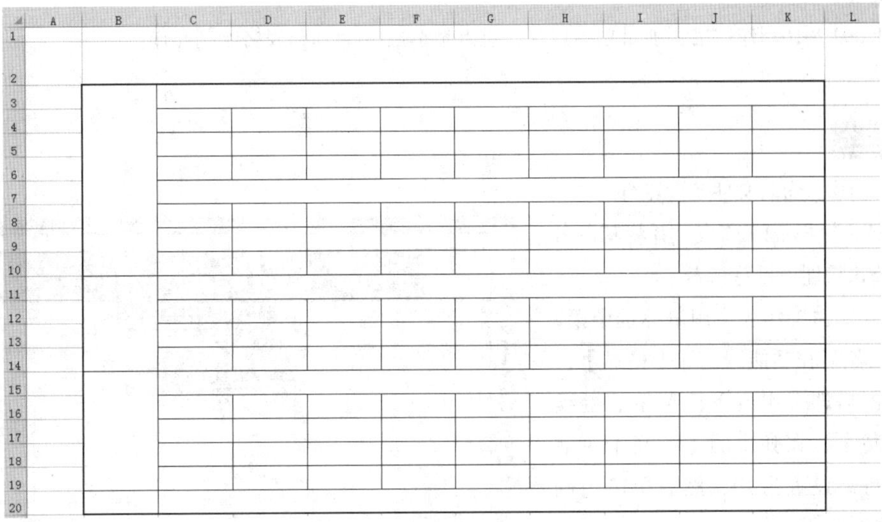

■ 图4-97

（5）输入内容。

①用鼠标选中B2，然后在单元格内输入“××公司培训计划实施监控表”；选中该单元格，将【字号】设置为24；在功能区中点击【垂直居中】和【居中】，并用【Ctrl+B】快捷键将文字加粗。

②在B3:K20区域内的单元格中分别输入文字，并按照前面提到的方法对文字进行适当调整，效果如图4-98所示。

XX公司培训计划实施监控表									
培训需求阶段	各部门普通人员培训管理工作监控结果								
	序号	部门	课程编号	课程名	是否延期	延期时间	评价等级	出现问题	改进情况
	直线经理人员培训管理工作监控结果								
	序号	负责人员	课程编号	课程名	是否延期	延期时间	评价等级	出现问题	改进情况
培训提供阶段	各部门培训管理工作监控结果								
	序号	负责人员	课程编号	课程名	是否延期	延期时间	评价等级	出现问题	改进情况
培训评估阶段	各部门培训管理工作监控结果								
	序号	负责人员	课程编号	课程名	是否延期	延期时间	评价等级	出现问题	改进情况
填写说明	此表由人力资源部培训负责人在培训各阶段分段填写								

■ 图4–98

十二、培训项目总结表

培训项目总结是对过去的一段培训过程的概括，能起到提高员工工作能力的作用。下面就来学习如何编制“培训项目总结表”。

使用Excel 2016制作“培训项目总结表”，重点是掌握Excel基础表格绘制操作。

（1）创建、命名文件及设置行高。

①新建一个Excel工作表，并将其命名为“××公司培训项目总结表”。

②打开空白工作表，用鼠标选中第2行单元格，然后在功能区选择【格式】，用左键点击后即会出现下拉菜单，继续点击【行高】，在弹出的【行高】对话框中，把行高设置为40，然后单击【确定】，如图4–99所示。

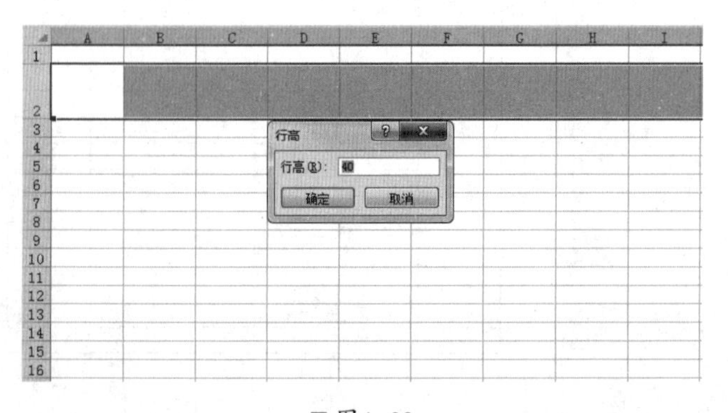

■ 图4–99

③用同样的方法，把第3行至第20行的行高设置为32，如图4-100所示。

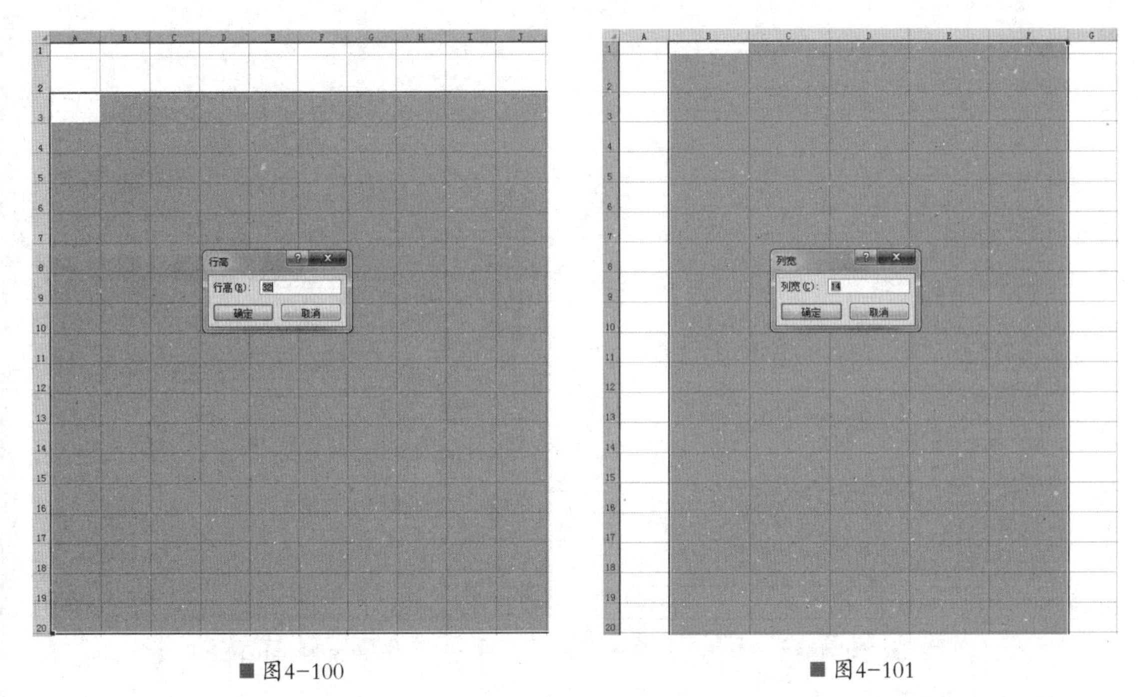

■ 图4-100　　　　■ 图4-101

（2）设置列宽。

用鼠标选中B至F列单元格，然后在功能区选择【格式】，用左键点击后即会出现下拉菜单，然后点击【列宽】，在弹出的【列宽】对话框中，把列宽设置为14，然后单击【确定】，如图4-101所示。

（3）合并单元格。

①用鼠标选中B2:F2，然后在功能区选择【合并后居中】按钮，用鼠标左键点击按钮，效果如图4-102所示。

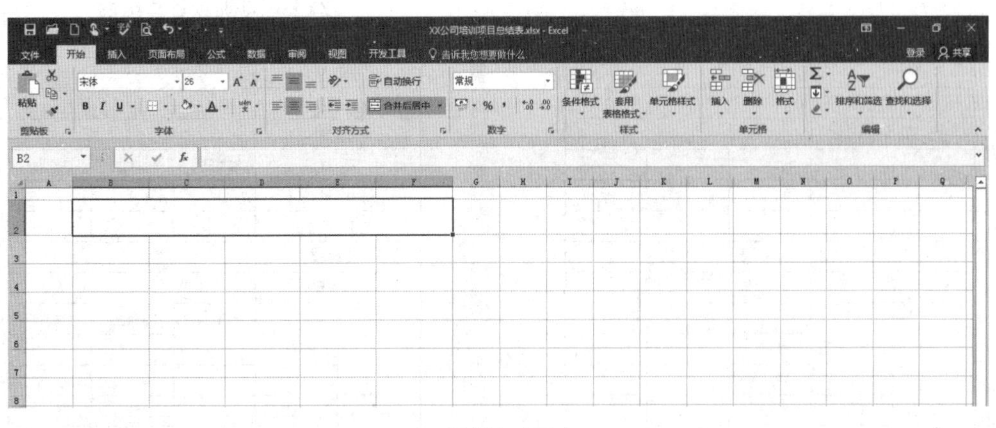

■ 图4-102

②用同样的方法，分别选中B3:C3、D3:F3、B4:C4、D4:F4、B5:C5、D5:F5、B6:C6、D6:F6、B7:C7、B8:C8、B9:C9、B10:C10、D10:F10、B11:C11、D11:F11、B12:B17、B18:B20、D18:F18、D19:F19、D20:F20，然后在功能区选择【合并后居中】按钮，用鼠标左键点击按钮，效果如图4-103所示。

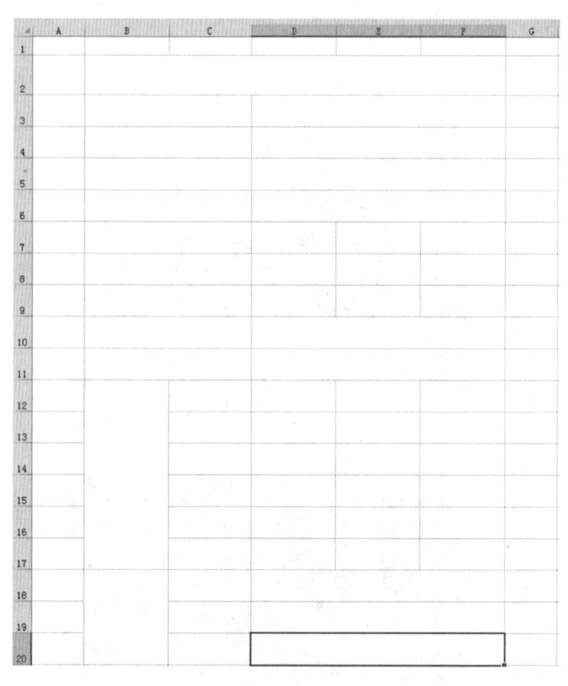

■ 图4-103

设置单元格格式
数字
对齐
字体
边框
填充
保护
线条
样式(S):
无
颜色(C):
自动
预置
无(N)
外边框(O)
内部(I)
边框
文本
文本
文本
文本
单击预置选项、预览草图及上面的按钮可以添加边框样式。
确定
取消

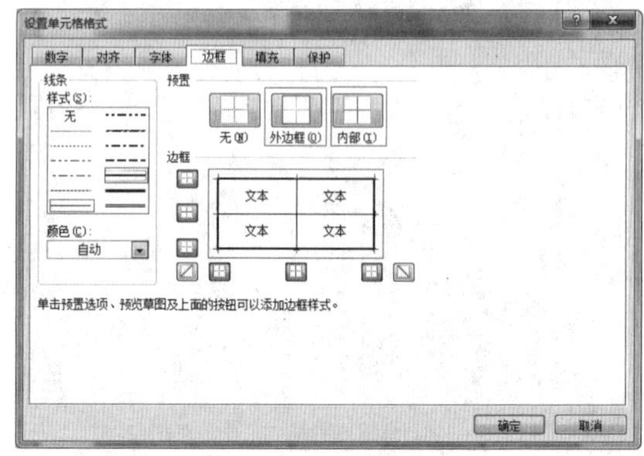

■ 图4-104

（4）设置边框线。

①用鼠标选中B3:F20，单击鼠标右键，在弹出的菜单中选择【设置单元格格式】；用鼠标点击后，就会出现【设置单元格格式】对话框；点击【边框】，选择细线，然后点击【内部】按钮；再选择粗线，然后点击【外边框】按钮，如图4-104所示。

②点击【确定】后，最终的效果如图4-105所示。

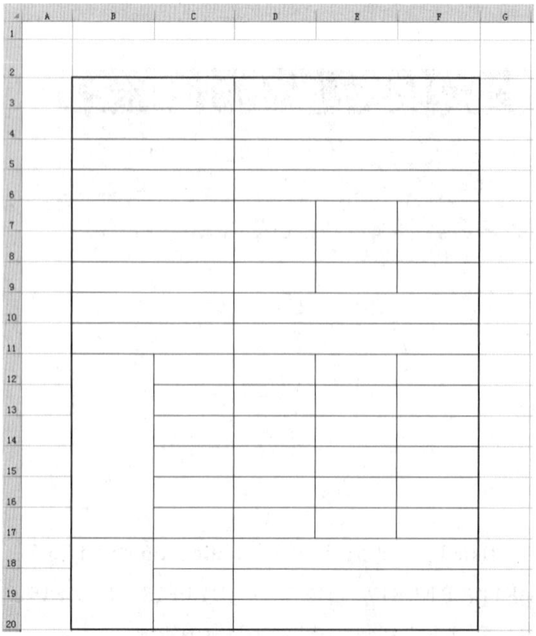

■ 图4-105

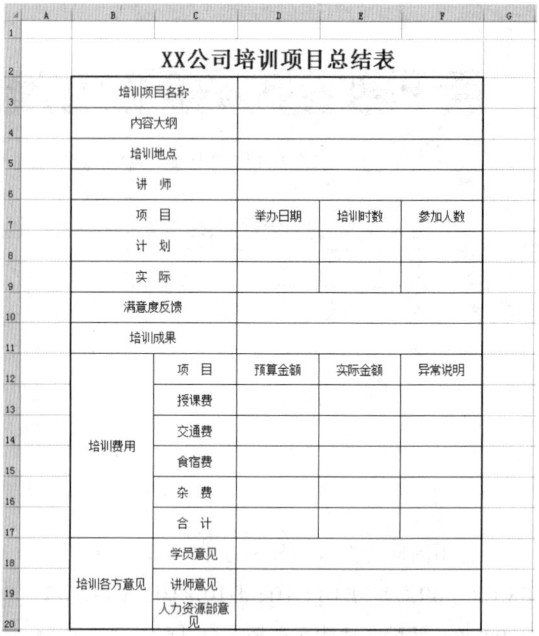

XX公司培训项目总结表
培训项目名称
内容大纲
培训地点
讲 师
项 目
举办日期
培训时数
参加人数
计 划
实 际
满意度反馈
培训成果
培训费用
项 目
预算金额
实际金额
异常说明
授课费
交通费
食宿费
杂 费
合 计
培训各方意见
学员意见
讲师意见
人力资源部意见

■ 图4-106

（5）输入内容。

①用鼠标选中B2，然后在单元格内输入“××公司培训项目总结表”；选中该单元格，将【字号】设置为24；在功能区中点击【垂直居中】和【居中】，并用【Ctrl+B】快捷键将文字加粗。

②在B3:F20区域内的单元格中分别输入文字，并按照前面提到的方法对文字进行适当调整，效果如图4-106所示。

十三、培训效果调查问卷

培训效果调查问卷应包括培训课程名称、培训时间、组织部门、总体满意度、单项满意度等信息。

使用Excel 2016制作“培训效果调查问卷”，重点是掌握Excel基础表格绘制操作。

（1）创建、命名文件及设置行高。

①新建一个Excel工作表，并将其命名为“××公司培训效果调查问卷”。

②打开空白工作表，用鼠标选中第2行单元格，然后在功能区选择【格式】，用左键点击后即会出现下拉菜单，继续点击【行高】，在弹出的【行高】对话框中，把行高设置为40，然后单击【确定】，如图4-107所示。

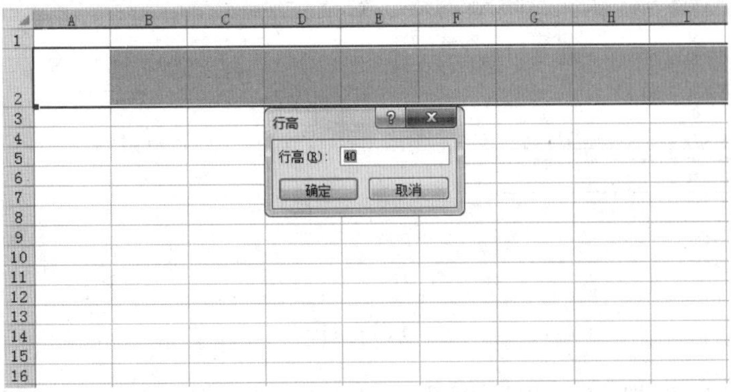

■ 图4-107

③用同样的方法，把第3行至第24行的行高设置为25、第25行的行高设置为50、第26行的行高设置为25、第27行的行高设置为50，如图4-108所示。

（2）设置列宽。

用鼠标选中B至C列单元格，然后在功能区选择【格式】，用左键点击后即会出现下拉菜单，然后点击【列宽】，在弹出的【列宽】对话框中，把列宽设置为36，然后单击【确定】，如图4-109所示。

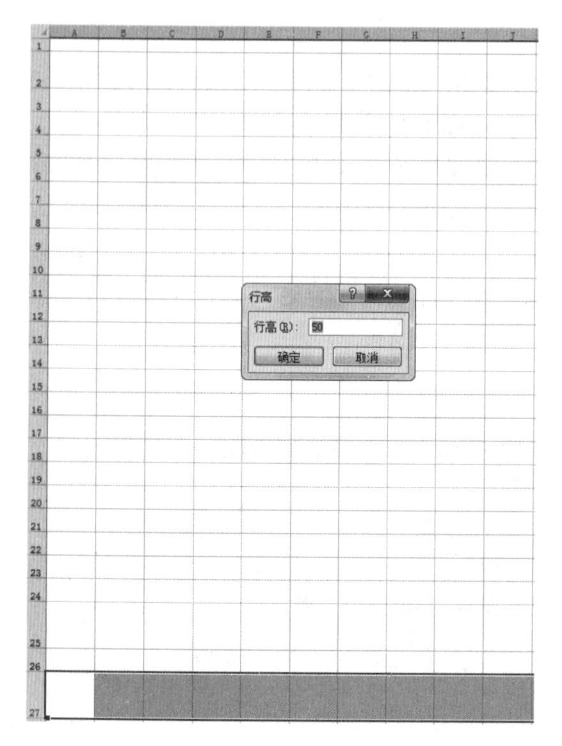

■ 图4–108

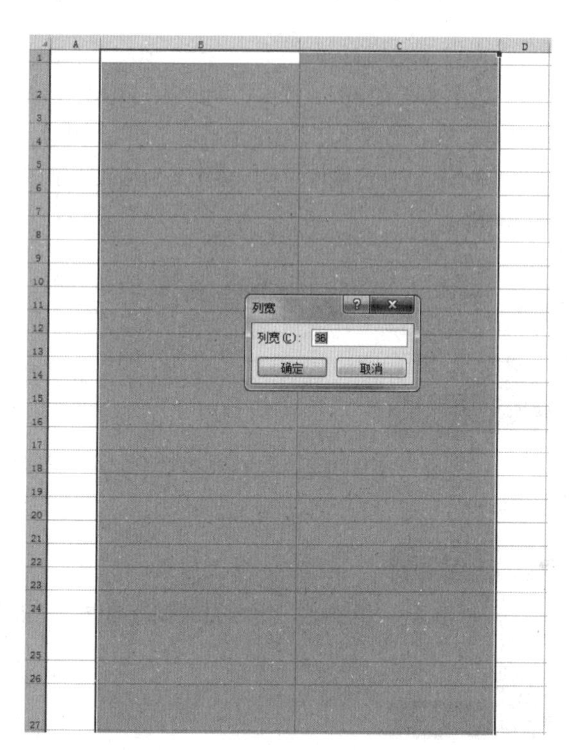

■ 图4–109

（3）合并单元格。

①用鼠标选中B2:C2，然后在功能区选择【合并后居中】按钮，用鼠标左键点击按钮，效果如图4–110所示。

■ 图4–110

②用同样的方法，分别选中B5:C5、B6:C6、B10:C10、B11:C11、B15:C15、B20:C20、B24:C24、B25:C25、B26:C26、B27:C27，然后在功能区选择【合并后居中】按钮，用鼠标左键点击按钮，效果如图4–111所示。

（4）设置边框线。

①用鼠标选中B3:C27，单击鼠标右键，在弹出的菜单中选择【设置单元格格式】；用鼠标点击后，就会出现【设置单元格格式】对话框；点击【边框】，选择细线，然后点击【内部】按钮；再选择粗线，然后点击【外边框】按钮，如图4–112所示。

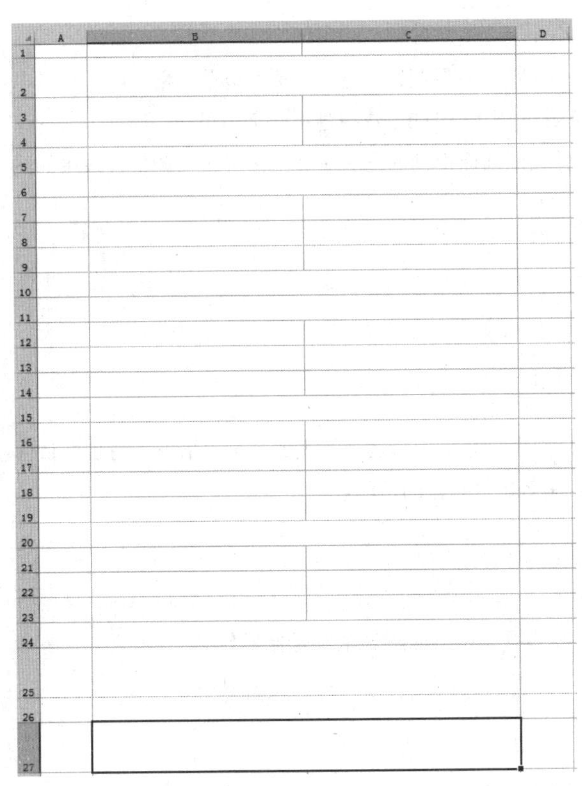

■ 图4-111

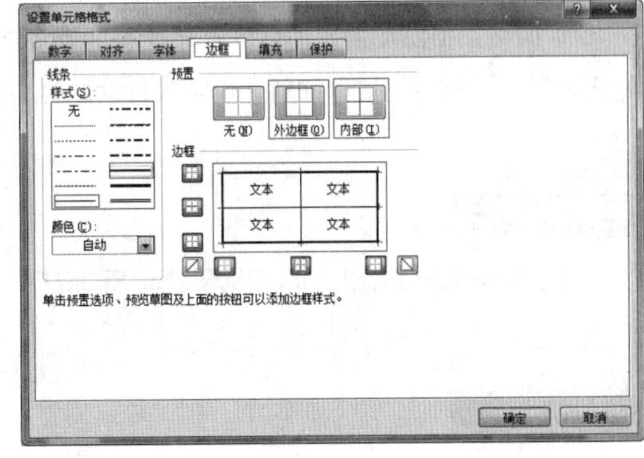

■ 图4-112

②点击【确定】后，最终的效果如图4-113所示。

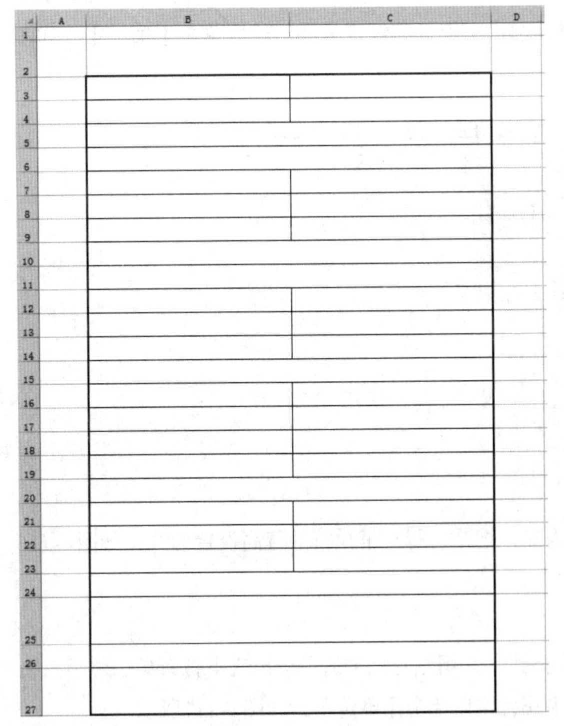

■ 图4-113

XX公司培训效果调查问卷

培训课程名称：	培训时间：
组织部门：	姓名：（可以不填）
（1）总体满意度调查：（5分最好，1分最差）	
本次培训的总体满意度评价	
对课程内容的满意度	5　4　3　2　1
对授课讲师的满意度	5　4　3　2　1
对培训组织的满意度	5　4　3　2　1
（2）单项满意度：（10分代表非常好，1分代表非常差）	
关于课程内容	
适合我的需要（针对性）	10　9　8　7　6　5　4　3　2　1
课程内容便于在工作中运用（实用性）	10　9　8　7　6　5　4　3　2　1
给我以启发	10　9　8　7　6　5　4　3　2　1
关于讲师	
对主题和课程重点的把握	10　9　8　7　6　5　4　3　2　1
语言表达能力	10　9　8　7　6　5　4　3　2　1
课堂组织能力	10　9　8　7　6　5　4　3　2　1
鼓励学员参与	10　9　8　7　6　5　4　3　2　1
关于培训组织工作	
培训场地条件	10　9　8　7　6　5　4　3　2　1
培训设备保障	10　9　8　7　6　5　4　3　2　1
培训时间安排	10　9　8　7　6　5　4　3　2　1
（3）您的主要收获：	
（4）您对本课程的其他意见和建议：	

■ 图4-114

（5）输入内容。

①用鼠标选中B2，然后在单元格内输入“××公司培训效果调查问卷”；选中该单元格，将【字号】设置为24；在功能区中点击【垂直居中】和【居中】，并用【Ctrl+B】快捷键将文字加粗。

②在B3:C27区域内的单元格中分别输入文字，并按照前面提到的方法对文字进行适当调整，效果如图4-114所示。

十四、培训结果追踪反馈表

培训结果追踪反馈表的目的在于使企业管理者能够明确培训项目选择的优劣、了解培训项目预期目标的实现程度，为后期培训计划、培训项目的制订与实施等提供有益的帮助。

使用Excel 2016制作“培训结果追踪反馈表”，重点是掌握Excel基础表格绘制操作。

（1）创建、命名文件及设置行高。

①新建一个Excel工作表，并将其命名为“××公司培训结果追踪反馈表”。

②打开空白工作表，用鼠标选中第2行单元格，然后在功能区选择【格式】，用左键点击后即会出现下拉菜单，继续点击【行高】，在弹出的【行高】对话框中，把行高设置为40，然后单击【确定】，如图4-115所示。

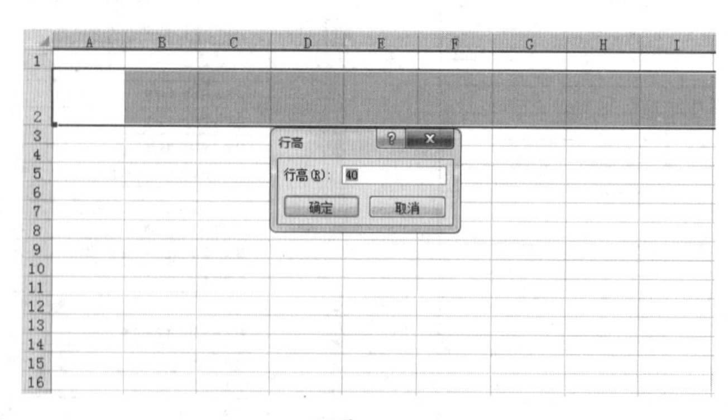

■ 图4-115

③用同样的方法，把第3行至第10行的行高设置为30，把第11行至第14行的行高设置为90，如图4-116所示。

（2）设置列宽。

用鼠标选中B至E列单元格，然后在功能区选择【格式】，用左键点击后即会出现下拉菜单，然后点击【列宽】，在弹出的【列宽】对话框中，把列宽设置为16，然后单击【确定】，如图4-117所示。

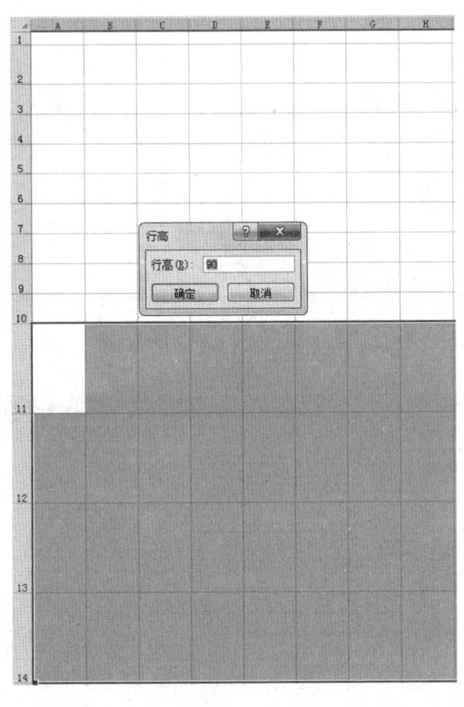

■ 图4-116

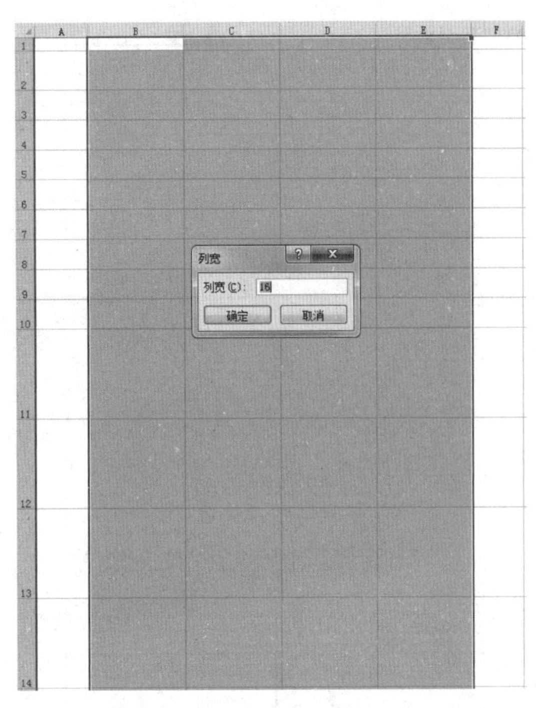

■ 图4-117

（3）合并单元格。

①用鼠标选中B2:E2，然后在功能区选择【合并后居中】按钮，用鼠标左键点击按钮，效果如图4-118所示。

■ 图4-118

②用同样的方法，分别选中B3:E3、C8:E8、B9:E9、B10:C10、D10:E10、B11:C11、D11:E11、B12:C12、D12:E12、B13:C13、D13:E13、B14:C14、D14:E14，然后在功能区选择【合并后居中】按钮，用鼠标左键点击按钮，效果如图4-119所示。

（4）设置边框线。

①用鼠标选中B3:E14，单击鼠标右键，在弹出的菜单中选择【设置单元格格式】；用鼠标点击后，就会出现【设置单元格格式】对话框；点击【边框】，选择细线，然后点击【内部】按钮；再选择粗线，然后点击【外边框】按钮，如图4-120所示。

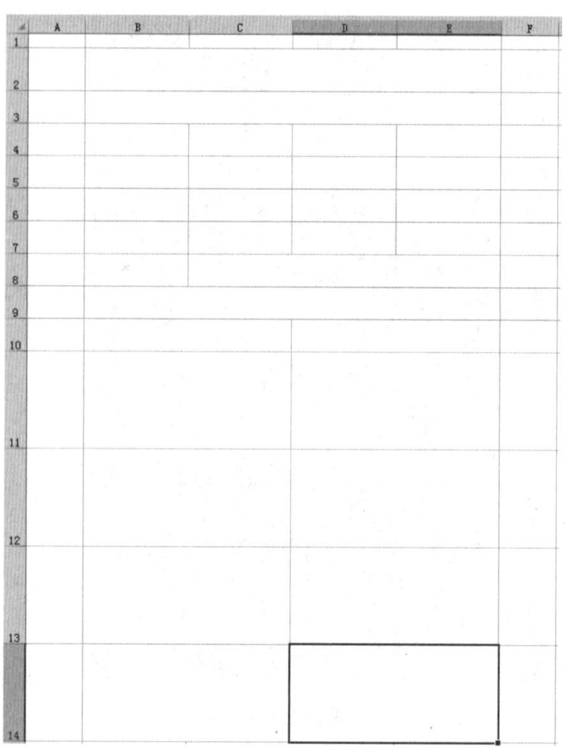

■ 图4-119

设置单元格格式
数字
对齐
字体
边框
填充
保护
线条
样式(S):
无
预置
无(N)
外边框(O)
内部(I)
边框
文本
文本
文本
文本
颜色(C):
自动
单击预置选项、预览草图及上面的按钮可以添加边框样式。
确定
取消

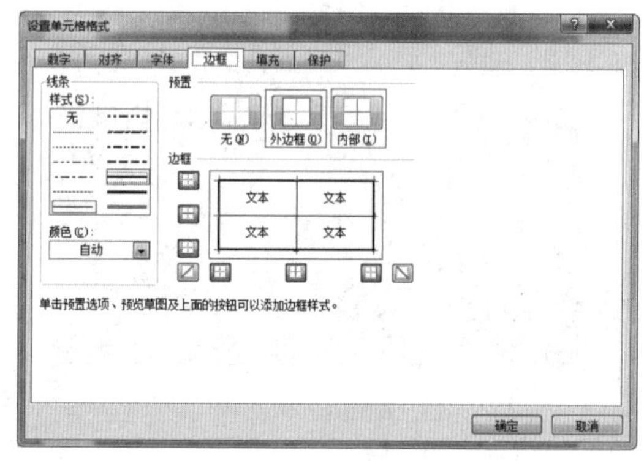

■ 图4-120

②点击【确定】后，最终的效果如图4-121所示。

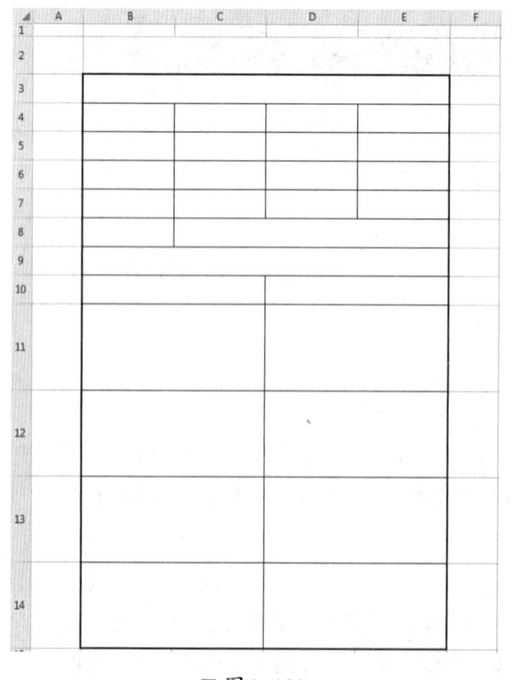

■ 图4-121

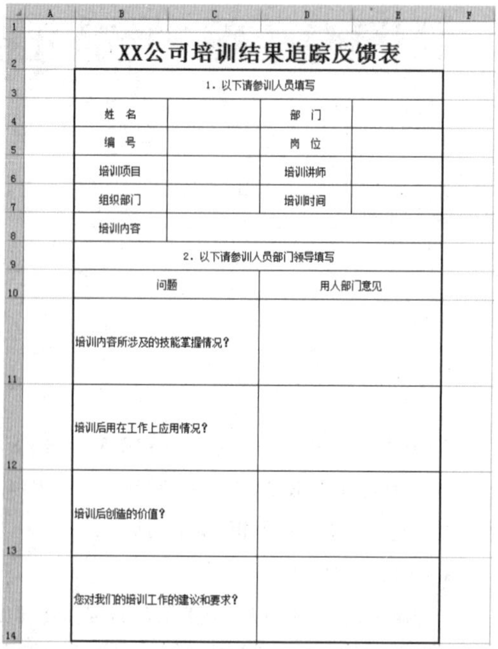

XX公司培训结果追踪反馈表
1. 以下请参训人员填写
姓 名
部 门
编 号
岗 位
培训项目
培训讲师
组织部门
培训时间
培训内容
2. 以下请参训人员部门领导填写
问题
用人部门意见
培训内容所涉及的技能掌握情况？
培训后用在工作上应用情况？
培训后创造的价值？
您对我们的培训工作的建议和要求？

■ 图4-122

（5）输入内容。

①用鼠标选中B2，然后在单元格内输入“××公司培训结果追踪反馈表”；选中该单元格，将【字

号】设置为24；在功能区中点击【垂直居中】和【居中】，并用【Ctrl+B】快捷键将文字加粗。

②在B3:E14区域内的单元格中分别输入文字，并按照前面提到的方法对文字进行适当调整，效果如图4-122所示。

十五、培训费用支出申请表

培训费用支出申请表应主要写明培训的组织者、内容、时间、地点、参训人数、需交纳的培训费等几项内容。

使用Excel 2016制作“培训费用支出申请表”，重点是掌握Excel基础表格绘制操作。

（1）创建、命名文件及设置行高。

①新建一个Excel工作表，并将其命名为“××公司培训费用支出申请表”。

②打开空白工作表，用鼠标选中第2行单元格，然后在功能区选择【格式】，用左键点击后即会出现下拉菜单，继续点击【行高】，在弹出的【行高】对话框中，把行高设置为40，然后单击【确定】，如图4-123所示。

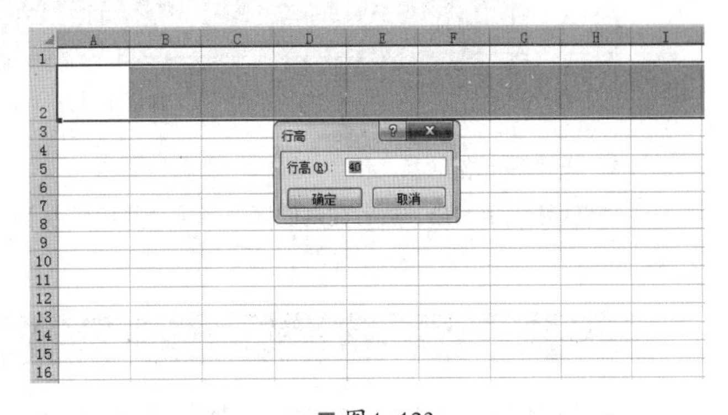

■ 图4-123

③用同样的方法，把第3行至第15行的行高设置为30，如图4-124所示。

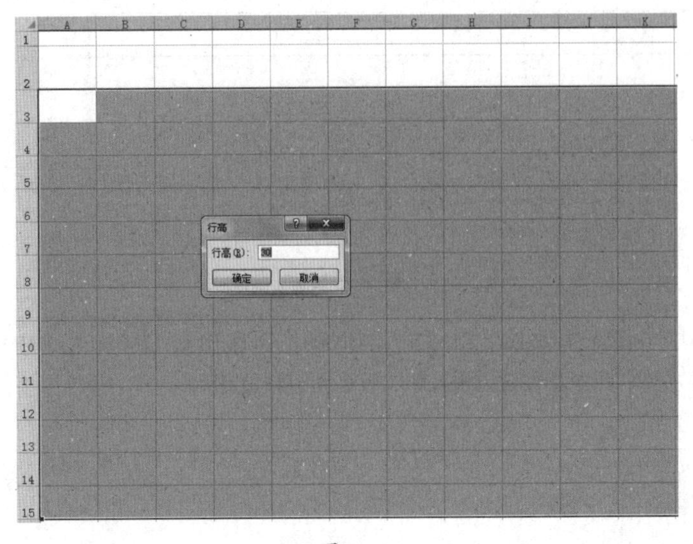

■ 图4-124

（2）设置列宽。

用鼠标选中B至H列单元格，然后在功能区选择【格式】，用左键点击后即会出现下拉菜单，然后点击【列宽】，在弹出的【列宽】对话框中，把列宽设置为15，然后单击【确定】，如图4–125所示。

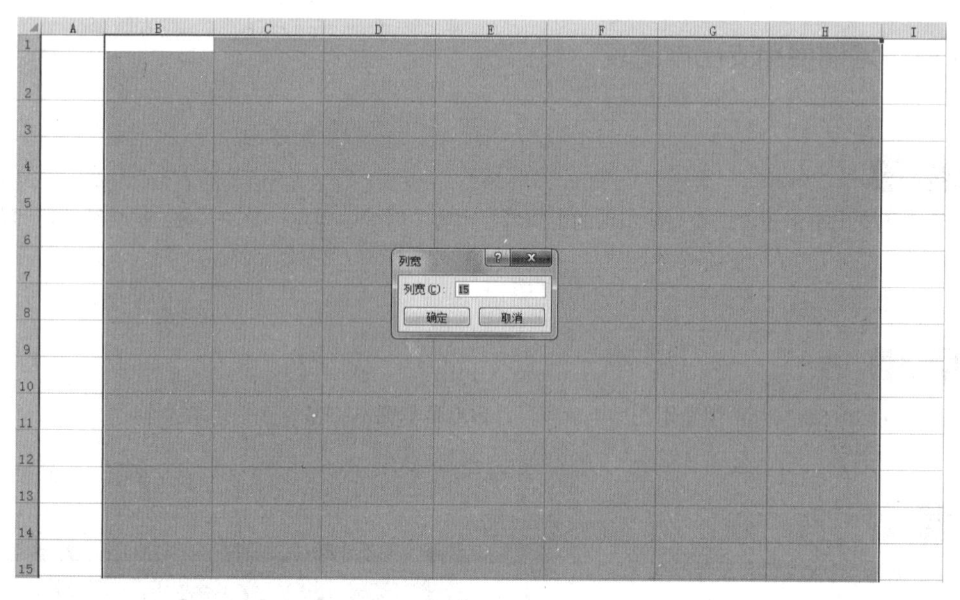

■ 图4–125

（3）合并单元格。

①用鼠标选中B2:H2，然后在功能区选择【合并后居中】按钮，用鼠标左键点击按钮，效果如图4–126所示。

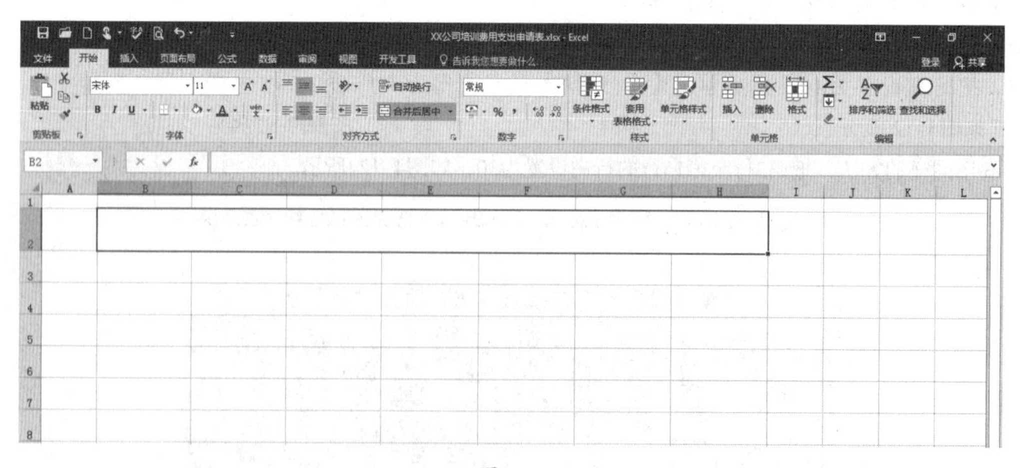

■ 图4–126

②用同样的方法，分别选中C3:D3、C13:E13、G13:H13、C14:E14、G14:H14、C15:H15，然后在功能区选择【合并后居中】按钮，用鼠标左键点击按钮，效果如图4–127所示。

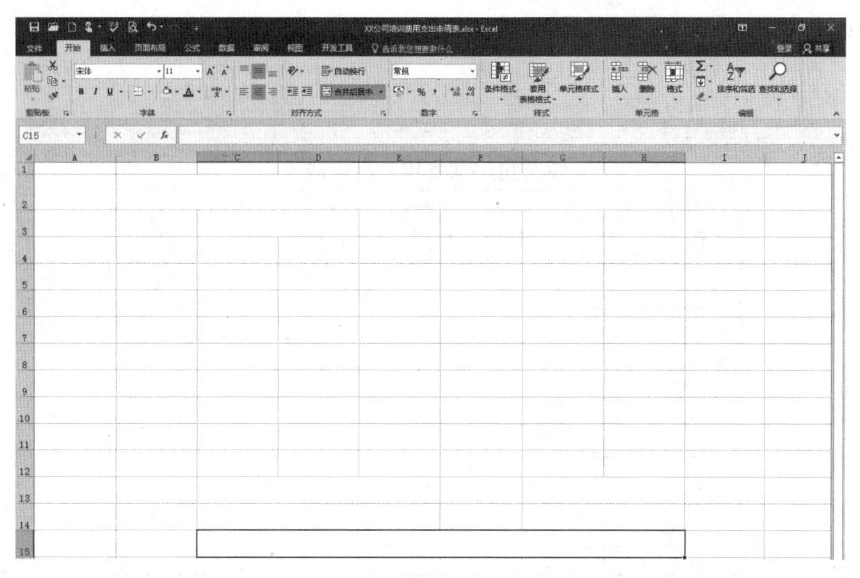

■ 图4-127

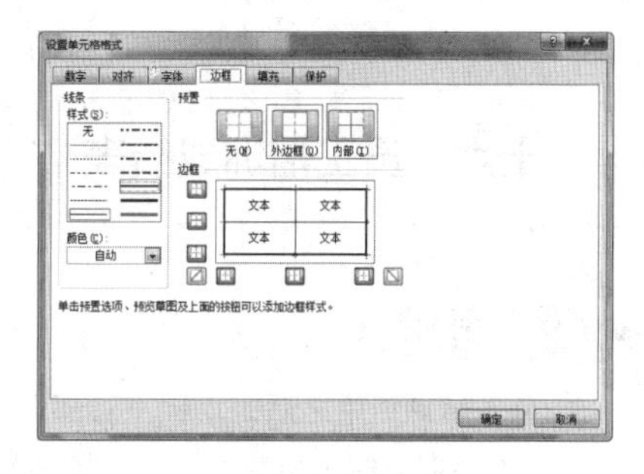

■ 图4-128

（4）设置边框线。

①用鼠标选中B3:H15，单击鼠标右键，在弹出的菜单中选择【设置单元格格式】；用鼠标点击后，就会出现【设置单元格格式】对话框；点击【边框】，选择细线，然后点击【内部】按钮；再选择粗线，然后点击【外边框】按钮，如图4-128所示。

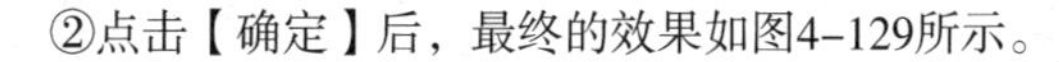

②点击【确定】后，最终的效果如图4-129所示。

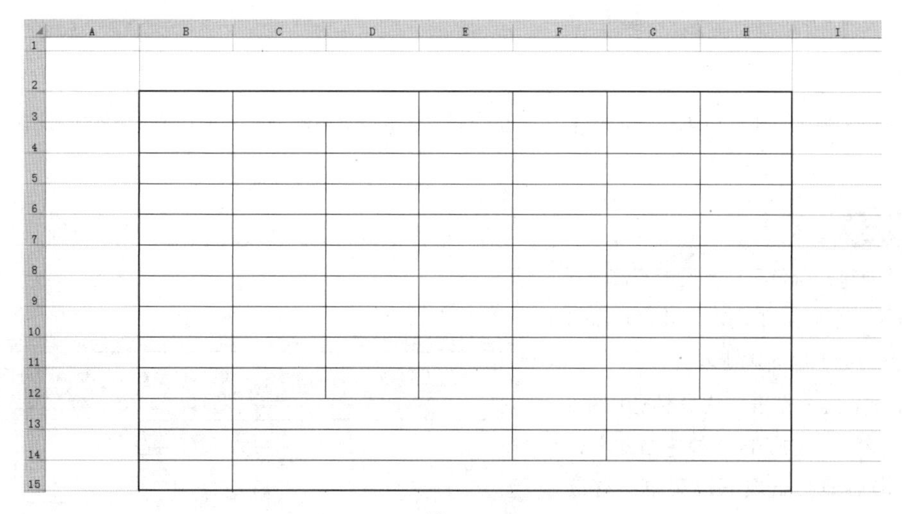

■ 图4-129

（5）输入内容。

①用鼠标选中B2，然后在单元格内输入“××公司培训费用支出申请表”；选中该单元格，将【字号】设置为24；在功能区中点击【垂直居中】和【居中】，并用【Ctrl+B】快捷键将文字加粗。

②在B3:H15区域内的单元格中分别输入文字，并按照前面提到的方法对文字进行适当调整，效果如图4-130所示。

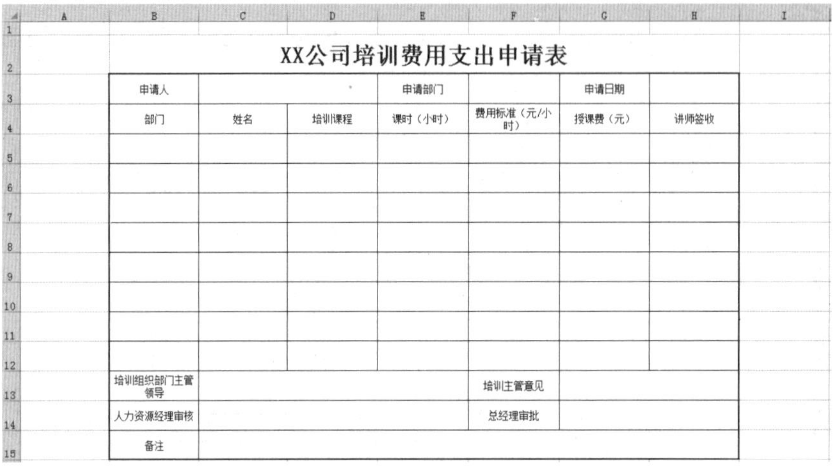

XX公司培训费用支出申请表

申请人			申请部门		申请日期	
部门	姓名	培训课程	课时（小时）	费用标准（元/小时）	授课费（元）	讲师签收
培训组织部门主管领导				培训主管意见		
人力资源经理审核				总经理审批		
备注						

■ 图4-130

十六、员工培训成绩表

员工培训结束之后，培训主管部门应当组织培训员工进行统一考试，以及时评测、汇总员工的培训效果，并将培训成绩作为员工个人资料予以保存、归档。

使用Excel 2016制作“员工培训成绩表”，重点是掌握AVERAGE（算术平均值）函数的设置方法。

（1）创建、命名文件及设置行高。

①新建一个Excel工作表，并将其命名为“××公司员工培训成绩表”。

②打开空白工作表，用鼠标选中第2行单元格，然后在功能区选择【格式】，用左键点击后即会出现下拉菜单，继续点击【行高】，在弹出的【行高】对话框中，把行高设置为40，然后单击【确定】，如图4-131所示。

③用同样的方法，把第4行至第16行的行高设置为25，如图4-132所示。

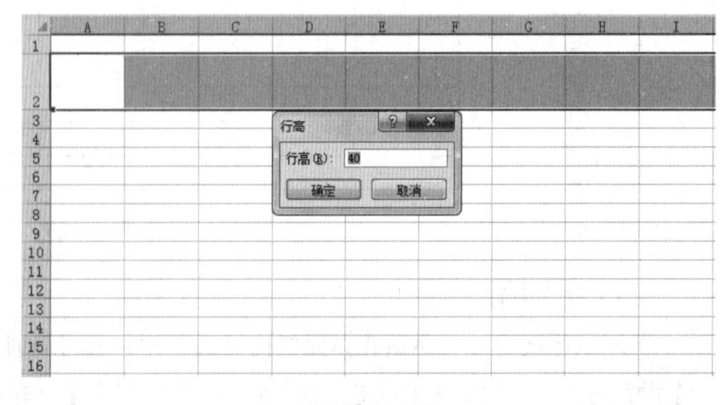

■ 图4-131

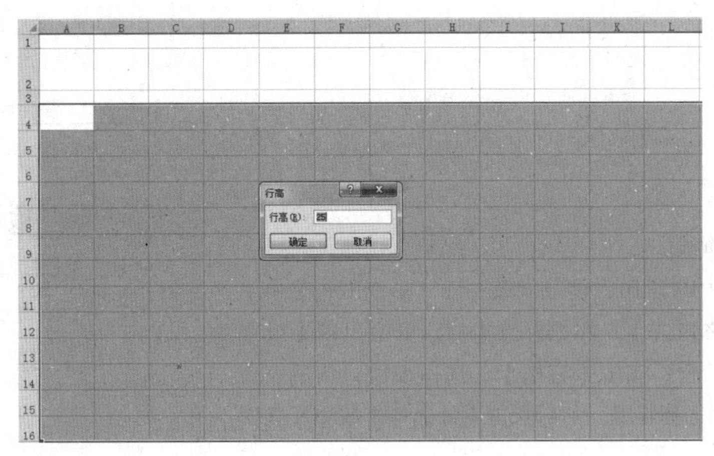

■ 图4−132

（2）设置列宽。

用鼠标选中B至L列单元格，然后在功能区选择【格式】，用左键点击后即会出现下拉菜单，然后点击【列宽】，在弹出的【列宽】对话框中，把列宽设置为10，然后单击【确定】，如图4–133所示。

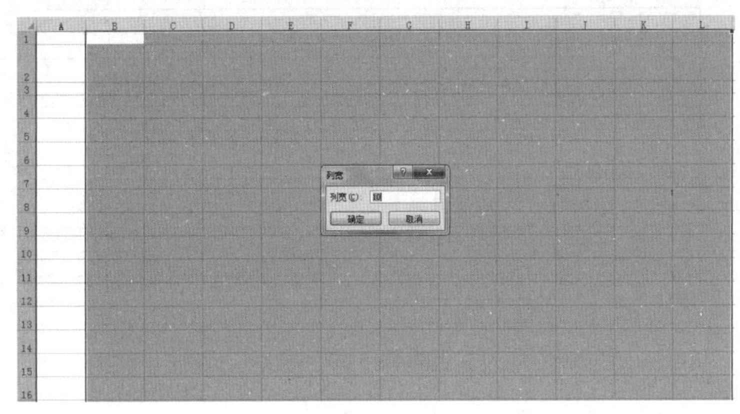

■ 图4−133

（3）合并单元格。

①用鼠标选中B2:L2，然后在功能区选择【合并后居中】按钮，用鼠标左键点击按钮，效果如图4–134所示。

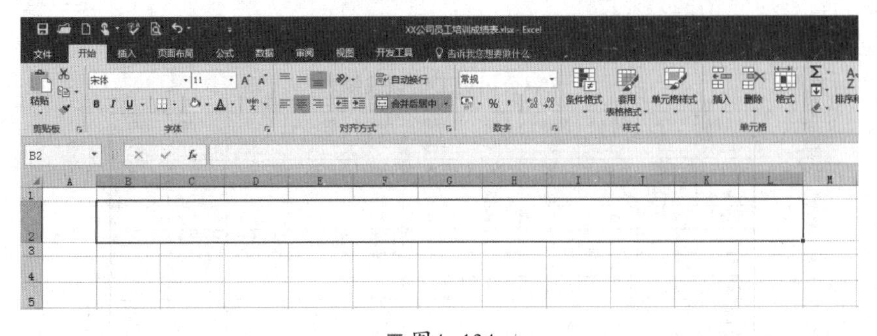

■ 图4−134

②用同样的方法，选中J3:L3，然后在功能区选择【合并后居中】按钮，用鼠标左键点击按钮，效果如图4–135所示。

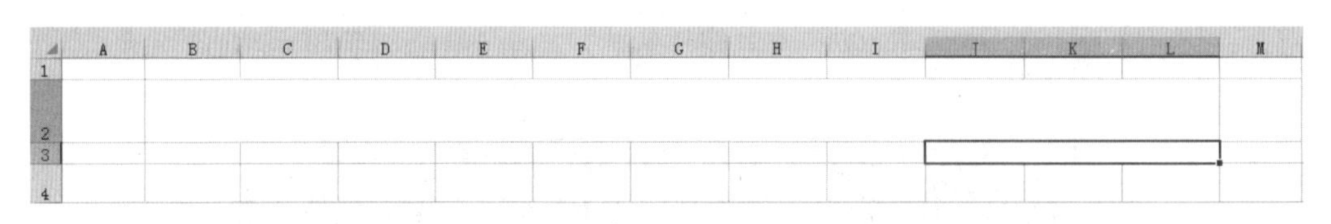

■ 图4-135

（4）设置边框线。

①用鼠标选中B4:L16，单击鼠标右键，在弹出的菜单中选择【设置单元格格式】；用鼠标点击后，就会出现【设置单元格格式】对话框；点击【边框】，选择细线，然后点击【内部】按钮；再选择粗线，然后点击【外边框】按钮，如图4-136所示。

②点击【确定】后，最终的效果如图4-137所示。

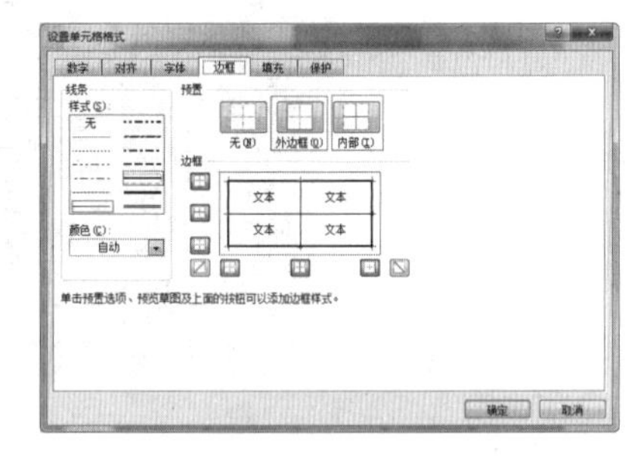

■ 图4-136

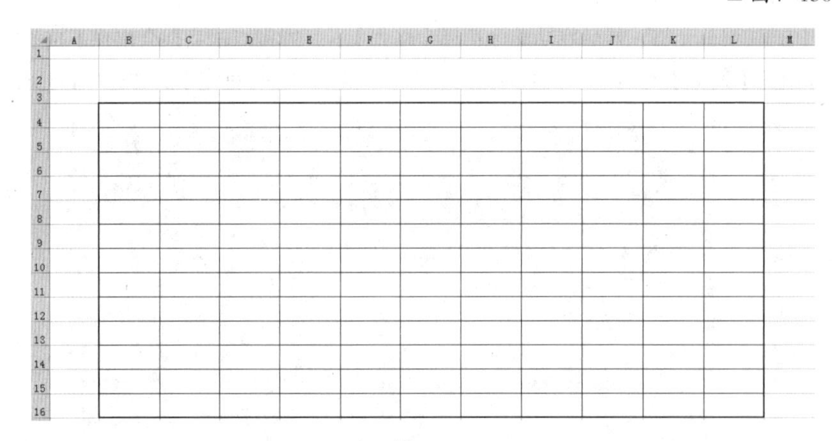

■ 图4-137

（5）输入内容。

①用鼠标选中B2，然后在单元格内输入“××公司员工培训成绩表”；选中该单元格，将【字号】设置为24；在功能区中点击【垂直居中】和【居中】，并用【Ctrl+B】快捷键将文字加粗。

②在B3:L17区域内的单元格中分别输入文字，并按照前面提到的方法对文字进行适当调整，效果如图4-138所示。

XX公司员工培训成绩表

时间：　年　月　日

员工编号	姓名	销售能力	营销策略	采购能力	沟通能力	顾客心理	市场开拓	总分	平均成绩	名次
PXB001	白芸	92	86	88	95	85	96			
PXB002	刘锋	90	82	94	85	84	86			
PXB003	张三原	80	85	88	81	80	90			
PXB004	李思芬	75	75	64	76	78	84			
PXB005	王元丰	86	82	80	75	73	82			
PXB006	赵璐璐	82	71	73	74	85	75			
PXB007	赵银川	90	65	78	70	78	74			
PXB008	孟良龙	84	83	85	90	62	65			
PXB009	陈奕仁	72	79	83	82	53	72			
PXB010	陈晨	65	84	68	79	60	70			
PXB011	卢爽	58	80	79	73	64	68			
PXB012	耿超	63	76	62	68	58	76			

填制：　审核：　部门主管：

■ 图4-138

（6）设置求和函数。

①选中D5:I5，切换至【公式】选项卡，点击【函数库】组中的【自动求和】按钮，在弹出的下拉列表中选择【求和】选项，如图4–139所示。

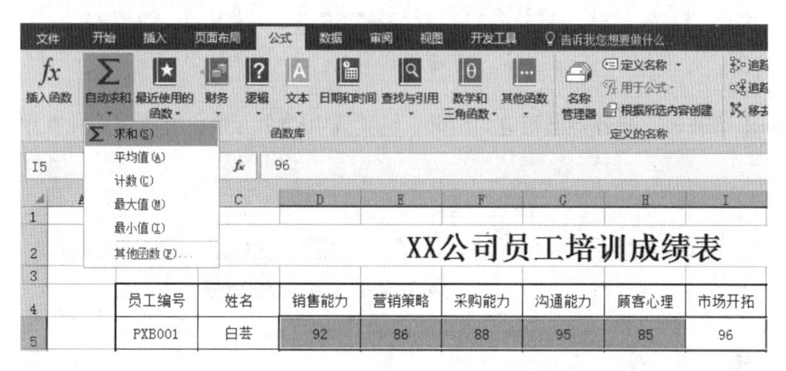

■ 图4–139

②单击后，即可为所选单元格的数字自动求和；选中J5单元格，并将鼠标放在单元格的右下角，如图4–140所示。

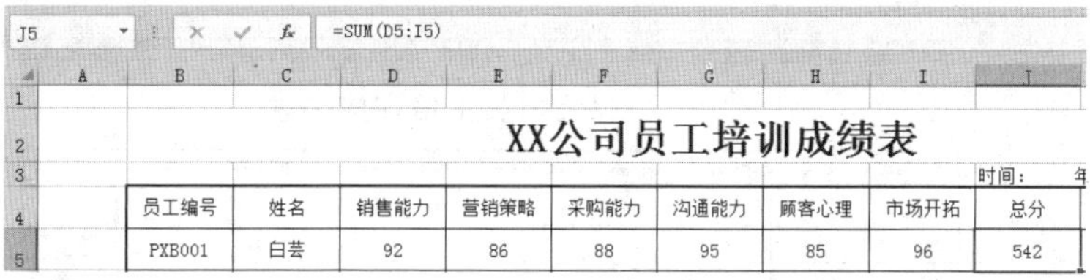

J5　=SUM(D5:I5)

XX公司员工培训成绩表

时间：

员工编号	姓名	销售能力	营销策略	采购能力	沟通能力	顾客心理	市场开拓	总分
PXB001	白芸	92	86	88	95	85	96	542

■ 图4–140

③按住鼠标左键，然后向下拖拉至J16，如图4–141所示。

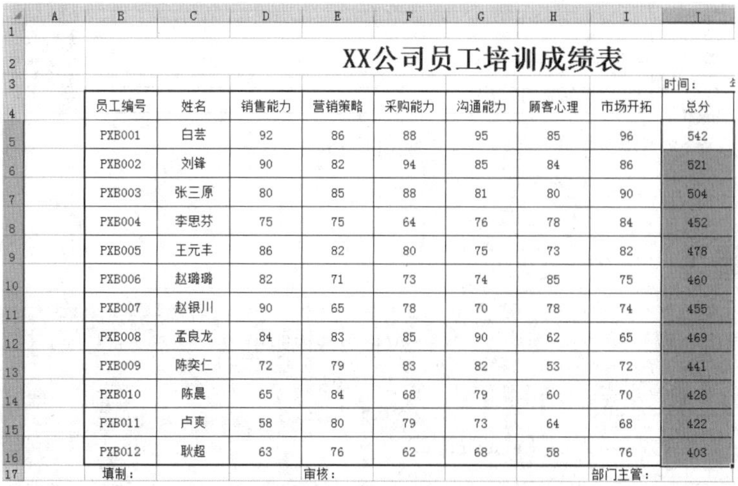

XX公司员工培训成绩表

时间：

员工编号	姓名	销售能力	营销策略	采购能力	沟通能力	顾客心理	市场开拓	总分
PXB001	白芸	92	86	88	95	85	96	542
PXB002	刘锋	90	82	94	85	84	86	521
PXB003	张三原	80	85	88	81	80	90	504
PXB004	李思芬	75	75	64	76	78	84	452
PXB005	王元丰	86	82	80	75	73	82	478
PXB006	赵璐璐	82	71	73	74	85	75	460
PXB007	赵银川	90	65	78	70	78	74	455
PXB008	孟良龙	84	83	85	90	62	65	469
PXB009	陈奕仁	72	79	83	82	53	72	441
PXB010	陈晨	65	84	68	79	60	70	426
PXB011	卢爽	58	80	79	73	64	68	422
PXB012	耿超	63	76	62	68	58	76	403

填制：　审核：　部门主管：

■ 图4–141

（7）设置AVERAGE（算术平均值）函数。

①用鼠标双击K5单元格，然后输入公式“=AVERAGE(D5:I5)”，如图4–142所示。

XX公司员工培训成绩表

时间： 年 月 日

员工编号	姓名	销售能力	营销策略	采购能力	沟通能力	顾客心理	市场开拓	总分	平均成绩	名次
PXB001	白芸	92	86	88	95	85	96	=AVERAGE(D5:I5)		

■ 图4-142

②按【Enter】键确认，即可得出相应的结果；继续选中K5单元格，并将鼠标放在单元格的右下角，如图4-143所示。

XX公司员工培训成绩表

时间： 年 月

员工编号	姓名	销售能力	营销策略	采购能力	沟通能力	顾客心理	市场开拓	总分	平均成绩
PXB001	白芸	92	86	88	95	85	96	542	90.3333333

■ 图4-143

③按住鼠标左键，然后向下拖拉至K16；继续选中K5:K16单元格区域，在【开始】选项卡中选择【数字】选项组，将该区域内的【小数位数】设置为2；最终的效果如图4-144所示。

XX公司员工培训成绩表

时间： 年 月

员工编号	姓名	销售能力	营销策略	采购能力	沟通能力	顾客心理	市场开拓	总分	平均成绩
PXB001	白芸	92	86	88	95	85	96	542	90.33
PXB002	刘锋	90	82	94	85	84	86	521	86.83
PXB003	张三原	80	85	88	81	80	90	504	84.00
PXB004	李思芬	75	75	64	76	78	84	452	75.33
PXB005	王元丰	86	82	80	75	73	82	478	79.67
PXB006	赵璐璐	82	71	73	74	85	75	460	76.67
PXB007	赵银川	90	65	78	70	78	74	455	75.83
PXB008	孟良龙	84	83	85	90	62	65	469	78.17
PXB009	陈奕仁	72	79	83	82	53	72	441	73.50
PXB010	陈晨	65	84	68	79	60	70	426	71.00
PXB011	卢爽	58	80	79	73	64	68	422	70.33
PXB012	耿超	63	76	62	68	58	76	403	67.17

■ 图4-144

温馨提示

AVERAGE函数说明

【用途】计算所有参数的算术平均值。

【语法】AVERAGE(number1, [number2], ...)

【参数】number1、number2……是要计算平均值的1~255个参数。

（8）设置RANK.EQ（排名）函数。

①用鼠标双击L5单元格，然后输入公式“=RANK.EQ(K5,$K$5:$K$16)”，效果如图4-145所示。

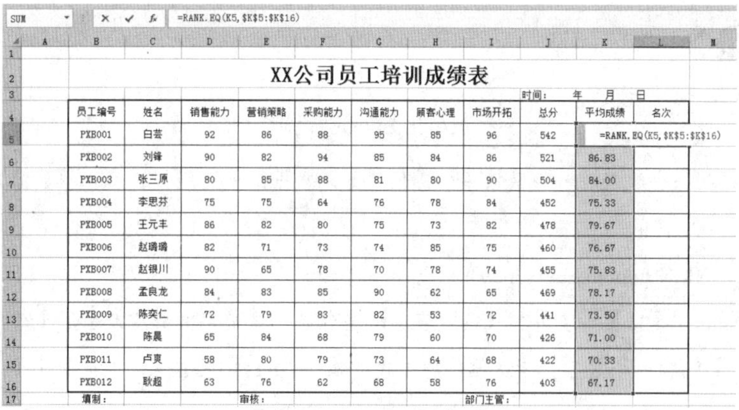

SUM =RANK.EQ(K5,$K$5:$K$16)

XX公司员工培训成绩表

时间： 年 月 日

员工编号	姓名	销售能力	营销策略	采购能力	沟通能力	顾客心理	市场开拓	总分	平均成绩	名次
PXB001	白芸	92	86	88	95	85	96	542	=RANK.EQ(K5,$K$5:$K$16)	
PXB002	刘锋	90	82	94	85	84	86	521	86.83	
PXB003	张三原	80	85	88	81	80	90	504	84.00	
PXB004	李思芬	75	75	64	76	78	84	452	75.33	
PXB005	王元丰	86	82	80	75	73	82	478	79.67	
PXB006	赵璐璐	82	71	73	74	85	75	460	76.67	
PXB007	赵银川	90	65	78	70	78	74	455	75.83	
PXB008	孟良龙	84	83	85	90	62	65	469	78.17	
PXB009	陈奕仁	72	79	83	82	53	72	441	73.50	
PXB010	陈晨	65	84	68	79	60	70	426	71.00	
PXB011	卢爽	58	80	79	73	64	68	422	70.33	
PXB012	耿超	63	76	62	68	58	76	403	67.17	

填制： 审核： 部门主管：

■ 图4-145

②按【Enter】键确认，即可得出相应的名次；继续选中L5单元格，并将鼠标放在单元格的右下角，如图4-146所示。

L5 =RANK.EQ(K5,$K$5:$K$16)

XX公司员工培训成绩表

时间： 年 月 日

员工编号	姓名	销售能力	营销策略	采购能力	沟通能力	顾客心理	市场开拓	总分	平均成绩	名次
PXB001	白芸	92	86	88	95	85	96	542	90.33	1
PXB002	刘锋	90	82	94	85	84	86	521	86.83	
PXB003	张三原	80	85	88	81	80	90	504	84.00	
PXB004	李思芬	75	75	64	76	78	84	452	75.33	
PXB005	王元丰	86	82	80	75	73	82	478	79.67	
PXB006	赵璐璐	82	71	73	74	85	75	460	76.67	
PXB007	赵银川	90	65	78	70	78	74	455	75.83	
PXB008	孟良龙	84	83	85	90	62	65	469	78.17	
PXB009	陈奕仁	72	79	83	82	53	72	441	73.50	
PXB010	陈晨	65	84	68	79	60	70	426	71.00	
PXB011	卢爽	58	80	79	73	64	68	422	70.33	
PXB012	耿超	63	76	62	68	58	76	403	67.17	

填制： 审核： 部门主管：

■ 图4-146

③按住鼠标左键，然后向下拖拉至L16；最终的效果如图4-147所示。

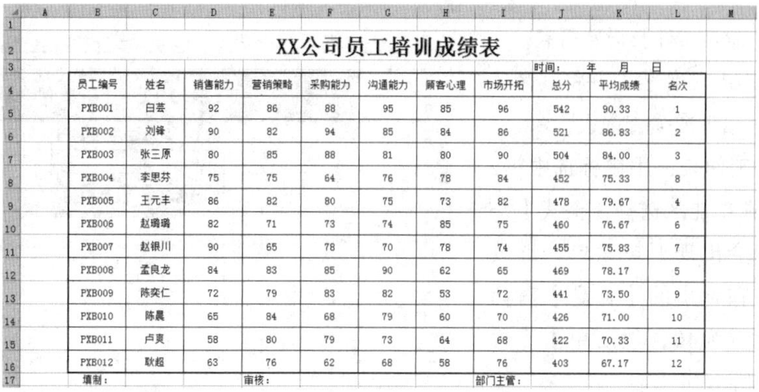

XX公司员工培训成绩表

时间： 年 月 日

员工编号	姓名	销售能力	营销策略	采购能力	沟通能力	顾客心理	市场开拓	总分	平均成绩	名次
PXB001	白芸	92	86	88	95	85	96	542	90.33	1
PXB002	刘锋	90	82	94	85	84	86	521	86.83	2
PXB003	张三原	80	85	88	81	80	90	504	84.00	3
PXB004	李思芬	75	75	64	76	78	84	452	75.33	8
PXB005	王元丰	86	82	80	75	73	82	478	79.67	4
PXB006	赵璐璐	82	71	73	74	85	75	460	76.67	6
PXB007	赵银川	90	65	78	70	78	74	455	75.83	7
PXB008	孟良龙	84	83	85	90	62	65	469	78.17	5
PXB009	陈奕仁	72	79	83	82	53	72	441	73.50	9
PXB010	陈晨	65	84	68	79	60	70	426	71.00	10
PXB011	卢爽	58	80	79	73	64	68	422	70.33	11
PXB012	耿超	63	76	62	68	58	76	403	67.17	12

填制： 审核： 部门主管：

■ 图4-147

温馨提示

RANK.EQ函数说明

【用途】返回一个数值在一组数值中的排位（如果数据清单已经排过序，则数值的排位就是它当前的位置）。

【语法】RANK.EQ(number,ref,[order])

【参数】number是需要计算其排位的数字；ref是包含一组数字的数组或引用（其中的非数值型参数将被忽略）；order为一个数字，指明排位的方式。如果order为0或省略，则按降序排列的数据清单进行排位。如果order不为零，则按升序排列的数据清单进行排位。

【注意】RANK.EQ函数对重复数值的排位相同。重复数值的存在将影响后续数值的排位。如在一列整数中，若整数60出现两次，其排位为5，则61的排位为7（没有排位为6的数值）。在旧版Excel中，该函数名称为RANK。

十七、员工培训成绩查询表

人力资源部对员工培训的成绩进行统计、存档之后，还应当制作一份培训成绩查询表。这样便于相关人员通过输入员工的编号进行快速查询。

使用Excel 2016制作“员工培训成绩查询表”，重点是掌握VLOOKUP（纵向查找）函数的设置方法。

具体步骤

（1）创建、命名文件及设置行高。

①新建一个Excel工作表，并将其命名为“××公司员工培训成绩查询表”。

②打开空白工作表，用鼠标选中第2行单元格，然后在功能区选择【格式】，用左键点击后即会出现下拉菜单，继续点击【行高】，在弹出的【行高】对话框中，把行高设置为40，然后单击【确定】，如图4-148所示。

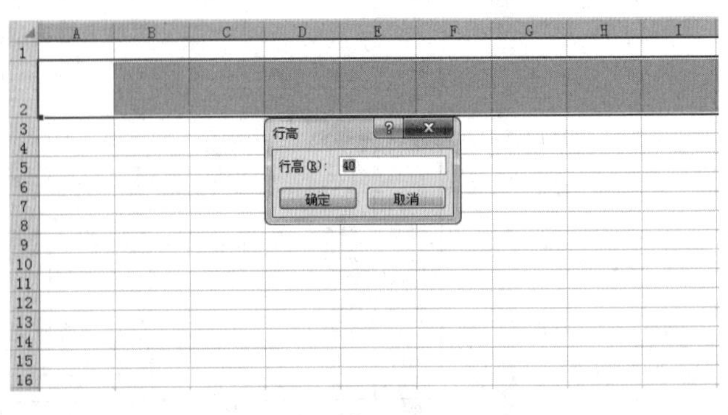

■ 图4-148

③用同样的方法，把第3行至第12行的行高设置为30，如图4-149所示。

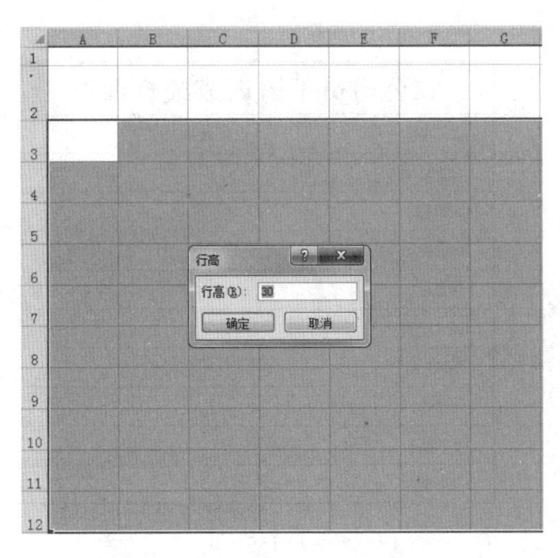

■ 图4-149

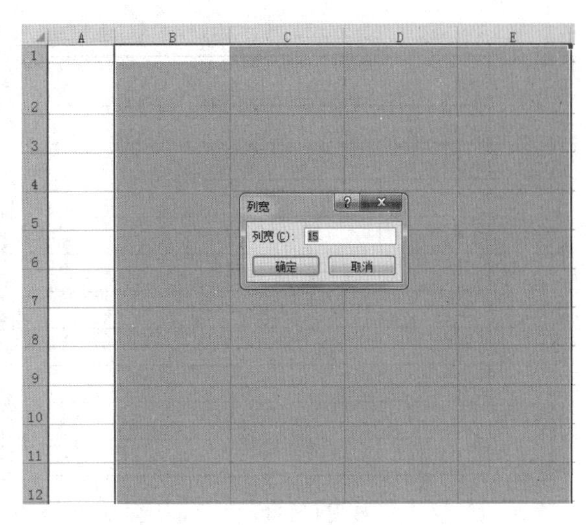

■ 图4-150

（2）设置列宽。

用鼠标选中B至E列单元格，然后在功能区选择【格式】，用左键点击后即会出现下拉菜单，然后点击【列宽】，在弹出的【列宽】对话框中，把列宽设置为15，然后单击【确定】，如图4-150所示。

（3）合并单元格。

①用鼠标选中B2:E2，然后在功能区选择【合并后居中】按钮，用鼠标左键点击按钮，效果如图4-151所示。

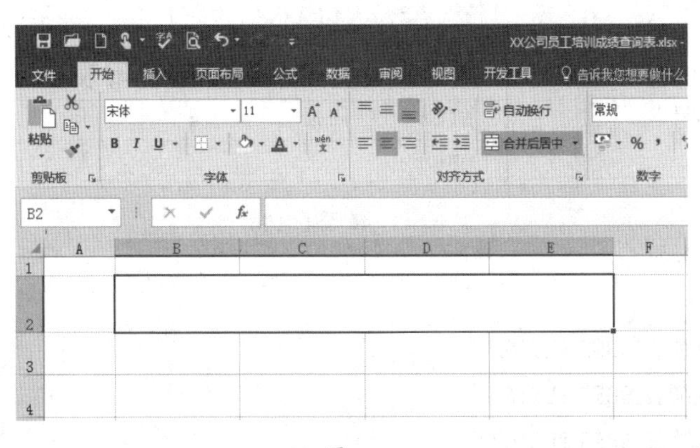

■ 图4-151

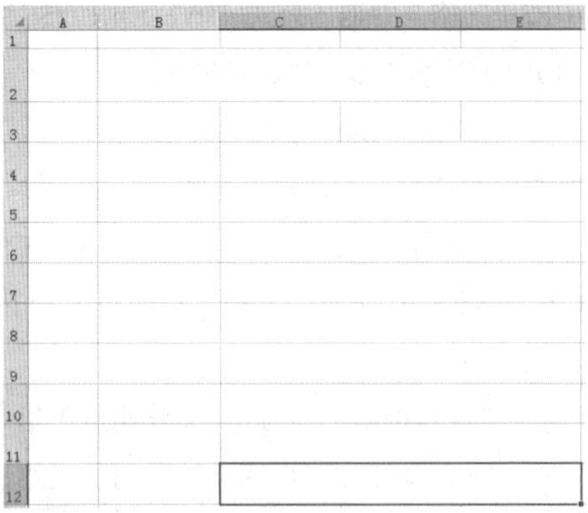

■ 图4-152

②用同样的方法，分别选中C4:E4、C5:E5、C6:E6、C7:E7、C8:E8、C9:E9、C10:E10、C11:E11、C12:E12，然后在功能区选择【合并后居中】按钮，用鼠标左键点击按钮，效果如图4-152所示。

（4）设置边框线。

①用鼠标选中B2:E12，单击鼠标右键，在弹出的菜单中选择【设置单元格格式】；用鼠标点击后，就会出现【设置单元格格式】对话框；点击【边框】，选择细线，然后点击【内部】按钮；再选择粗线，然后点击【外边框】按钮，如图4-153所示。

②点击【确定】后，最终的效果如图4-154所示。

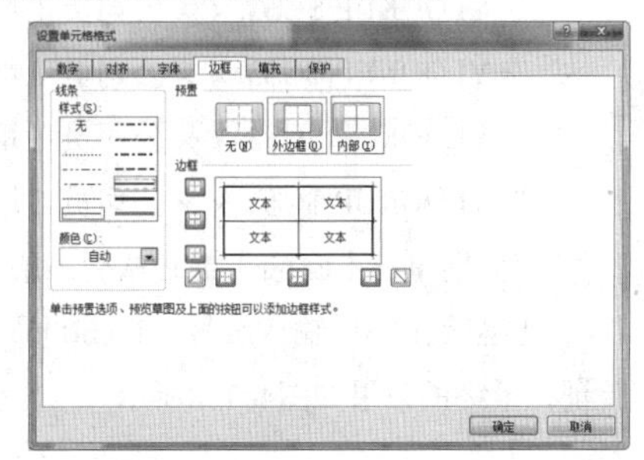

■ 图4-153

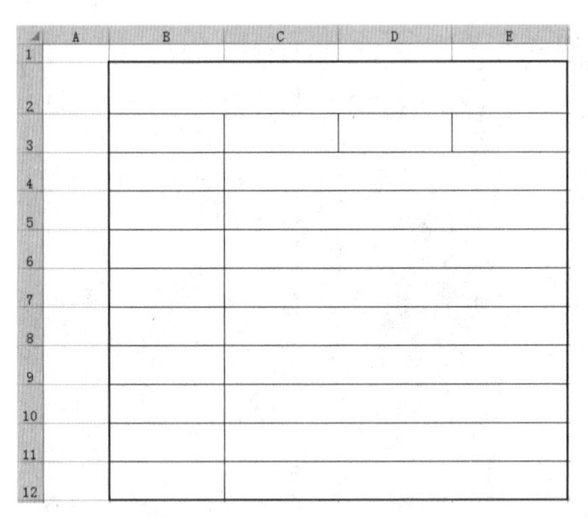

■ 图4-154

XX公司员工培训成绩查询表			
员工编号		姓名	
销售能力			
营销策略			
采购能力			
沟通能力			
顾客心理			
市场开拓			
总分			
平均成绩			
名次			

■ 图4-155

（5）输入内容。

①用鼠标选中B2，然后在单元格内输入“××公司员工培训成绩查询表”；选中该单元格，将【字号】设置为24；在功能区中点击【垂直居中】和【居中】，并用【Ctrl+B】快捷键将文字加粗。

②在B3:E12区域内的单元格中分别输入文字，并按照前面提到的方法对文字进行适当调整，效果如图4-155所示。

（6）设置查询函数。

①在C3单元格内输入编号“PXB001”，然后选中E3单元格，并输入公式“=VLOOKUP($C$3,××公司员工培训成绩表!$B$5:$L$16,2)”。

②单击【Enter】键，即可显示“员工编号”所对应的“姓名”，效果如图4-156所示。

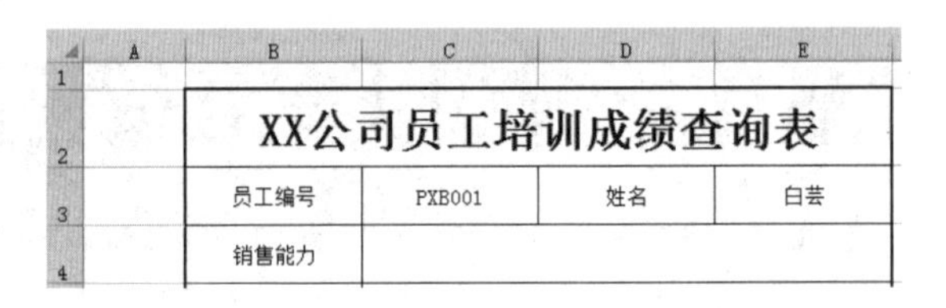

XX公司员工培训成绩查询表			
员工编号	PXB001	姓名	白芸
销售能力			

■ 图4-156

③使用同样的方法，继续在C4、C5、C6、C7、C8、C9、C10、C11、C12单元格内，分别输入：

“=VLOOKUP($C$3,××公司员工培训成绩表!$B$5:$L$16,3)”

“=VLOOKUP($C$3,××公司员工培训成绩表!$B$5:$L$16,4)”

“=VLOOKUP($C$3,××公司员工培训成绩表!$B$5:$L$16,5)”

“=VLOOKUP($C$3,××公司员工培训成绩表!$B$5:$L$16,6)”

“=VLOOKUP($C$3,××公司员工培训成绩表!$B$5:$L$16,7)”

“=VLOOKUP($C$3,××公司员工培训成绩表!$B$5:$L$16,8)”

“=VLOOKUP($C$3,××公司员工培训成绩表!$B$5:$L$16,9)”

“=VLOOKUP($C$3,××公司员工培训成绩表!$B$5:$L$16,10)”

“=VLOOKUP($C$3,××公司员工培训成绩表!$B$5:$L$16,11)”

在分别单击【Enter】键确认后，最终的效果如图4-157所示。

④继续在C3中输入编号“PXB006”，点击【Enter】键，即可得出该编号所对应的员工姓名，并完成验证，最终的效果如图4-158所示。

XX公司员工培训成绩查询表			
员工编号	PXB001	姓名	白芸
销售能力	92		
营销策略	86		
采购能力	88		
沟通能力	95		
顾客心理	85		
市场开拓	96		
总分	542		
平均成绩	90.33		
名次	1		

■ 图4-157

XX公司员工培训成绩查询表			
员工编号	PXB006	姓名	赵璐璐
销售能力	82		
营销策略	71		
采购能力	73		
沟通能力	74		
顾客心理	85		
市场开拓	75		
总分	460		
平均成绩	76.67		
名次	6		

■ 图4-158

VLOOKUP函数说明

【用途】在表格或数值数组的首列查找指定的数值，并由此返回表格或数组当前行中指定列处的数值。当比较值位于数据表首列时，使用VLOOKUP函数；当比较值位于数据表首行时，可以使用类似的HLOOKUP函数。

【语法】VLOOKUP(lookup_value,table_array,col_index_num,[range_lookup])

【参数】lookup_value为需要在数据表第一列中查找的数值，它可以是数值、引用或文字串。table_array为需要在其中查找数据的数据表，可以使用对区域或区域名称的引用。col_index_num为table_array中待返回的匹配值的列序号。col_index_num为1时，返回table_array第一列中的数值；col_index_num为2，返回table_array第二列中的数值，以此类推。range_lookup为一个逻辑值，指明VLOOKUP函数返回时是精确匹配还是近似匹配。如果为TRUE或省略，则返回近似匹配值，也就是说，如果找不到精确匹配值，则返回小于lookup_value的最大数值；如果range_lookup为FALSE，VLOOKUP函数将返回精确匹配值，如果找不到，则返回错误值#N/A。

【注意】要正确使用VLOOKUP函数，table_array第一列中的值必须以升序排序，否则可能无法返回正确的值。

十八、员工外派培训申请表

员工外派培训的目的是促进员工培训有序开展，培养员工专业技能和管理能力，并保证员工在接受公司培训后能继续为公司发展贡献力量。行之有效地进行长期的、持续的、系统的学习与培训，能够提升员工的职业技能和职业素养。

学习任务

使用Excel 2016制作“员工外派培训申请表”，重点是掌握插入特殊符号“□”的操作。

具体步骤

（1）创建、命名文件及设置行高。

①新建一个Excel工作表，并将其命名为“××公司员工外派培训申请表”。

②打开空白工作表，用鼠标选中第2行单元格，然后在功能区选择【格式】，用左键点击后即会出现下拉菜单，继续点击【行高】，在弹出的【行高】对话框中，把行高设置为40，然后单击【确定】，如图4–159所示。

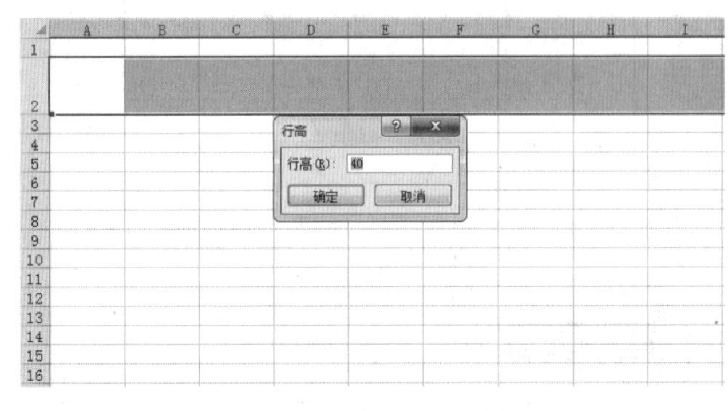

■ 图4–159

③用同样的方法，把第3行至第4行的行高设置为30、第5行的行高设置为50、第6行至第9行的行高设置为30、第10行至第12行的行高设置为50、第13行至第16行的行高设置为70，如图4–160所示。

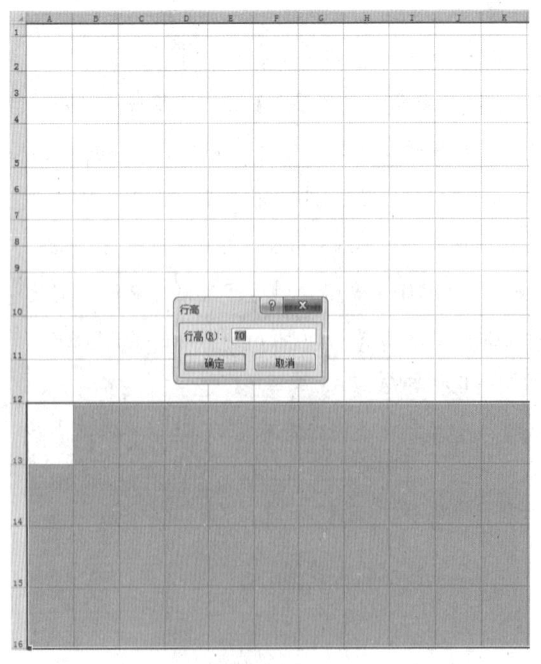

■ 图4–160

■ 图4–161

（2）设置列宽。

用鼠标选中B至G列单元格，然后在功能区选择【格式】，用左键点击后即会出现下拉菜单，然后点击【列宽】，在弹出的【列宽】对话框中，把列宽设置为12，然后单击【确定】，如图4–161所示。

（3）合并单元格。

①用鼠标选中B2:G2，然后在功能区选择【合并后居中】按钮，用鼠标左键点击按钮，效果如图4-162所示。

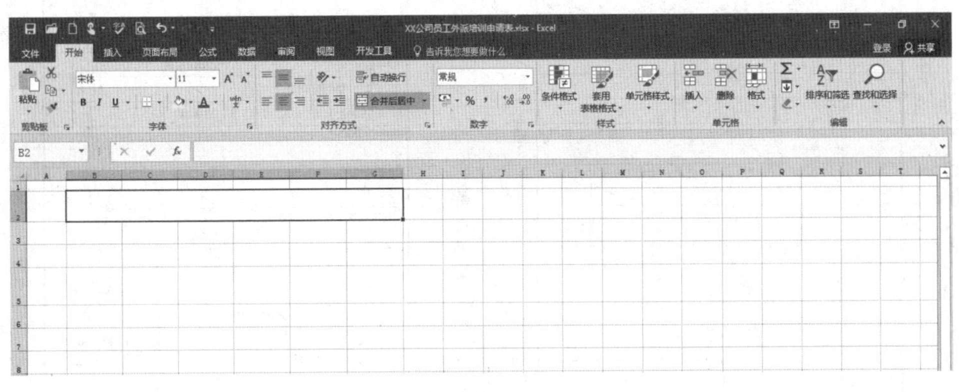

■ 图4-162

②用同样的方法，分别选中B5:G5、C6:D6、F6:G6、C7:D7、F7:G7、B8:D8、E8:G8、B9:D9、F9:G9、B10:G10、B11:G11、B12:G12、B13:B16、C13:G13、C14:C15、D14:E14、F14:G14、D15:G15、C16:G16，然后在功能区选择【合并后居中】按钮，用鼠标左键点击按钮，效果如图4-163所示。

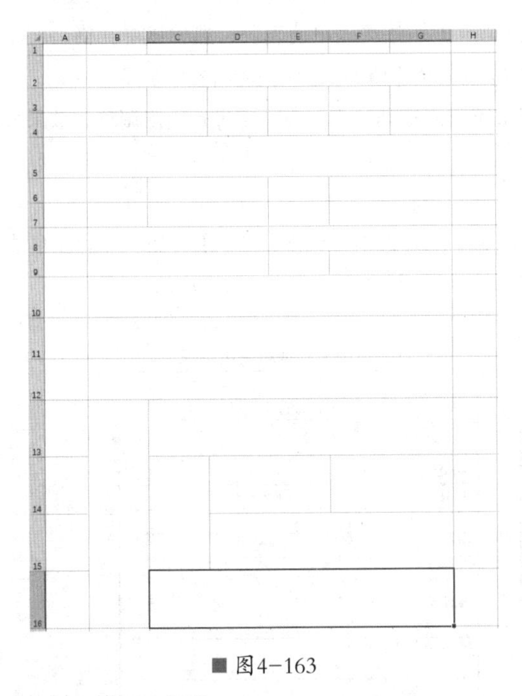

■ 图4-163

■ 图4-164

（4）设置边框线。

①用鼠标选中B3:G16，单击鼠标右键，在弹出的菜单中选择【设置单元格格式】；用鼠标点击后，就会出现【设置单元格格式】对话框；点击【边框】，选择细线，然后点击【内部】按钮；再选择粗线，然后点击【外边框】按钮，如图4-164所示。

②点击【确定】后，最终的效果如图4-165所示。

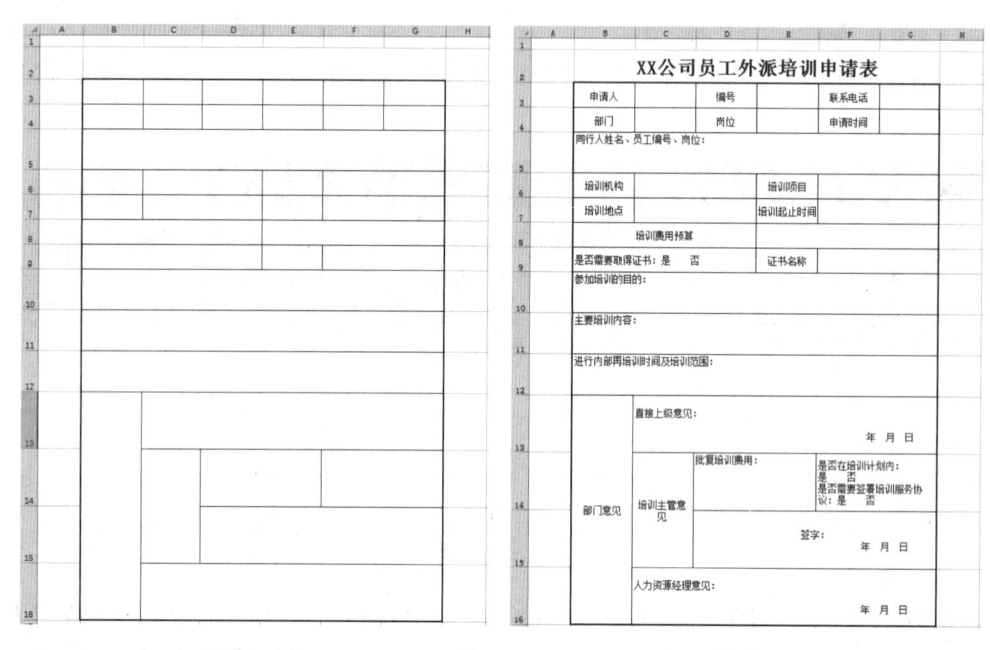

■ 图4-165　　■ 图4-166

（5）输入内容。

①用鼠标选中B2，然后在单元格内输入“××公司员工外派培训申请表”；选中该单元格，将【字号】设置为24；在功能区中点击【垂直居中】和【居中】，并用【Ctrl+B】快捷键将文字加粗。

②在B3:G16区域内的单元格中分别输入文字，并按照前面提到的方法对文字进行适当调整，效果如图4-166所示。

（6）插入特殊符号“□”。

①选中B9单元格，切换至【插入】选项卡，在【符号】选项组中单击【符号】按钮，在弹出的【符号】对话框中，单击【子集】下拉按钮，然后找到【几何图形符】中的“□”，如图4-167所示。

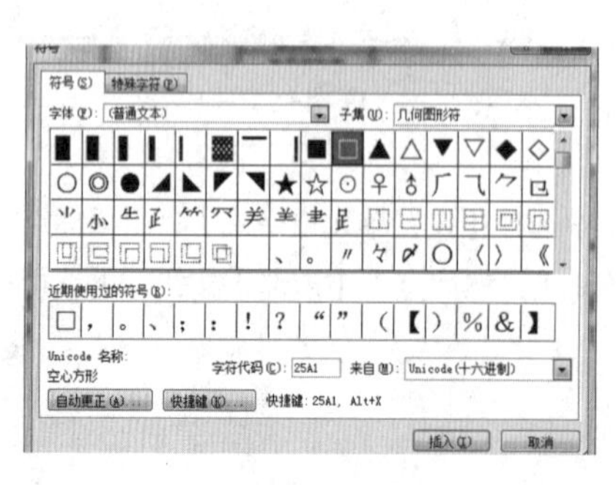

■ 图4-167

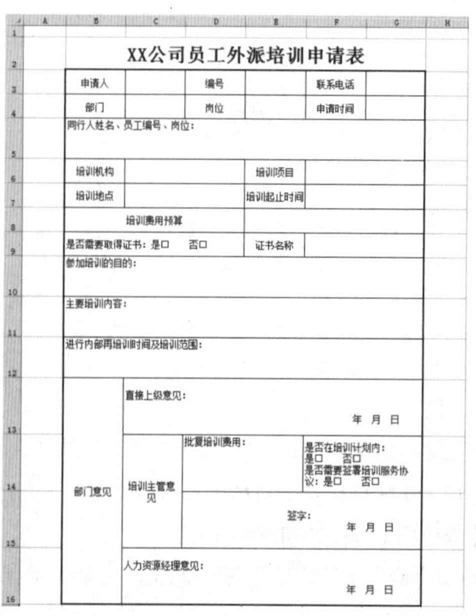

■ 图4-168

②用鼠标点击【插入】后，即可在单元格内插入符号“□”；然后再点击【关闭】，将对话框关闭；用同样的方法，在其他单元格内都插入相应的特殊符号“□”，效果如图4–168所示。

十九、员工外派培训总结考核表

员工外派培训总结考核表应包含员工外派期间涉及的各种项目、费用、培训计划等方面的内容。

使用Excel 2016制作“员工外派培训总结考核表”，重点是掌握插入特殊符号“□”的操作。

（1）创建、命名文件及设置行高。

①新建一个Excel工作表，并将其命名为“××公司员工外派培训总结考核表”。

②打开空白工作表，用鼠标选中第2行单元格，然后在功能区选择【格式】，用左键点击后即会出现下拉菜单，继续点击【行高】，在弹出的【行高】对话框中，把行高设置为40，然后单击【确定】，如图4–169所示。

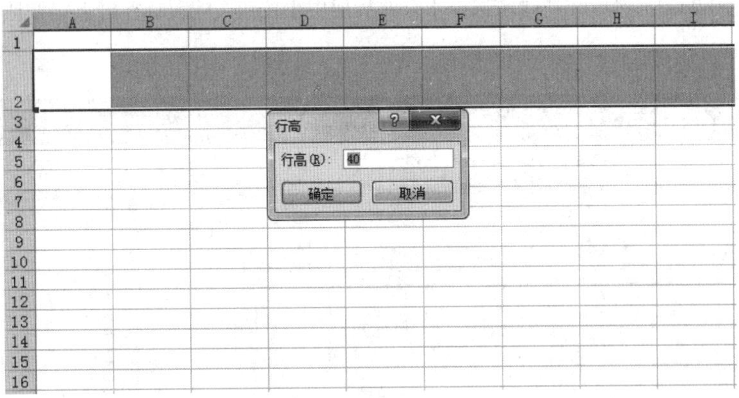

图4–169

③用同样的方法，把第3行至第6行的行高设置为20、第7行的行高设置为30、第8行的行高设置为20、第9行至第15行的行高设置为30、第16行的行高设置为20、第17行至第18行的行高设置为90、第19行至第21行的行高设置为20、第22行的行高设置为30、第23行至第24行的行高设置为20。

（2）设置列宽。

①用鼠标选中B至C列单元格，然后在功能区选择【格式】，用左键点击后即会出现下拉菜单，然后点击【列宽】，在弹出的【列宽】对话框中，把列宽设置为10，然后单击【确定】。

②用同样的方法，把D列单元格的列宽设置为15，E列、F列单元格的列宽设置为10，G列单元格的列宽设置为15，如图4–170所示。

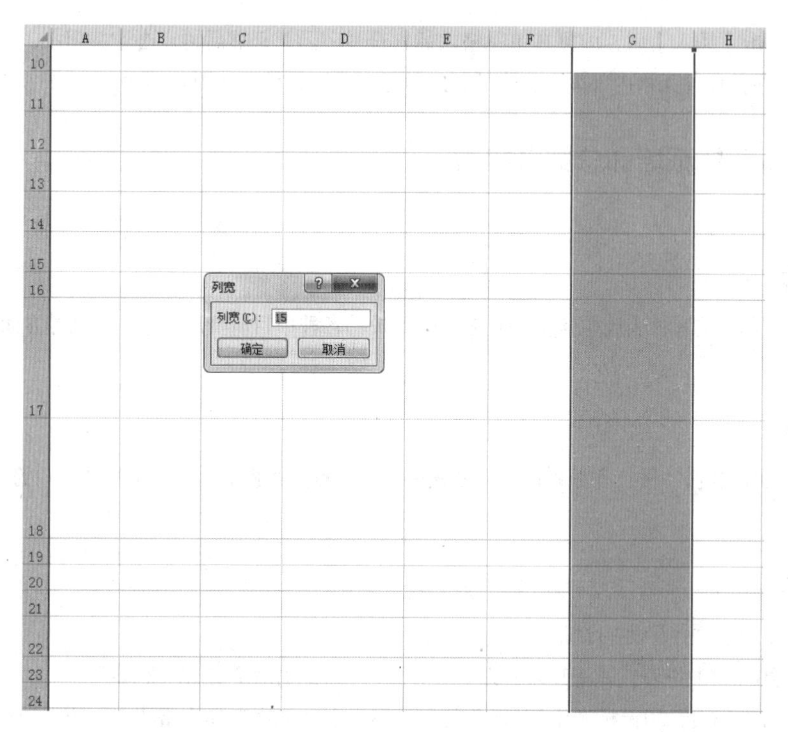

■ 图4-170

（3）合并单元格。

①用鼠标选中B2:G2，然后在功能区选择【合并后居中】按钮，用鼠标左键点击按钮，效果如图4-171所示。

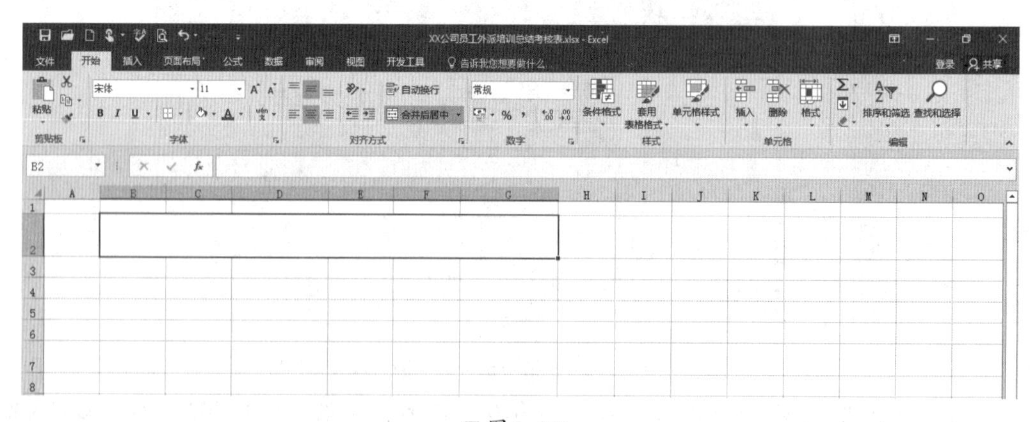

■ 图4-171

②用同样的方法，分别选中C3:D3、F3:G3、C4:D4、F4:G4、C5:D5、F5:G5、C6:D6、F6:G6、C7:D7、E7:G7、C8:G8、C9:G9、C10:D10、F10:G10、B11:B12、E11:E12、B13:B15、E13:G15、C16:G16、B17:G17、B18:G18、B19:G19、B22:G22、B23:G23、B24:G24，然后在功能区选择【合并后居中】按钮，用鼠标左键点击按钮，效果如图4-172所示。

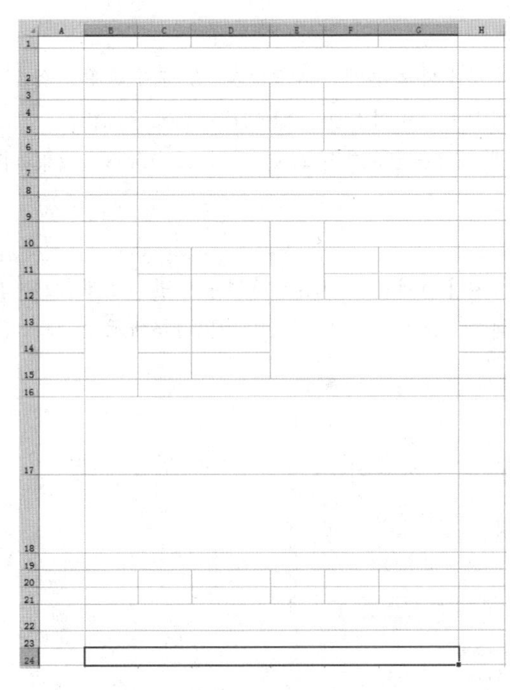

■ 图4−172

设置单元格格式
数字
对齐
字体
边框
填充
保护
线条
样式(S):
无
颜色(C):
自动
预置
无(N)
外边框(O)
内部(I)
边框
文本
文本
文本
文本
单击预置选项、预览草图及上面的按钮可以添加边框样式。
确定
取消

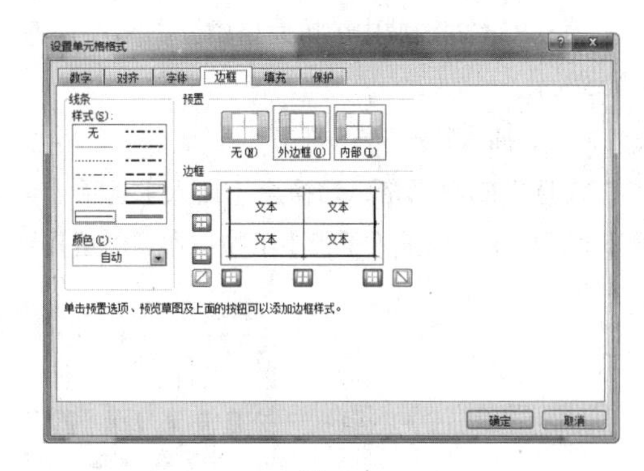

■ 图4−173

（4）设置边框线。

①用鼠标选中B3:G24，单击鼠标右键，在弹出的菜单中选择【设置单元格格式】；用鼠标点击后，就会出现【设置单元格格式】对话框；点击【边框】，选择细线，然后点击【内部】按钮；再选择粗线，然后点击【外边框】按钮，如图4−173所示。

②点击【确定】后，最终的效果如图4−174所示。

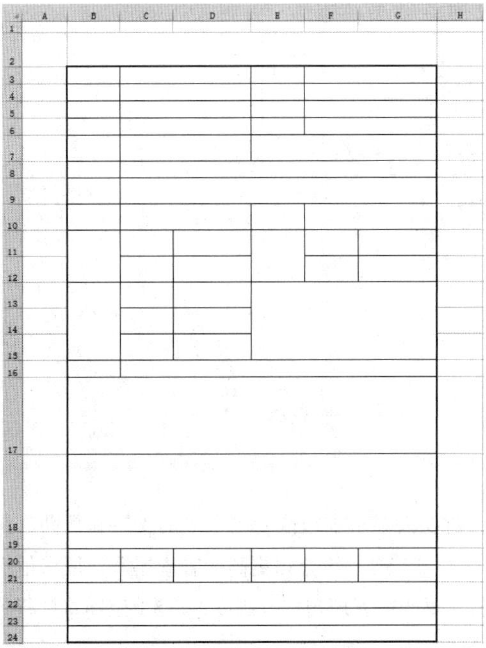

■ 图4−174

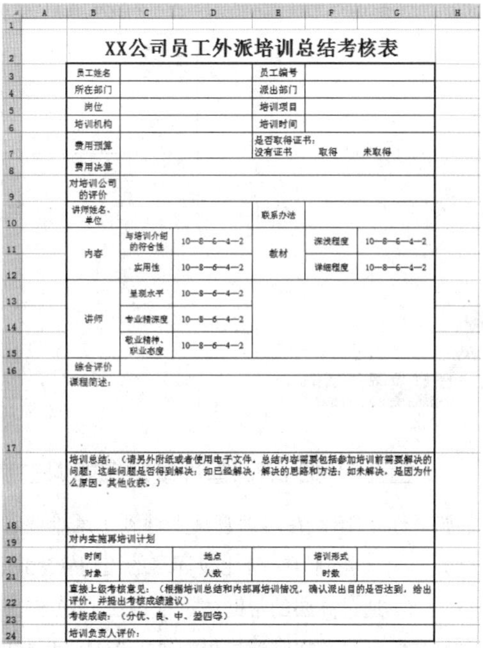

XX公司员工外派培训总结考核表
员工姓名
员工编号
所在部门
派出部门
岗位
培训项目
培训机构
培训时间
费用预算
是否取得证书：
没有证书　取得　未取得
费用决算
对培训公司的评价
讲师姓名、单位
联系办法
内容
与培训介绍的符合性
10—8—6—4—2
实用性
10—8—6—4—2
教材
深浅程度
10—8—6—4—2
详细程度
10—8—6—4—2
讲师
呈现水平
10—8—6—4—2
专业精深度
10—8—6—4—2
敬业精神、职业态度
10—8—6—4—2
综合评价
课程简述：
培训总结：（请另外附纸或者使用电子文件，总结内容需要包括参加培训前需要解决的问题；这些问题是否得到解决；如已经解决，解决的思路和方法；如未解决，是因为什么原因。其他收获。）
对内实施再培训计划
时间
地点
培训形式
对象
人数
时数
直接上级考核意见：（根据培训总结和内部再培训情况，确认派出目的是否达到，给出评价，并提出考核成绩建议）
考核成绩：（分优、良、中、差四等）
培训负责人评价：

■ 图4−175

（5）输入内容。

①用鼠标选中B2，然后在单元格内输入“××公司员工外派培训总结考核表”；选中该单元格，将【字号】设置为24；在功能区中点击【垂直居中】和【居中】，并用【Ctrl+B】快捷键将文字加粗。

②在B3:G24区域内的单元格中分别输入文字，并按照前面提到的方法对文字进行适当调整，效果如图4–175所示。

（6）插入特殊符号“□”。

①选中E7单元格，切换至【插入】选项卡，在【符号】选项组中单击【符号】按钮，在弹出的【符号】对话框中，单击【子集】下拉按钮，然后找到【几何图形符】中的“□”，如图4–176所示。

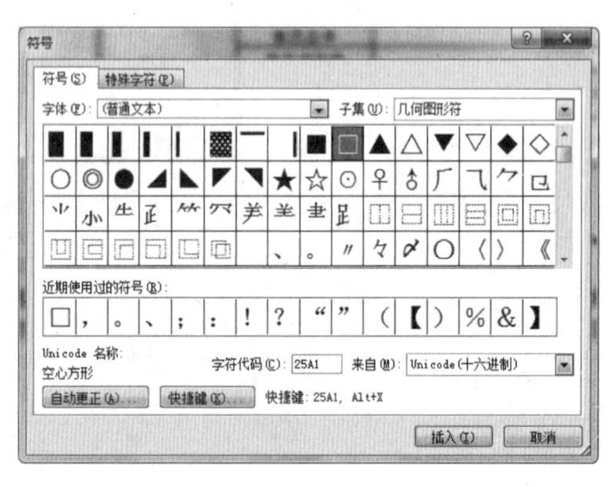

■ 图4–176

②用鼠标点击【插入】后，即可在单元格内插入符号“□”；然后再点击【关闭】，将对话框关闭，效果如图4–177所示。

XX公司员工外派培训总结考核表			
员工姓名		员工编号	
所在部门		派出部门	
岗位		培训项目	
培训机构		培训时间	
费用预算		是否取得证书： 没有证书□　取得□　未取得□	
费用决算			

■ 图4–177

1. 企业内部的培训管理规定应如何去制订？

如果你是HR，在培训管理上遇到了困难或者阻碍，建议去寻求上级或者上上级的支持和帮助。具体方法为：（1）先制订一份比较详尽的流程管理制度方案；（2）展示给公司更高的管理层看，征求他们的意见；（3）通过高层的帮助往下推行；（4）作为执行层，要严格管理与推行制度；（5）定期将推行效果向上级反馈；（6）在实施过程中进一步对流程制度进行改良。

2. 新员工入职培训一般讲哪些内容比较好？是否需要做培训后的信息反馈？如要做培训反馈，信息汇总如何开展？

很多公司的新员工入职课程的内容都有所不同，主要看公司的实际需求是什么。不过一般情况下，公司的入职培训都会包括企业文化、公司规章制度、组织结构和办公流程等内容，有的还会增加公司内部观摩、岗位说明、产品概况等内容。课程内容的制定首先要看公司设定的入职培训是多长时间、想达到什么样的效果，然后再根据这些要求进行调整。

建议所有培训都要做培训评估反馈，课后填写反馈表、在约定时间进行笔试考试均可作为培训评估的方式。还可以在新员工进入本职岗位后的一段时间内，对其进行问卷调查，看看新员工学习和适应的情况如何。

3. 新员工入职培训主要是制度、企业文化方面的培训，那么该如何评估新入职员工的培训效果呢？

要想评估新员工入职培训的效果，要看培训内容是什么：（1）如果培训的是企业文化和制度，可以考虑通过笔试的方式评估他们是否把内容全都记住了，而想让新员工从完全接受、理解再变为身体力行，这些就不是培训能解决的了；（2）如果有办公流程、OA等方面的培训，可以通过让新员工进行实操考试来确认是否达到了培训效果；（3）最后也可以考虑等到新员工进入各部门以后，对其直属领导进行问卷调查来看培训是否有效。

4. 如何给技术人员做入职岗位培训？

这里对HR提出以下建议：

（1）首先，找到你的上级领导与技术部门的负责人沟通，确定未来技术部门员工的培训与成长责任问题，如果技术部门对你们非常信任但是又没有时间，建议让他们调派人手与培训部门合作开发相应的培训课件，以便未来培训讲师对新员工进行培训。这里，最需要做的是让技术部门的人了解到对这些新人的培训他们是有责任的，因为最终这些人是要进到技术部门的，如果新人不能很快上手工作，那现有工作就不会有人来分担，所以他们必须担任起培养的工作。

（2）如果技术人员不需要培训部门培训，那培训部门也有义务对相应部门的自行培训进行监督考核，你可以与人力资源部沟通，看看是否可以把新员工培训纳入到KPI、BSC体系中，以便起到督导落地的作用。

5. B公司门店比较多，而且分散在不同的城市，该如何开展入职培训？

（1）如果没有入职培训，一旦面临劳动纠纷并被新员工留下证据，将对公司不利。

（2）入职培训应包括公司奖惩制度、公司发展愿景、公司架构等公司基本情况的介绍及安全培训。

（3）各门店可以由门店经理对新员工进行培训。

6. C公司组织培训时，如果培训属于自愿参加，几乎没人来，怎么办？

如果员工对提升自身的能力都没有兴趣，那么原因可能有两点：

（1）这个员工不是学习型的员工，要考量他是否适合公司。

（2）你的培训没有价值，对员工没有帮助，所以员工认为是负担。因此任何的培训一定要做好前期的培训调查。

7. 在选择培训公司培训时，需要审核哪些方面的内容呢？

如果选择外部的培训机构，我们需要明确以下几点：

（1）为什么要采取外部培训？

（2）培训的目的是什么？希望通过培训达到什么效果？

（3）参训的对象有哪些？为什么是这些人？

（4）培训的费用预算是多少？

第五章

员工的绩效考核管理

绩效考核涉及的企业员工人数多、考核频次多、计算繁杂，HR的工作量较大；因此，HR可以利用Excel的公式与函数、数据分析等功能，将其应用于各类绩效考核表内，以此提高工作效率，减轻工作压力。HR在对考核结果进行分析整理后，需要把这些结果合理地运用到人力资源管理工作的各个环节中去，从而使绩效考核成为人力资源管理工作的重要依据，这也正是绩效考核管理工作的初衷。

本章思维导图

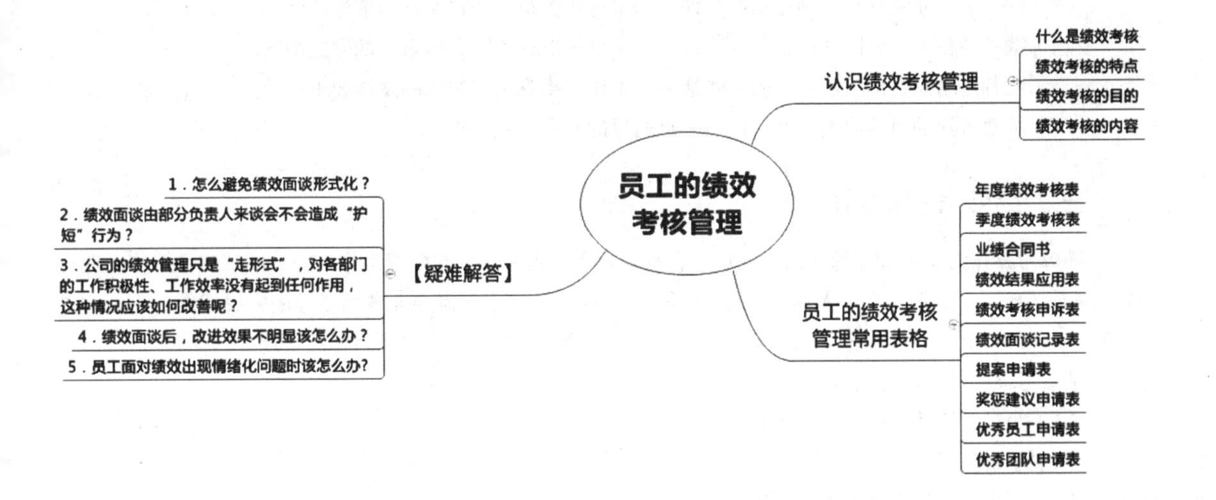

第一节 认识绩效考核管理

一、什么是绩效考核

绩效考核是指企业管理者制订特定的考核指标与考核标准，运用科学的考核方法对员工的日常工作与工作结果进行考核，从而确保员工的工作活动与企业的规划目标一致的过程与方法。企业管理者对员工进行绩效考核，有利于规范员工的工作行为，了解员工实际绩效水平，对员工实现有效管理，从而提升企业的管理能力。

二、绩效考核的特点

绩效考核主要具备以下特点：

（1）绩效考核是企业管理者与员工沟通交流的重要手段，是进行员工薪酬调整的重要依据。

（2）通过考核对员工绩效实施监管，可以提升员工的实际绩效水平，加强企业绩效管理。

（3）评定员工业绩具有激励作用，其评定结果可作为员工职位调动的依据。

（4）绩效考核工作可以展现企业战略目标的实现情况，考查分解目标的完成情况。

（5）能判定组织、部门、员工的工作活动与工作结果是否与组织的发展要求一致。

（6）绩效考核的目的明确，严格按照一定的目的开展考核工作。

三、绩效考核的目的

绩效考核作为人力资源管理的重要环节，是企业人力资源开发与配置工作中的一项基础性工作。通过绩效考核了解员工、各部门以及整个企业的实际绩效水平，可以明确企业各项目标的完成情况，不断改进员工的工作绩效，从而提升企业的整体绩效水平，推动企业战略目标与经营目标的实现。

绩效考核的具体目的包括：

（1）为员工调动、离职提供依据。

（2）了解员工、部门的实际绩效水平。

（3）评定员工与部门所作的贡献。

（4）为员工薪酬管理提供有效依据。

（5）考查招聘工作与任务分配是否合理。

（6）了解企业是否有必要开展培训活动。

（7）考查员工培训效果及职业规划效果。

（8）为企业人员、费用等规划提供信息。

需要强调的是，绩效考核本身并不是目的，而是企业进行管理的一种手段。通过对员工的绩效进行考评，可以了解员工日常工作中存在的不足，并积极寻求解决的方法，不断提高员工个人的工作绩效，进而促进企业战略发展目标的实现。

四、绩效考核的内容

1. 考核员工的个人素质

员工的个人素质会影响员工的绩效水平，因此在对员工进行绩效考核时应当注重对员工个人素质的考核。员工的个人素质大致可以分为身体素质、心理素质、思想道德素质、专业素质、文化素质、创新思维与学习能力、自我调节能力等。

2. 考核员工的工作结果

企业管理者对员工进行绩效考核，其主要的考核对象便是员工的工作结果。通过对员工工作结果的考核，了解员工的实际工作效率、工作态度，从而明确其实际的绩效水平。

在对员工的工作结果进行考核时，首先应制订合理而科学的绩效考核指标以衡量员工的工作结果。绩效考核指标的制订为企业的绩效考核工作提供了合理的依据，减少了绩效考核中的主观判断，在一定程度上保证了绩效考核的公正性与客观性，有利于企业对员工的管理，充分发挥激励作用。

对员工工作结果的评价可以通过目标管理来进行。这样可以了解员工在具体的工作阶段应实现的具体目标，再通过对员工的工作考核，了解员工在这一阶段的工作情况以及目标的完成情况，最终通过与既定目标的对比，了解员工实际的绩效水平。选择科学的考评方法也是保证考核结果的准确性与客观性的重要途径和考核员工目标实现程度的方法。

3. 考核员工是否符合岗位标准

对员工进行绩效考核时，需要了解员工工作岗位的具体要求，明确员工岗位标准，从而判断员工的工作行为是否符合其岗位标准。

考核员工是否符合岗位标准的主要内容包括：（1）员工具体工作的完成情况以及工作表现；（2）员工的工作效率情况。

对员工工作效率的考核，主要可以通过考核以下几点来完成：（1）考查员工能否及时发现问题、解决问题；（2）考查员工处理有关事务的效率；（3）考查员工对时间的控制效率。

第二节　员工的绩效考核管理常用表格

一、年度绩效考核表

年度绩效考核表是对员工全年的工作业绩、工作能力、工作态度以及个人品德等进行评价和统计的表格，并用以判断员工与岗位的要求是否相称。

使用Excel 2016制作“年度绩效考核表”，重点是掌握Excel基础表格绘制操作。

（1）创建、命名文件及设置行高。

①新建一个Excel工作表，并将其命名为“××公司年度绩效考核表”。

②打开空白工作表，用鼠标选中第2行单元格，然后在功能区选择【格式】，用左键点击后即会出现下拉菜单，继续点击【行高】，在弹出的【行高】对话框中，把行高设置为40，然后单击【确定】，如图5-1所示。

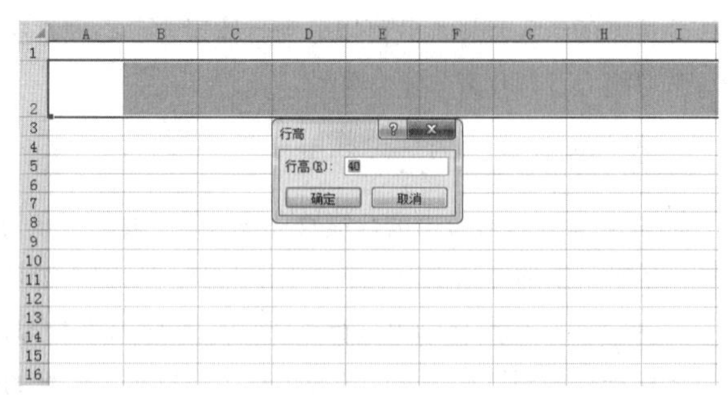

■ 图5-1

③用同样的方法，把第3行至第10行的行高设置为25，第11行的行高设置为100，第12行的行高设置为50，第13行至第30行的行高设置为25，第31行的行高设置为35，第32行至第50行的行高设置为25，部分设置效果如图5-2所示。

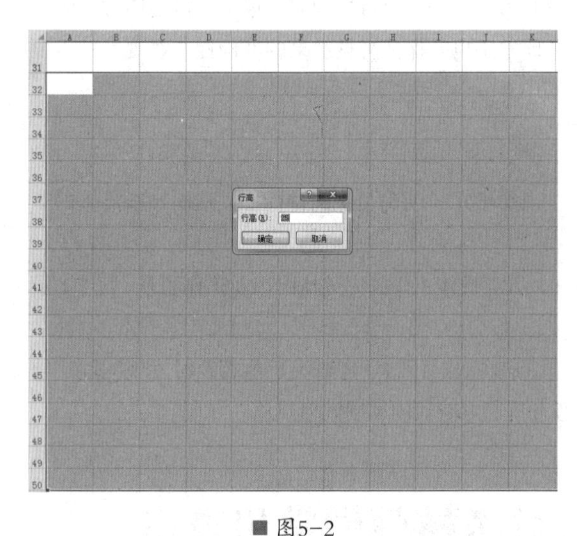

■ 图5-2

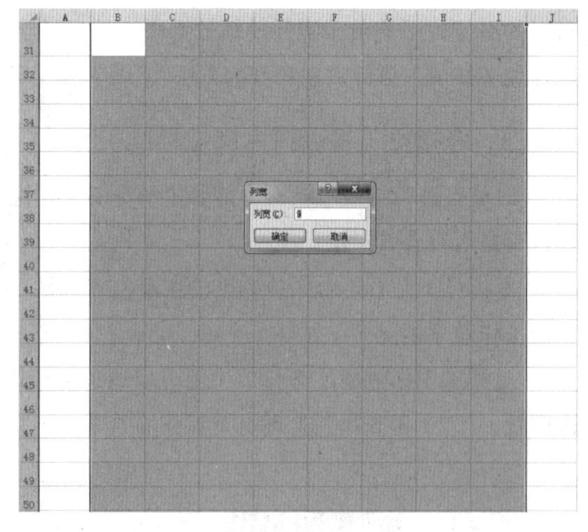

■ 图5-3

（2）设置列宽。

用鼠标选中B至I列单元格，然后在功能区选择【格式】，用左键点击后即会出现下拉菜单，然后点击【列宽】，在弹出的【列宽】对话框中，把列宽设置为9，然后单击【确定】，如图5-3所示。

（3）合并单元格。

①用鼠标选中B2:I2，然后在功能区选择【合并后居中】按钮，用鼠标左键点击按钮，效果如图5-4所示。

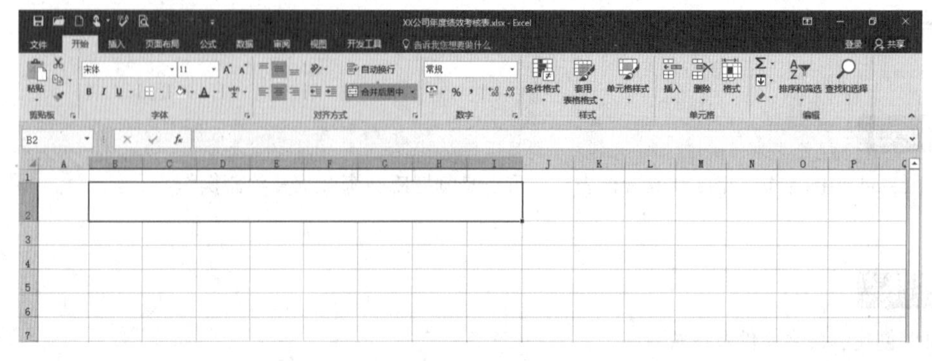

■ 图5-4

②用同样的方法，分别选中C3:E3、G3:I3、C4:E4、G4:I4、C5:E5、G5:I5、B6:I6、B7:I7、B8:E8、F8:I8、B9:I9、B10:I10、B11:C11、D11:E11、F11:G11、H11:I11、B12:I12、B13:I13、B14:I14、B15:I15、B16:D16、F16:G16、H16:I16、B17:D17、F17:G17、H17:I17、B18:D18、F18:G18、H18:I18、B19:D19、F16:G19、H19:I19、B20:D20、F20:G20、H20:I20、B21:D21、F21:G21、H21:I21、B22:D22、F22:G22、H22:I22、B23:D23、F23:G23、H23:I23、B24:D24、F24:G24、H24:I24、B25:C25、F25:G25、H25:I25、B26:C26、F26:G26、H26:I26、B27:C27、F27:G27、H27:I27、B28:C28、F28:G28、H28:I28、B29:I29、B30:I30、B31:I31、H32:I32、H33:I33、H34:I34、H35:I35、H36:I36、H37:I37、H38:I38、H39:I39、B33:B34、B35:B36、B37:B38、B40:I40、B41:I41、B42:C42、D42:E42、F42:G42、H42:I42、B43:C43、D43:E43、F43:G43、H43:I43、B44:C44、D44:E44、F44:G44、H44:I44、B45:C45、D45:E45、F45:G45、H45:I45、B46:C46、D46:E46、F46:G46、H46:I46、B47:I47、B48:C48、D48:E48、F48:G48、H48:I48、B49:C49、D49:E49、F49:G49、H49:I49、B50:C50、D50:E50、F50:G50、H50:I50，然后在功能区选择【合并后居中】按钮，用鼠标左键点击按钮，效果如图5-5、图5-6所示。

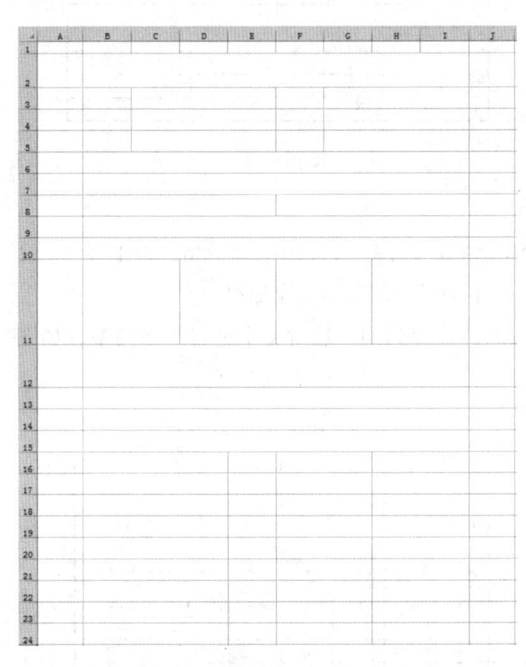

■ 图5-5

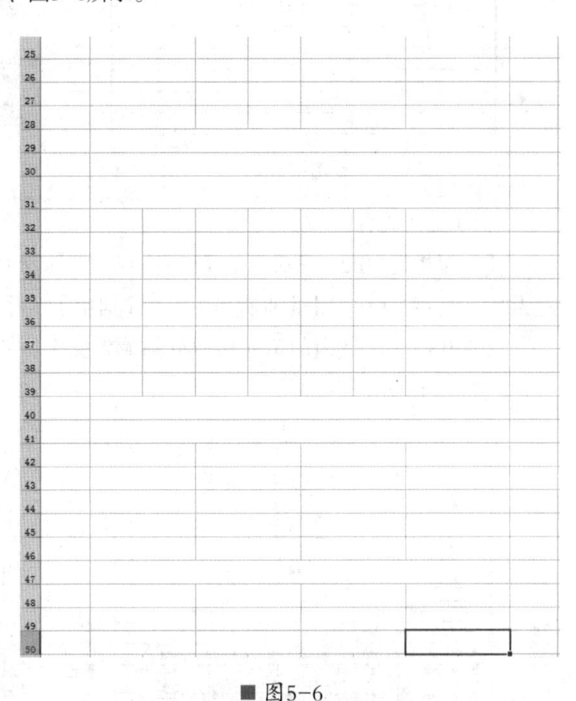

■ 图5-6

（4）设置边框线。

①用鼠标选中B3:I50，单击鼠标右键，在弹出的菜单中选择【设置单元格格式】；用鼠标点击后，就会出现【设置单元格格式】对话框；点击【边框】，选择细线，然后点击【内部】按钮；再选择粗线，然后点击【外边框】按钮，如图5-7所示。

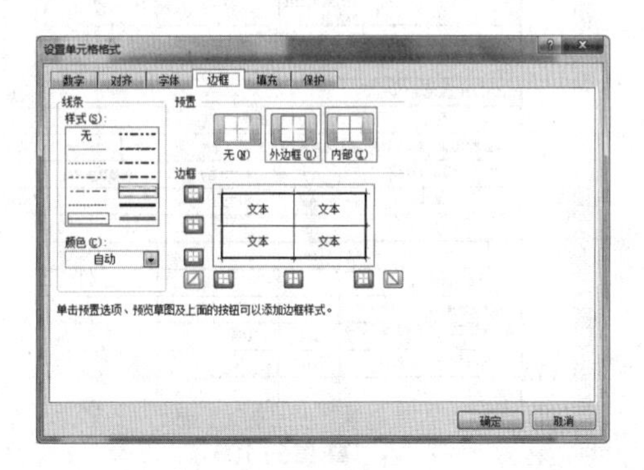

■ 图5-7

②点击【确定】后，最终的效果如图5-8、图5-9所示。

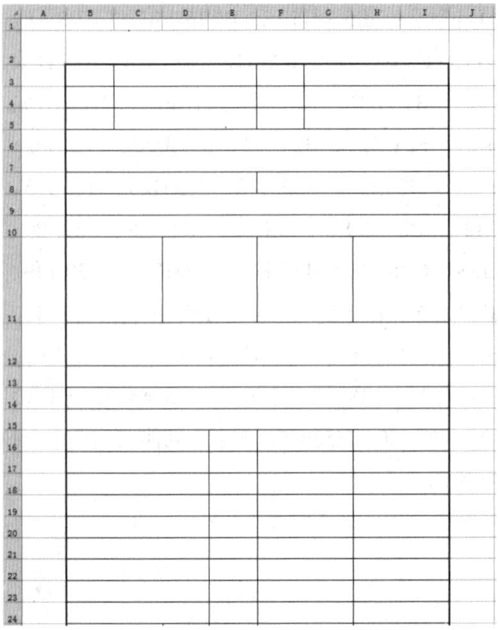

■ 图5-8

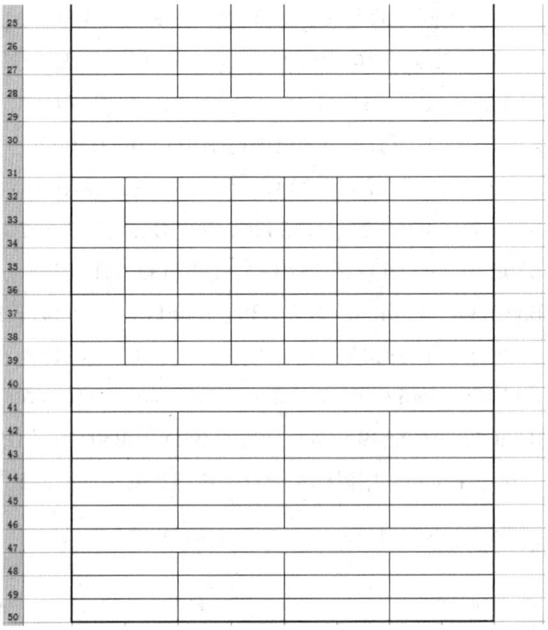

■ 图5-9

（5）输入内容。

①用鼠标选中B2，然后在单元格内输入“××公司年度绩效考核表”；选中该单元格，将【字号】设置为24；在功能区中点击【垂直居中】和【居中】，并用【Ctrl+B】快捷键将文字加粗。

②在B3:I50区域内的单元格中分别输入文字，并按照前面提到的方法对文字进行适当调整，如图5-10、图5-11所示。

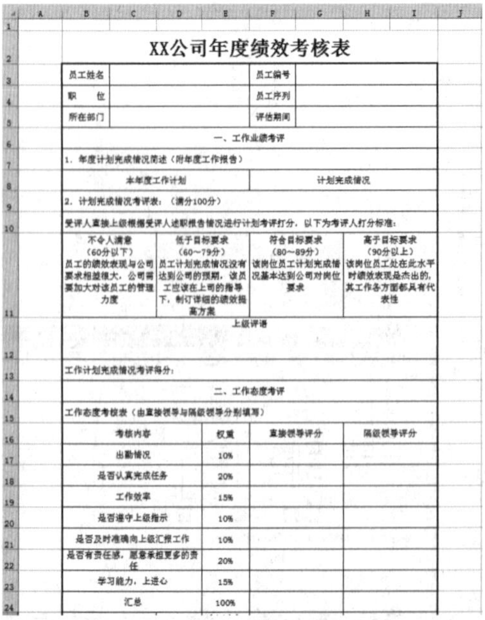

XX公司年度绩效考核表

员工姓名		员工编号	
职　　位		员工序列	
所在部门		评估期间	
一、工作业绩考评			
1．年度计划完成情况简述（附年度工作报告）			
本年度工作计划		计划完成情况	
2．计划完成情况考评表：（满分100分）			
受评人直接上级根据受评人述职报告情况进行计划考评打分，以下为考评人打分标准：			
不令人满意（60分以下）员工的绩效表现与公司要求相差很大，公司需要加大对该员工的管理力度	低于目标要求（60～79分）员工计划完成情况没有达到公司的预期，该员工应该在上司的指导下，制订详细的绩效提高方案	符合目标要求（80～89分）该岗位员工计划完成情况基本达到公司对岗位要求	高于目标要求（90分以上）该岗位员工处在此水平时绩效表现是杰出的，其工作各方面都具有代表性
上级评语			
工作计划完成情况考评得分：			
二、工作态度考评			
工作态度考核表（由直接领导与隔级领导分别填写）			
考核内容	权重	直接领导评分	隔级领导评分
出勤情况	10%		
是否认真完成任务	20%		
工作效率	15%		
是否遵守上级指示	10%		
是否及时准确向上级汇报工作	10%		
是否有责任感，愿意承担更多的责任	20%		
学习能力，上进心	15%		
汇总	100%		

■ 图5-10

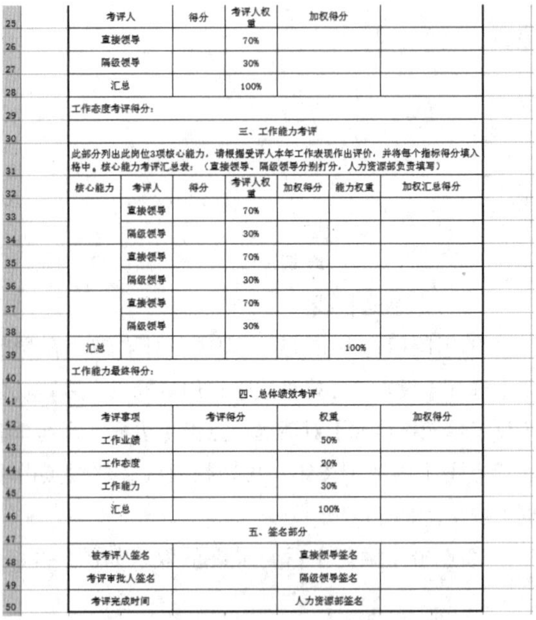

考评人	得分	考评人权重	加权得分	
直接领导		70%		
隔级领导		30%		
汇总		100%		
工作态度考评得分：				
三、工作能力考评				
此部分列出此岗位3项核心能力，请根据受评人本年工作表现作出评价，并将每个指标得分填入格中。核心能力考评汇总表：（直接领导、隔级领导分别打分，人力资源部负责填写）				

核心能力	考评人	得分	考评人权重	加权得分	能力权重	加权汇总得分
	直接领导		70%			
	隔级领导		30%			
	直接领导		70%			
	隔级领导		30%			
	直接领导		70%			
	隔级领导		30%			
汇总					100%	
工作能力最终得分：						

四、总体绩效考评			
考评事项	考评得分	权重	加权得分
工作业绩		50%	
工作态度		20%	
工作能力		30%	
汇总		100%	
五、签名部分			
被考评人签名		直接领导签名	
考评审批人签名		隔级领导签名	
考评完成时间		人力资源部签名	

■ 图5-11

二、季度绩效考核表

内容说明

季度绩效考核表是对员工季度的工作业绩、工作能力、工作态度以及个人品德等进行评价和统计的表格，并用以判断员工与岗位的要求是否相称。

学习任务

使用Excel 2016制作“季度绩效考核表”，重点是掌握Excel基础表格绘制操作。

具体步骤

（1）创建、命名文件及设置行高。

①新建一个Excel工作表，并将其命名为“××公司季度绩效考核表”。

②打开空白工作表，用鼠标选中第2行单元格，然后在功能区选择【格式】，用左键点击后即会出现下拉菜单，继续点击【行高】，在弹出的【行高】对话框中，把行高设置为40，然后单击【确定】，如图5-12所示。

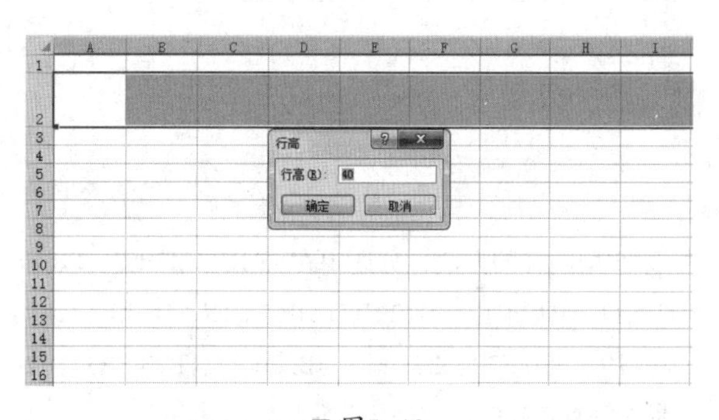

■ 图5-12

③用同样的方法，把第3行至第17行的行高设置为22、第18行的行高设置为100、第19行至第26行的行高设置为22，如图5-13所示。

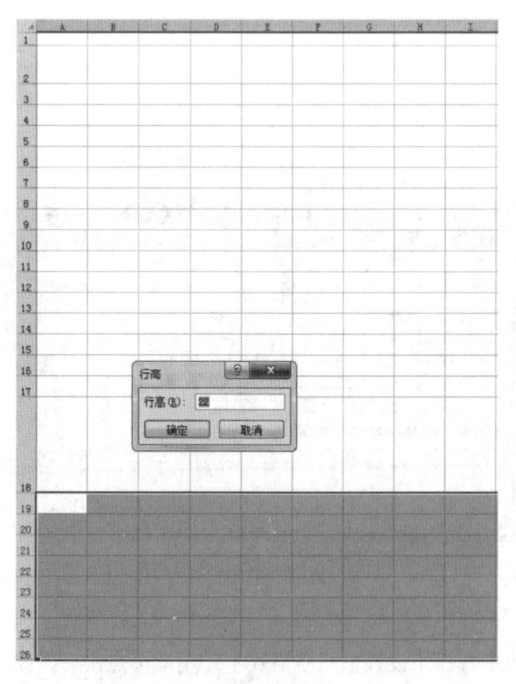

■ 图5-13

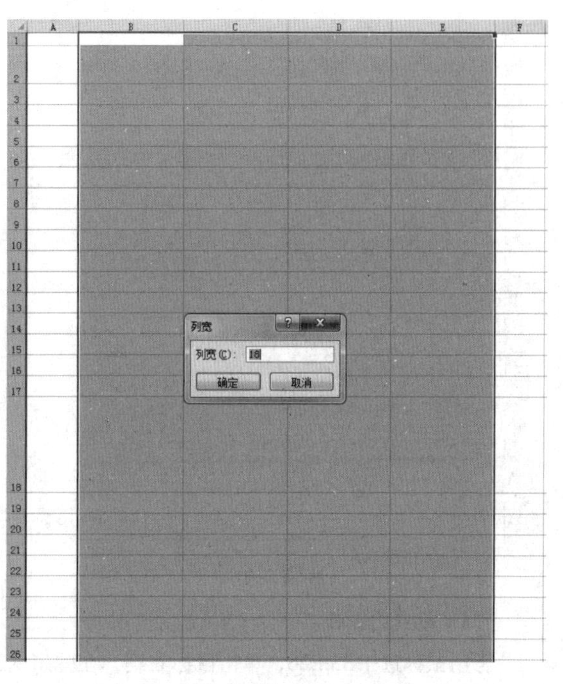

■ 图5-14

（2）设置列宽。

用鼠标选中B至E列单元格，然后在功能区选择【格式】，用左键点击后即会出现下拉菜单，然后点击【列宽】，在弹出的【列宽】对话框中，把列宽设置为18，然后单击【确定】，如图5-14所示。

（3）合并单元格。

①用鼠标选中B2:E2，然后在功能区选择【合并后居中】按钮，用鼠标左键点击按钮，效果如图5-15所示。

■ 图5-15

②用同样的方法，分选中在B3:E3、B7:E7、B8:E8、B9:C9、D9:E9、B10:C10、D10:E10、B11:C11、D11:E11、B12:C12、D12:E12、B13:C13、D13:E13、B14:C14、D14:E14、B15:E15、B16:E16、B17:E17、B19:E19、B20:E20、B21:E21、B22:E22、B23:E23、C26:E26，然后在功能区选择【合并后居中】按钮，用鼠标左键点击按钮，效果如图5-16所示。

■ 图5-16

■ 图5-17

（4）设置边框线。

①用鼠标选中B3:E26，单击鼠标右键，在弹出的菜单中选择【设置单元格格式】；用鼠标点击后，就

会出现【设置单元格格式】对话框；点击【边框】，选择细线，然后点击【内部】按钮；再选择粗线，然后点击【外边框】按钮，如图5–17所示。

②点击【确定】后，最终的效果如图5–18所示。

（5）输入内容。

①用鼠标选中B2，然后在单元格内输入“××公司季度绩效考核表”；选中该单元格，将【字号】设置为24；在功能区中点击【垂直居中】和【居中】，并用【Ctrl+B】快捷键将文字加粗。

②在B3:E26区域内的单元格中分别输入文字，并按照前面提到的方法对文字进行适当调整，效果如图5–19所示。

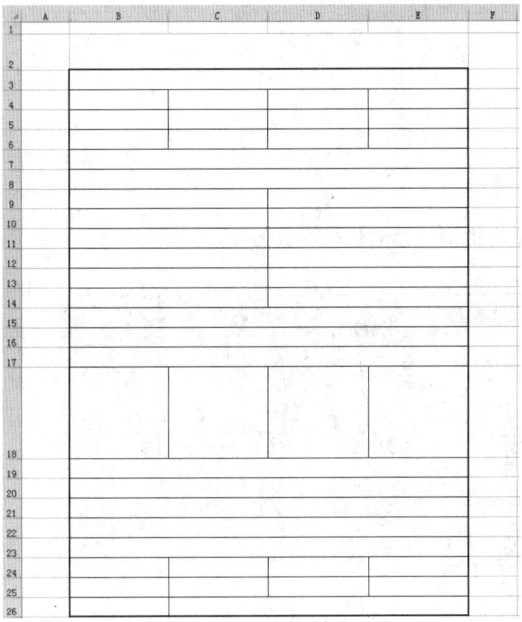

■ 图5–18

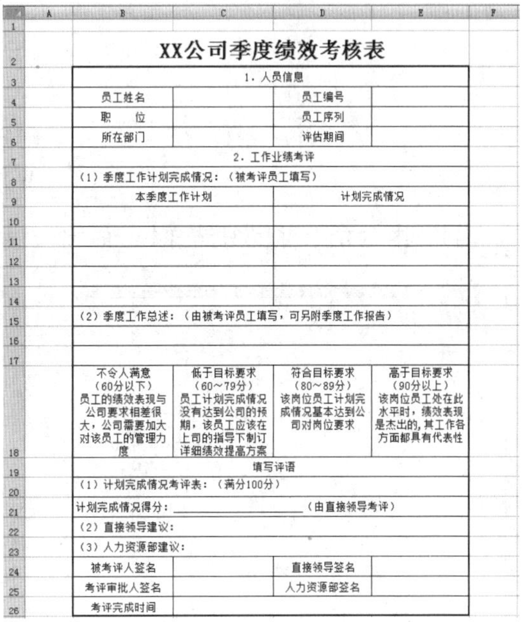

XX公司季度绩效考核表

1．人员信息			
员工姓名		员工编号	
职　　位		员工序列	
所在部门		评估期间	
2．工作业绩考评			
（1）季度工作计划完成情况：（被考评员工填写）			
本季度工作计划		计划完成情况	
（2）季度工作总述：（由被考评员工填写，可另附季度工作报告）			
不令人满意（60分以下）员工的绩效表现与公司要求相差很大，公司需要加大对该员工的管理力度	低于目标要求（60～79分）员工计划完成情况没有达到公司的预期，该员工应该在上司的指导下制订详细绩效提高方案	符合目标要求（80～89分）该岗位员工计划完成情况基本达到公司对岗位要求	高于目标要求（90分以上）该岗位员工处在此水平时，绩效表现是杰出的，其工作各方面都具有代表性
填写评语			
（1）计划完成情况考评表：（满分100分）			
计划完成情况得分：________________（由直接领导考评）			
（2）直接领导建议：			
（3）人力资源部建议：			
被考评人签名		直接领导签名	
考评审批人签名		人力资源部签名	
考评完成时间			

■ 图5–19

三、业绩合同书

内容说明

业绩合同书是各个岗位人员与上级就应实现的工作业绩所订立的正式书面协议。

学习任务

使用Excel 2016制作“业绩合同书”，重点是掌握Excel基础表格绘制操作。

具体步骤

（1）创建、命名文件及设置行高。

①新建一个Excel工作表，并将其命名为“××公司业绩合同书”。

②打开空白工作表，用鼠标选中第2行单元格，然后在功能区选择【格式】，用左键点击后即会出现下拉菜单，继续点击【行高】，在弹出的【行高】对话框中，把行高设置为40，然后单击【确定】，如图5-20所示。

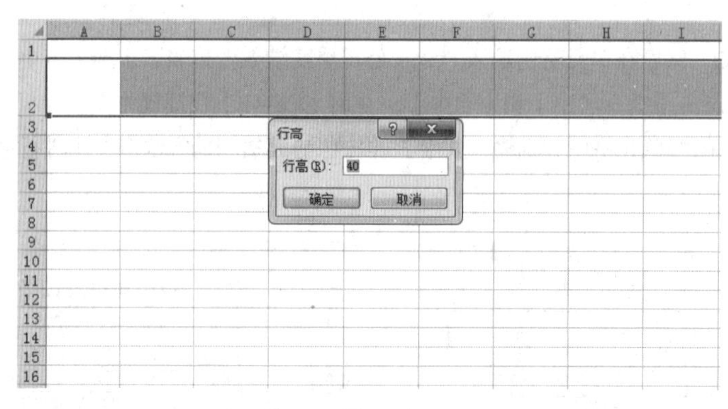

■ 图5-20

③用同样的方法，把第3行至第19行的行高设置为30，把第20行的行高设置为60，如图5-21所示。

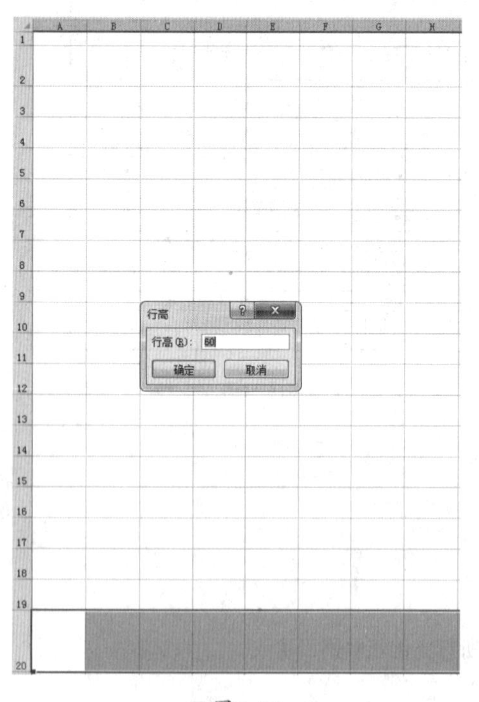

■ 图5-21

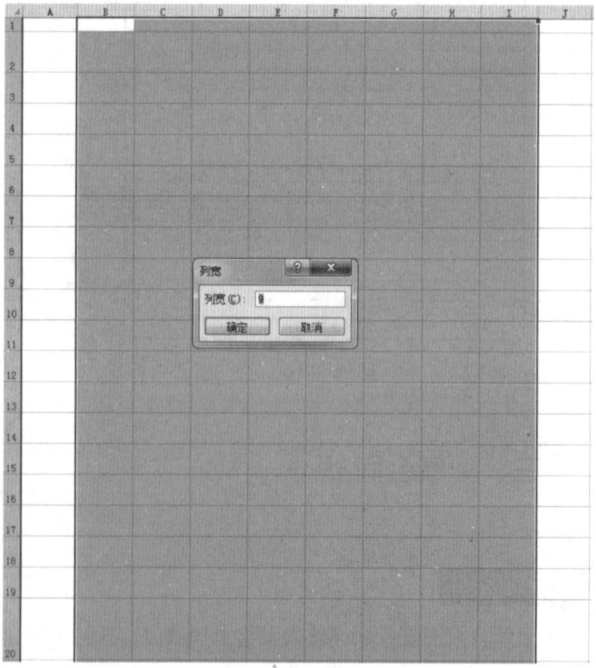

■ 图5-22

（2）设置列宽。

用鼠标选中B至I列单元格，然后在功能区选择【格式】，用左键点击后即会出现下拉菜单，然后点击【列宽】，在弹出的【列宽】对话框中，把列宽设置为9，然后单击【确定】，如图5-22所示。

（3）合并单元格。

①用鼠标选中B2:I2，然后在功能区选择【合并后居中】按钮，用鼠标左键点击按钮，效果如图5-23所示。

■ 图5-23

②用同样的方法，分别选中C3:D3、F3:G3、C4:D4、F4:G4、C5:D5、F5:G5、B6:C6、B7:B16、C7:C8、C9:C10、C11:C12、C13:C14、C15:C16、B17:C19、D17:I17、D18:I18、D19:I19、B20:C20、D20:F20、G20:I20，然后在功能区选择【合并后居中】按钮，用鼠标左键点击按钮，效果如图5-24所示。

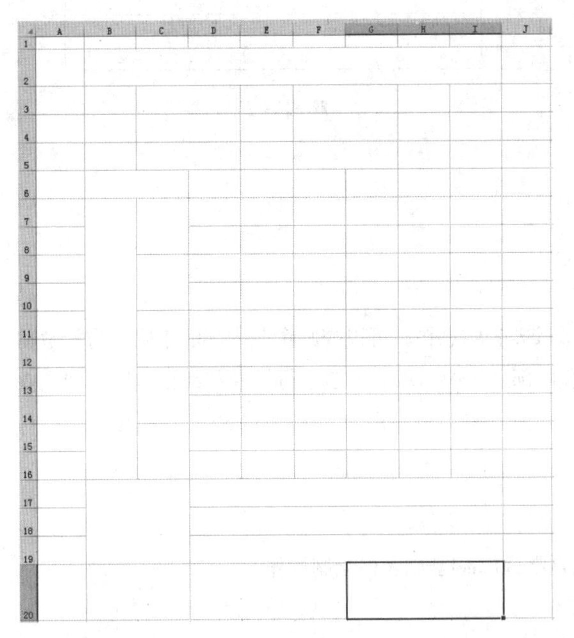

■ 图5-24

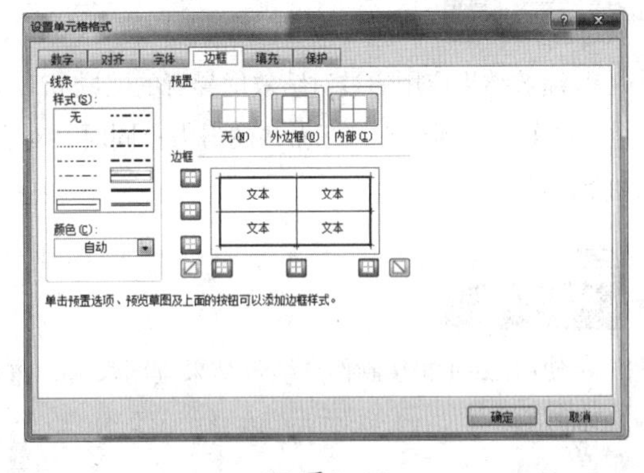

■ 图5-25

（4）设置边框线。

①用鼠标选中B3:I20，单击鼠标右键，在弹出的菜单中选择【设置单元格格式】；用鼠标点击后，就会出现【设置单元格格式】对话框；点击【边框】，选择细线，然后点击【内部】按钮；再选择粗线，然后点击【外边框】按钮，如图5-25所示。

②点击【确定】后，最终的效果如图5-26所示。

（5）输入内容。

①用鼠标选中B2，然后在单元格内输入"××公司业绩合同书"；选中该单元格，将【字号】设置为24；在功能区中点击【垂直居中】和【居中】，并用【Ctrl+B】快捷键将文字加粗。

②在B3:I20区域内的单元格中分别输入文字，并按照前面提到的方法对文字进行适当调整，效果如图5-27所示。

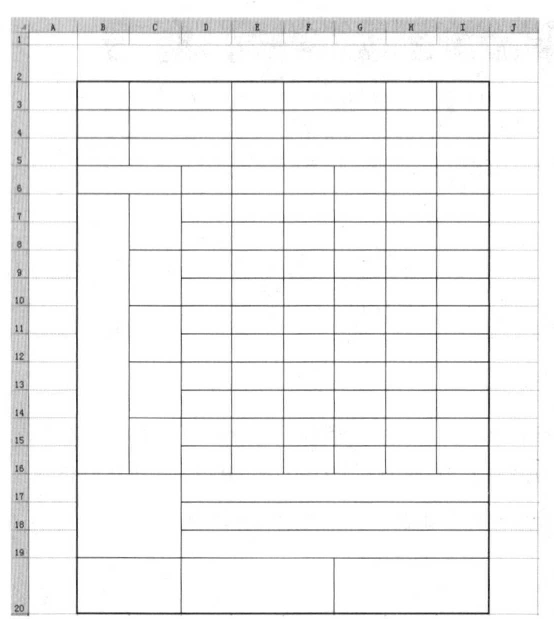

■ 图5-26

XX公司业绩合同书							
受约人			发约人			合同有效期	
职位			职位			签署日期	
部门			部门			合同编号	
指标类型		关键业绩指标	指标计算公式	单位	权重	基本目标	挑战目标
关键业绩指标	财务类						
	经营类						
	管理类						
	发展类						
	扣分类						
重大任务目标							
受约人签名：		发约人1签名： （上级领导）			发约人2签名： （人力资源部）		

■ 图5-27

四、绩效结果应用表

内容说明

绩效结果应用通过对绩效优异者的奖励和对绩效较差者的惩罚，可以鼓励企业内部的正确行为、激励企业员工为达到企业目标而共同努力；同时，对企业内部运作中出现的问题进行指导和纠正，以达到企业的整体进步。

学习任务

使用Excel 2016制作“绩效结果应用表”，重点是掌握Excel基础表格绘制操作。

具体步骤

（1）创建、命名文件及设置行高。

①新建一个Excel工作表，并将其命名为“××公司绩效结果应用表”。

②打开空白工作表，用鼠标选中第2行单元格，然后在功能区选择【格式】，用左键点击后即会出现下拉菜单，继续点击【行高】，在弹出的【行高】对话框中，把行高设置为40，然后单击【确定】，如图5-28所示。

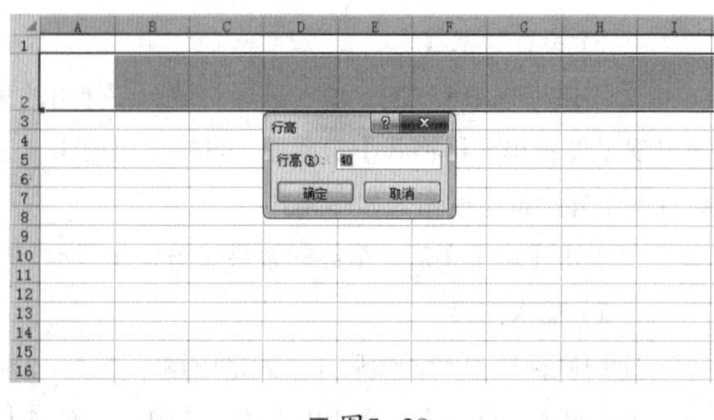

■ 图5-28

③用同样的方法，把第3行至第4行的行高设置为18、第5行的行高设置为50、第6行的行高设置为18、第7行的行高设置为50、第8行至第9行的行高设置为18、第10行的行高设置为50、第11行的行高设置为18、

第12行的行高设置为50、第13行的行高设置为18、第14行的行高设置为50、第15行至第16行的行高设置为18、第17行的行高设置为50、第18行的行高设置为18、第19行的行高设置为50、第20行的行高设置为18、第21行的行高设置为50、第22行至第24行的行高设置为18，效果如图5-29所示。

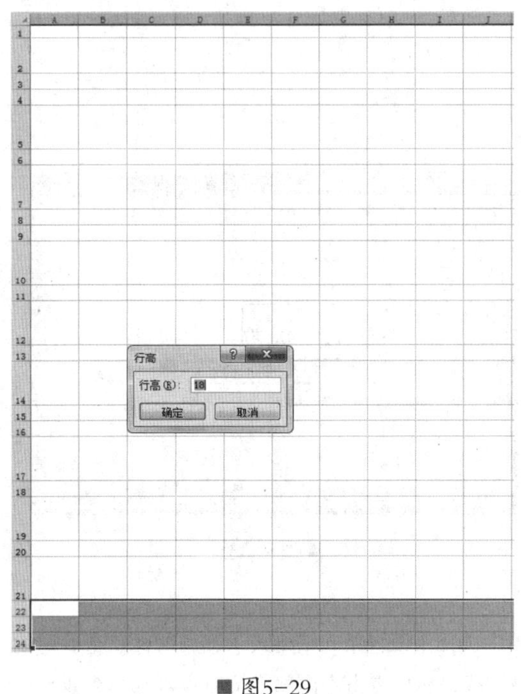

■ 图5-29

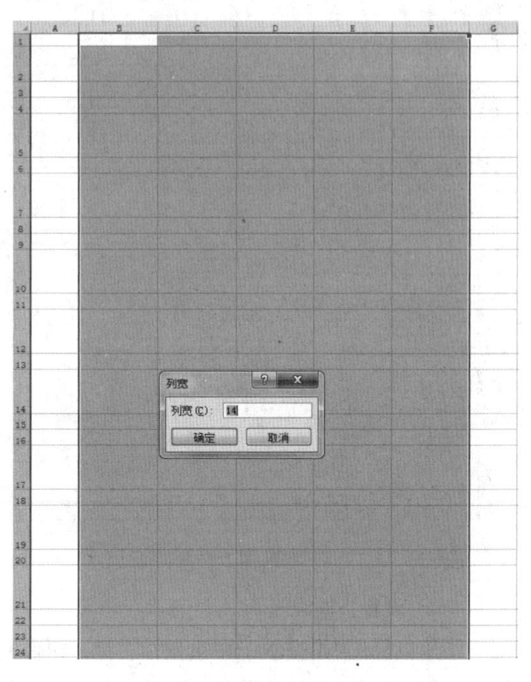

■ 图5-30

（2）设置列宽。

用鼠标选中B至F列单元格，然后在功能区选择【格式】，用左键点击后即会出现下拉菜单，然后点击【列宽】，在弹出的【列宽】对话框中，把列宽设置为14，然后单击【确定】，效果如图5-30所示。

（3）合并单元格。

①用鼠标选中B2:F2，然后在功能区选择【合并后居中】按钮，用鼠标左键点击按钮，效果如图5-31所示。

■ 图5-31

②用同样的方法，分别选中B3:F3、B6:F6、B7:F7、B8:F8、B9:C9、D9:F9、B10:C10、D10:F10、B11:C11、D11:F11、B12:C12、D12:F12、B13:C13、D13:F13、B14:C14、D14:F14、B15:F15、B16:C16、D16:F16、B17:C17、D17:F17、B18:C18、D18:F18、B19:C19、D19:F19、B20:F20、B21:F21、C22:F22、C23:F23、C24:F24，然后在功能区选择【合并后居中】按钮，用鼠标左键点击按钮，效果如图5-32所示。

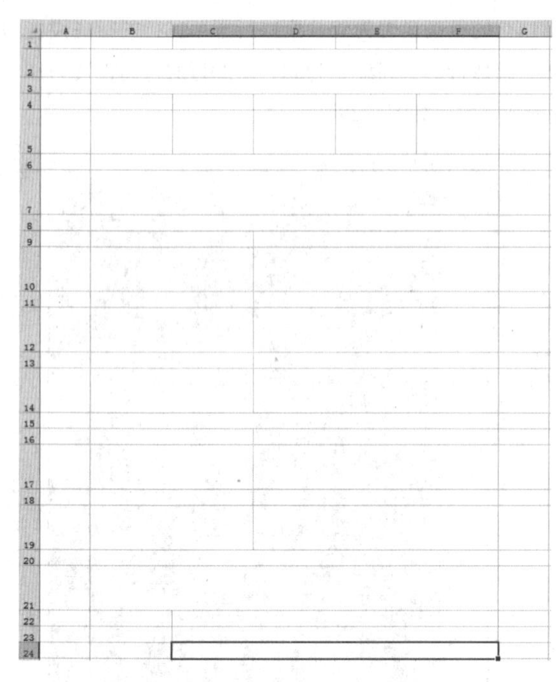

■ 图5-32

设置单元格格式
数字
对齐
字体
边框
填充
保护
线条
样式(S):
无
预置
无(N)
外边框(O)
内部(I)
边框
颜色(C):
自动
文本
单击预置选项、预览草图及上面的按钮可以添加边框样式。
确定
取消

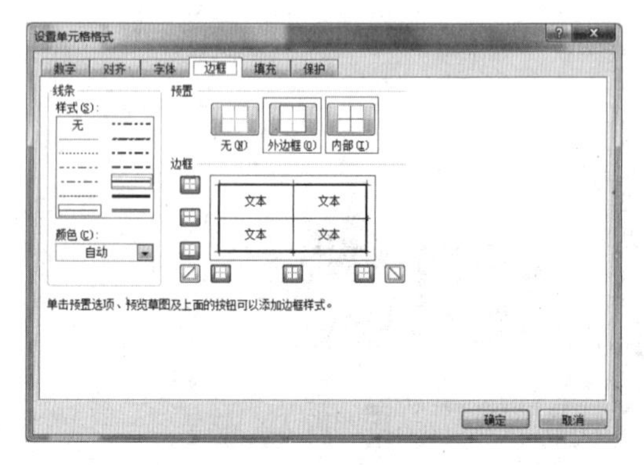

■ 图5-33

（4）设置边框线。

①用鼠标选中B3:F24，单击鼠标右键，在弹出的菜单中选择【设置单元格格式】；用鼠标点击后，就会出现【设置单元格格式】对话框；点击【边框】，选择细线，然后点击【内部】按钮；再选择粗线，然后点击【外边框】按钮，效果如图5-33所示。

②点击【确定】后，最终的效果如图5-34所示。

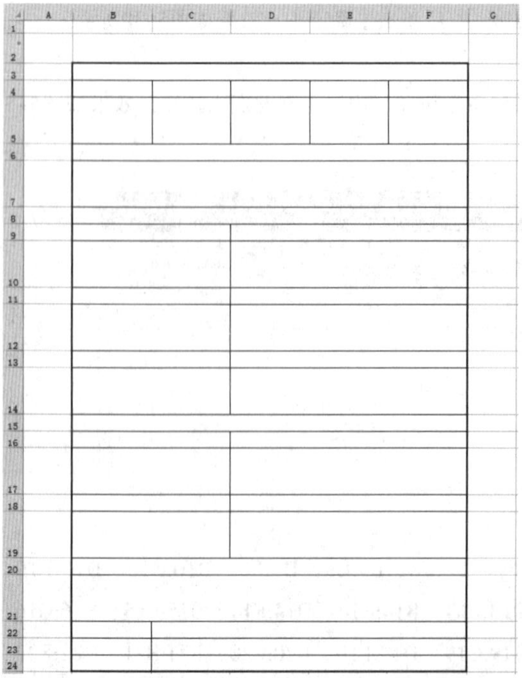

■ 图5-34

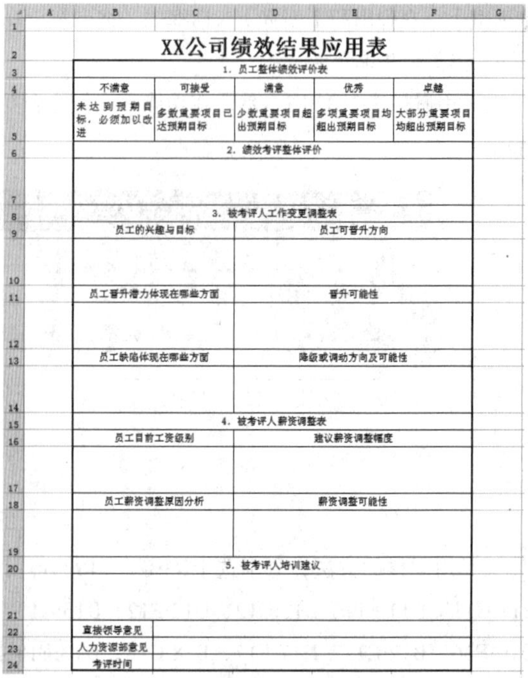

XX公司绩效结果应用表
1. 员工整体绩效评价表
不满意
可接受
满意
优秀
卓越
未达到预期目标，必须加以改进
多数重要项目已达预期目标
少数重要项目超出预期目标
多项重要项目均超出预期目标
大部分重要项目均超出预期目标
2. 绩效考评整体评价
3. 被考评人工作变更调整表
员工的兴趣与目标
员工可晋升方向
员工晋升潜力体现在哪些方面
晋升可能性
员工缺陷体现在哪些方面
降级或调动方向及可能性
4. 被考评人薪资调整表
员工目前工资级别
建议薪资调整幅度
员工薪资调整原因分析
薪资调整可能性
5. 被考评人培训建议
直接领导意见
人力资源部意见
考评时间

■ 图5-35

（5）输入内容。

①用鼠标选中B2，然后在单元格内输入“××公司绩效结果应用表”；选中该单元格，将【字号】设置为24；在功能区中点击【垂直居中】和【居中】，并用【Ctrl+B】快捷键将文字加粗。

②在B3:F24区域内的单元格中分别输入文字，并按照前面提到的方法对文字进行适当调整，效果如图5-35所示。

五、绩效考核申诉表

在季度或者年度绩效考核过程中，员工如果认为自己受到不公平对待或者对考核结果感到不满意，有权在考核期间或得知考核结果后的一定期限内直接向人力资源部申诉，逾期则视为认可考核结果，不予受理。

使用Excel 2016制作“绩效考核申诉表”，重点是掌握Excel基础表格绘制操作。

（1）创建、命名文件及设置行高。

①新建一个Excel工作表，并将其命名为“××公司绩效考核申诉表”。

②打开空白工作表，用鼠标选中第2行单元格，然后在功能区选择【格式】，用左键点击后即会出现下拉菜单，继续点击【行高】，在弹出的【行高】对话框中，把行高设置为40，然后单击【确定】，如图5-36所示。

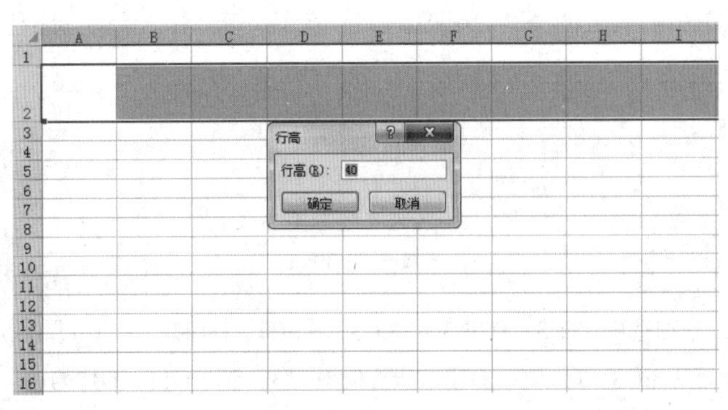

■ 图5-36

③用同样的方法，把第3行至第24行的行高设置为25，如图5-37所示。

（2）设置列宽。

用鼠标选中B至G列单元格，然后在功能区选择【格式】，用左键点击后即会出现下拉菜单，然后点击【列宽】，在弹出的【列宽】对话框中，把列宽设置为12，然后单击【确定】，如图5-38所示。

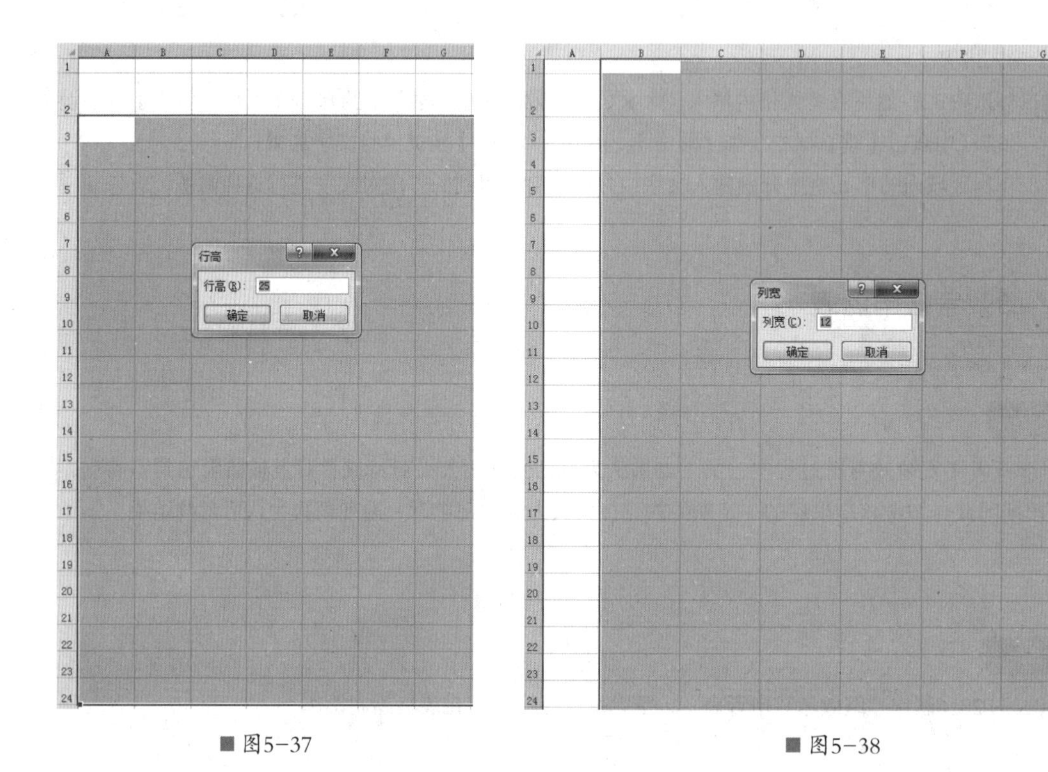

■ 图5-37　　■ 图5-38

（3）合并单元格。

①用鼠标选中B2:G2，然后在功能区选择【合并后居中】按钮，用鼠标左键点击按钮，效果如图5-39所示。

■ 图5-39

②用同样的方法，分别选中B3:C3、D3:E3、F3:G3、B4:C4、D4:E4、F4:G4、B5:B14、C5:C7、D5:G5、D6:G6、D7:G7、C8:C10、D8:G8、D9:G9、D10:G10、C11:C13、D11:G11、D12:G12、D13:G13、D14:E14、B15:B24、C15:C19、D15:G15、D16:G16、D17:G17、D18:G18、C20:C24、D20:G20、D21:G21、D22:G22、D23:G23，然后在功能区选择【合并后居中】按钮，用鼠标左键点击按钮，效果如图5-40所示。

（4）设置边框线。

①用鼠标选中B3:G24，单击鼠标右键，在弹出的菜单中选择【设置单元格格式】；用鼠标点击后，就会出现【设置单元格格式】对话框；点击【边框】，选择细线，然后点击【内部】按钮；再选择粗线，然后点击【外边框】按钮，如图5-41所示。

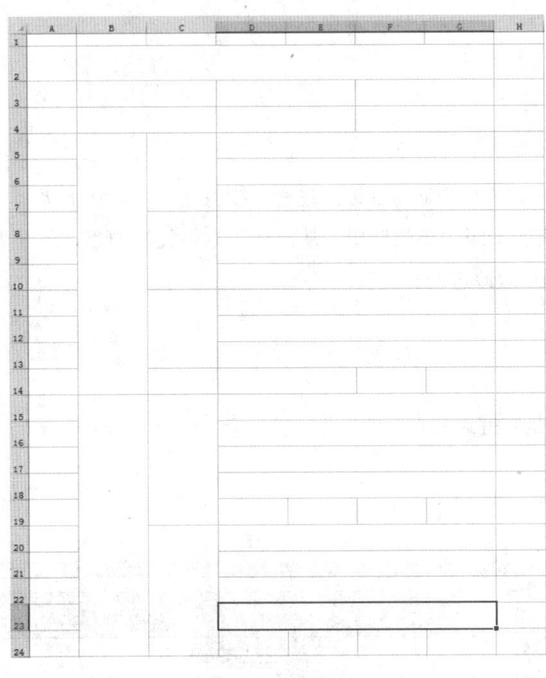

■ 图5-40

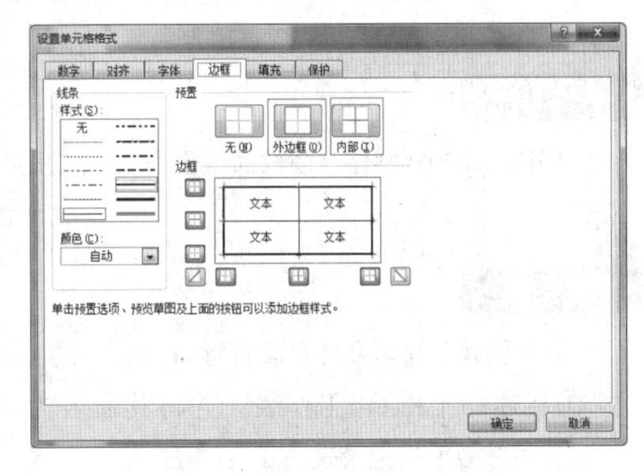

■ 图5-41

②点击【确定】后，最终的效果如图5-42所示。

（5）输入内容。

①用鼠标选中B2，然后在单元格内输入“××公司绩效考核申诉表”；选中该单元格，将【字号】设置为24；在功能区中点击【垂直居中】和【居中】，并用【Ctrl+B】快捷键将文字加粗。

②在B3:G24区域内的单元格中分别输入文字，并按照前面提到的方法对文字进行适当调整，效果如图5-43所示。

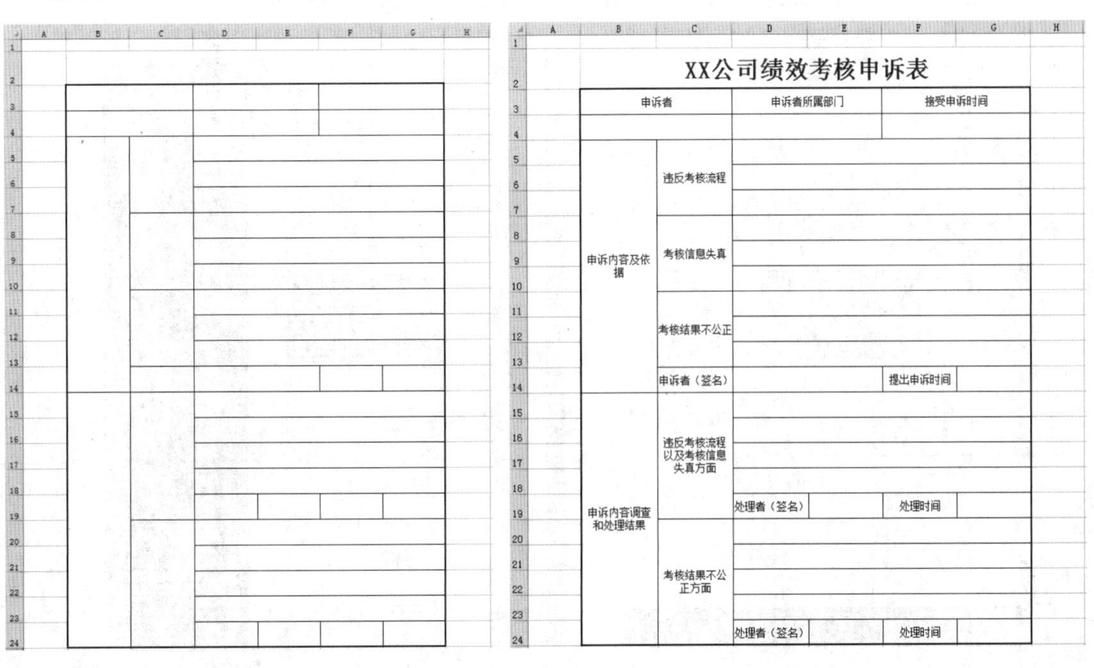

■ 图5-42　　■ 图5-43

六、绩效面谈记录表

内容说明

绩效面谈是指上下级之间就某个阶段员工绩效问题进行沟通与反馈的过程。绩效面谈既能让上级领导了解下级员工对绩效实施的想法，又能向下级员工表明上级领导的期望，从而让双方将关注的焦点放在需要重点改善的地方，共同制订后续改善计划，以达到绩效改进的目的。

学习任务

使用Excel 2016制作“绩效面谈记录表”，重点是掌握绘制直线的操作。

具体步骤

（1）创建、命名文件及设置行高。

①新建一个Excel工作表，并将其命名为“××公司绩效面谈记录表”。

②打开空白工作表，用鼠标选中第2行单元格，然后在功能区选择【格式】，用左键点击后即会出现下拉菜单，继续点击【行高】，在弹出的【行高】对话框中，把行高设置为40，然后单击【确定】，如图5-44所示。

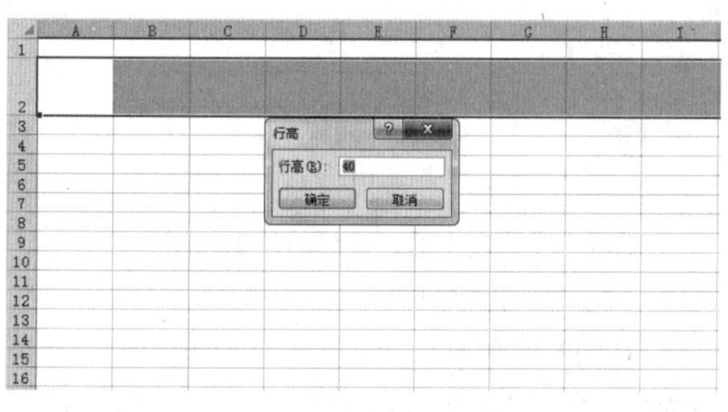

■ 图5-44

③用同样的方法，把第3行至第5行的行高设置为25、第6行至第9行的行高设置为120、第10行的行高设置为40，如图5-45所示。

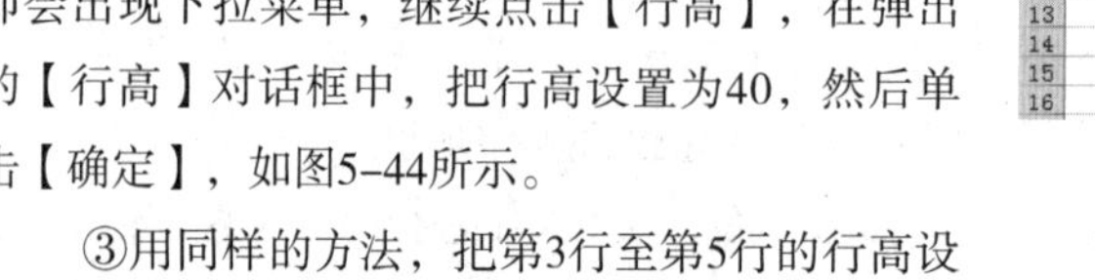

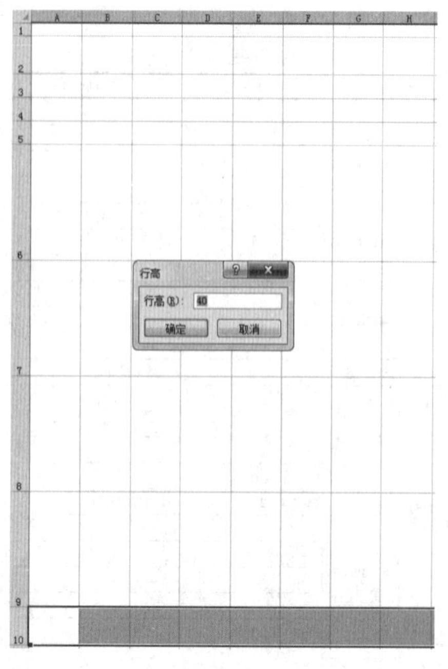

■ 图5-45

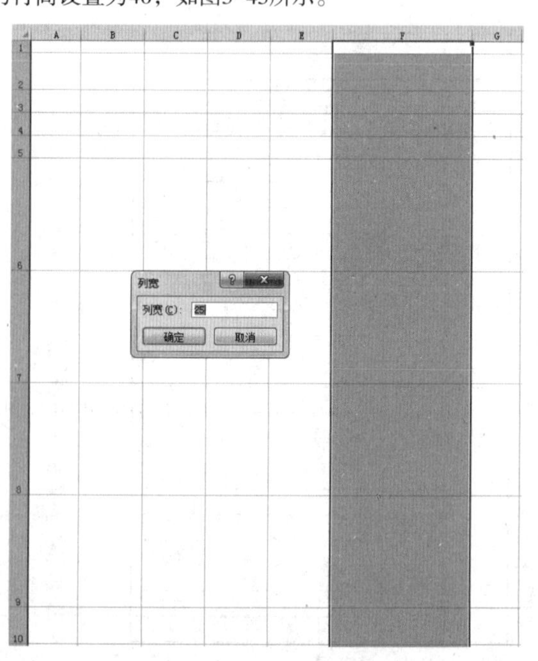

■ 图5-46

（2）设置列宽。

①用鼠标选中B至E列单元格，然后在功能区选择【格式】，用左键点击后即会出现下拉菜单，然后点击【列宽】，在弹出的【列宽】对话框中，把列宽设置为11，然后单击【确定】。

②用同样的方法，把F列单元格的列宽设置为25，如图5-46所示。

（3）合并单元格。

①用鼠标选中B2:F2，然后在功能区选择【合并后居中】按钮，用鼠标左键点击按钮，效果如图5-47所示。

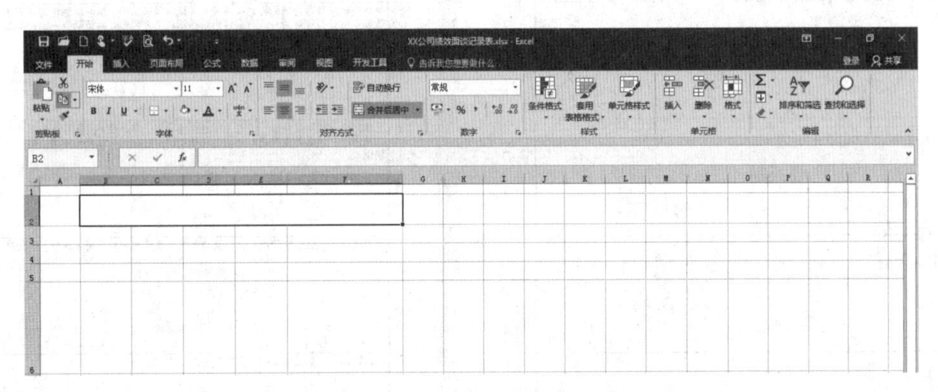

■ 图5-47

②用同样的方法，分别选中F4:F5、B6:F6、B7:F7、B8:F8、B9:F9、B10:F10，然后在功能区选择【合并后居中】按钮，用鼠标左键点击按钮，效果如图5-48所示。

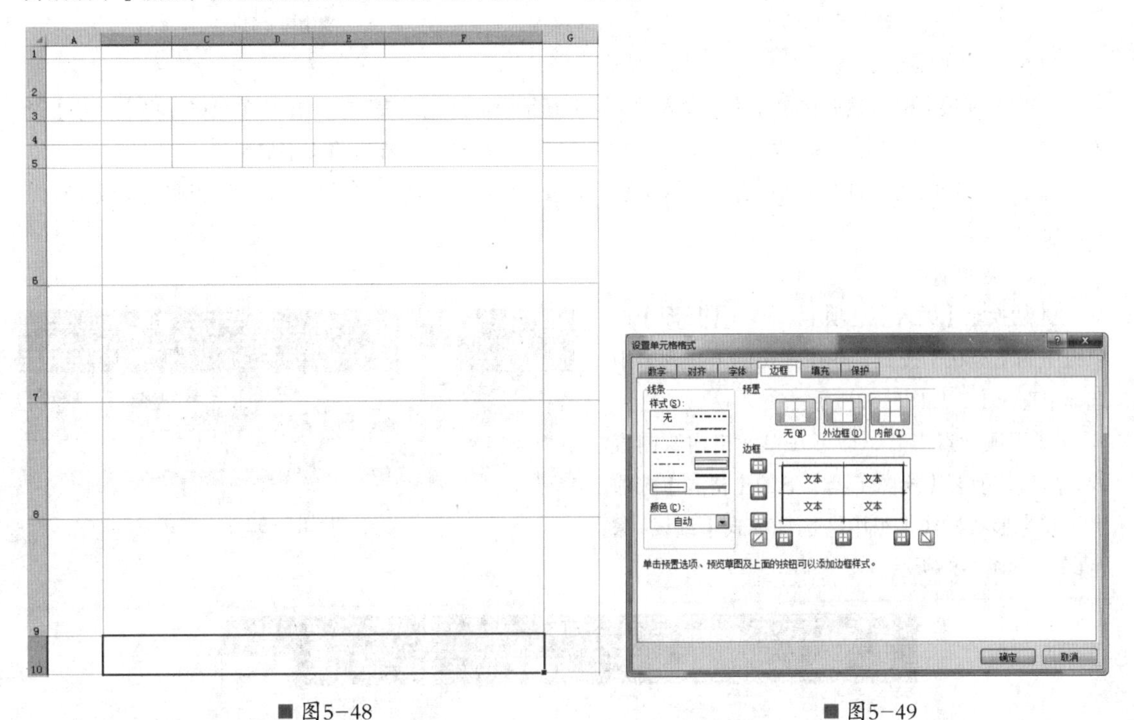

■ 图5-48　　■ 图5-49

（4）设置边框线。

①用鼠标选中B3:F10，单击鼠标右键，在弹出的菜单中选择【设置单元格格式】；用鼠标点击后，就

会出现【设置单元格格式】对话框；点击【边框】，选择细线，然后点击【内部】按钮；再选择粗线，然后点击【外边框】按钮，如图5-49所示。

②点击【确定】后，最终的效果如图5-50所示。

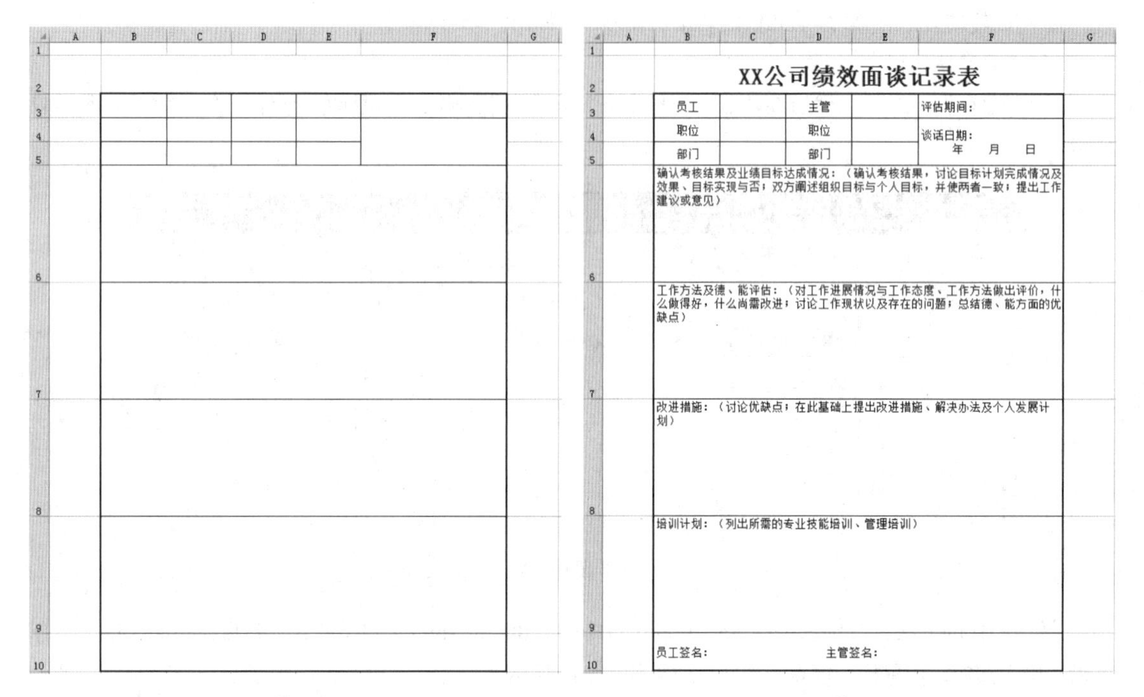

■ 图5-50　　■ 图5-51

（5）输入内容。

①用鼠标选中B2，然后在单元格内输入“××公司绩效面谈记录表”；选中该单元格，将【字号】设置为24；在功能区中点击【垂直居中】和【居中】，并用【Ctrl+B】快捷键将文字加粗。

②在B3:F10区域内的单元格中分别输入文字，并按照前面提到的方法对文字进行适当调整，效果如图5-51所示。

（6）绘制直线。

①切换至【插入】选项卡，单击【插图】选项组中的【形状】按钮，并在弹出的下拉列表中选择【直线】，如图5-52所示。

②用鼠标点击后，即可在单元格内绘制直线；然后切换至【绘图工具】下的【格式】选项卡，在【形状样式】组中，选择样式【细线-深色1】，如图5-53所示。

■ 图5-52

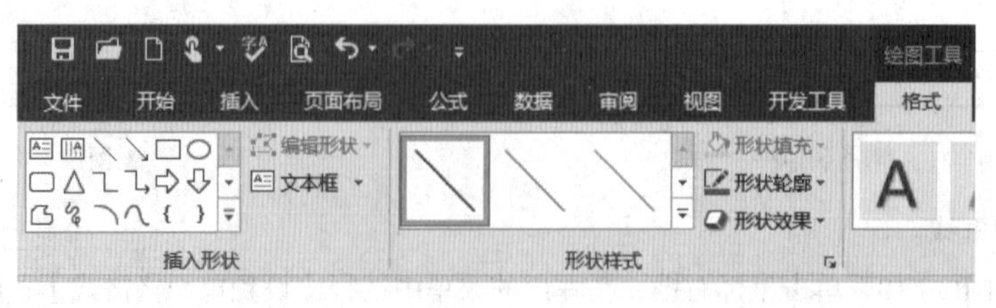

■ 图5-53

③使用同样的方法，继续绘制直线，效果如图5-54所示。

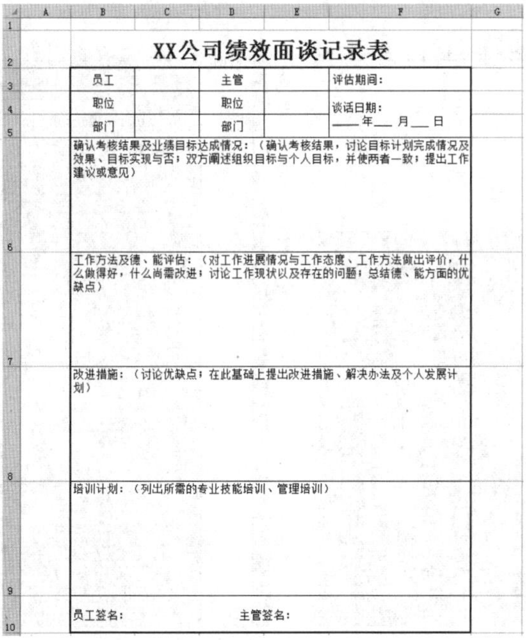

XX公司绩效面谈记录表				
员工		主管		评估期间：
职位		职位		谈话日期： ____年___月___日
部门		部门		
确认考核结果及业绩目标达成情况：（确认考核结果，讨论目标计划完成情况及效果、目标实现与否；双方阐述组织目标与个人目标，并使两者一致；提出工作建议或意见）				
工作方法及德、能评估：（对工作进展情况与工作态度、工作方法做出评价，什么做得好，什么尚需改进；讨论工作现状以及存在的问题；总结德、能方面的优缺点）				
改进措施：（讨论优缺点；在此基础上提出改进措施、解决办法及个人发展计划）				
培训计划：（列出所需的专业技能培训、管理培训）				
员工签名：		主管签名：		

■ 图5-54

七、提案申请表

内容说明

提案申请是指企业内部为改善现有生产情况、提高生产效率，以便达到降低成本、提高产品质量、增进公司经营实力、激励同仁士气的目的，向全体员工发起的管理改善活动。

学习任务

使用Excel 2016制作“提案申请表”，重点是掌握插入特殊符号“□”的操作。

具体步骤

（1）创建、命名文件及设置行高。

①新建一个Excel工作表，并将其命名为“××公司提案申请表”。

②打开空白工作表，用鼠标选中第2行单元格，然后在功能区选择【格式】，用左键点击后即会出现下拉菜单，继续点击【行高】，在弹出的【行高】对话框中，把行高设置为40，然后单击【确定】，效果如图5-55所示。

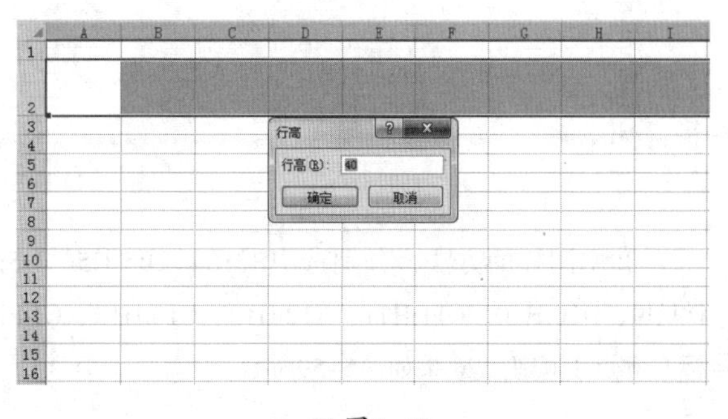

■ 图5-55

③用同样的方法，把第3行至第6行的行高设置为30，第7行至第14行的行高设置为50，如图5-56所示。

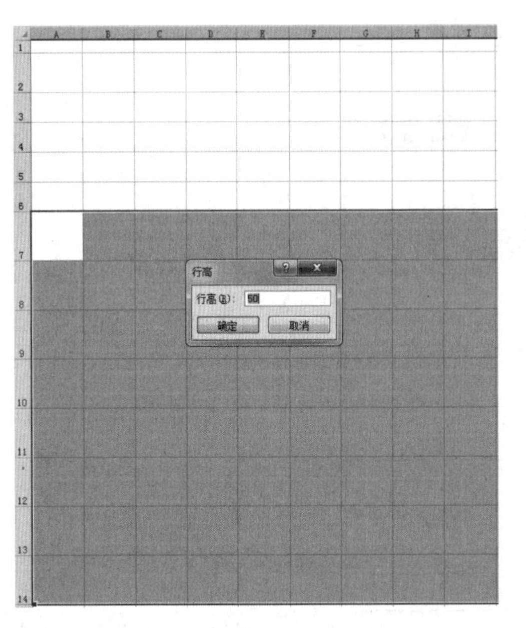

■ 图5-56

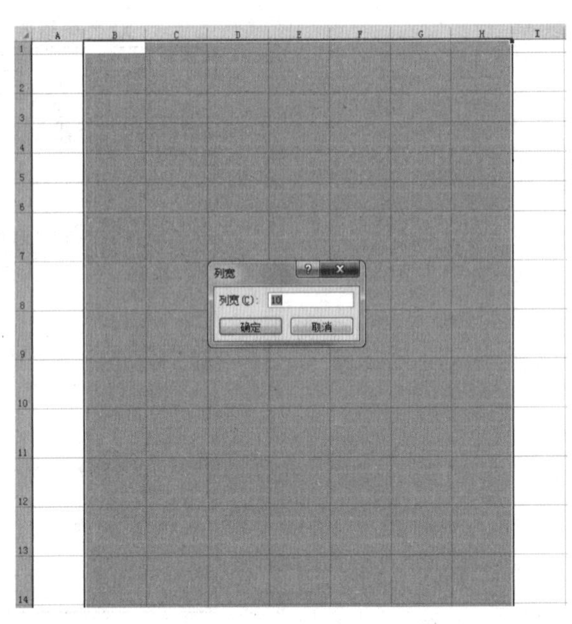

■ 图5-57

（2）设置列宽。

用鼠标选中B至H列单元格，然后在功能区选择【格式】，用左键点击后即会出现下拉菜单，然后点击【列宽】，在弹出的【列宽】对话框中，把列宽设置为10，然后单击【确定】，如图5-57所示。

（3）合并单元格。

①用鼠标选中B2:H2，然后在功能区选择【合并后居中】按钮，用鼠标左键点击按钮，如图5-58所示。

■ 图5-58

②用同样的方法，分别选中B3:B4、B5:C5、D5:H5、B6:C6、D6:H6、B7:B10、D7:H7、D8:H8、D9:H9、D10:H10、C11:H11、C12:H12、C13:H13、C14:H14，然后在功能区选择【合并后居中】按钮，用鼠标左键点击按钮，效果如图5-59所示。

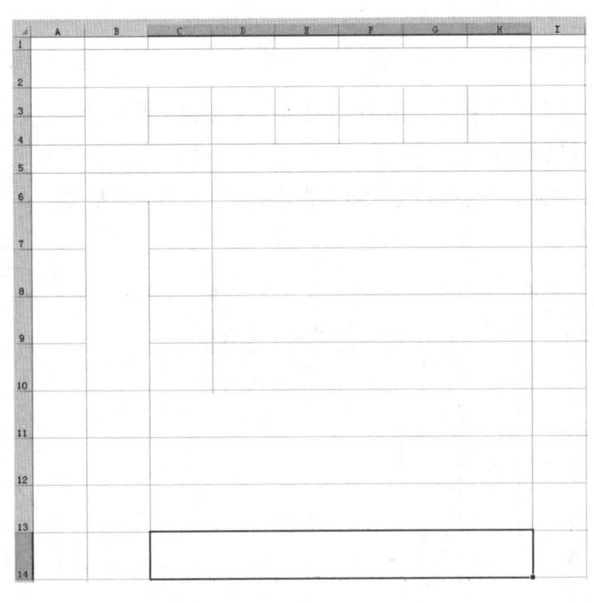

■ 图5-59

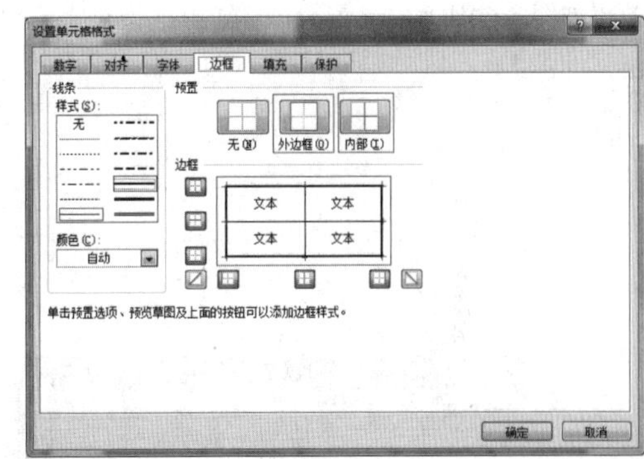

■ 图5-60

（4）设置边框线。

①用鼠标选中B3:H14，单击鼠标右键，在弹出的菜单中选择【设置单元格格式】；用鼠标点击后，就会出现【设置单元格格式】对话框；点击【边框】，选择细线，然后点击【内部】按钮；再选择粗线，然后点击【外边框】按钮，如图5-60所示。

②点击【确定】后，最终的效果如图5-61所示。

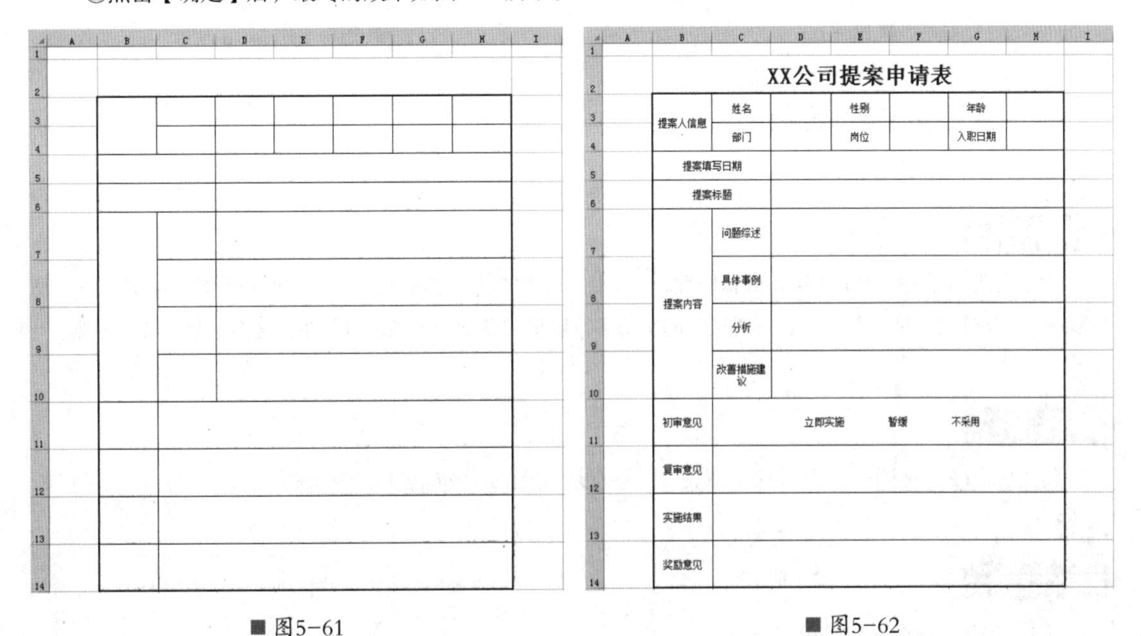

■ 图5-61　　■ 图5-62

（5）输入内容。

①用鼠标选中B2，然后在单元格内输入"××公司提案申请表"；选中该单元格，将【字号】设置为24；在功能区中点击【垂直居中】和【居中】，并用【Ctrl+B】快捷键将文字加粗。

②在B3:H14区域内的单元格中分别输入文字，并按照前面提到的方法对文字进行适当调整，效果如图

5-62所示。

（6）插入特殊符号“□”。

①选中C11单元格，切换至【插入】选项卡，在【符号】选项组中单击【符号】按钮，在弹出的【符号】对话框中，单击【子集】下拉按钮，然后找到【几何图形符】中的“□”，如图5-63所示。

②用鼠标点击【插入】后，即可在单元格内插入符号“□”；然后再点击【关闭】，将对话框关闭，效果如图5-64所示。

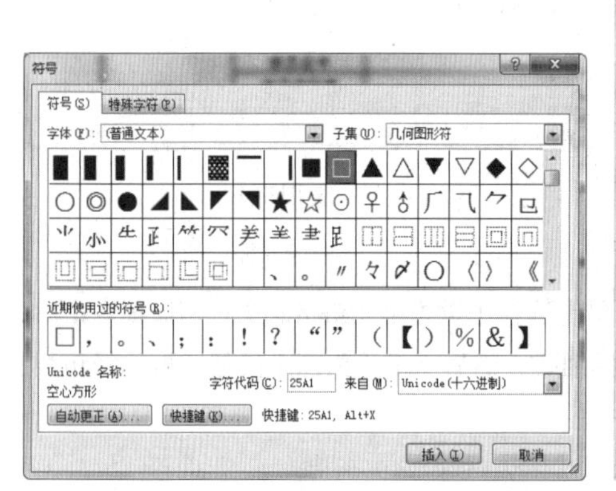

■ 图5-63

XX公司提案申请表						
提案人信息	姓名		性别		年龄	
	部门		岗位		入职日期	
提案填写日期						
提案标题						
提案内容	问题综述					
	具体事例					
	分析					
	改善措施建议					
初审意见	□ 立即实施　□ 暂缓　□不采用					
复审意见						
实施结果						
奖励意见						

■ 图5-64

八、奖惩建议申请表

内容说明

为了促进和保持公司员工工作的积极性和自觉性，贯彻企业精神和经营宗旨，保证公司目标实现，一般会编制“奖惩建议申请表”，以践行对员工的奖惩实行以精神鼓励和思想教育为主、经济奖惩为辅的原则。

学习任务

使用Excel 2016制作“奖惩建议申请表”，重点是掌握Excel基础表格绘制操作。

具体步骤

（1）创建、命名文件及设置行高。

①新建一个Excel工作表，并将其命名为“××公司奖惩建议申请表”。

②打开空白工作表，用鼠标选中第2行单元格，然后在功能区选择【格式】，用左键点击后即会出现下拉菜单，继续点击【行高】，在弹出的【行高】对话框中，把行高设置为40，然后单击【确定】，如图

5-65所示。

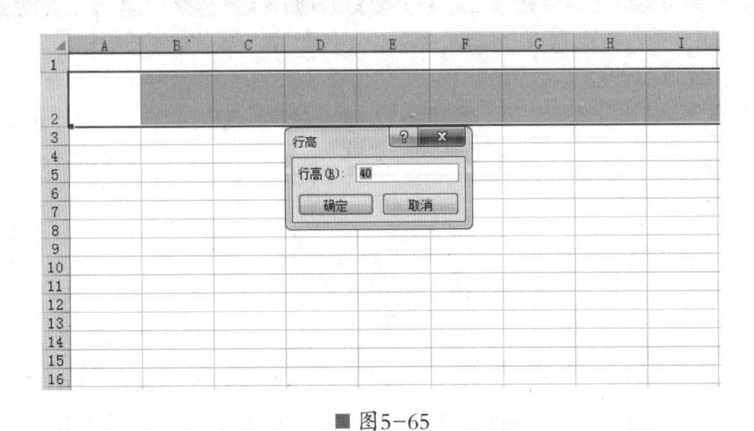

■ 图5-65

③用同样的方法，把第3行至第9行的行高设置为30，把第10行至第13行的行高设置为100，如图5-66所示。

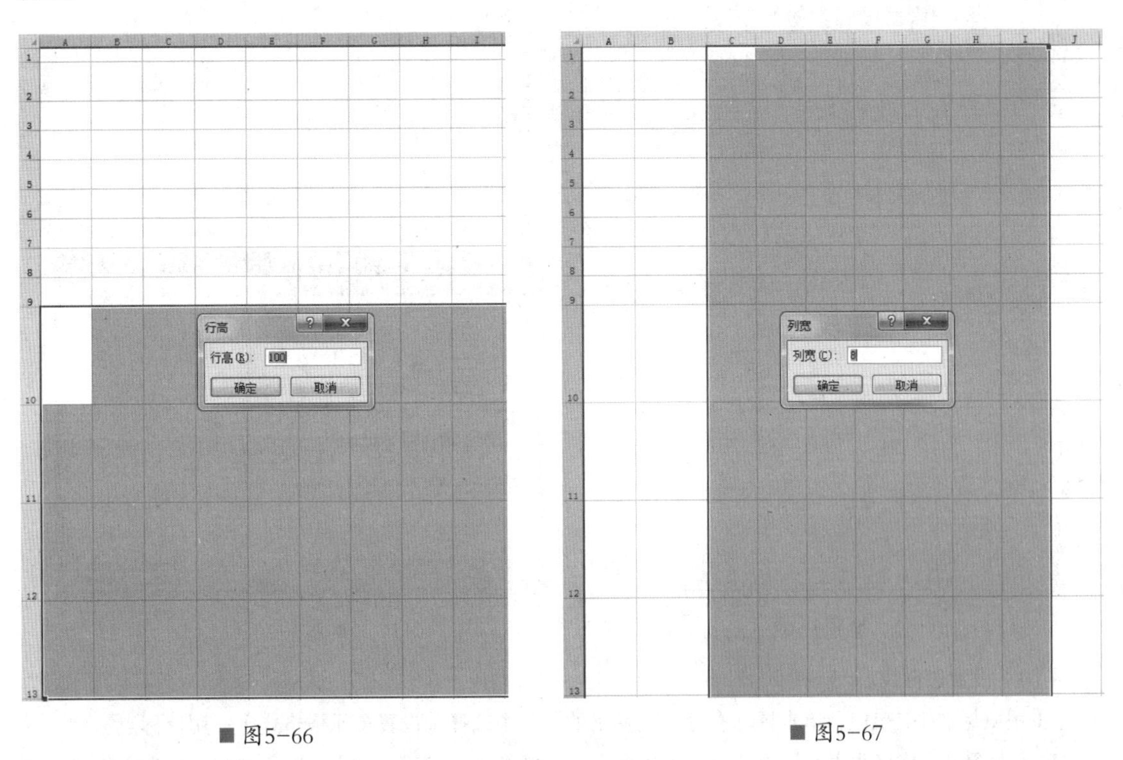

■ 图5-66　　■ 图5-67

（2）设置列宽。

①用鼠标选中B列单元格，然后在功能区选择【格式】，用左键点击后即会出现下拉菜单，然后点击【列宽】，在弹出的【列宽】对话框中，把列宽设置为12，然后单击【确定】。

②用同样的方法，把C至I列单元格的列宽设置为8，如图5-67所示。

（3）合并单元格。

①用鼠标选中B2:I2，然后在功能区选择【合并后居中】按钮，用鼠标左键点击按钮，效果如图5-68所示。

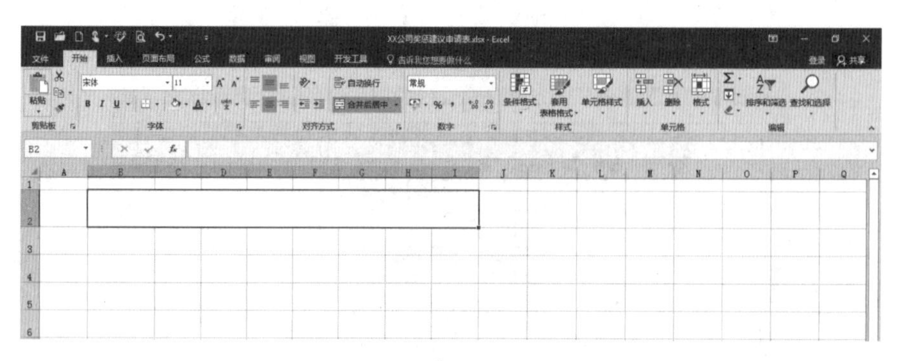

■ 图5-68

②用同样的方法，分别选中C3:E3、F3:G3、H3:I3、B4:B7、C4:C5、H4:I4、C6:C7、B8:B9、D8:I8、D9:I9、C10:I10、C11:I11、C12:I12、C13:I13，然后在功能区选择【合并后居中】按钮，用鼠标左键点击按钮，效果如图5-69所示。

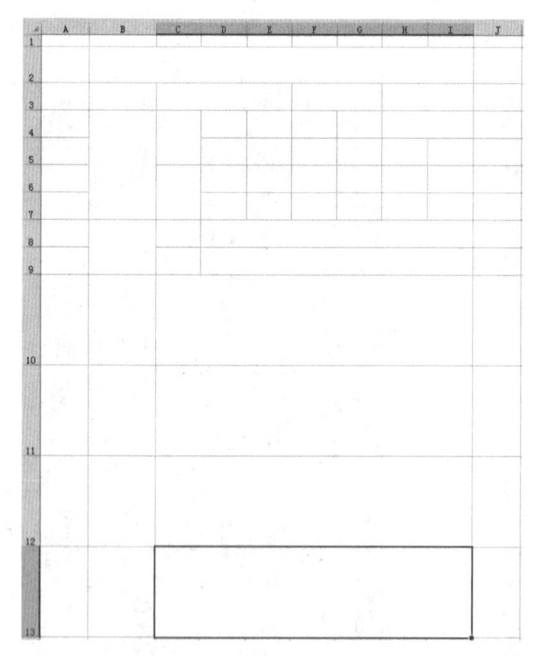

■ 图5-69

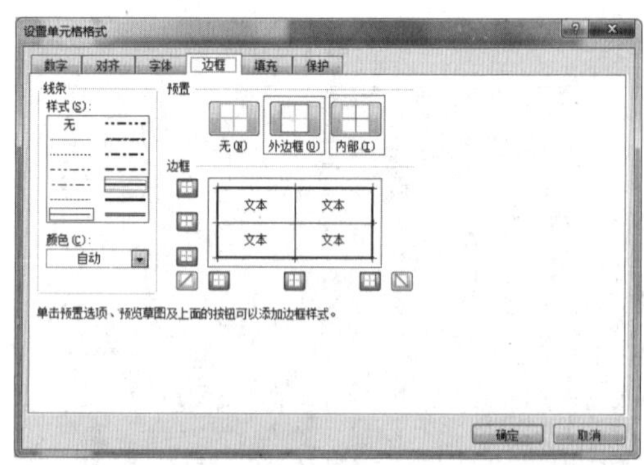

■ 图5-70

（4）设置边框线。

①用鼠标选中B3:I13，单击鼠标右键，在弹出的菜单中选择【设置单元格格式】；用鼠标点击后，就会出现【设置单元格格式】对话框；点击【边框】，选择细线，然后点击【内部】按钮；再选择粗线，然后点击【外边框】按钮，如图5-70所示。

②点击【确定】后，最终的效果如图5-71所示。

（5）输入内容。

①用鼠标选中B2，然后在单元格内输入“××公司奖惩建议申请表”；选中该单元格，将【字号】设置为24；在功能区中点击【垂直居中】和【居中】，并用【Ctrl+B】快捷键将文字加粗。

②在B3:I13区域内的单元格中分别输入文字，并按照前面提到的方法对文字进行适当调整，效果如图5-72所示。

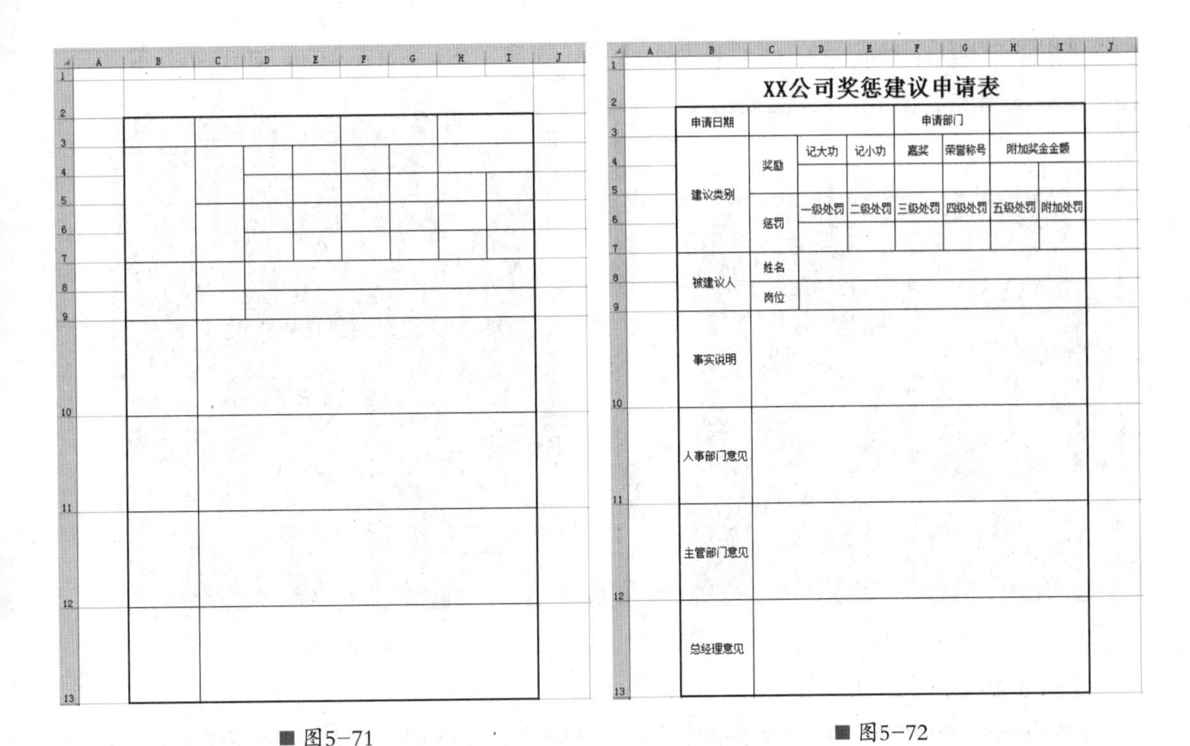

■ 图5-71　　■ 图5-72

九、优秀员工申请表

内容说明

优秀员工申请表应写明员工姓名、部门、岗位、主要事迹、提交部门意见及审批意见等。

学习任务

使用Excel 2016制作“优秀员工申请表”，重点是掌握Excel基础表格绘制操作。

具体步骤

（1）创建、命名文件及设置行高。

①新建一个Excel工作表，并将其命名为“××公司优秀员工申请表”。

②打开空白工作表，用鼠标选中第2行单元格，然后在功能区选择【格式】，用左键点击后即会出现下拉菜单，继续点击【行高】，在弹出的【行高】对话框中，把行高设置为40，然后单击【确定】，如图5-73所示。

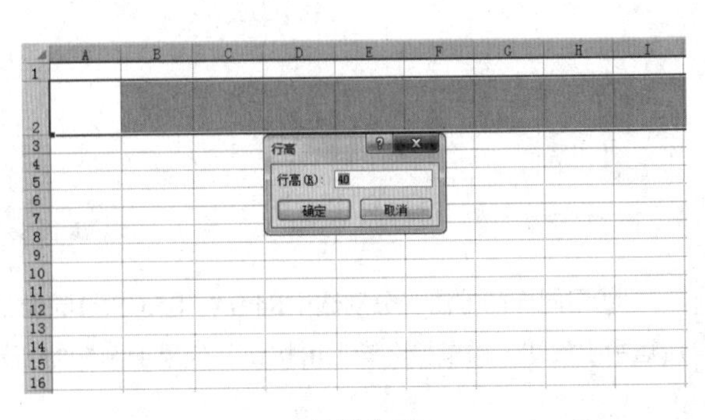

■ 图5-73

③用同样的方法，把第3行的行高设置为30，把第4行至第7行的行高设置为100，如图5-74所示。

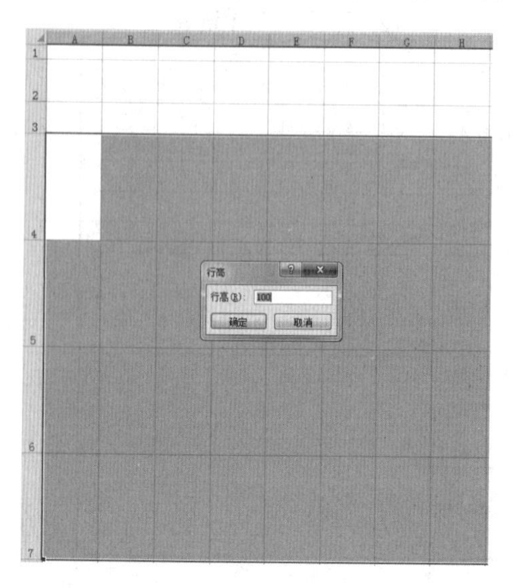

■ 图5-74

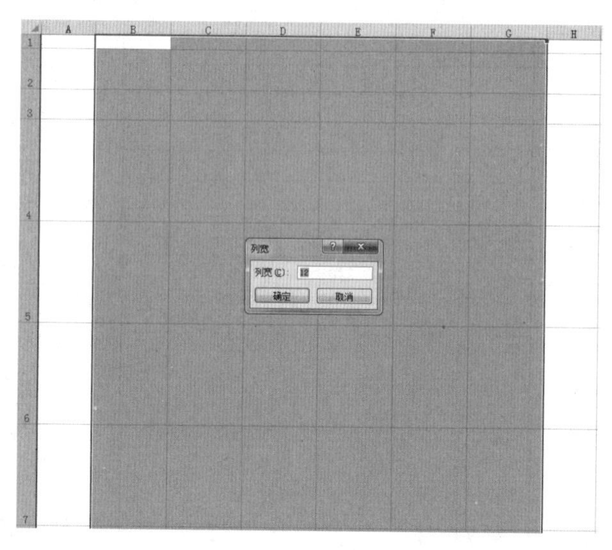

■ 图5-75

（2）设置列宽。

用鼠标选中B至G列单元格，然后在功能区选择【格式】，用左键点击后即会出现下拉菜单，然后点击【列宽】，在弹出的【列宽】对话框中，把列宽设置为12，然后单击【确定】，如图5-75所示。

（3）合并单元格。

①用鼠标选中B2:G2，然后在功能区选择【合并后居中】按钮，用鼠标左键点击按钮，效果如图5-76所示。

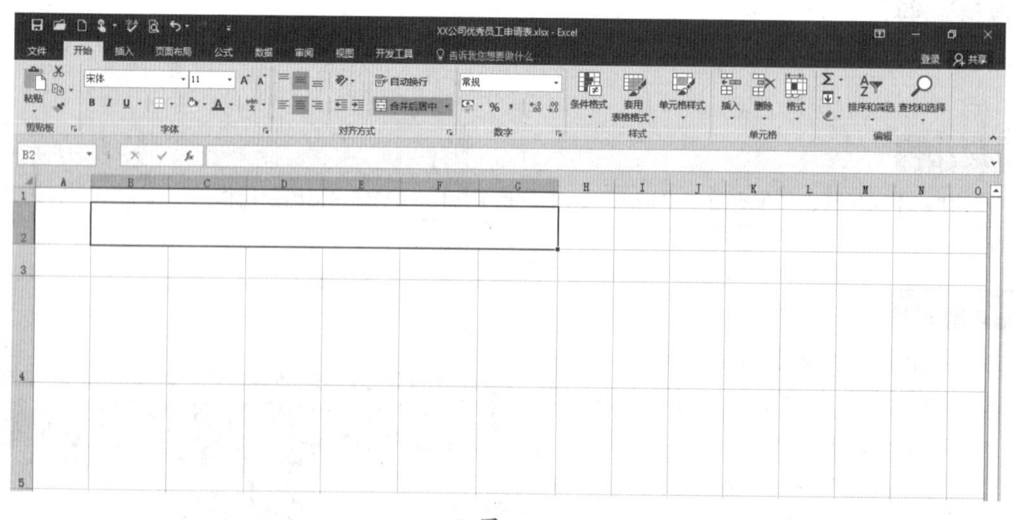

■ 图5-76

②用同样的方法，分别选中B4:G4、B5:C5、D5:G5、B6:C7、D6:G6、D7:G7，然后在功能区选择【合并后居中】按钮，用鼠标左键点击按钮，效果如图5-77所示。

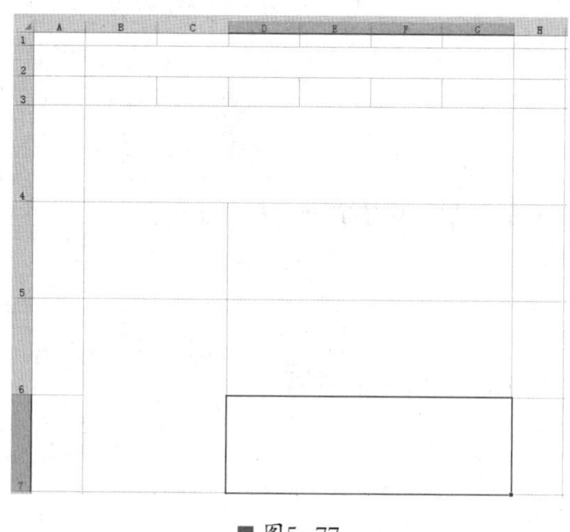

■ 图5-77

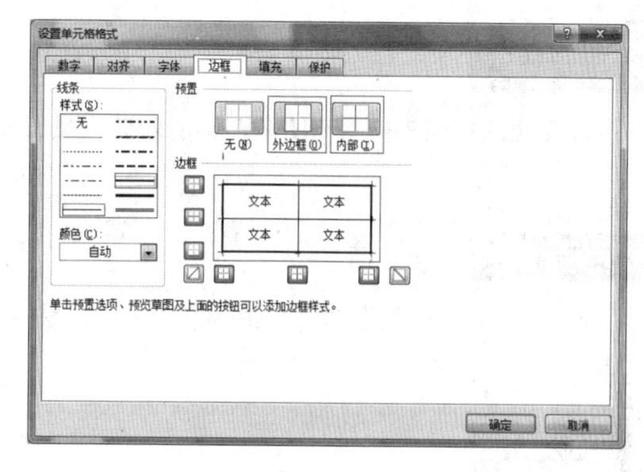

■ 图5-78

（4）设置边框线。

①用鼠标选中B3:G7，单击鼠标右键，在弹出的菜单中选择【设置单元格格式】；用鼠标点击后，就会出现【设置单元格格式】对话框；点击【边框】，选择细线，然后点击【内部】按钮；再选择粗线，然后点击【外边框】按钮，如图5-78所示。

②点击【确定】后，最终的效果如图5-79所示。

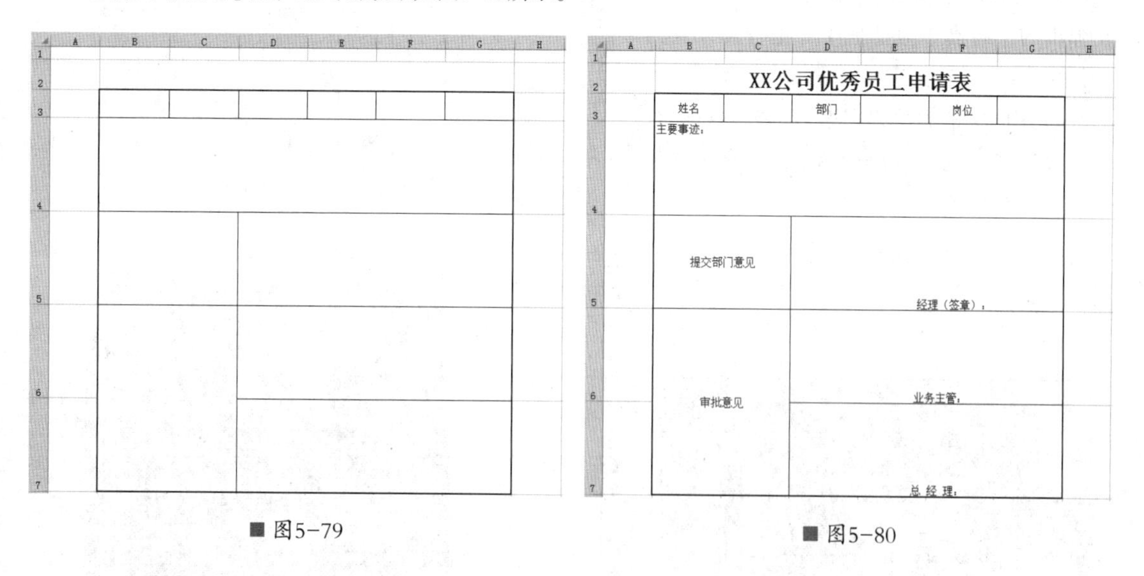

■ 图5-79　　■ 图5-80

（5）输入内容。

①用鼠标选中B2，然后在单元格内输入“××公司优秀员工申请表”；选中该单元格，将【字号】设置为24；在功能区中点击【垂直居中】和【居中】，并用【Ctrl+B】快捷键将文字加粗。

②在B3:G7区域内的单元格中分别输入文字，并按照前面提到的方法对文字进行适当调整，效果如图5-80所示。

十、优秀团队申请表

内容说明

优秀团队申请表应写明团队名称、团队人员、团队主要业绩、提交部门意见和审批等。

学习任务

使用Excel 2016制作“优秀团队申请表”，重点是掌握Excel基础表格绘制操作。

具体步骤

（1）创建、命名文件及设置行高。

①新建一个Excel工作表，并将其命名为“××公司优秀团队申请表”。

②打开空白工作表，用鼠标选中第2行单元格，然后在功能区选择【格式】，用左键点击后即会出现下拉菜单，继续点击【行高】，在弹出的【行高】对话框中，把行高设置为40，然后单击【确定】，如图5-81所示。

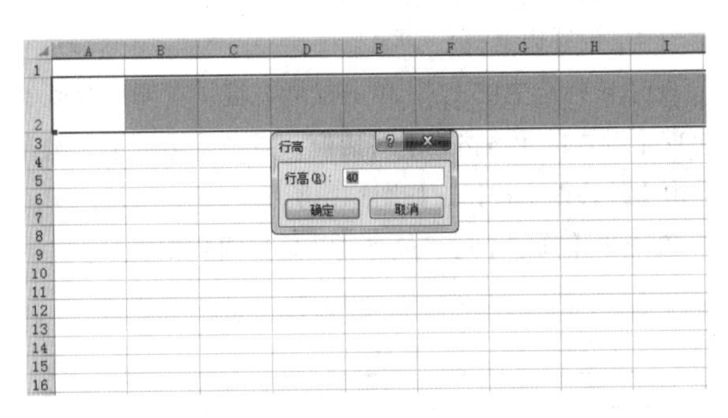

■ 图5-81

③用同样的方法，把第3行至第4行的行高设置为30，把第5行至第8行的行高设置为100，如图5-82所示。

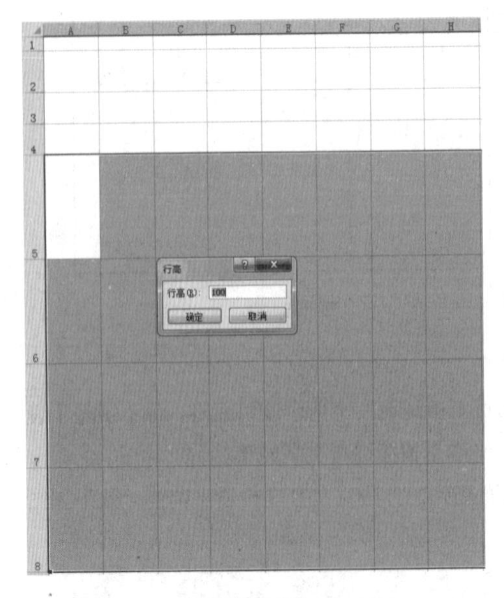

■ 图5-82

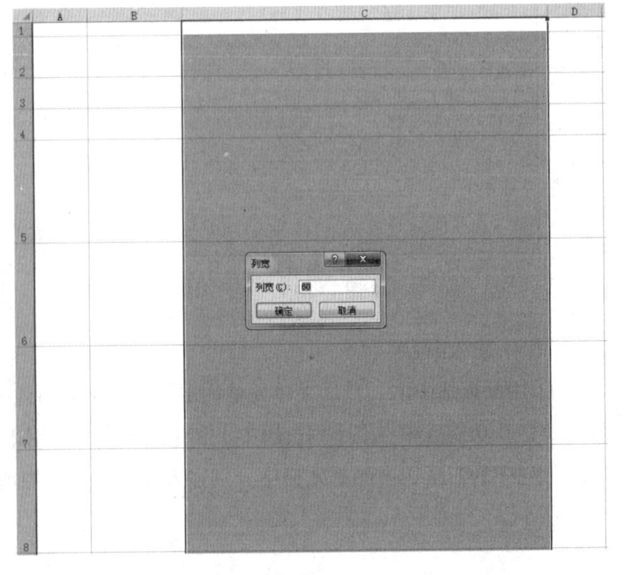

■ 图5-83

（2）设置列宽。

①用鼠标选中B列单元格，然后在功能区选择【格式】，用左键点击后即会出现下拉菜单，然后点击【列宽】，在弹出的【列宽】对话框中，把列宽设置为15，然后单击【确定】。

②用同样的方法，把C列单元格的列宽设置为60，如图5-83所示。

（3）合并单元格。

①用鼠标选中B2:C2，然后在功能区选择【合并后居中】按钮，用鼠标左键点击按钮，效果如图5-84所示。

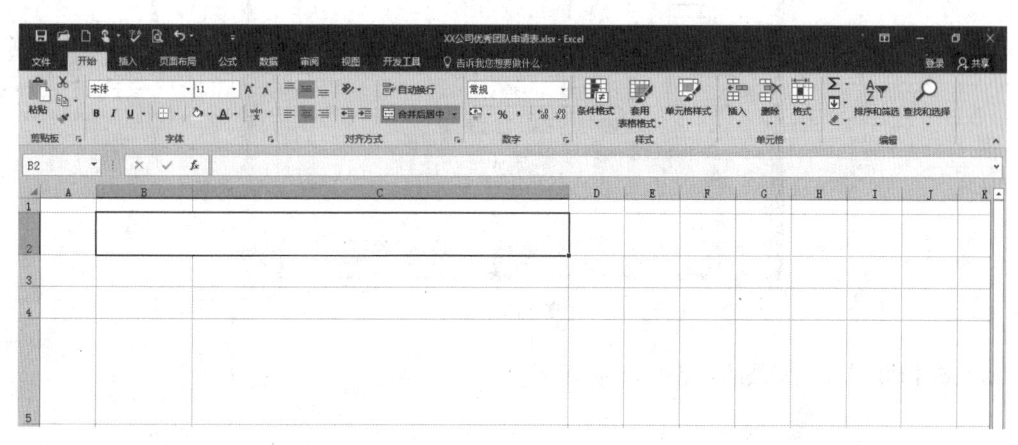

■ 图5-84

②用同样的方法，分别选中B5:C5、B7:B8，然后在功能区选择【合并后居中】按钮，用鼠标左键点击按钮，效果如图5-85所示。

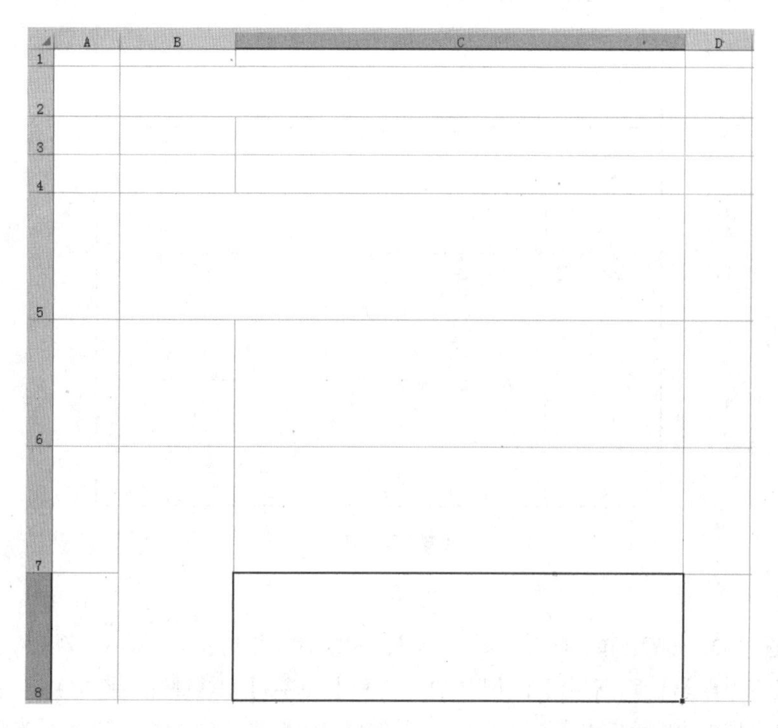

■ 图5-85

（4）设置边框线。

①用鼠标选中B3:C8，单击鼠标右键，在弹出的菜单中选择【设置单元格格式】；用鼠标点击后，就会出现【设置单元格格式】对话框；点击【边框】，选择细线，然后点击【内部】按钮；再选择粗线，然后点击【外边框】按钮，如图5-86所示。

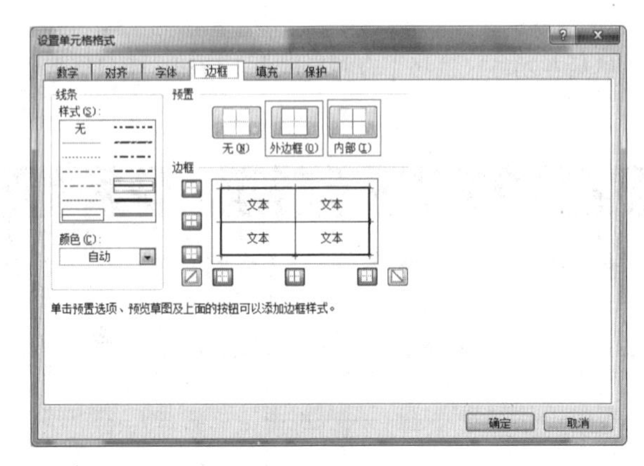

■ 图5-86

②点击【确定】后，最终的效果如图5-87所示。

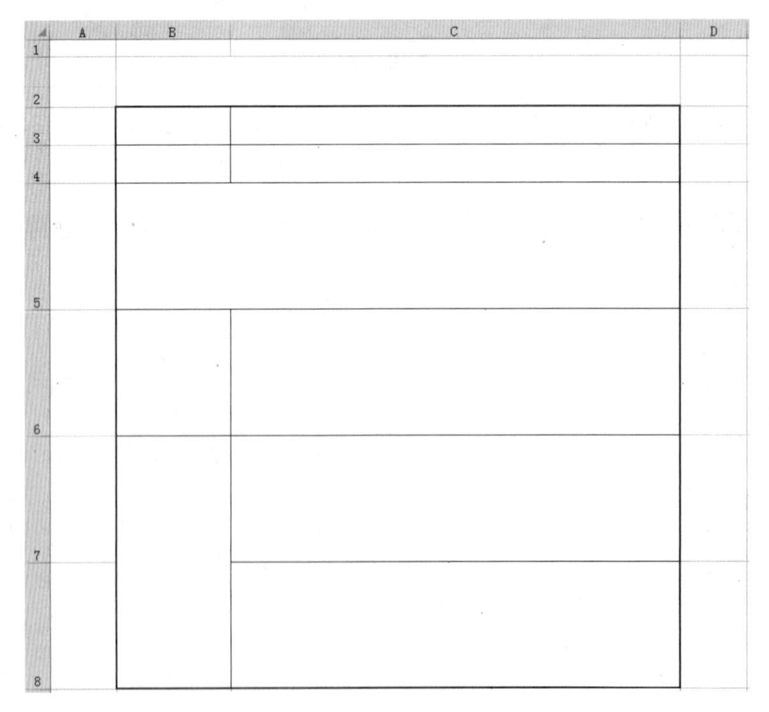

■ 图5-87

（5）输入内容。

①用鼠标选中B2，然后在单元格内输入“××公司优秀团队申请表”；选中该单元格，将【字号】设置为24；在功能区中点击【垂直居中】和【居中】，并用【Ctrl+B】快捷键将文字加粗。

②在B3:C8区域内的单元格中分别输入文字，并按照前面提到的方法对文字进行适当调整，效果如图

5-88所示。

XX公司优秀团队申请表

团队名称	
团队人员	
团队主要业绩：	
提交部门意见	经理（签章）：
审批	业务主管：
	总 经 理：

■ 图5-88

1. 怎么避免绩效面谈形式化？

（1）拟订面谈计划，事先确定面谈人员、面谈时间、面谈地点、管理者需要做的准备、员工需要做的准备，并及时通知员工。

（2）准备相关资料，包括业绩合约、下属的绩效记录、下属的工作总结、上一周期的绩效改进计划等。

2. 绩效面谈由部分负责人来谈会不会造成“护短”行为？

绩效面谈最重要的目的是检视和协助下属改进绩效，假如护短心理存在，那员工的绩效分数将偏高，其负责人的分数也可能将随之提升。如果员工的绩效分数偏高，但其在公司的实际效用却偏低，导致两者间的矛盾暴露，“护短”行为也就随之暴露了。

3. 公司的绩效管理只是“走形式”，对各部门的工作积极性、工作效率没有起到任何作用，这种情况应该如何改善呢？

要改善这个情况，要先解决意识问题。首先，HR要推行绩效考核，获得老板的支持是第一位的；另外，在制订整个绩效方案时要多倾听员工的心声，尤其是要把中层管理干部拉进来，带着他们一起来做；还有就是应在员工中建立一些同盟，树立一些支持你的榜样，以此为突破口；对拒不执行绩效方案或执行很差的员工，在得到老板的同意后予以惩罚，对其他员工起到警示作用。

4. 绩效面谈后，改进效果不明显该怎么办?

绩效面谈是一个持续的过程，并不是谈完了就结束了。绩效面谈结束后很重要的一点就是要和员工确定下一阶段的绩效改善和提升计划，并跟进和督导员工按照计划和要求去执行。执行过程中如果员工有困难或出现问题，HR应给予适当的支持和协助。

5. 员工面对绩效出现情绪化问题时该怎么办?

这种情况的确比较常见。HR应先安抚员工，再进一步了解绩效不佳的原因。如果是个人意愿的原因，应考虑换岗或换人。如果是员工能力的原因，应给其支持，并为其制订学习改善计划。如果是外部环境的原因，应向员工解释清楚，并让员工着眼未来。如果是绩效指标制订不合理的原因，建议适度修订指标，并让员工参与制订目标。

HR

第六章 员工的薪酬管理

薪酬管理是一项涉及较大数据量的工作，Excel作为功能强大的数据处理软件，以其便于操作、理解，灵活性强，能同时满足财务部门、人事部门以及其他部门工资数据管理需要等特点，给薪酬管理工作带来了很大的便利。利用Excel的一系列功能编制薪酬管理的有关表格，可以很好地实现薪酬的核算和管理，不仅提高了HR的工作效率，还能满足不同企业的不同要求。

本章思维导图

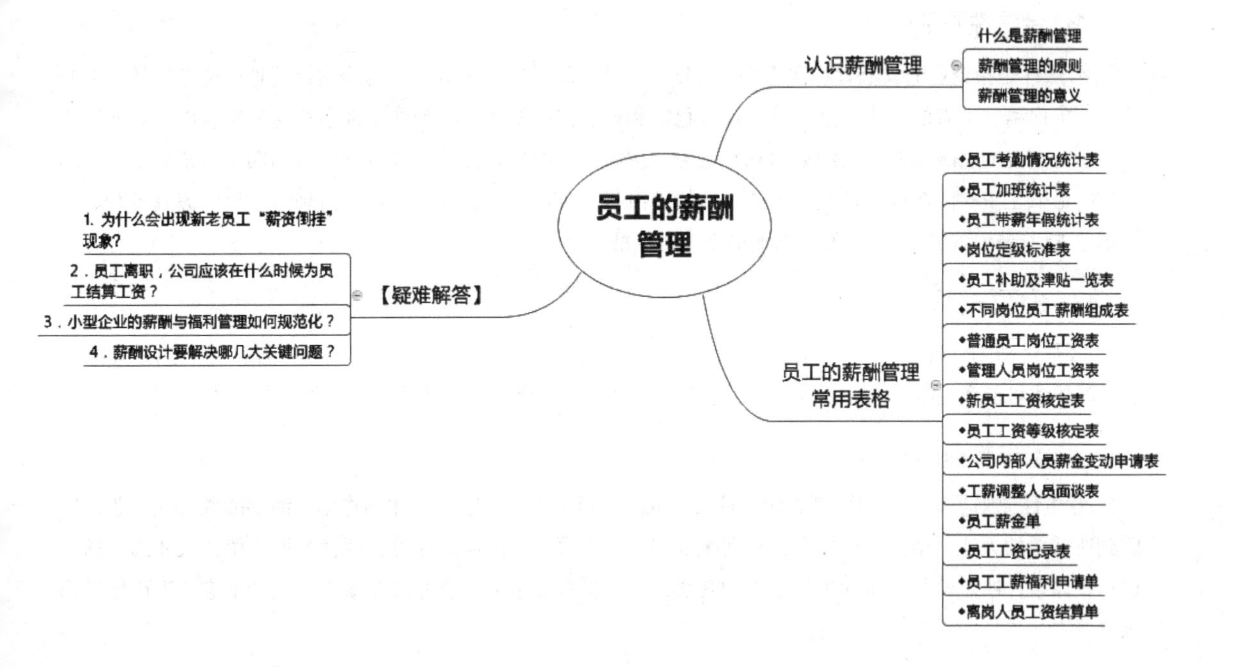

第一节 认识薪酬管理

一、什么是薪酬管理

薪酬管理是指企业在经营战略和发展规划的指导下，综合考虑内外部各种因素的影响，确定自身的薪酬水平、薪酬结构和薪酬形式，并进行薪酬调整和薪酬控制的整个过程。在这个过程中，薪酬管理系统一般要同时达到公平性、有效性和合法性三大目标。并且，作为一个持续的组织过程，企业还要不断地制订薪酬计划，拟定薪酬预算，就薪酬管理问题与员工进行沟通，同时在对薪酬系统本身的有效性作出评价后不断予以完善。

薪酬管理的作用在于降低人员流动率，特别是防止高级人才的流失；使短期激励和长期激励相结合，更容易吸引高级人才；减少内部矛盾，避免由于薪酬的差异引起员工的不满和不公平感。

二、薪酬管理的原则

1. 合法性原则

合法性是指企业的薪酬管理政策要符合国家法律和政策的有关规定，这是薪酬管理应遵循的最基本的原则。为保障劳动者的合法权益，维护社会稳定和经济健康发展，各个国家都会相应地制定出一系列法律法规，对企业的薪酬体系施加约束力和影响力。例如，《中华人民共和国劳动法》第四十八条规定：“国家实行最低工资保障制度。最低工资的具体标准由省、自治区、直辖市人民政府规定，报国务院备案。用人单位支付劳动者的工资不得低于当地最低工资标准。”

2. 公平性原则

公平是薪酬管理系统的基础，员工只有在认为薪酬系统是公平的前提下，才可能产生认同感和满意感，薪酬才可能产生激励作用。因此，公平性原则是制定薪酬系统时要考虑的一个重要原则。

3. 竞争性原则

竞争性原则是指企业的薪酬要能在社会上或人才市场上具有吸引人才的作用，能够战胜其他企业，招聘到所需要的人才。企业可根据自己的薪酬战略、财力水平、所需人才可获得性、所想留住人才的市场价格等具体条件决定给员工何种市场水平的薪酬；但要具有竞争力，企业的薪酬水平至少不应低于市场平均水平。

4. 激励性原则

公平性原则和竞争性原则最终都要落实到吸引人才、留住人才和调动人才的积极性上。也就是说，上述两个原则的实现过程是发挥激励作用的过程。只有坚持和发挥激励性原则的作用，公平性原则和竞争性原则才有实际意义。薪酬设计必须从激励员工的积极性出发，通过薪酬设计来激励员工的责任心和工作热情。

5. 经济性原则

经济性原则是指企业支付薪酬时应当在自身可以承受的范围内进行，所设计的薪酬水平应当与企业的财务水平相适应。虽然高水平的薪酬可以更好地吸引和激励员工，但是由于薪酬是企业一项很重要的开支，因此在进行薪酬管理时必须考虑自身承受能力的大小，超出承受能力的过高薪酬必然会给企业造成沉重的负担。有效的薪酬管理应当在竞争性和经济性之间找到恰当的平衡点。

三、薪酬管理的意义

1. 薪酬管理决定着人力资源的合理配置与使用

资源如何进行合理配置，是一切经济制度的基本问题。资源配置指的是在资源有限和稀缺的条件下，通过一定的手段，使资源在不同的生产领域进行组合，使之得到最充分的利用，发挥出它的最大功能。管理过程实质上是各类资源的配置与使用过程。人是在各个生产要素中起决定性能动作用的要素，因此，人力资源的配置与使用至关重要。人的劳动能力是多种多样的，其潜在的能力倾向和发展方向也有很大差异。

而薪酬作为人力资源合理配置的基本手段，在人力资源管理与开发领域起着非常重要的作用。薪酬一方面代表着劳动者可以提供的不同劳动能力的数量和质量，反映着劳动力供给方面的基本特征，另一方面代表着用人单位所需人力资源的种类、数量和程度，反映着劳动力需求方面的特征。薪酬管理就是要运用薪酬这个人力资源管理中最重要的经济参数，来引导人力资源向合理的方向运动，从而实现组织目标最大化。

2.薪酬管理直接决定着人力资源的劳动效率

薪酬管理将薪酬作为激励劳动效率的重要杠杆，不仅要通过工资、奖金以及福利等物质报酬从外部激励劳动者，同时也要注重利用岗位的多样性、工作的挑战性、取得的成就、得到的认可、获取新技术和事业发展机会等精神报酬从内部激励劳动者，从而使劳动者为企业努力工作，实现企业目标。劳动者在这种薪酬管理体系下，通过个人努力，不仅可以提高薪酬水平，还可以提高个人在组织中的地位、荣誉和价值。

3. 薪酬管理直接关系到社会稳定

薪酬作为劳动者个人消费资料的重要来源，一旦向劳动者付出，即退出生产领域并进入到消费领域。所以，在薪酬管理中，如果薪酬标准定得过低，劳动者的基本生活就会受到影响，劳动力的耗费就不能得到完全的补偿；如果薪酬标准定得过高，又会对产品成本构成较大影响，特别是当薪酬的增长普遍超过劳动生产力的增长时，还会导致成本推动型的通货膨胀。

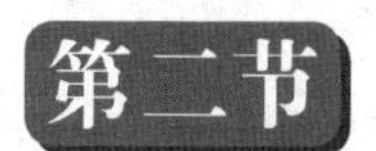

第二节 员工的薪酬管理常用表格

一、员工考勤情况统计表

员工考勤情况统计表主要用来反映每个员工本月的病、事假及加班情况，以便对员工的工资进行相应的增减调整。

学习任务

使用Excel 2016制作“员工考勤情况统计表”，重点是掌握MONTH函数的设置与使用。

具体步骤

（1）创建、命名文件及设置行高。

①新建一个Excel工作表，并将其命名为“××公司员工考勤情况统计表”。

②打开空白工作表，用鼠标选中第2行单元格，然后在功能区选择【格式】，用左键点击后即会出现下拉菜单，继续点击【行高】，在弹出的【行高】对话框中，把行高设置为45，然后单击【确定】，如图6-1所示。

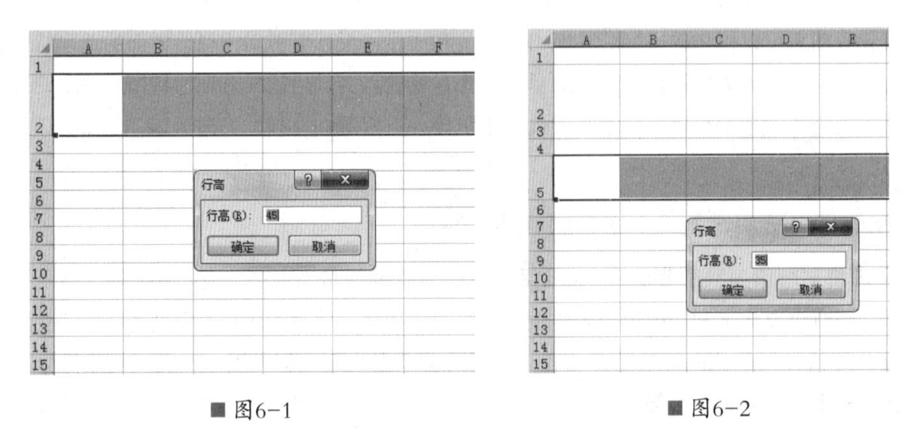

■ 图6-1　　■ 图6-2

③用同样的方法，把第5行的行高设置为35，把第4行及第6行至第20行的行高设置为25，如图6-2所示。

（2）设置列宽。

用鼠标选中B至P列单元格，然后在功能区选择【格式】，用左键点击后即会出现下拉菜单，然后点击【列宽】，在弹出的【列宽】对话框中，把列宽设置为10，然后单击【确定】，如图6-3所示。

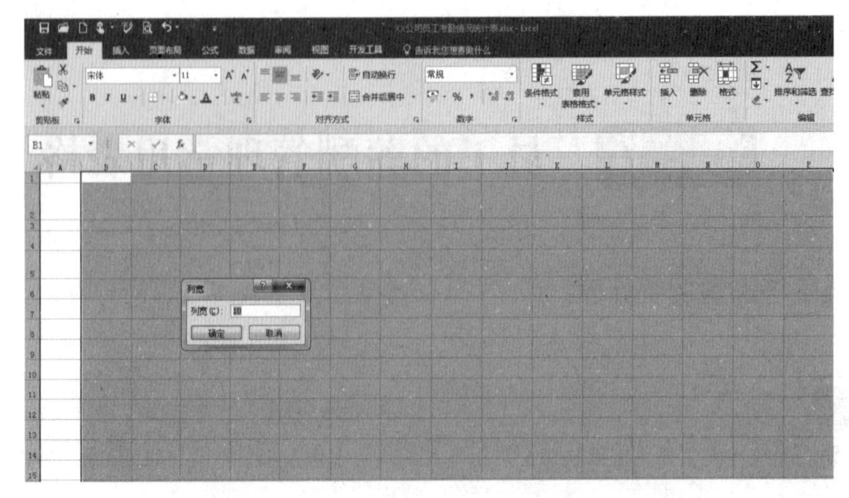

■ 图6-3

（3）合并单元格。

①用鼠标选中B2:P2，然后在功能区选择【合并后居中】按钮，用鼠标左键点击按钮，效果如图6-4所示。

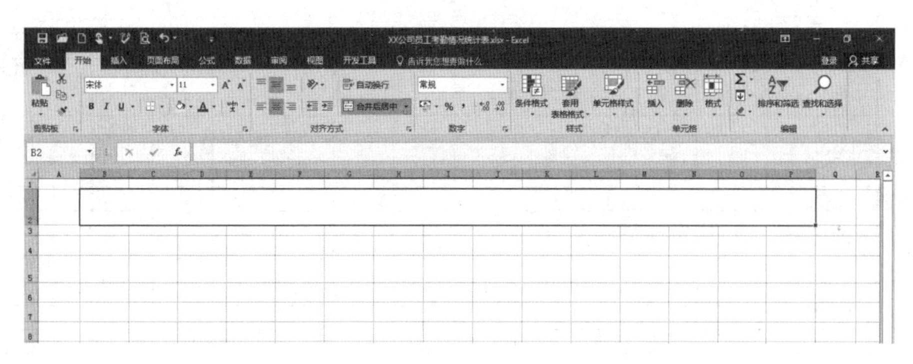

■ 图6-4

②用同样的方法，分别选中B4:B6、C4:C6、D4:D6、E4:E6、F4:N4、F5:F6、G5:H5、I5:I6、J5:J6、K5:K6、L5:L6、M5:M6、N5:N6、O5:O6、P5:P6，然后在功能区选择【合并后居中】按钮，用鼠标左键点击按钮，效果如图6-5所示。

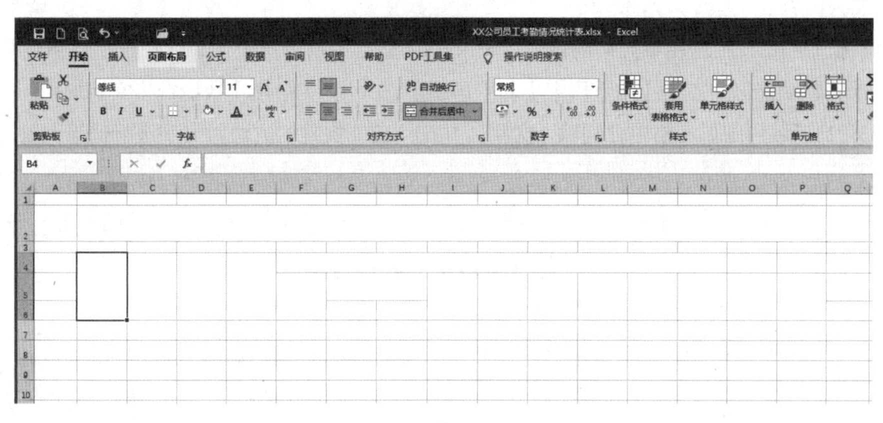

■ 图6-5

（4）设置边框线。

①用鼠标选中B4:P20，单击鼠标右键，在弹出的菜单中选择【设置单元格格式】；用鼠标点击后，就会出现【设置单元格格式】对话框；点击【边框】，选择细线，然后点击【内部】按钮；再选择粗线，然后点击【外边框】按钮，如图6-6所示。

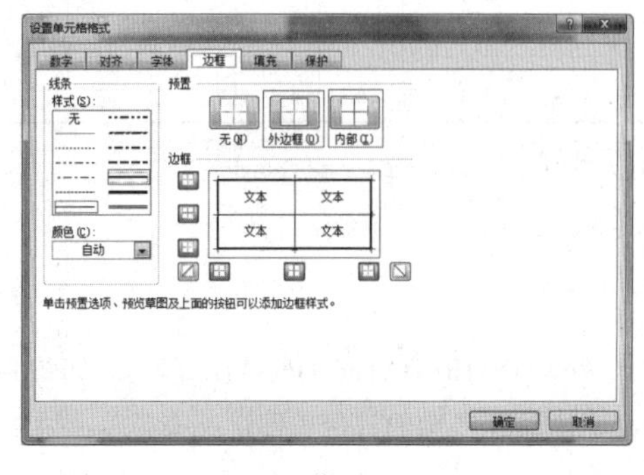

■ 图6-6

②点击【确定】后，最终的效果如图6-7所示。

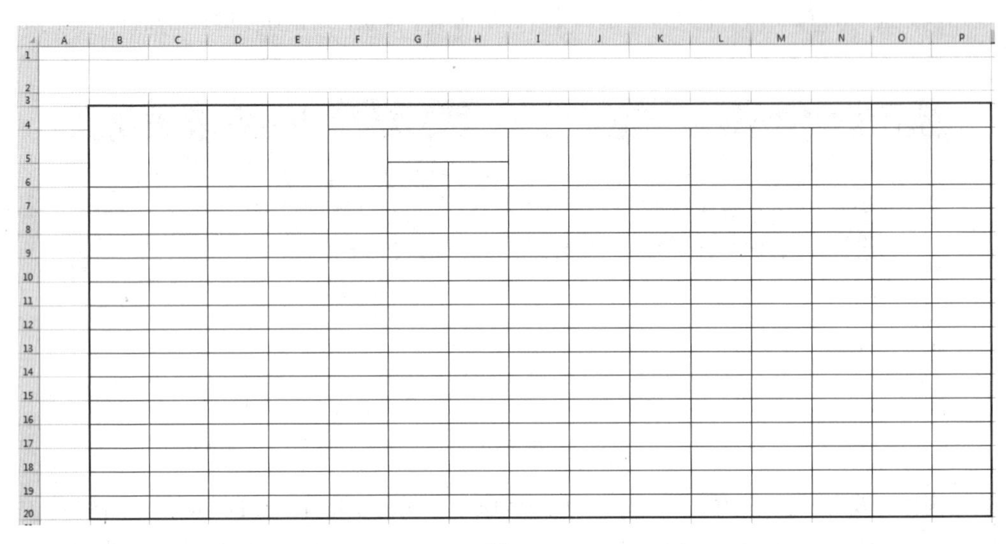

■ 图6-7

（5）输入内容。

①用鼠标选中B2，然后在单元格内输入“××公司员工考勤情况统计表”；选中该单元格，将【字号】设置为26；在功能区中点击【垂直居中】和【居中】，并用【Ctrl+B】快捷键将文字加粗。

②在B3:P23区域内的单元格中分别输入文字，并按照前面提到的方法对文字进行适当调整，效果如图6-8所示。

XX公司员工考勤情况统计表

月份：

姓名	应出勤天数	实出勤天数	缺勤天数	缺勤情况统计									本人签字	备注
				公差	正常准假		住院病假	未住院病假	事假	迟到早退	缺操缺会	旷工		
					事因	缺勤天数								
张青	22			1			1			1				
赵露	22													
赵媛媛	22													
李丽	22								1					
李晓	22													
王勇	22			3										
王飞轩	22			1			1							
刘强	22													
刘远	22													
原野	22													
唐新锐	22													
郑芳菲	22								1					
侯方萍	22													
上官慧	22													

备注：
1. 本统计表严格按照考核统计填报，出（缺）勤情况以天为单位统计；
2. 本统计表一式两份，必须如实填报，相关签字（盖章）手续必须完善，并报公司盖章后方可作为全勤奖兑现依据。

■ 图6-8

（6）设置显示月份公式。

①选中C3单元格，然后输入“=MONTH(EDATE(TODAY(),-1))”，如图6-9所示。

②单击【Enter】键，即可显示应统计考勤的月份（即上一个月），效果如图6-10所示。

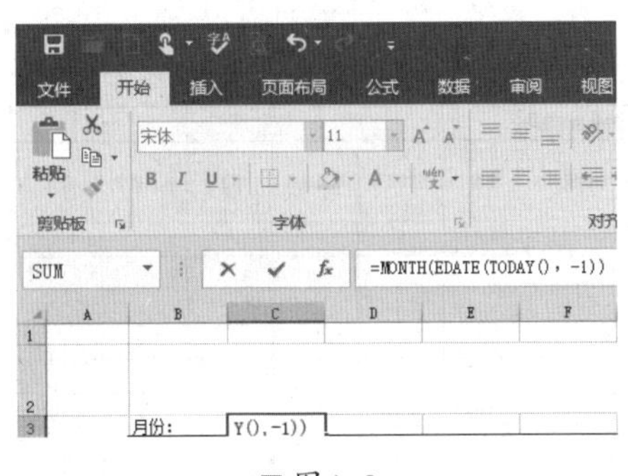

■ 图6-9

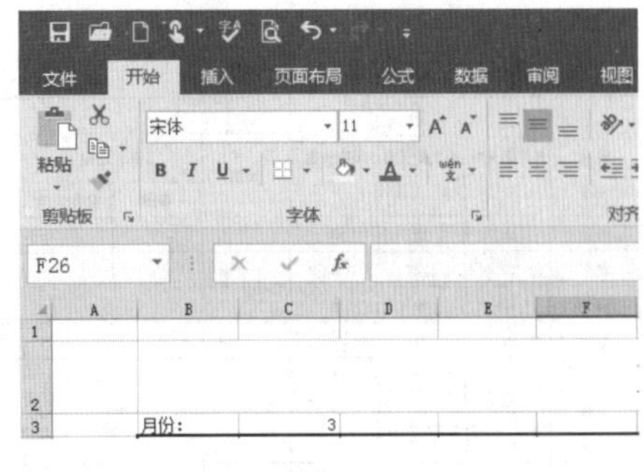

■ 图6-10

（7）设置“缺勤天数”计算公式。

①选中E7单元格，然后输入“=F7+H7+I7+J7+K7+L7+M7+N7”。

②单击【Enter】键后，即可得出该员工的“缺勤天数”。

③同理，可得到其他员工的缺勤天数，效果如图6-11所示。

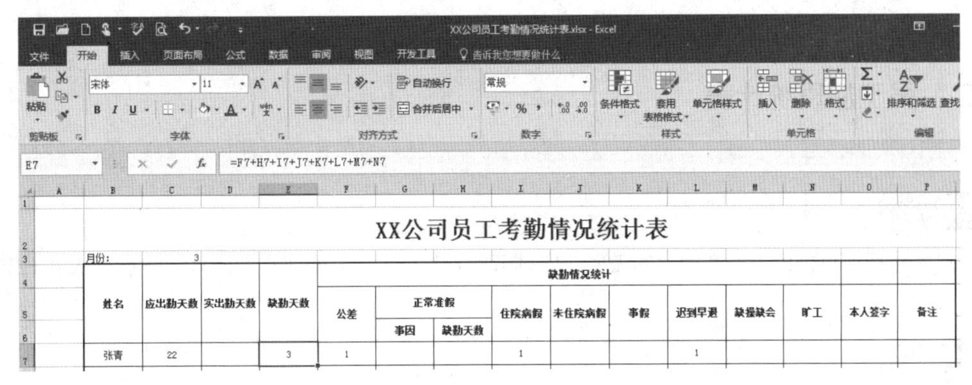

■ 图6-11

（8）设置“实出勤天数”计算公式。

①选中D7单元格，然后输入“=C7-E7”。

②单击【Enter】键后，即可得出该员工的“实出勤天数”，效果如图6-12所示。

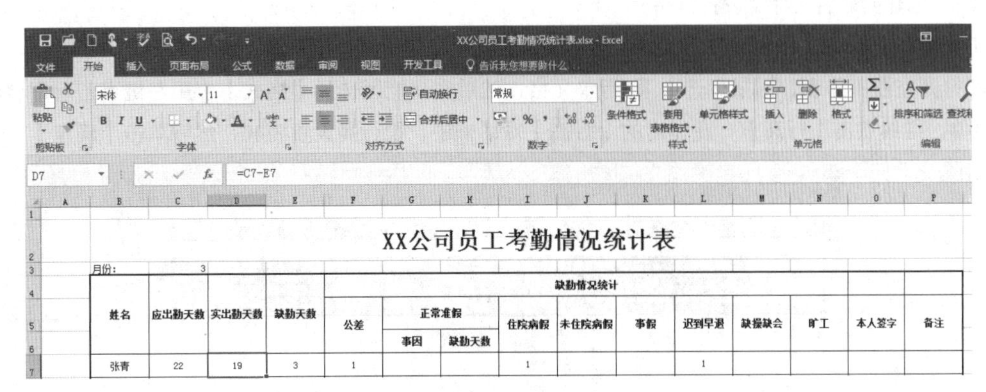

■ 图6-12

③同理，可得到其他员工的实出勤天数。最终的效果如图6-13所示。

XX公司员工考勤情况统计表

月份： 3

姓名	应出勤天数	实出勤天数	缺勤天数	缺勤情况统计									本人签字	备注
				公差	正常准假		住院病假	未住院病假	事假	迟到早退	缺操缺会	旷工		
					事因	缺勤天数								
张青	22	19	3	1			1			1				
赵露	22	22	0											
赵媛媛	22	22	0											
李丽	22	21	1						1					
李晓	22	22	0											
王勇	22	19	3	3										
王飞轩	22	20	2	1			1							
刘强	22	22	0											
刘远	22	22	0											
原野	22	22	0											
唐新锐	22	22	0											
郑芳菲	22	21	1						1					
侯方萍	22	22	0											
上官慧	22	22	0											

备注：
1. 本统计表严格按照考核统计填报，出（缺）勤情况以天为单位统计；
2. 本统计表一式两份，必须如实填报，相关签字（盖章）手续必须完善，并报公司盖章后方可作为全勤奖兑现依据。

■ 图6-13

二、员工加班统计表

加班是指用人单位由于生产经营的需要，安排劳动者延长工作时间或在节假日、休息日从事工作。

使用Excel 2016制作“员工加班统计表”，重点是掌握ROUND函数的设置方法。

（1）创建、命名文件及设置行高。

①新建一个Excel工作表，并将其命名为“××公司员工加班统计表”。

②打开空白工作表，用鼠标选中第2行单元格，然后在功能区选择【格式】，用左键点击后即会出现下拉菜单，继续点击【行高】，在弹出的【行高】对话框中，把行高设置为40，然后单击【确定】，如图6-14所示。

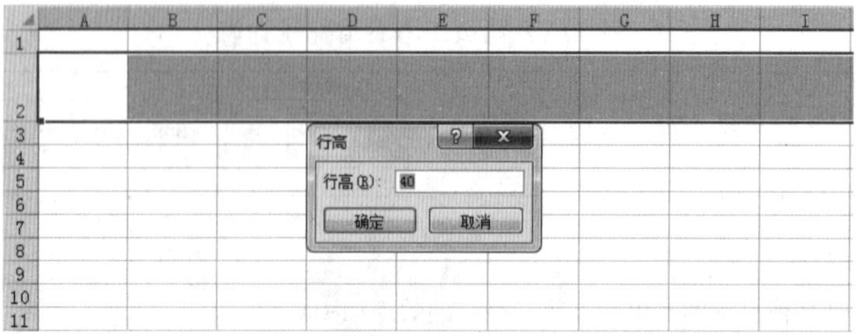

■ 图6-14

③用同样的方法，把第3行的行高设置为45，把第4行至第11行的行高设置为30，如图6-15所示。

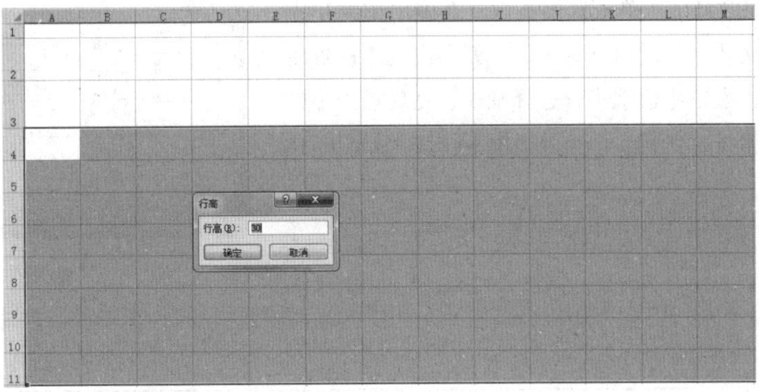

■ 图6-15

（2）设置列宽。

①用鼠标选中B至E列单元格，然后在功能区选择【格式】，用左键点击后即会出现下拉菜单，然后点击【列宽】，在弹出的【列宽】对话框中，把列宽设置为8，然后单击【确定】。

②用同样的方法，把F至G列单元格的列宽设置为12，把H至M列单元格的列宽设置为8，如图6-16所示。

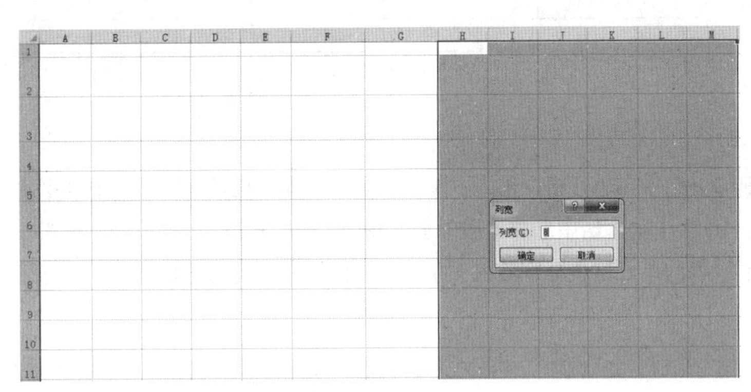

■ 图6-16

（3）合并单元格。

用鼠标选中B2:M2，然后在功能区选择【合并后居中】按钮，用鼠标左键点击按钮，效果如图6-17所示。

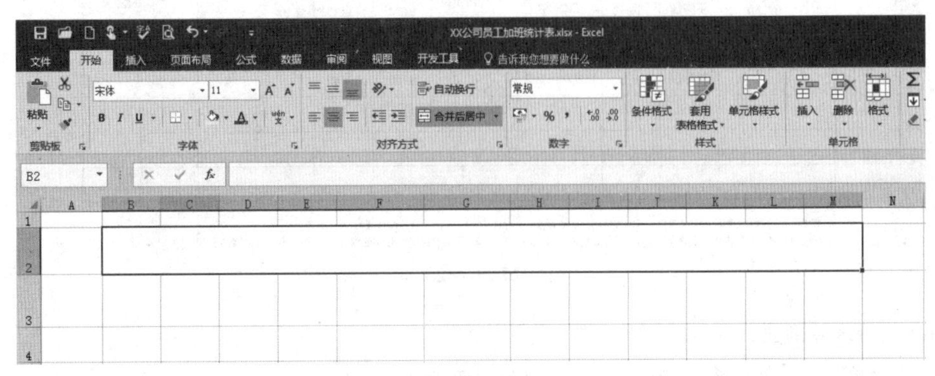

■ 图6-17

（4）设置边框线。

①用鼠标选中B3:M11，单击鼠标右键，在弹出的菜单中选择【设置单元格格式】；用鼠标点击后，就会出现【设置单元格格式】对话框；点击【边框】，选择细线，然后点击【内部】按钮；再选择粗线，然后点击【外边框】按钮，如图6-18所示。

②点击【确定】后，最终的效果如图6-19所示。

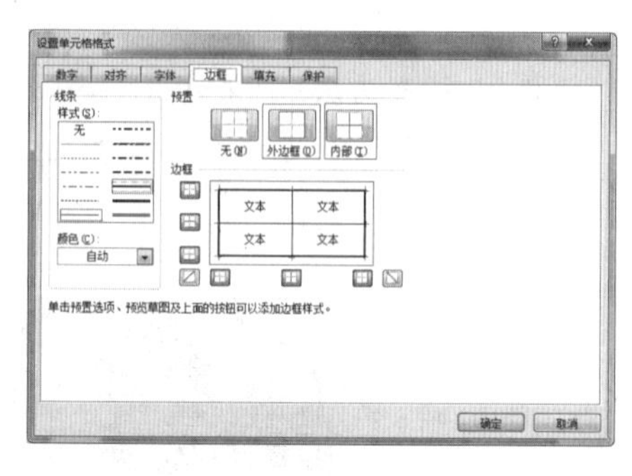

■ 图6-18

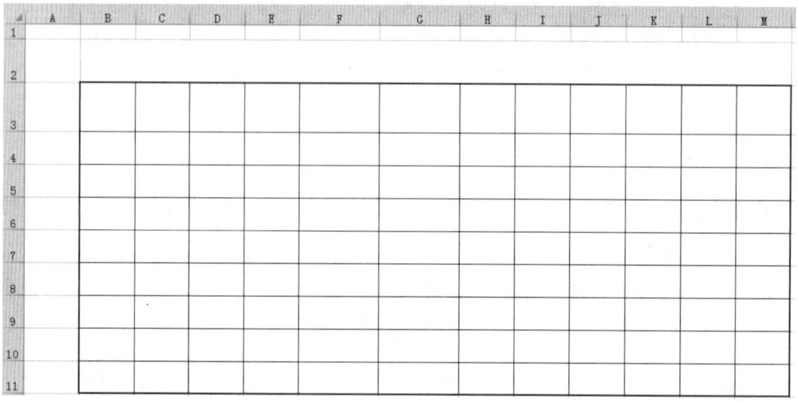

■ 图6-19

（5）输入内容。

①用鼠标选中B2，然后在单元格内输入“××公司员工加班统计表”；选中该单元格，将【字号】设置为24；在功能区中点击【垂直居中】和【居中】，并用【Ctrl+B】快捷键将文字加粗。

②在B3:M14区域内的单元格中分别输入文字，并按照前面提到的方法对文字进行适当调整，效果如图6-20所示。

XX公司员工加班统计表

序号	工号	部门	姓名	加班原因	加班日期	开始时间	结束时间	实际加班时间	按小时统计加班时间	本人小时工资	合计加班费（元）
1	M001	采购部	李瑶	采购物资	2020/6/3（工作日）	18:00	20:00			10.00	
2	M002	采购部	王芳	采购物资	2020/7/4（公休日）	8:00	10:00			10.00	
3	M003	采购部	刘亚新	采购物资	2020/7/18（公休日）	8:00	11:15			10.00	
4	J001	销售部	赵阳	制作销售报表	2020/8/15（公休日）	18:00	20:00			12.00	
5	D001	财务部	张鑫	整理财务报表	2020/8/22（公休日）	9:00	12:45			20.00	
6											
7											
	合计										

备注：

1.按照公司薪酬管理制度的相关规定，实际加班时间如果超过半小时且不足1个小时，应按照1小时计算加班费用。

2.统计加班费是以本人小时工资作为基数，工作日加班按照1.5倍小时工资计算，休息日加班按照2倍小时工资计算，节日按照3倍小时工资计算。

■ 图6-20

（6）设置求差函数。

①选中J4单元格，然后输入“=I4-H4”，如图6-21所示。

SUM | =I4-H4

XX公司员工加班统计表

序号	工号	部门	姓名	加班原因	加班日期	开始时间	结束时间	实际加班时间
1	M001	采购部	李瑶	采购物资	2020/6/3（工作日）	18:00	20:00	=I4-H4

■ 图6-21

J4 | =I4-H4

XX公司员工加班统计表

序号	工号	部门	姓名	加班原因	加班日期	开始时间	结束时间	实际加班时间
1	M001	采购部	李瑶	采购物资	2020/6/3（工作日）	18:00	20:00	2:00

■ 图6-22

②单击【Enter】键，即可自动求差；继续选中J4单元格，并将鼠标放在单元格的右下角处，如图6-22所示。

③按住鼠标左键，向下拖拉至J8，如图6-23所示。

XX公司员工加班统计表

序号	工号	部门	姓名	加班原因	加班日期	开始时间	结束时间	实际加班时间
1	M001	采购部	李瑶	采购物资	2020/6/3（工作日）	18:00	20:00	2:00
2	M002	采购部	王芳	采购物资	2020/7/4（公休日）	8:00	10:00	2:00
3	M003	采购部	刘亚新	采购物资	2020/7/18（公休日）	8:00	11:15	3:15
4	J001	销售部	赵阳	制作销售报表	2020/8/15（公休日）	18:00	20:00	2:00
5	D001	财务部	张鑫	整理财务报表	2020/8/22（公休日）	9:00	12:45	3:45

■ 图6-23

XX公司员工加班统计表

序号	工号	部门	姓名	加班原因	加班日期	开始时间	结束时间	实际加班时间
1	M001	采购部	李瑶	采购物资	2020/6/3（工作日）	18:00	20:00	2:00
2	M002	采购部	王芳	采购物资	2020/7/4（公休日）	8:00	10:00	2:00
3	M003	采购部	刘亚新	采购物资	2020/7/18（公休日）	8:00	11:15	3:15
4	J001	销售部	赵阳	制作销售报表	2020/8/15（公休日）	18:00	20:00	2:00
5	D001	财务部	张鑫	整理财务报表	2020/8/22（公休日）	9:00	12:45	3:45
6								
7								
	合计							=SUM(J4:J8)

■ 图6-24

④用鼠标选中J12，然后输入“=SUM(J4:J8)”，如图6-24所示。

⑤单击【Enter】键，即可自动求和，效果如图6-25所示。

XX公司员工加班统计表

序号	工号	部门	姓名	加班原因	加班日期	开始时间	结束时间	实际加班时间
1	M001	采购部	李瑶	采购物资	2020/6/3（工作日）	18:00	20:00	2:00
2	M002	采购部	王芳	采购物资	2020/7/4（公休日）	8:00	10:00	2:00
3	M003	采购部	刘亚新	采购物资	2020/7/18（公休日）	8:00	11:15	3:15
4	J001	销售部	赵阳	制作销售报表	2020/8/15（公休日）	18:00	20:00	2:00
5	D001	财务部	张鑫	整理财务报表	2020/8/22（公休日）	9:00	12:45	3:45
6								
7								
	合计							13:00

■ 图6-25

（7）设置加班时间舍入计算公式。

①选中K4单元格，然后输入“=ROUND(TEXT(J4,"[h].mmss")+0.2,0)”，如图6-26所示。

SUM | =ROUND(TEXT(J4,"[h].mmss")+0.2,0)

XX公司员工加班统计表

序号	工号	部门	姓名	加班原因	加班日期	开始时间	结束时间	实际加班时间	按小时统计加班时间	本人小时工资	合计加班费（元）
1	M001	采购部	李瑶	采购物资	2020/6/3（工作日）	18:00	20:00	2:00	=ROUND(TEXT(J4,"[h].mmss")+0.2,0)	10.00	
2	M002	采购部	王芳	采购物资	2020/7/4（公休日）	8:00	10:00	2:00		10.00	
3	M003	采购部	刘亚新	采购物资	2020/7/18（公休日）	8:00	11:15	3:15		10.00	

■ 图6-26

②单击【Enter】键后，即可得出舍入的加班时间；继续选中K4，并将鼠标放在单元格的右下角，如图6-27所示。

K4 =ROUND(TEXT(J4,"[h].mmss")+0.2,0)

XX公司员工加班统计表

序号	工号	部门	姓名	加班原因	加班日期	开始时间	结束时间	实际加班时间	按小时统计加班时间
1	M001	采购部	李瑶	采购物资	2020/6/3（工作日）	18:00	20:00	2:00	2

■ 图6-27

XX公司员工加班统计表

序号	工号	部门	姓名	加班原因	加班日期	开始时间	结束时间	实际加班时间	按小时统计加班时间
1	M001	采购部	李瑶	采购物资	2020/6/3（工作日）	18:00	20:00	2:00	2
2	M002	采购部	王芳	采购物资	2020/7/4（公休日）	8:00	10:00	2:00	2
3	M003	采购部	刘亚新	采购物资	2020/7/18（公休日）	8:00	11:15	3:15	3
4	J001	销售部	赵阳	制作销售报表	2020/8/15（公休日）	18:00	20:00	2:00	2
5	D001	财务部	张鑫	整理财务报表	2020/8/22（公休日）	9:00	12:45	3:45	4

■ 图6-28

③按住鼠标左键，然后向下拖拉至K8，如图6-28所示。

（8）设置加班费计算公式。

①选中M4单元格，然后输入“=ROUND(K4*L4*1.5,0)”（注：工作日加班工资乘1.5），如图6-29所示。

SUM =ROUND(K4*L4*1.5,0)

XX公司员工加班统计表

序号	工号	部门	姓名	加班原因	加班日期	开始时间	结束时间	实际加班时间	按小时统计加班时间	本人小时工资	合计加班费（元）
1	M001	采购部	李瑶	采购物资	2020/6/3（工作日）	18:00	20:00	2:00	2	10.00	=ROUND(K4*L4*1.5,0)
2	M002	采购部	王芳	采购物资	2020/7/4（公休日）	8:00	10:00	2:00	2	10.00	

■ 图6-29

②单击【Enter】键后，即可得出工作日的加班费用，效果如图6-30所示。

M4 =ROUND(K4*L4*1.5,0)

XX公司员工加班统计表

序号	工号	部门	姓名	加班原因	加班日期	开始时间	结束时间	实际加班时间	按小时统计加班时间	本人小时工资	合计加班费（元）
1	M001	采购部	李瑶	采购物资	2020/6/3（工作日）	18:00	20:00	2:00	2	10.00	30

■ 图6-30

③选中M5单元格，然后输入“=ROUND(K5*L5*2,0)”（注：休息日加班工资乘2），如图6-31所示。

SUM =ROUND(K5*L5*2,0)

XX公司员工加班统计表

序号	工号	部门	姓名	加班原因	加班日期	开始时间	结束时间	实际加班时间	按小时统计加班时间	本人小时工资	合计加班费（元）
1	M001	采购部	李瑶	采购物资	2020/6/3（工作日）	18:00	20:00	2:00	2	10.00	30
2	M002	采购部	王芳	采购物资	2020/7/4（公休日）	8:00	10:00	2:00	2	10.00	=ROUND(K5*L5*2,0)
3	M003	采购部	刘亚新	采购物资	2020/7/18（公休日）	8:00	11:15	3:15	3	10.00	

■ 图6-31

④按【Enter】键后，即可得出休息日的加班费用；继续选中M5，并将鼠标左键放在单元格的右下角；按住鼠标左键，然后拖拉至M8，即可得出M6、M7和M8在公休日的加班费用，效果如图6-32所示。

2	M002	采购部	王芳	采购物资	2020/7/4（公休日）	8:00	10:00	2:00	2	10.00	40
3	M003	采购部	刘亚新	采购物资	2020/7/18（公休日）	8:00	11:15	3:15	3	10.00	60
4	J001	销售部	赵阳	制作销售报表	2020/8/15（公休日）	18:00	20:00	2:00	2	12.00	48
5	D001	财务部	张鑫	整理财务报表	2020/8/22（公休日）	9:00	12:45	3:45	4	20.00	160

■ 图6-32

⑤选中M11单元格，然后输入“=ROUND(SUM(M4:M8),0)”，如图6-33所示。

SUM　=ROUND(SUM(M4:M8),0)

XX公司员工加班统计表

序号	工号	部门	姓名	加班原因	加班日期	开始时间	结束时间	实际加班时间	按小时统计加班时间	本人小时工资	合计加班费（元）
1	M001	采购部	李瑶	采购物资	2020/6/3（工作日）	18:00	20:00	2:00	2	10.00	30
2	M002	采购部	王芳	采购物资	2020/7/4（公休日）	8:00	10:00	2:00	2	10.00	40
3	M003	采购部	刘亚新	采购物资	2020/7/18（公休日）	8:00	11:15	3:15	3	10.00	60
4	J001	销售部	赵阳	制作销售报表	2020/8/15（公休日）	18:00	20:00	2:00	2	12.00	48
5	D001	财务部	张鑫	整理财务报表	2020/8/22（公休日）	9:00	12:45	3:45	4	20.00	160
6											
7											
	合计							13:00			=ROUND(SUM(M4:M8),0)

备注：

■ 图6-33

⑥单击【Enter】键，即可得出以上人员的合计加班费用，最终的效果如图6-34所示。

XX公司员工加班统计表

序号	工号	部门	姓名	加班原因	加班日期	开始时间	结束时间	实际加班时间	按小时统计加班时间	本人小时工资	合计加班费（元）
1	M001	采购部	李瑶	采购物资	2020/6/3（工作日）	18:00	20:00	2:00	2	10.00	30
2	M002	采购部	王芳	采购物资	2020/7/4（公休日）	8:00	10:00	2:00	2	10.00	40
3	M003	采购部	刘亚新	采购物资	2020/7/18（公休日）	8:00	11:15	3:15	3	10.00	60
4	J001	销售部	赵阳	制作销售报表	2020/8/15（公休日）	18:00	20:00	2:00	2	12.00	48
5	D001	财务部	张鑫	整理财务报表	2020/8/22（公休日）	9:00	12:45	3:45	4	20.00	160
6											
7											
	合计							13:00			338

备注：

1. 按照公司薪酬管理制度的相关规定，实际加班时间如果超过半小时且不足1个小时，应按照1小时计算加班费用。

2. 统计加班费是以本人小时工资作为基数，工作日加班按照1.5倍小时工资计算，休息日加班按照2倍小时工资计算，节日按照3倍小时工资计算。

■ 图6-34

ROUND函数说明

【用途】按指定位数四舍五入某个数字。

【语法】ROUND(number, num_digits)

【参数】number是需要四舍五入的数字；num_digits为指定的位数，number按此位数进行处理。

【注意】如果num_digits大于0，则四舍五入到指定的小数位；如果num_digits等于0，则四舍五入到最接近的整数；如果num_digits小于0，则在小数点左侧按指定位数四舍五入。

三、员工带薪年假统计表

内容说明

《职工带薪年休假条例》规定，工作满1年不满10年，年休假为5天；满10年不满20年，年休假为10天；工作20年以上，年休假为15天。

学习任务

使用Excel 2016制作“员工带薪年假统计表”，重点是掌握内存数组公式的设置方法。

具体步骤

（1）创建、命名文件及设置行高。

①新建一个Excel工作表，并将其命名为“××公司员工带薪年假统计表”。

②打开空白工作表，用鼠标选中第2行单元格，然后在功能区选择【格式】，用左键点击后即会出现下拉菜单，继续点击【行高】，在弹出的【行高】对话框中，把行高设置为40，然后单击【确定】，如图6-35所示。

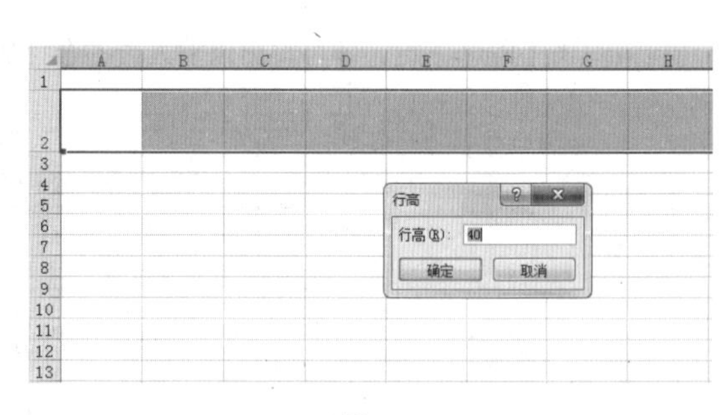

■ 图6-35

③用同样的方法，把第3行至第13行的行高设置为30，如图6-36所示。

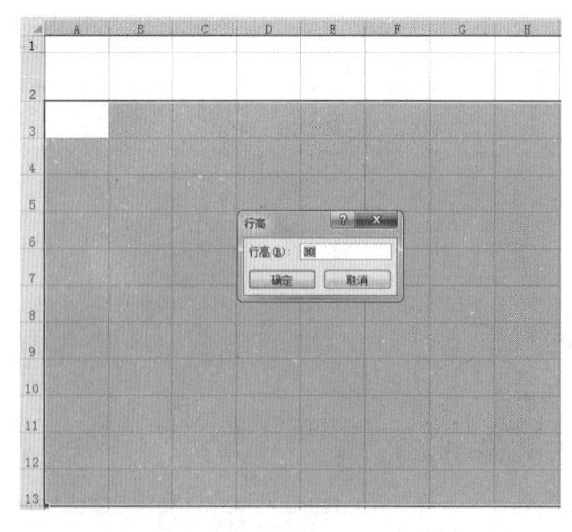

■ 图6-36

（2）设置列宽。

用鼠标选中B至H列单元格，然后在功能区选择【格式】，用左键点击后即会出现下拉菜单，然后点击【列宽】，在弹出的【列宽】对话框中，把列宽设置为14，然后单击【确定】，如图6-37所示。

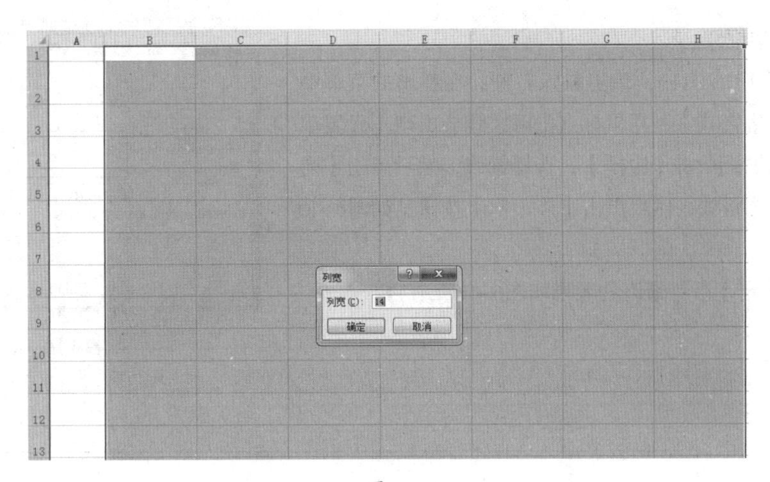

■ 图6–37

（3）合并单元格。

①用鼠标选中B2:H2，然后在功能区选择【合并后居中】按钮，用鼠标左键点击按钮，效果如图6–38所示。

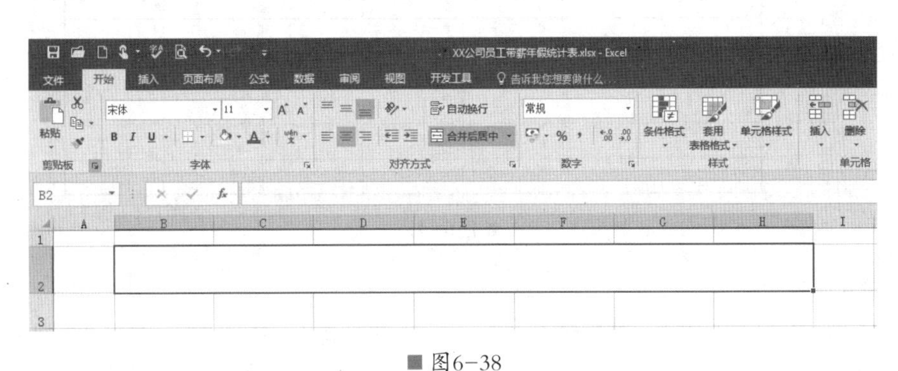

■ 图6–38

②用同样的方法，选中B14:H14，然后在功能区选择【合并后居中】按钮，用鼠标左键点击按钮，效果如图6–39所示。

■ 图6–39

（4）设置边框线。

①用鼠标选中B3:H13，单击鼠标右键，在弹出的菜单中选择【设置单元格格式】；用鼠标点击后，就会出现【设置单元格格式】对话框；点击【边框】，选择细线，然后点击【内部】按钮；再选择粗线，然后点击【外边框】按钮，如图6-40所示。

②点击【确定】后，最终的效果如图6-41所示。

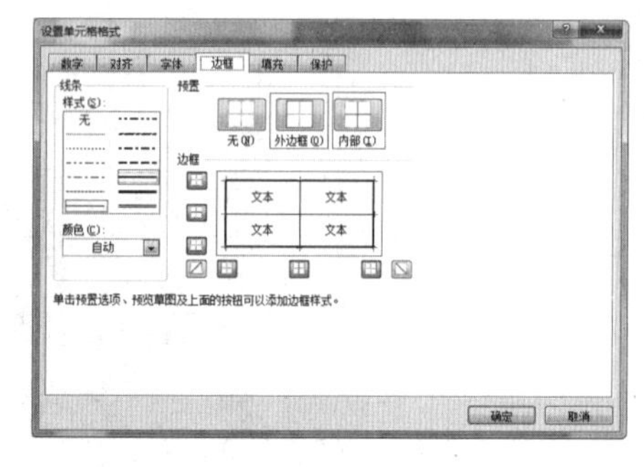

■ 图6-40

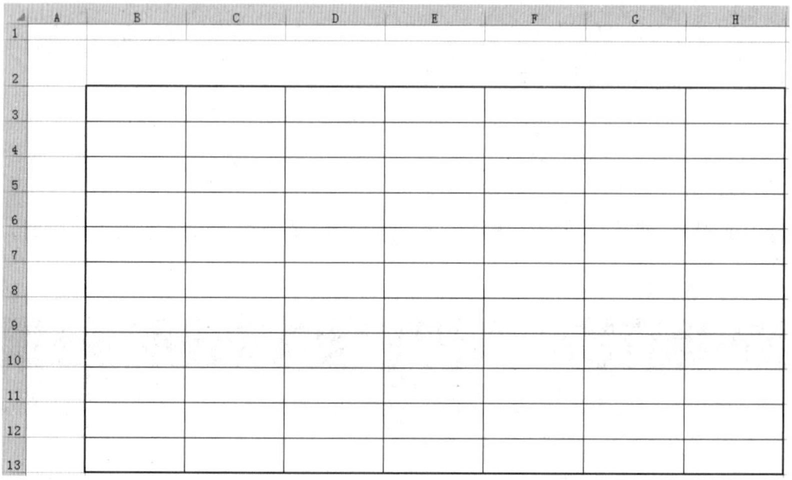

■ 图6-41

（5）输入内容。

①用鼠标选中B2，然后在单元格内输入“××公司员工带薪年假统计表”；选中该单元格，将【字号】设置为24；在功能区中点击【垂直居中】和【居中】，并用【Ctrl+B】快捷键将文字加粗。

②在B3:H14区域内的单元格中分别输入文字，并按照前面提到的方法对文字进行适当调整，效果如图6-42所示。

XX公司员工带薪年假统计表

员工号	姓名	部门	入职时间	工龄	带薪年假天数计算方法之一	带薪年假天数计算方法之二
MT001	赵梦祥	研发部	2005/5/10			
MT002	李玉坤	研发部	2006/7/11			
MT003	王子鸣	运营部	2010/4/9			
MT004	刘明仁	运营部	2012/7/10			
MT005	高艺馨	财务部	2005/7/1			
MT006	曹爽	人事部	2009/9/4			
MT007	孟良刚	销售部	2012/6/4			
MT008	朱一诺	销售部	2011/8/26			
MT009	田凡新	销售部	2014/11/24			
MT010	何茜	销售部	2018/12/3			

备注：工作满1年不满10年，年休假为5天；满10年不满20年，年休假为10天；工作20年以上，年休假为15天。

■ 图6-42

（6）设置工龄公式。

①选中F4单元格，然后输入“=DATEDIF(E4,TODAY(),"y")”，如图6-43所示。

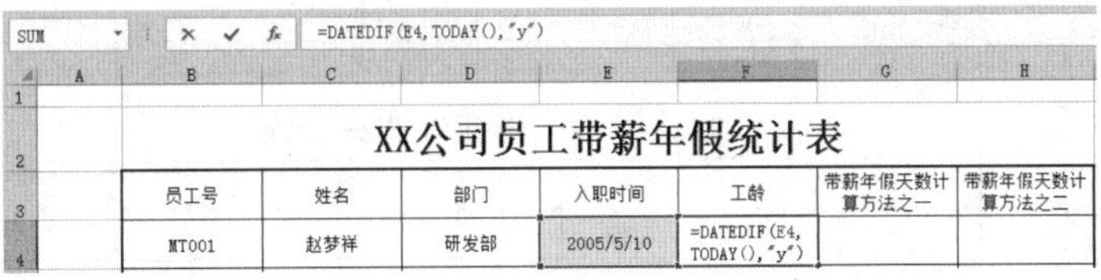

SUM =DATEDIF(E4,TODAY(),"y")

XX公司员工带薪年假统计表

员工号	姓名	部门	入职时间	工龄	带薪年假天数计算方法之一	带薪年假天数计算方法之二
MT001	赵梦祥	研发部	2005/5/10	=DATEDIF(E4,TODAY(),"y")		

图6-43

②单击【Enter】键，即可显示该员工的工龄；继续选中F4单元格，并将鼠标放在单元格的右下角处，如图6-44所示。

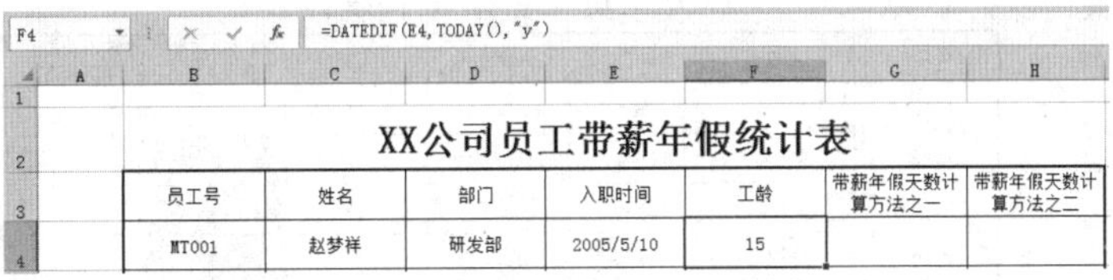

F4 =DATEDIF(E4,TODAY(),"y")

XX公司员工带薪年假统计表

员工号	姓名	部门	入职时间	工龄	带薪年假天数计算方法之一	带薪年假天数计算方法之二
MT001	赵梦祥	研发部	2005/5/10	15		

■ 图6-44

③按住鼠标左键，向下拖拉至F13，即可为其他员工计算工龄，最终的效果如图6-45所示。

XX公司员工带薪年假统计表

员工号	姓名	部门	入职时间	工龄	带薪年假天数计算方法之一	带薪年假天数计算方法之二
MT001	赵梦祥	研发部	2005/5/10	15		
MT002	李玉坤	研发部	2006/7/11	14		
MT003	王子鸣	运营部	2010/4/9	10		
MT004	刘明仁	运营部	2012/7/10	8		
MT005	高艺馨	财务部	2005/7/1	15		
MT006	曹爽	人事部	2009/9/4	11		
MT007	孟良刚	销售部	2012/6/4	8		
MT008	朱一诺	销售部	2011/8/26	9		
MT009	田凡新	销售部	2014/11/24	6		
MT010	何茜	销售部	2018/12/3	1		

■ 图6-45

（7）方法一：设置IF函数计算年假天数。

①选中G4单元格，然后输入“=IF(F4<1,0,IF(F4<10,5,IF(F4<20,10,15)))”，如图6-46所示。

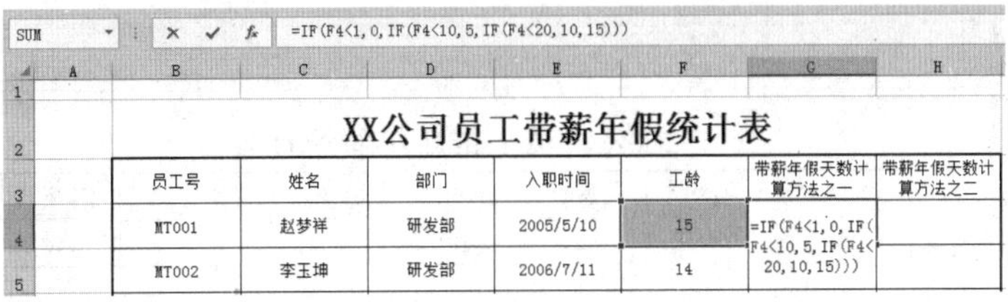

SUM =IF(F4<1,0,IF(F4<10,5,IF(F4<20,10,15)))

XX公司员工带薪年假统计表

员工号	姓名	部门	入职时间	工龄	带薪年假天数计算方法之一	带薪年假天数计算方法之二
MT001	赵梦祥	研发部	2005/5/10	15	=IF(F4<1,0,IF(F4<10,5,IF(F4<20,10,15)))	
MT002	李玉坤	研发部	2006/7/11	14		

■ 图6-46

②单击【Enter】键后，即可得出该员工带薪年假的天数；继续选中G4，并将鼠标放在单元格的右下角，如图6-47所示。

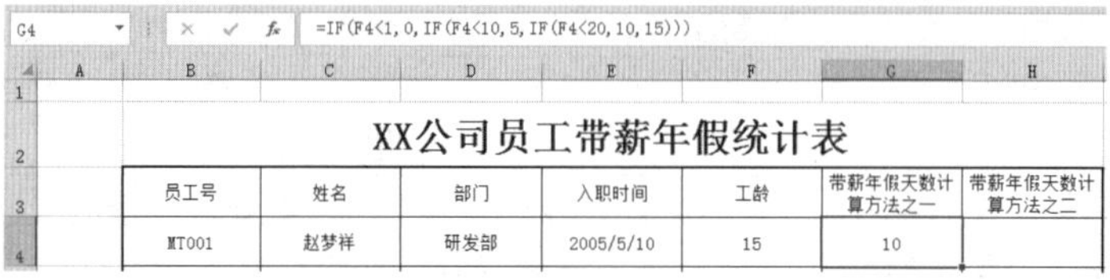

G4　=IF(F4<1,0,IF(F4<10,5,IF(F4<20,10,15)))

XX公司员工带薪年假统计表

员工号	姓名	部门	入职时间	工龄	带薪年假天数计算方法之一	带薪年假天数计算方法之二
MT001	赵梦祥	研发部	2005/5/10	15	10	

■ 图6-47

③按住鼠标左键，然后向下拖拉至G13，最终的效果如图6-48所示。

XX公司员工带薪年假统计表

员工号	姓名	部门	入职时间	工龄	带薪年假天数计算方法之一	带薪年假天数计算方法之二
MT001	赵梦祥	研发部	2005/5/10	15	10	
MT002	李玉坤	研发部	2006/7/11	14	10	
MT003	王子鸣	运营部	2010/4/9	10	10	
MT004	刘明仁	运营部	2012/7/10	8	5	
MT005	高艺馨	财务部	2005/7/1	15	10	
MT006	曹爽	人事部	2009/9/4	11	10	
MT007	孟良刚	销售部	2012/6/4	8	5	
MT008	朱一诺	销售部	2011/8/26	9	5	
MT009	田凡新	销售部	2014/11/24	6	5	
MT010	何茜	销售部	2018/12/3	1	5	

■ 图6-48

（8）方法二：设置内存数组公式计算年假天数。

①选中H4单元格，然后输入“=SUM(5*(F4>={1,10,20}))”，如图6-49所示。

SUM　=SUM(5*(F4>={1,10,20}))

XX公司员工带薪年假统计表

员工号	姓名	部门	入职时间	工龄	带薪年假天数计算方法之一	带薪年假天数计算方法之二
MT001	赵梦祥	研发部	2005/5/10	15	10	=SUM(5*(F4>={1,10,20}))

■ 图6-49

②单击【Enter】键后，即可得出该员工带薪年假的天数；继续选中H4，并将鼠标放在单元格的右下角，如图6-50所示。

H4　=SUM(5*(F4>={1,10,20}))

XX公司员工带薪年假统计表

员工号	姓名	部门	入职时间	工龄	带薪年假天数计算方法之一	带薪年假天数计算方法之二
MT001	赵梦祥	研发部	2005/5/10	15	10	10

■ 图6-50

③按住鼠标左键，然后向下拖拉至H13，如图6-51所示。

XX公司员工带薪年假统计表

员工号	姓名	部门	入职时间	工龄	带薪年假天数计算方法之一	带薪年假天数计算方法之二
MT001	赵梦祥	研发部	2005/5/10	15	10	10
MT002	李玉坤	研发部	2006/7/11	14	10	10
MT003	王子鸣	运营部	2010/4/9	10	10	10
MT004	刘明仁	运营部	2012/7/10	8	5	5
MT005	高艺馨	财务部	2005/7/1	15	10	10
MT006	曹爽	人事部	2009/9/4	11	10	10
MT007	孟良刚	销售部	2012/6/4	8	5	5
MT008	朱一诺	销售部	2011/8/26	9	5	5
MT009	田凡新	销售部	2014/11/24	6	5	5
MT010	何茜	销售部	2018/12/3	1	5	5

■ 图6-51

④最终的效果如图6-52所示。

XX公司员工带薪年假统计表

员工号	姓名	部门	入职时间	工龄	带薪年假天数计算方法之一	带薪年假天数计算方法之二
MT001	赵梦祥	研发部	2005/5/10	15	10	10
MT002	李玉坤	研发部	2006/7/11	14	10	10
MT003	王子鸣	运营部	2010/4/9	10	10	10
MT004	刘明仁	运营部	2012/7/10	8	5	5
MT005	高艺馨	财务部	2005/7/1	15	10	10
MT006	曹爽	人事部	2009/9/4	11	10	10
MT007	孟良刚	销售部	2012/6/4	8	5	5
MT008	朱一诺	销售部	2011/8/26	9	5	5
MT009	田凡新	销售部	2014/11/24	6	5	5
MT010	何茜	销售部	2018/12/3	1	5	5

备注：工作满1年不满10年，年休假为5天；满10年不满20年，年休假为10天；工作20年以上，年休假为15天。

■ 图6-52

IF函数说明

【用途】执行逻辑判断，它可以根据逻辑表达式的真假，返回不同的结果，从而执行数值或公式的条件检测任务。

【语法】IF(logical_test,value_if_true,[value_if_false])

【参数】logical_test是计算结果为TRUE或FALSE的任何数值或表达式。value_if_true是logical_test为TRUE时函数的返回值，如果logical_test为TRUE并且省略了value_if_true，则返回TRUE；而且value_if_true也可以是一个表达式。value_if_false是logical_test为FALSE时函数的返回值，如果logical_test为FALSE并且省略value_if_false，则返回FALSE；value_if_false也可以是一个表达式。

四、岗位定级标准表

内容说明

岗位定级是指人岗匹配工作，即根据岗位任职条件选拔合适的人入岗。在现代企业管理中，岗位定级从微观而言有助于调动员工工作积极性、提高员工工作效率；从宏观而言，它是完善薪酬管理的前提，也是企业进行改制转型必经的步骤。岗位定级不仅能将岗位细化、分工细化，也有助于体现劳动成果和价值之间的关系。

学习任务

使用Excel 2016制作“岗位定级标准表”，重点是掌握Excel基础表格绘制操作。

具体步骤

（1）创建、命名文件及设置行高。

①新建一个Excel工作表，并将其命名为“××公司岗位定级标准表”。

②打开空白工作表，用鼠标选中第2行单元格，然后在功能区选择【格式】，用左键点击后即会出现下拉菜单，继续点击【行高】，在弹出的【行高】对话框中，把行高设置为40，然后单击【确定】，如图6-53所示。

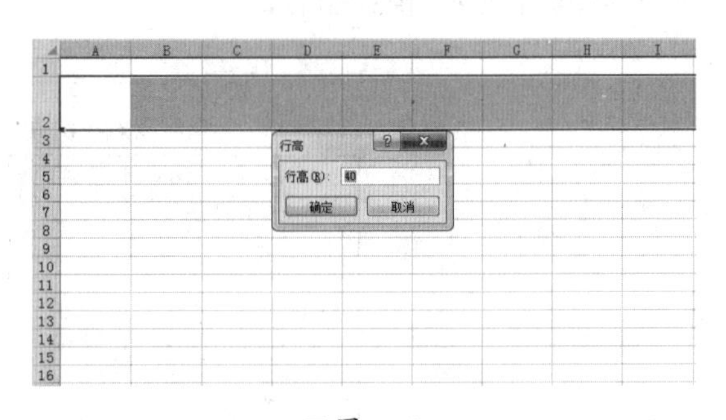

■ 图6-53

③用同样的方法，把第3行至第4行的行高设置为30，把第5行至第8行的行高设置为100，如图6-54所示。

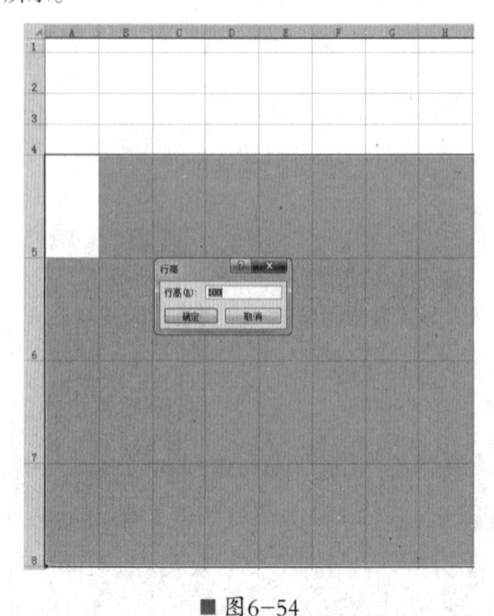

■ 图6-54

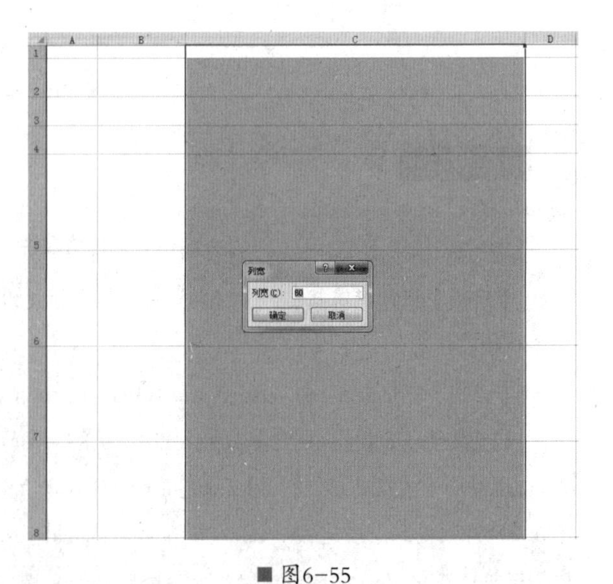

■ 图6-55

（2）设置列宽。

①用鼠标选中B列单元格，然后在功能区选择【格式】，用左键点击后即会出现下拉菜单，然后点击

【列宽】，在弹出的【列宽】对话框中，把列宽设置为15，然后单击【确定】。

②用同样的方法，把C列单元格的列宽设置为60，如图6–55所示。

（3）合并单元格。

①用鼠标选中B2:C2，然后在功能区选择【合并后居中】按钮，用鼠标左键点击按钮，效果如图6–56所示。

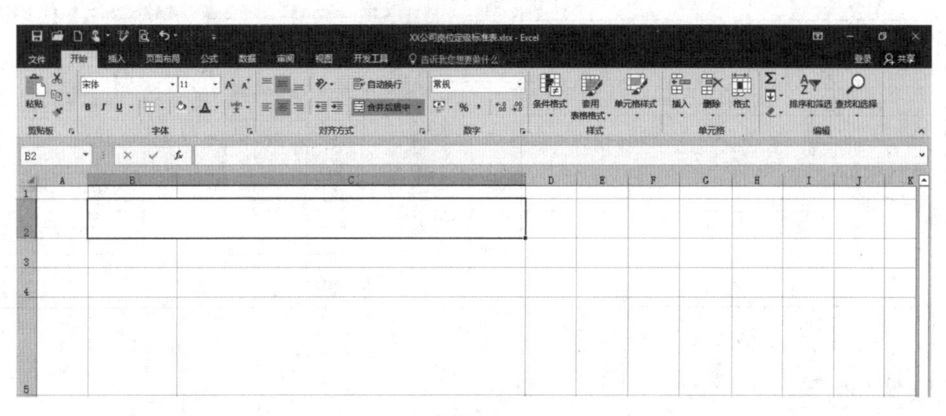

■ 图6–56

②用同样的方法，分别选中B5:C5、B7:B8，然后在功能区选择【合并后居中】按钮，用鼠标左键点击按钮，效果如图6–57所示。

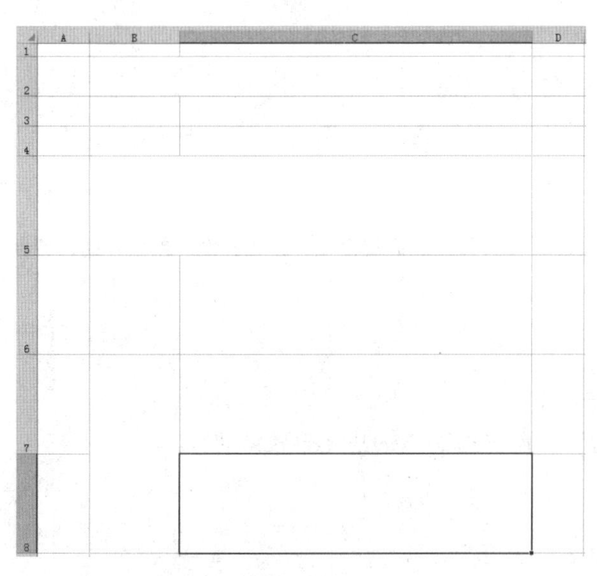

■ 图6–57

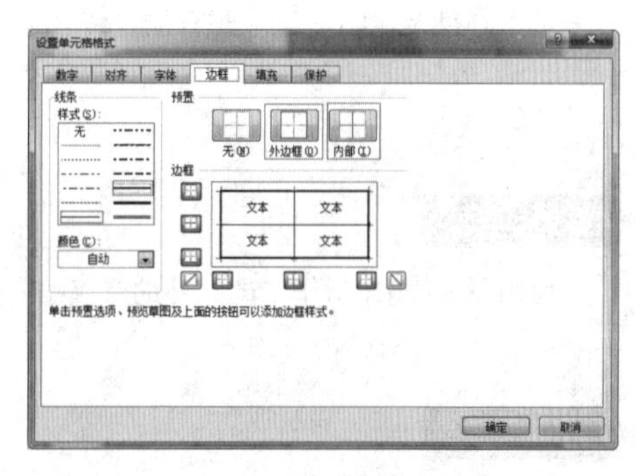

■ 图6–58

（4）设置边框线。

①用鼠标选中B3:C8，单击鼠标右键，在弹出的菜单中选择【设置单元格格式】；用鼠标点击后，就会出现【设置单元格格式】对话框；点击【边框】，选择细线，然后点击【内部】按钮；再选择粗线，然后点击【外边框】按钮，如图6–58所示。

②点击【确定】后，最终的效果如图6–59所示。

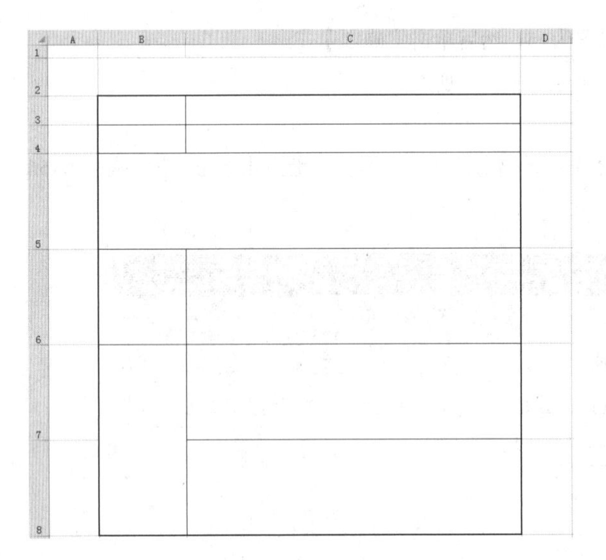

■ 图6-59

XX公司岗位定级标准表

序 号	岗位类别等级	定 级		
		级 别	范 围	工资金额（元）
1	工人岗一级	5	1~5	900~1200
2	工人岗二级	8	4~8	1100~1600
3	工人岗三级	11	7~11	1400~1800
4	技术岗一级	14	11~14	1500~2000
5	技术岗二级	16	12~16	1800~3500
6	管理岗一级	22	18~22	1400~4200
7	管理岗二级	28	23~28	2200~8000

■ 图6-60

（5）输入内容。

①用鼠标选中B2，然后在单元格内输入“××公司岗位定级标准表”；选中该单元格，将【字号】设置为24；在功能区中点击【垂直居中】和【居中】，并用【Ctrl+B】快捷键将文字加粗。

②在B3:F11区域内的单元格中分别输入文字，并按照前面提到的方法对文字进行适当调整，效果如图6-60所示。

五、员工补助及津贴一览表

内容说明

员工补助及津贴项目主要有加班费、全勤奖、室外工作津贴、高温津贴、午餐补助、差旅补助、劳保津贴等。

学习任务

使用Excel 2016制作“员工补助及津贴一览表”，重点是掌握Excel基础表格绘制操作。

具体步骤

（1）创建、命名文件及设置行高。

①新建一个Excel工作表，并将其命名为“××公司员工补助及津贴一览表”。

②打开空白工作表，用鼠标选中第2行单元格，然后在功能区选择【格式】，用左键点击后即会出现下拉菜单，继续点击【行高】，在弹出的【行高】对话框中，把行高设置为40，然后单击【确定】，如图6-61所示。

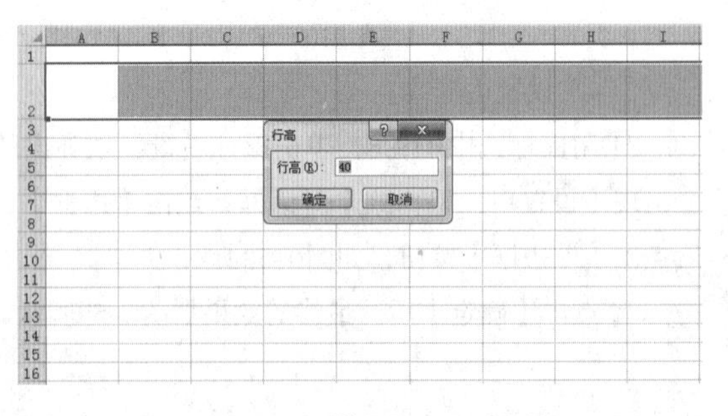

■ 图6-61

③用同样的方法，把第3行的行高设置为20、第4行的行高设置为50、第5行至第6行的行高设置为90、第7行至第16行的行高设置为42，如图6-62所示。

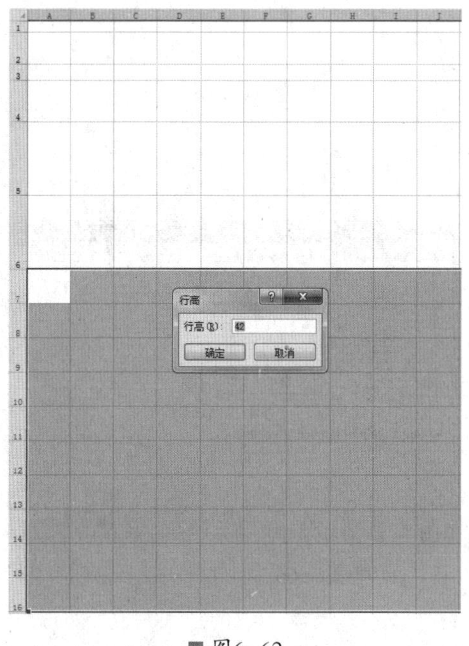

■ 图6-62

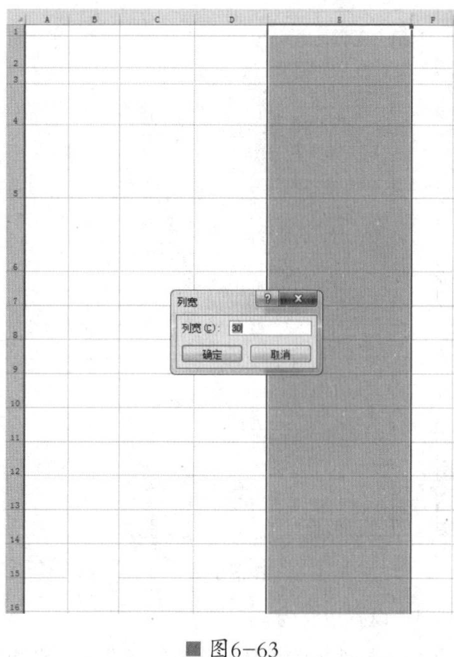

■ 图6-63

（2）设置列宽。

①用鼠标选中B列单元格，然后在功能区选择【格式】，用左键点击后即会出现下拉菜单，然后点击【列宽】，在弹出的【列宽】对话框中，把列宽设置为10，然后单击【确定】。

②用同样的方法，把C列、D列单元格的列宽设置为15，E列单元格的列宽设置为30，如图6-63所示。

（3）合并单元格。

①用鼠标选中B2:E2，然后在功能区选择【合并后居中】按钮，用鼠标左键点击按钮，效果如图6-64所示。

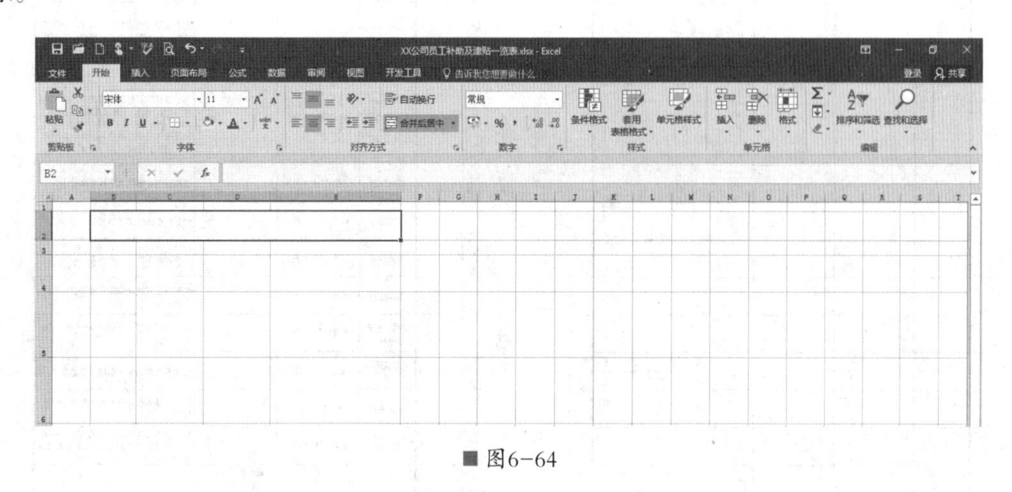

■ 图6-64

②用同样的方法，选中B15:B16，然后在功能区选择【合并后居中】按钮，用鼠标左键点击按钮，效果如图6-65所示。

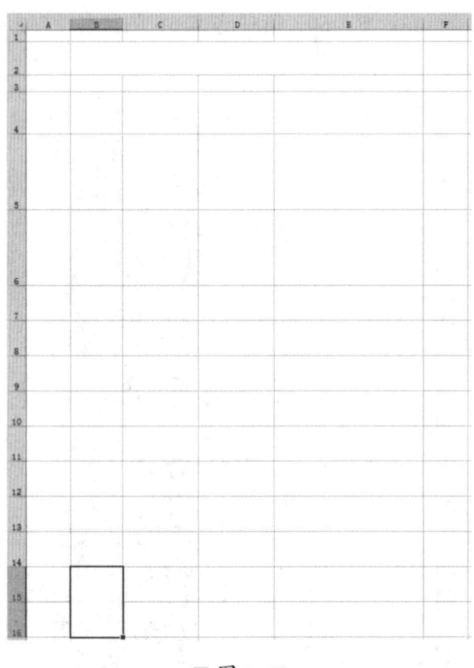

■ 图6–65

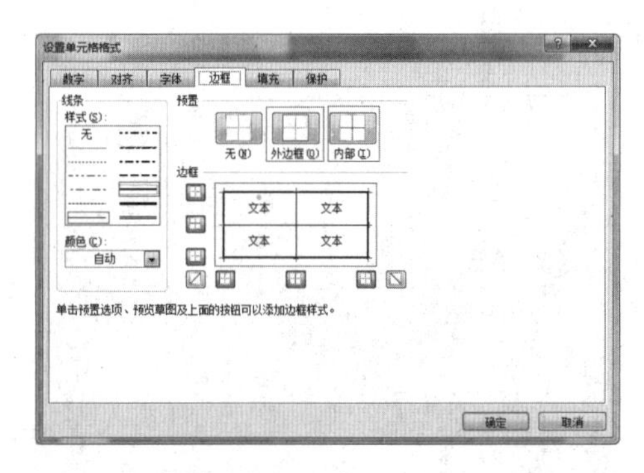

■ 图6–66

（4）设置边框线。

①用鼠标选中B3:E16，单击鼠标右键，在弹出的菜单中选择【设置单元格格式】；用鼠标点击后，就会出现【设置单元格格式】对话框；点击【边框】，选择细线，然后点击【内部】按钮；再选择粗线，然后点击【外边框】按钮，如图6–66所示。

②点击【确定】后，最终的效果如图6–67所示。

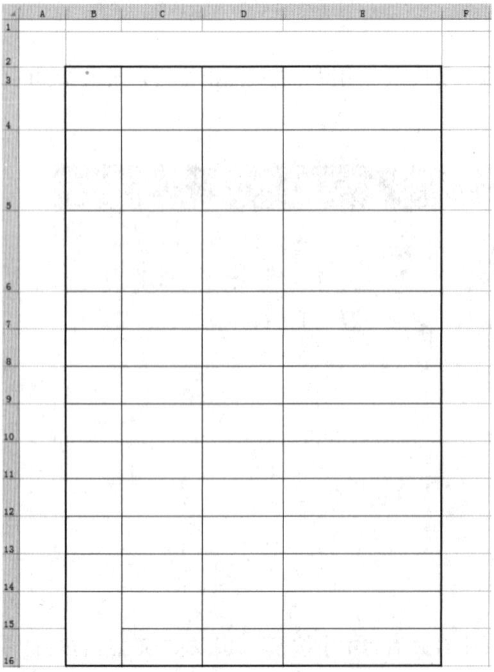

■ 图6–67

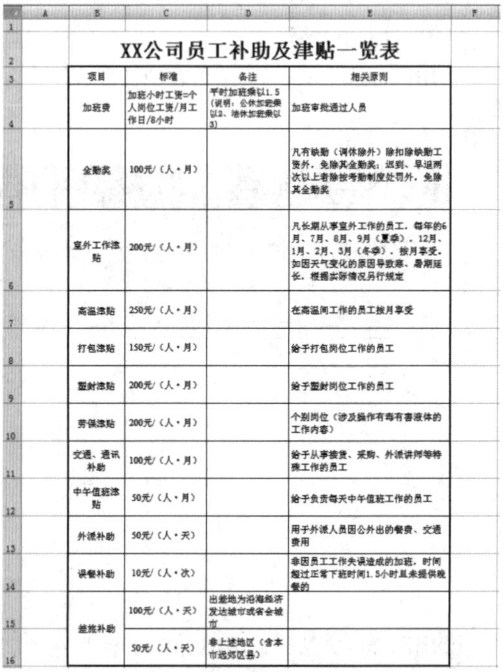

XX公司员工补助及津贴一览表

项目	标准	备注	相关原则
加班费	加班小时工资=个人岗位工资/月工作日/8小时	平时加班乘以1.5（说明：公休加班乘以2、法休加班乘以3）	加班审批通过人员
全勤奖	100元/（人·月）		凡有缺勤（调休除外）除扣除缺勤工资外，免除其全勤奖；迟到、早退两次以上者除按考勤制度处罚外，免除其全勤奖
室外工作津贴	200元/（人·月）		凡长期从事室外工作的员工，每年的6月、7月、8月、9月（夏季），12月、1月、2月、3月（冬季），按月享受。如因天气变化的原因导致寒、暑期延长，根据实际情况另行规定
高温津贴	250元/（人·月）		在高温间工作的员工按月享受
打包津贴	150元/（人·月）		给予打包岗位工作的员工
塑封津贴	200元/（人·月）		给予塑封岗位工作的员工
劳保津贴	200元/（人·月）		个别岗位（涉及操作有毒有害液体的工作内容）
交通、通讯补助	100元/（人·月）		给予从事接货、采购、外派讲师等特殊工作的员工
中午值班津贴	50元/（人·月）		给予负责每天中午值班工作的员工
外派补助	50元/（人·天）		用于外派人员因公外出的餐费、交通费用
误餐补助	10元/（人·次）		非因员工工作失误造成的加班，时间超过正常下班时间1.5小时且未提供晚餐的
差旅补助	100元/（人·天）	出差地为沿海经济发达城市或省会城市	
	50元/（人·天）	非上述地区（含本市远郊区县）	

■ 图6–68

（5）输入内容。

①用鼠标选中B2，然后在单元格内输入“××公司员工补助及津贴一览表”；选中该单元格，将【字号】设置为24；在功能区中点击【垂直居中】和【居中】，并用【Ctrl+B】快捷键将文字加粗。

②在B3:E16区域内的单元格中分别输入文字，并按照前面提到的方法对文字进行适当调整，效果如图6-68所示。

六、不同岗位员工薪酬组成表

内容说明

不同岗位员工的薪酬主要由知识技能工资、司龄工资、固定工资、绩效工资、年度效益奖金、其他奖金、加班工资、驻外津贴等组成。

学习任务

使用Excel 2016制作“不同岗位员工薪酬组成表”，重点是掌握Excel基础表格绘制操作。

具体步骤

（1）创建、命名文件及设置行高。

①新建一个Excel工作表，并将其命名为“××公司不同岗位员工薪酬组成表”。

②打开空白工作表，用鼠标选中第2行单元格，然后在功能区选择【格式】，用左键点击后即会出现下拉菜单，继续点击【行高】，在弹出的【行高】对话框中，把行高设置为40，然后单击【确定】，如图6-69所示。

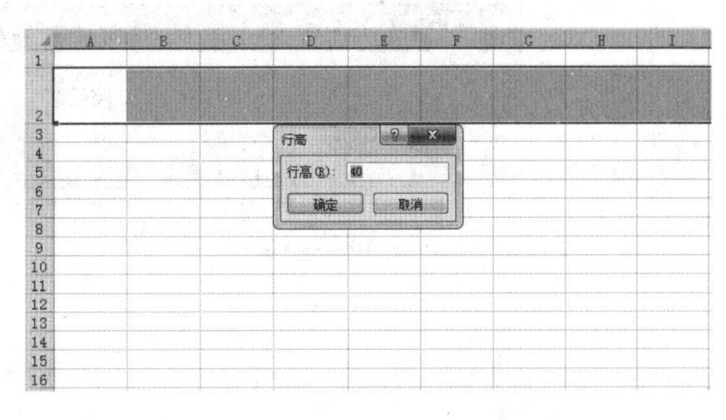

■ 图6-69

③用同样的方法，把第3行至第10行的行高设置为45，如图6-70所示。

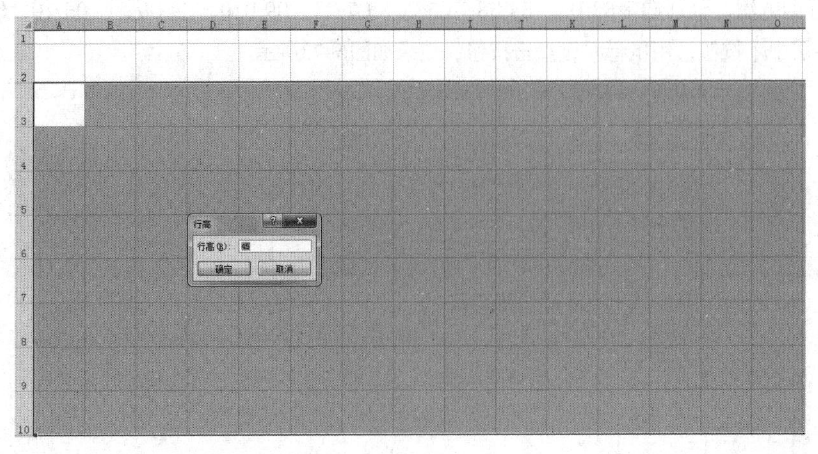

■ 图6-70

（2）设置列宽。

用鼠标选中B至O列单元格，然后在功能区选择【格式】，用左键点击后即会出现下拉菜单，然后点击【列宽】，在弹出的【列宽】对话框中，把列宽设置为8，然后单击【确定】，如图6-71所示。

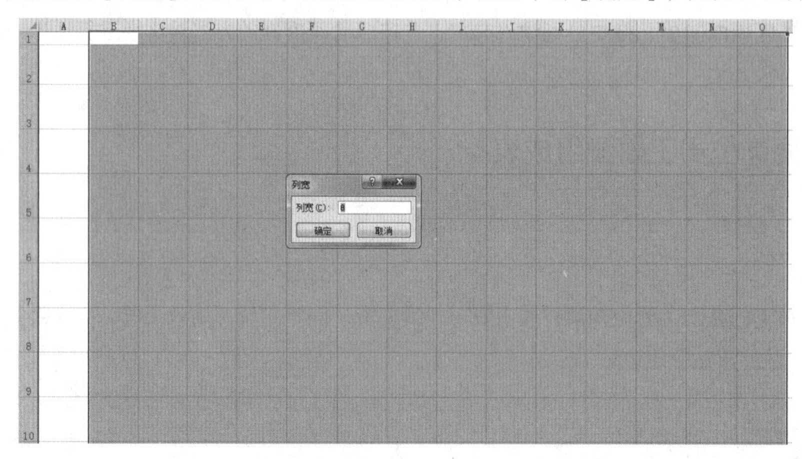

■ 图6-71

（3）合并单元格。

①用鼠标选中B2:O2，然后在功能区选择【合并后居中】按钮，用鼠标左键点击按钮，效果如图6-72所示。

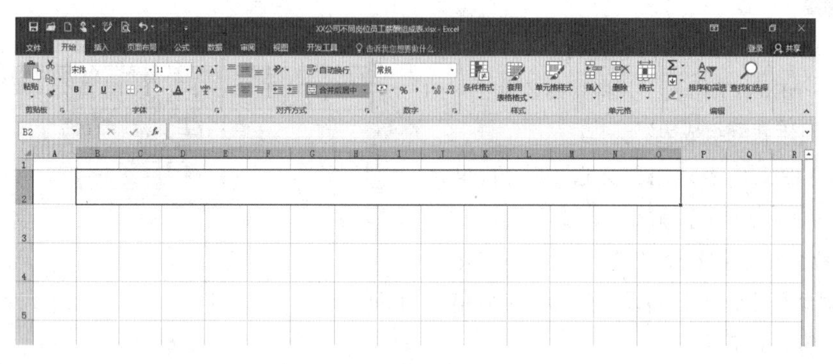

■ 图6-72

②用同样的方法，分别选中B3:D3、B4:B8、C5:C6、C7:C8、B9:B10、C9:D9、C10:D10，然后在功能区选择【合并后居中】按钮，用鼠标左键点击按钮，效果如图6-73所示。

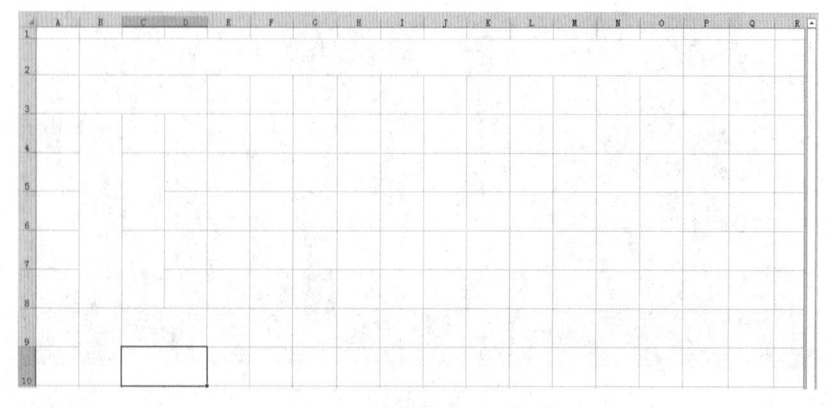

■ 图6-73

（4）设置边框线。

①用鼠标选中B3:O10，单击鼠标右键，在弹出的菜单中选择【设置单元格格式】；用鼠标点击后，就会出现【设置单元格格式】对话框；点击【边框】，选择细线，然后点击【内部】按钮；再选择粗线，然后点击【外边框】按钮，如图6–74所示。

②点击【确定】后，最终的效果如图6–75所示。

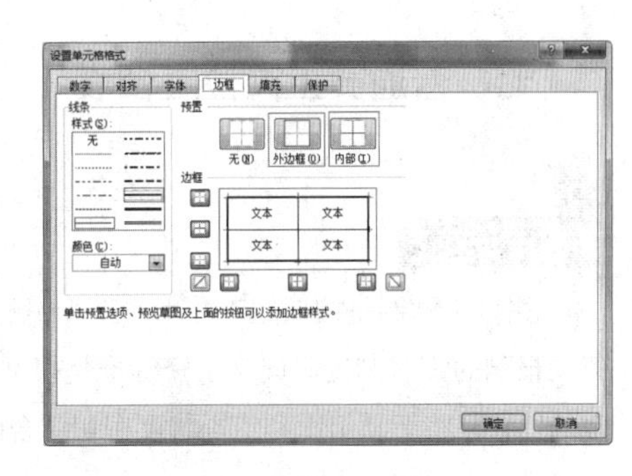

■ 图6–74

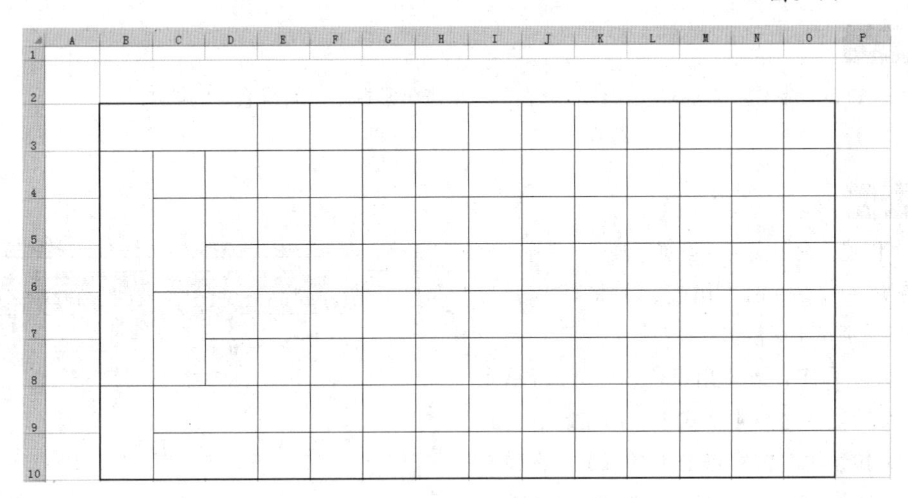

■ 图6–75

（5）输入内容。

①用鼠标选中B2，然后在单元格内输入“××公司不同岗位员工薪酬组成表”；选中该单元格，将【字号】设置为24；在功能区中点击【垂直居中】和【居中】，并用【Ctrl+B】快捷键将文字加粗。

②在B3:O10区域内的单元格中分别输入文字，并按照前面提到的方法对文字进行适当调整，效果如图6–76所示。

XX公司不同岗位员工薪酬组成表

人员分类			知识技能工资	司龄工资	固定工资	绩效工资	年度效益奖金	其他奖金	加班工资	驻外津贴	午餐补贴	主要福利	其他
正式员工	高级管理层		全	全	全	全	全	部分	—	部分	全	全	全
	部门负责人	职能部门	全	全	全	全	全	部分	—	部分	全	全	—
		业务部门	全	全	全	全	全	部分	—	部分	全	全	部分
	部门员工	职能部门	全	全	全	全	全	部分	全	部分	全	全	—
		业务部门	全	全	全	全	全	部分	全	—	全	全	部分
非正式员工	试用期员工		全	—	部分	部分	—	—	—	—	全	—	—
	兼职人员		—	—	—	—	—	部分	—	部分	—	—	—

■ 图6–76

七、普通员工岗位工资表

岗位工资制是按照职工在生产工作中的不同岗位确定工资，并根据职工完成规定的岗位职责情况支付劳动报酬的工资制度。岗位工资标准是根据各岗位的技术高低、责任大小、劳动强度和劳动条件等因素确定的。它是将劳动组织和工资制度密切结合的一种分配形式。

使用Excel 2016制作“普通员工岗位工资表”，重点是掌握绘制斜线表头的操作。

（1）创建、命名文件及设置行高。

①新建一个Excel工作表，并将其命名为“××公司普通员工岗位工资表”。

②打开空白工作表，用鼠标选中第2行单元格，然后在功能区选择【格式】，用左键点击后即会出现下拉菜单，继续点击【行高】，在弹出的【行高】对话框中，把行高设置为40，然后单击【确定】，如图6-77所示。

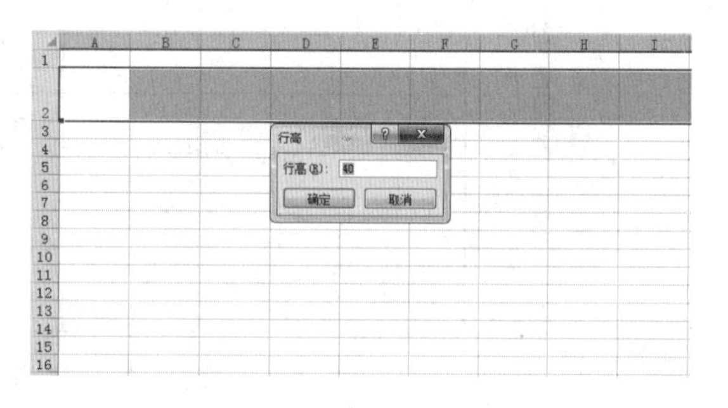

■ 图6-77

③用同样的方法，把第3行至第18行的行高设置为26，如图6-78所示。

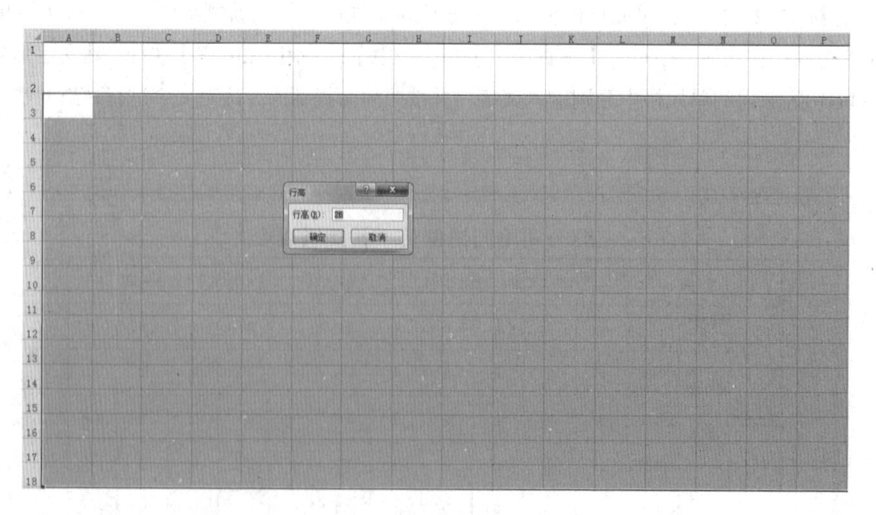

■ 图6-78

（2）设置列宽。

用鼠标选中B至P列单元格，然后在功能区选择【格式】，用左键点击后即会出现下拉菜单，然后点击【列宽】，在弹出的【列宽】对话框中，把列宽设置为7.5，然后单击【确定】，如图6-79所示。

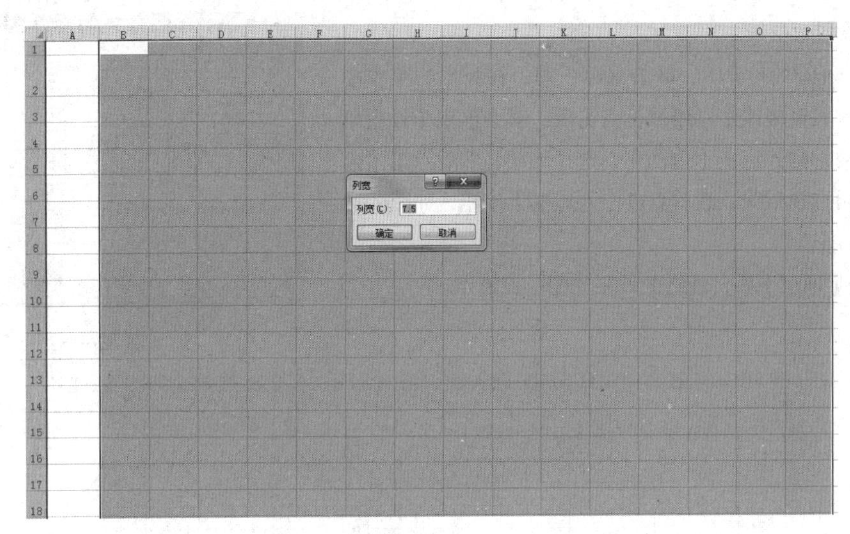

■ 图6-79

（3）合并单元格。

①用鼠标选中B2:P2，然后在功能区选择【合并后居中】按钮，用鼠标左键点击按钮，效果如图6-80所示。

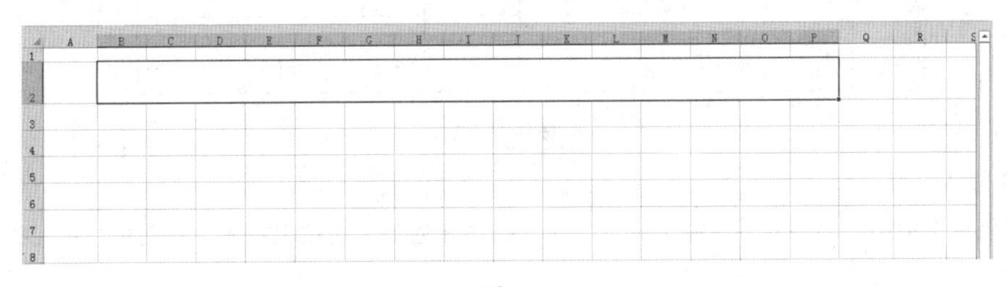

■ 图6-80

②用同样的方法，分别选中B3:D4、B5:B10、C5:C7、C8:C10、B11:B18、C11:D11、C12:D12、C13:D13、C14:D14、C15:D15、C16:D16、C17:D17、C18:D18，然后在功能区选择【合并后居中】按钮，用鼠标左键点击按钮，效果如图6-81所示。

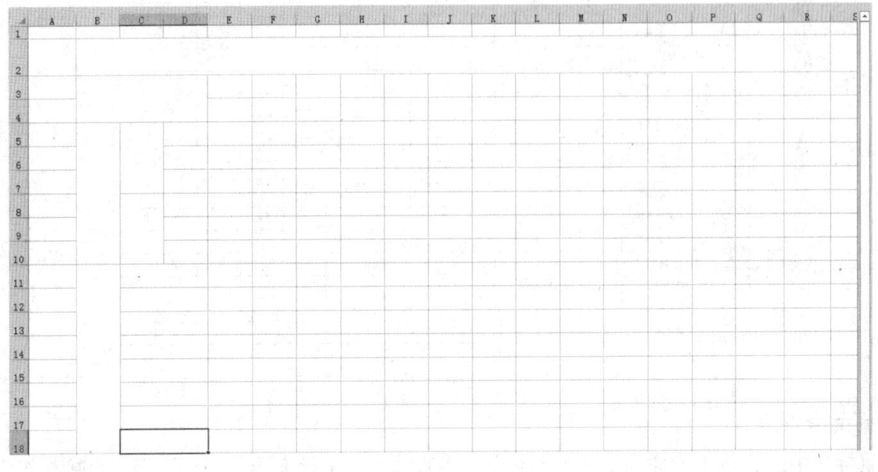

■ 图6-81

（4）设置边框线。

①用鼠标选中B3:P18，单击鼠标右键，在弹出的菜单中选择【设置单元格格式】；用鼠标点击后，就会出现【设置单元格格式】对话框；点击【边框】，选择细线，然后点击【内部】按钮；再选择粗线，然后点击【外边框】按钮，如图6-82所示。

②点击【确定】后，最终的效果如图6-83所示。

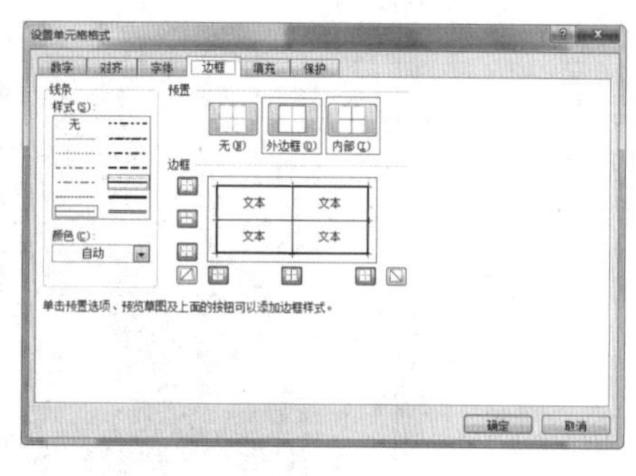

■ 图6-82

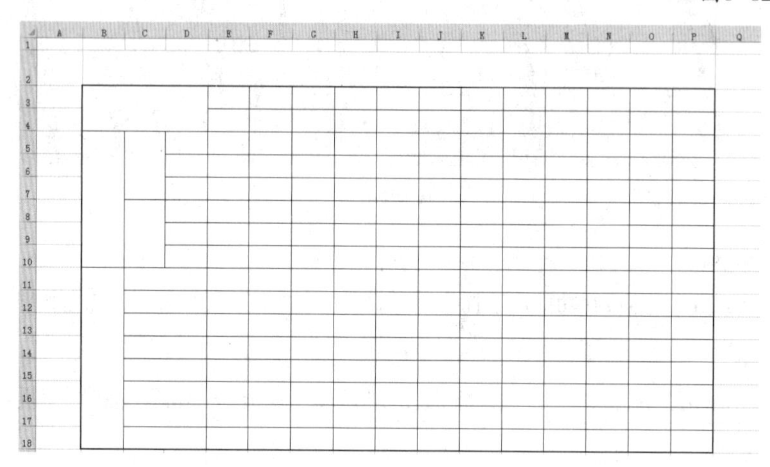

■ 图6-83

（5）输入内容。

①用鼠标选中B2，然后在单元格内输入“××公司普通员工岗位工资表”；选中该单元格，将【字号】设置为24；在功能区中点击【垂直居中】和【居中】，并用【Ctrl+B】快捷键将文字加粗。

②在B3:P18区域内的单元格中分别输入文字，并按照前面提到的方法对文字进行适当调整，效果如图6-84所示。

XX公司普通员工岗位工资表

			1	2	3	4	5	6	7	8	9	10	11	12
			1000	1500	2000	2500	3000	3500	4000	4500	5000	5500	6000	7000
业务部门	营销系统	区负责人												
		省负责人												
		销售代表/助理												
	制造部	主管												
		专员												
		助理												
职能部门	财务部会计													
	财务部出纳													
	人力资源主管													
	人力资源专员													
	行政后勤类人员													
	企划类专员													
	信息系统人员													
	开发技术人员													

■ 图6-84

（6）绘制斜线表头。

①用鼠标选中B3，点击【插入】→【形状】→【直线】，鼠标变为小“十”字，直接在相应位置绘制

即可，如图6–85、图6–86所示。

■ 图6–85

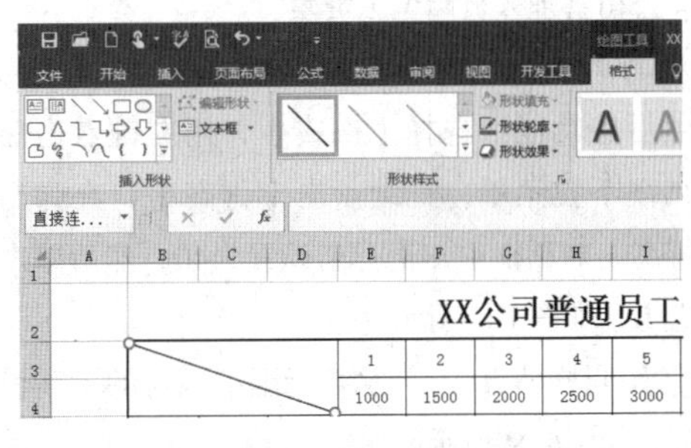

■ 图6–86

②文字的输入需要借助文本框，点击【插入】→【文本框】，根据需要选择横排文本框，然后在表头合适的位置上按住左键拉动鼠标形成文本框，并在文本框里面输入文字。如果发现文本框有底纹和边框，可将鼠标放在边框处，在鼠标变为十字爪样式后，单击右键，在弹出的对话框里面选择无边框和无填充。制作完成，效果如图6–87所示。

XX公司普通员工岗位工资表

薪级（元）／岗位			1	2	3	4	5	6	7	8	9	10	11	12
			1000	1500	2000	2500	3000	3500	4000	4500	5000	5500	6000	7000
业务部门	营销系统	区负责人												
		省负责人												
		销售代表/助理												
	制造部	主管												
		专员												
		助理												
职能部门	财务部会计													
	财务部出纳													
	人力资源主管													
	人力资源专员													
	行政后勤类人员													
	企划类专员													
	信息系统人员													
	开发技术人员													

■ 图6–87

八、管理人员岗位工资表

实行岗位工资制度，需要进行科学的岗位分类和岗位劳动测评。而确定岗位工资标准和工资差距则要在岗位测评的基础上引进市场机制，再参照劳动力市场中的劳动力价格情况加以确定。

使用Excel 2016制作“管理人员岗位工资表”，重点是掌握绘制斜线表头的操作。

(1)创建、命名文件及设置行高。

①新建一个Excel工作表,并将其命名为"××公司管理人员岗位工资表"。

②打开空白工作表,用鼠标选中第2行单元格,然后在功能区选择【格式】,用左键点击后即会出现下拉菜单,继续点击【行高】,在弹出的【行高】对话框中,把行高设置为40,然后单击【确定】,如图6-88所示。

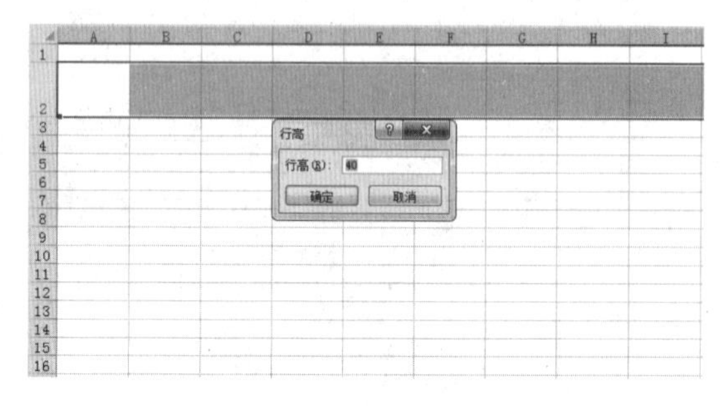

■ 图6-88

③用同样的方法,把第3行至第14行的行高设置为32,如图6-89所示。

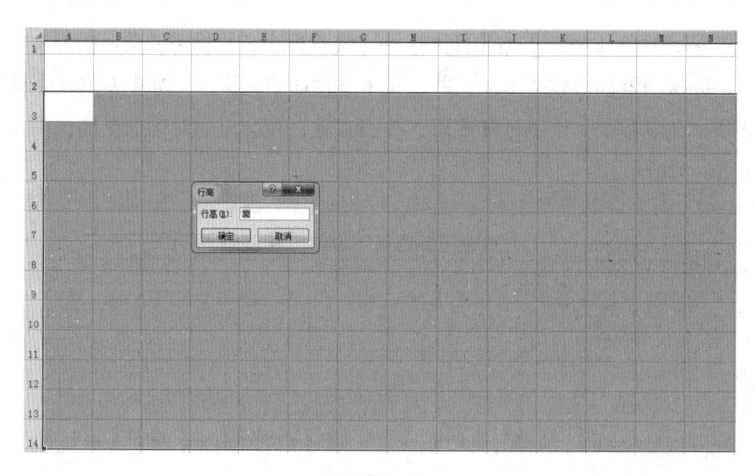

■ 图6-89

(2)设置列宽。

用鼠标选中B至N列单元格,然后在功能区选择【格式】,用左键点击后即会出现下拉菜单,然后点击【列宽】,在弹出的【列宽】对话框中,把列宽设置为8,然后单击【确定】,如图6-90所示。

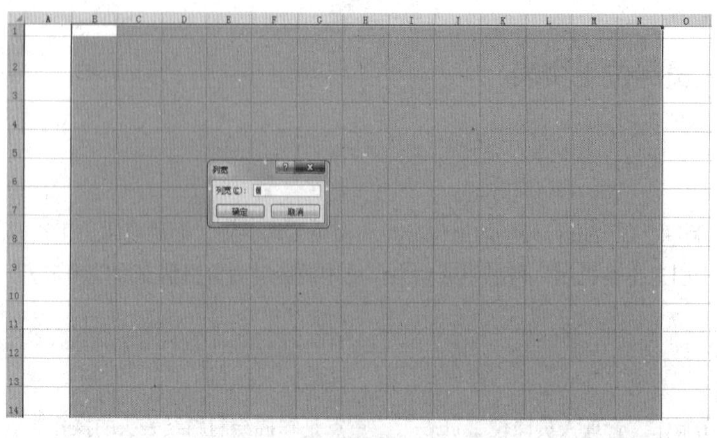

■ 图6-90

（3）合并单元格。

①用鼠标选中B2:N2，然后在功能区选择【合并后居中】按钮，用鼠标左键点击按钮，效果如图6-91所示。

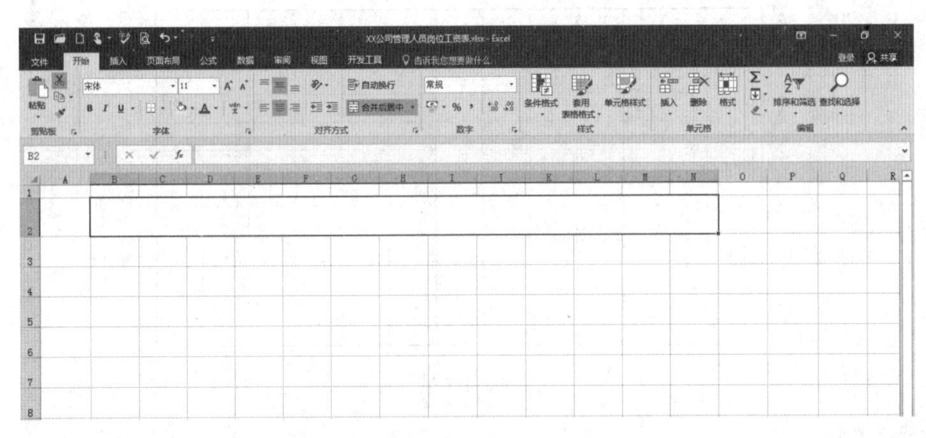

■ 图6-91

②用同样的方法，分别选中B3:D4、B5:B7、C5:D5、C6:D6、C7:D7、B8:B14、C8:C10、C11:C14，然后在功能区选择【合并后居中】按钮，用鼠标左键点击按钮，效果如图6-92所示。

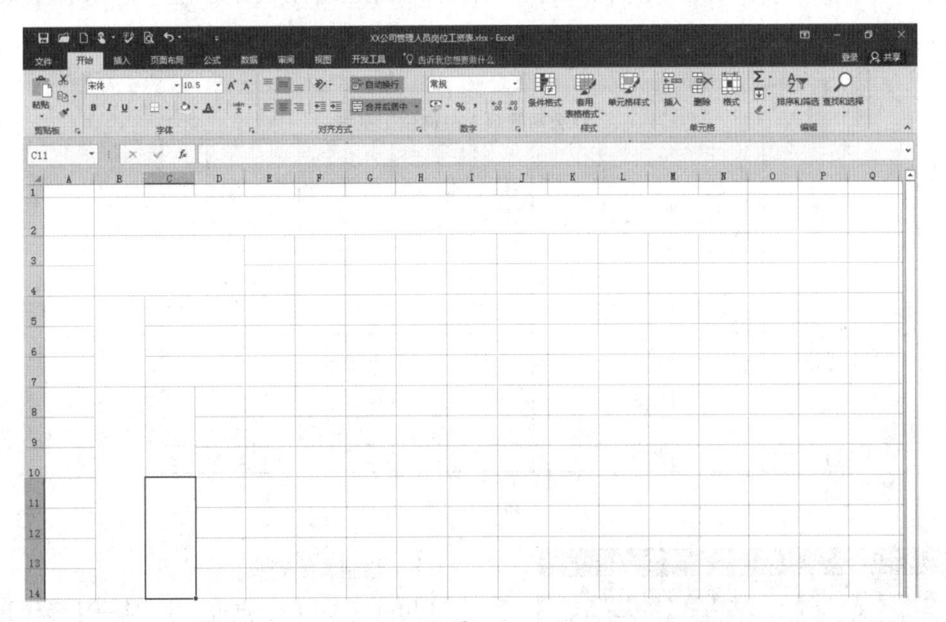

■ 图6-92

（4）设置边框线。

①用鼠标选中B3:N14，单击鼠标右键，在弹出的菜单中选择【设置单元格格式】；用鼠标点击后，就会出现【设置单元格格式】对话框；点击【边框】，选择细线，然后点击【内部】按钮；再选择粗线，然后点击【外边框】按钮，如图6-93所示。

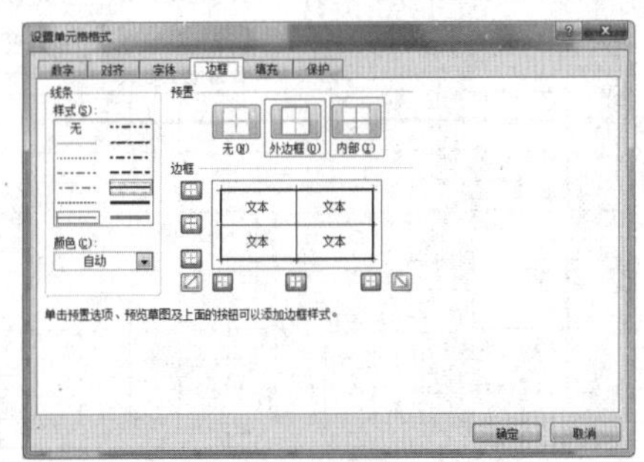

■ 图6-93

②点击【确定】后，最终的效果如图6–94所示。

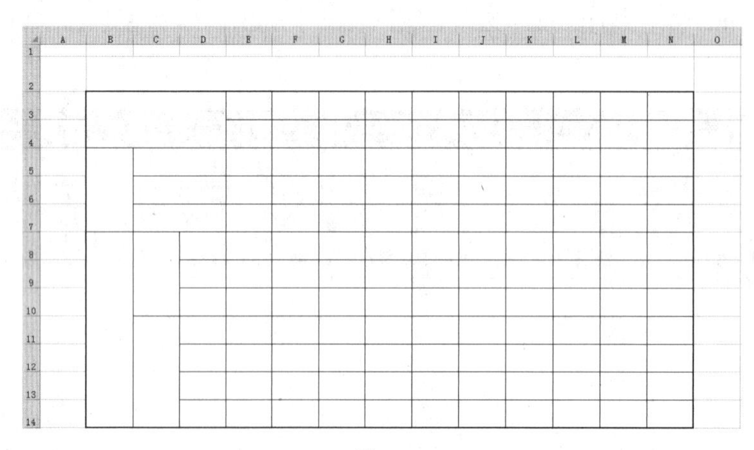

■ 图6–94

（5）输入内容。

①用鼠标选中B2，然后在单元格内输入“××公司管理人员岗位工资表”；选中该单元格，将【字号】设置为24；在功能区中点击【垂直居中】和【居中】，并用【Ctrl+B】快捷键将文字加粗。

②在B3:N14区域内的单元格中分别输入文字，并按照前面提到的方法对文字进行适当调整，效果如图6–95所示。

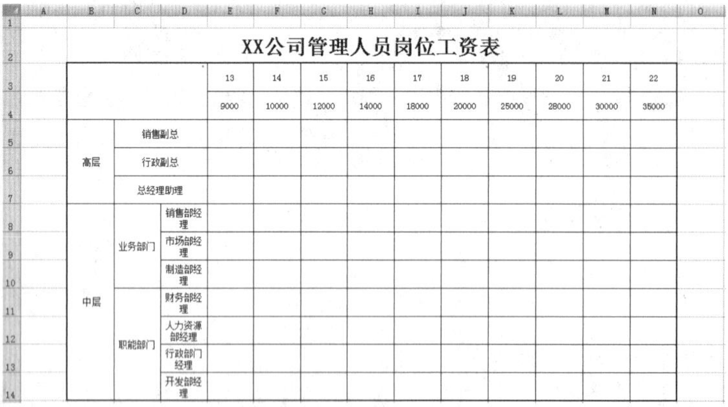

XX公司管理人员岗位工资表

			13	14	15	16	17	18	19	20	21	22
			9000	10000	12000	14000	18000	20000	25000	28000	30000	35000
高层	销售副总											
	行政副总											
	总经理助理											
中层	业务部门	销售部经理										
		市场部经理										
		制造部经理										
	职能部门	财务部经理										
		人力资源部经理										
		行政部门经理										
		开发部经理										

■ 图6–95

（6）绘制斜线表头。

①用鼠标选中B3，点击【插入】→【形状】→【直线】，鼠标变为小“十”字，直接在相应位置绘制即可，如图6–96、图6–97所示。

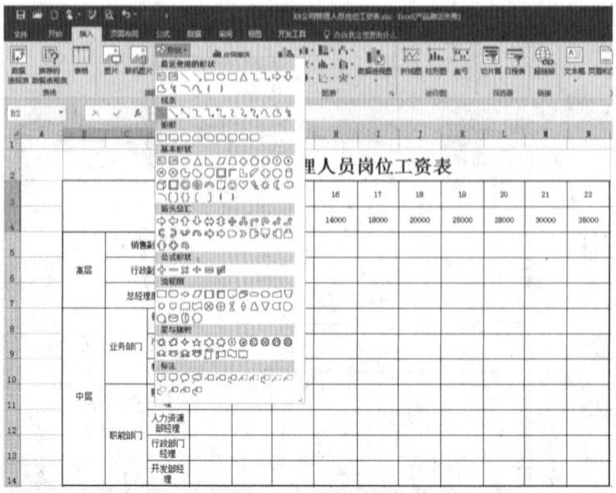

■ 图6–96

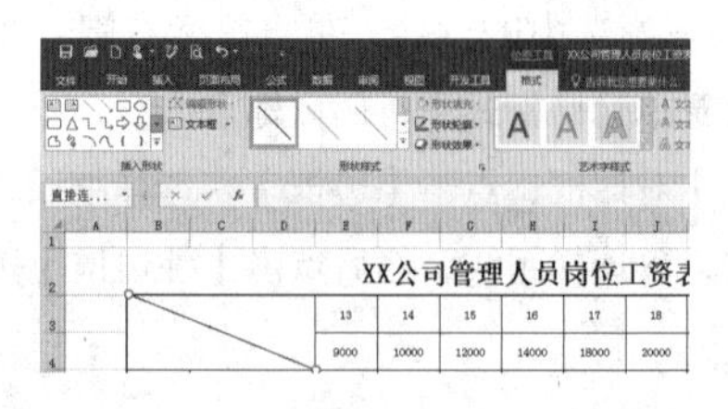

■ 图6–97

②文字的输入需要借助文本框，点击【插入】→【文本框】，根据需要选择横排文本框，然后在表头合适的位置上按住左键拉动鼠标形成文本框，并在文本框里面输入文字。制作完成，效果如图6–98所示。

XX公司管理人员岗位工资表

岗位 \ 薪级（元）			13	14	15	16	17	18	19	20	21	22
			9000	10000	12000	14000	18000	20000	25000	28000	30000	35000
高层	销售副总											
	行政副总											
	总经理助理											
中层	业务部门	销售部经理										
		市场部经理										
		制造部经理										
	职能部门	财务部经理										
		人力资源部经理										
		行政部门经理										
		开发部经理										

■ 图6–98

九、新员工工资核定表

新员工工资核定表应包括姓名、工号、所属部门、所在岗位、年龄、入司时间、学历、资格证书、外语水平、能力特点评价、试用期工作表现评价、要求待遇、岗位定级等。

使用Excel 2016制作“新员工工资核定表”，重点是掌握Excel基础表格绘制操作。

（1）创建、命名文件及设置行高。

①新建一个Excel工作表，并将其命名为“××公司新员工工资核定表”。

②打开空白工作表，用鼠标选中第2行单元格，然后在功能区选择【格式】，用左键点击后即会出现下拉菜单，继续点击【行高】，在弹出的【行高】对话框中，把行高设置为40，然后单击【确定】，如图6–99所示。

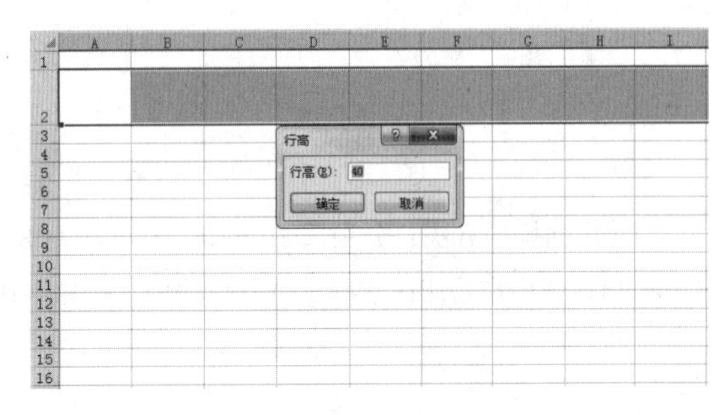

■ 图6–99

③用同样的方法，把第3行至第5行的行高设置为30，把第6行至第14行的行高设置为60，如图6–100所示。

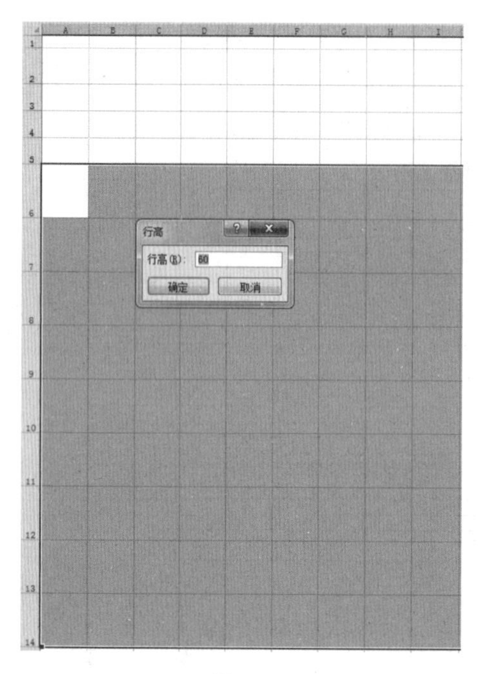

■ 图6-100

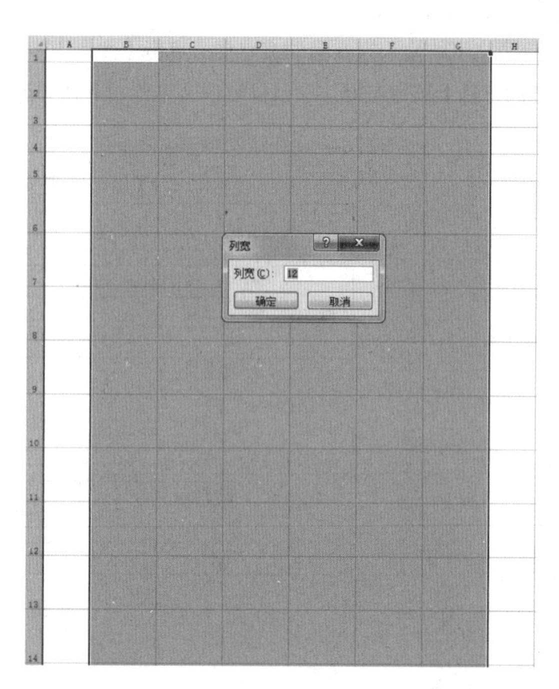

■ 图6-101

（2）设置列宽。

用鼠标选中B至G列单元格，然后在功能区选择【格式】，用左键点击后即会出现下拉菜单，然后点击【列宽】，在弹出的【列宽】对话框中，把列宽设置为12，然后单击【确定】，如图6-101所示。

（3）合并单元格。

①用鼠标选中B2:G2，然后在功能区选择【合并后居中】按钮，用鼠标左键点击按钮，效果如图6-102所示。

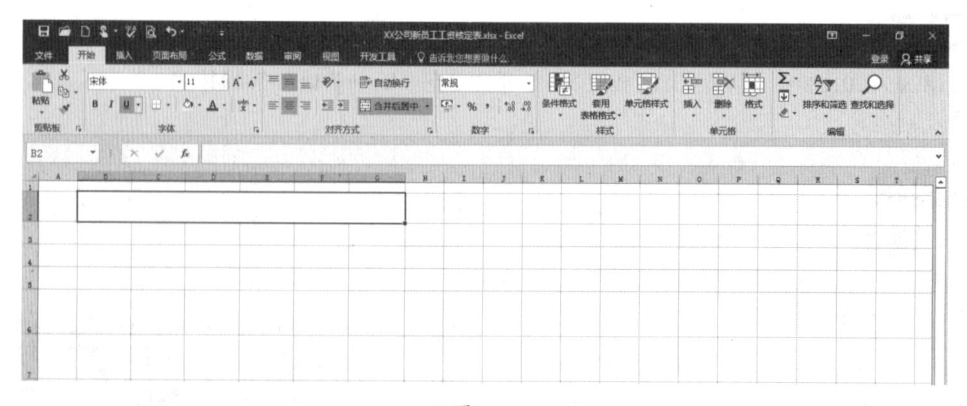

■ 图6-102

②用同样的方法，分别选中C6:G6、C7:G7、C8:G8、C9:G9、C10:G10、C11:G11、C12:G12、C13:G13、C14:G14，然后在功能区选择【合并后居中】按钮，用鼠标左键点击按钮，效果如图6-103所示。

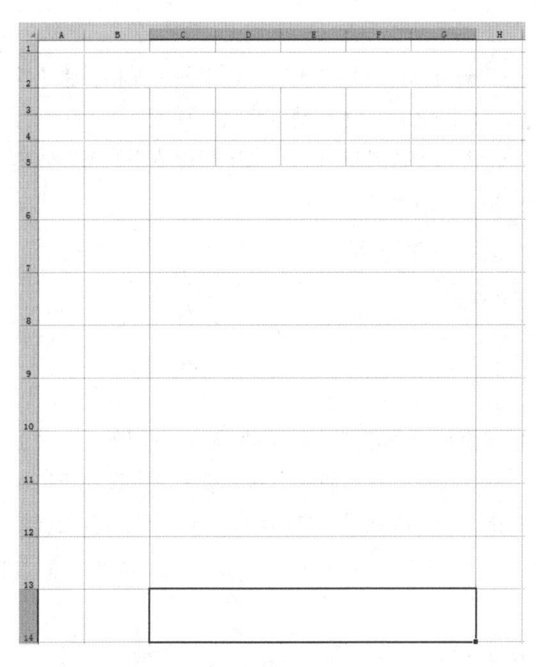

■ 图6-103

设置单元格格式
数字
对齐
字体
边框
填充
保护
线条
样式(S):
无
颜色(C):
自动
预置
无(N)
外边框(O)
内部(I)
边框
文本
文本
文本
文本
单击预置选项、预览草图及上面的按钮可以添加边框样式。
确定
取消

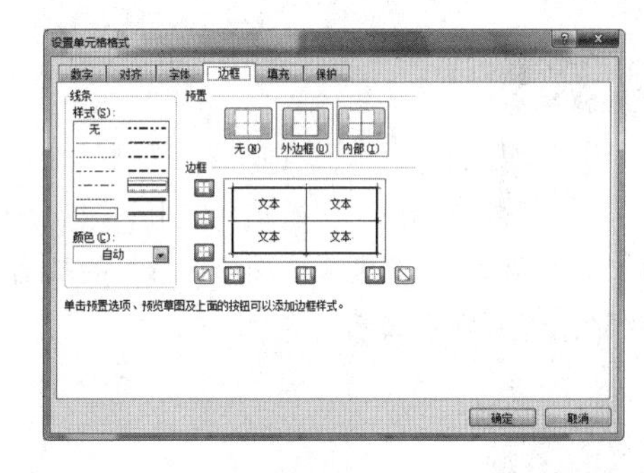

■ 图6-104

（4）设置边框线。

①用鼠标选中B3:G14，单击鼠标右键，在弹出的菜单中选择【设置单元格格式】；用鼠标点击后，就会出现【设置单元格格式】对话框；点击【边框】，选择细线，然后点击【内部】按钮；再选择粗线，然后点击【外边框】按钮，如图6-104所示。

②点击【确定】后，最终的效果如图6-105所示。

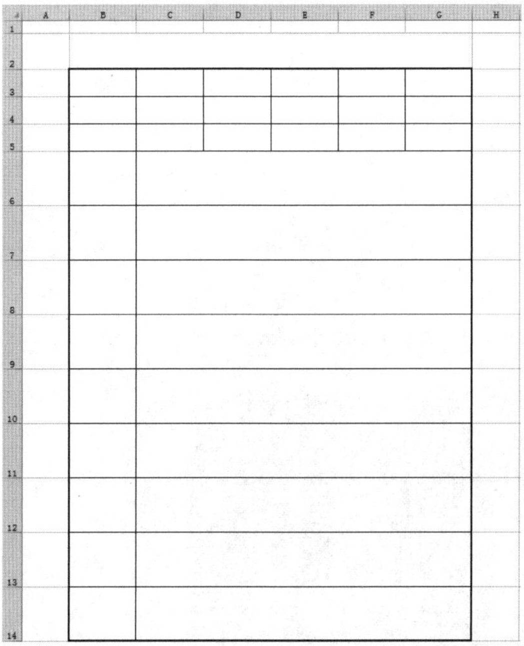

■ 图6-105

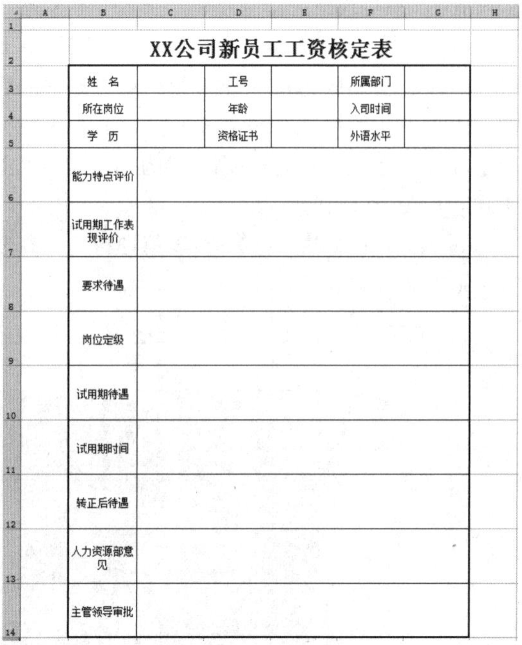

XX公司新员工工资核定表
姓　名
工号
所属部门
所在岗位
年龄
入司时间
学　历
资格证书
外语水平
能力特点评价
试用期工作表现评价
要求待遇
岗位定级
试用期待遇
试用期时间
转正后待遇
人力资源部意见
主管领导审批

■ 图6-106

（5）输入内容。

①用鼠标选中B2，然后在单元格内输入“××公司新员工工资核定表”；选中该单元格，将【字号】设置为24；在功能区中点击【垂直居中】和【居中】，并用【Ctrl+B】快捷键将文字加粗。

②在B3:G14区域内的单元格中分别输入文字，并按照前面提到的方法对文字进行适当调整，效果如图6-106所示。

十、员工工资等级核定表

工资等级表表示不同质量的劳动（各工作）之间工资标准的相互关系，用于确定各职务（工种）的等级数目和各等级之间的工资差别。它由一定数目的工资等级、工资（职务）等级线和工资级差所组成。在制订工资等级表时，先要在“岗位评价”的基础上安排工资等级数目，再确定工资等级表的幅度和划分工种等级线，最后确定级差。

使用Excel 2016制作“员工工资等级核定表”，重点是掌握Excel基础表格绘制操作。

（1）创建、命名文件及设置行高。

①新建一个Excel工作表，并将其命名为“××公司员工工资等级核定表”。

②打开空白工作表，用鼠标选中第2行单元格，然后在功能区选择【格式】，用左键点击后即会出现下拉菜单，继续点击【行高】，在弹出的【行高】对话框中，把行高设置为40，然后单击【确定】，如图6-107所示。

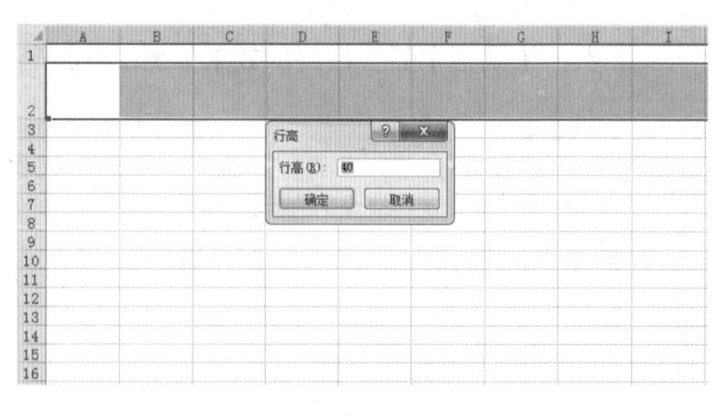

■ 图6-107

③用同样的方法，把第3行至第13行的行高设置为30，如图6-108所示。

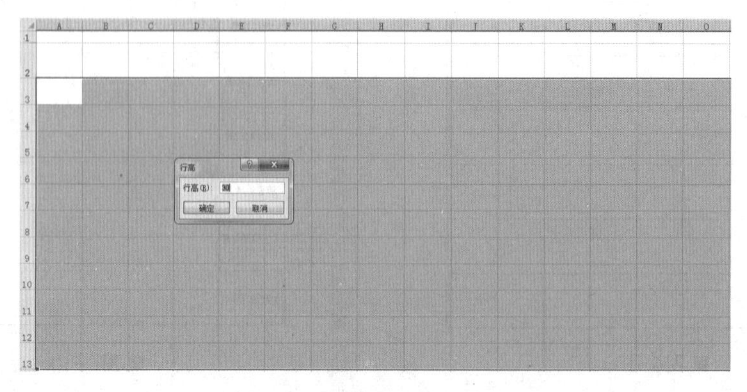

■ 图6-108

（2）设置列宽。

用鼠标选中B至O列单元格，然后在功能区选择【格式】，用左键点击后即会出现下拉菜单，然后点击【列宽】，在弹出的【列宽】对话框中，把列宽设置为8，然后单击【确定】，如图6-109所示。

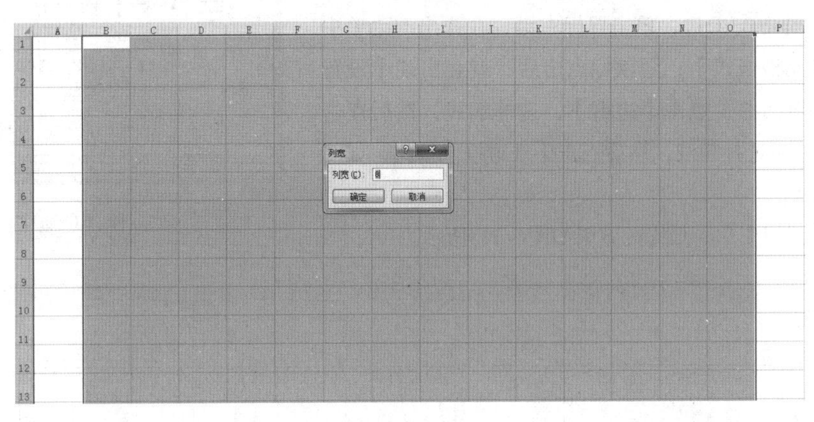

■ 图6-109

（3）合并单元格。

①用鼠标选中B2:O2，然后在功能区选择【合并后居中】按钮，用鼠标左键点击按钮，效果如图6-110所示。

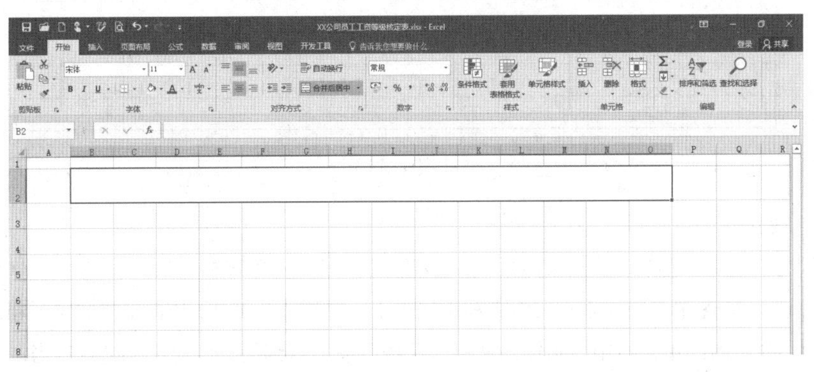

■ 图6-110

②用同样的方法，分别选中B3:C3、D3:F3、G3:H3、I3:K3、L3:M3、N3:O3、B4:B9、D4:E4、F4:G4、H4:I4、J4:K4、L4:M4、B10:C10、D10:F10、G10:H10、I10:O10、B11:C11、D11:F11、G11:H11、I11:K11、L11:M11、N11:O11、B12:C12、D12:F12、G12:H12、I12:K12、L12:M12、N12:O12、B13:C13、D13:F13、G13:H13、I13:K13、L13:M13、N13:O13，然后在功

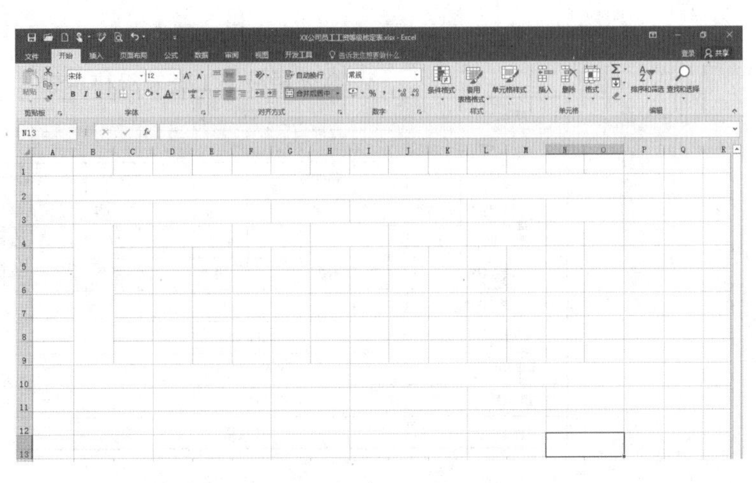

■ 图6-111

能区选择【合并后居中】按钮，用鼠标左键点击按钮，效果如图6-111所示。

（4）设置边框线。

①用鼠标选中B3:O13，单击鼠标右键，在弹出的菜单中选择【设置单元格格式】；用鼠标点击后，就会出现【设置单元格格式】对话框；点击【边框】，选择细线，然后点击【内部】按钮；再选择粗线，然后点击【外边框】按钮，如图6-112所示。

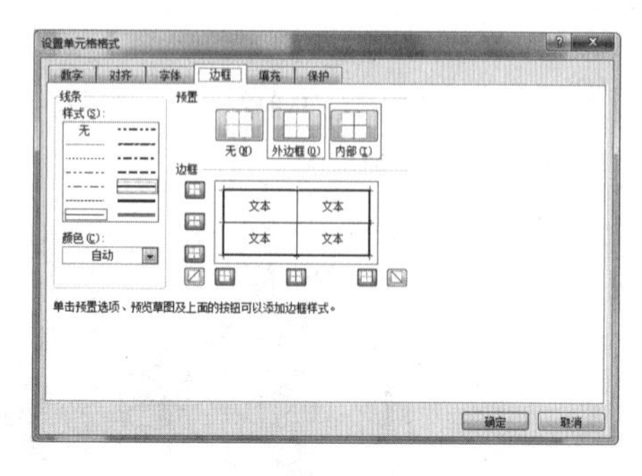

■ 图6-112

②点击【确定】后，最终的效果如图6-113所示。

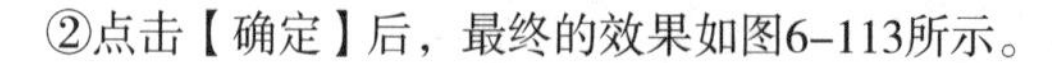

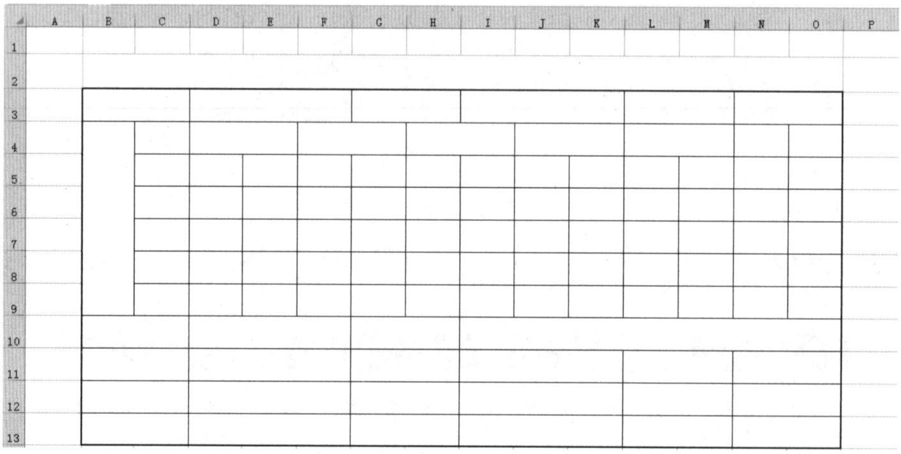

■ 图6-113

（5）输入内容。

①用鼠标选中B2，然后在单元格内输入“××公司员工工资等级核定表”；选中该单元格，将【字号】设置为24；在功能区中点击【垂直居中】和【居中】，并用【Ctrl+B】快捷键将文字加粗。

②在B3:O13区域内的单元格中分别输入文字，并按照前面提到的方法对文字进行适当调整，效果如图6-114所示。

XX公司员工工资等级核定表

姓名			部门			职务		
评定标准	说明	1	2	3	4	5	权重	点数
	学历	初中	高中	大专	本科	硕士以上		
	工作年限	1~3年	3~5年	5~8年	8~10年	10年以上		
	职称	–	–	初级	中级以上	高级		
	专业技能	–	具备	强	高超	专家		
	考评成绩	–	差	中	良	优		
原等级			原评定点数					
本年点数			职务津贴			合　计		
编制人员			审核人员			批准人员		
编制日期			审核日期			批准日期		

■ 图6-114

十一、公司内部人员薪金变动申请表

公司内部人员薪金变动申请表应写明姓名、部门、岗位及职务、年龄、学历、入司时间、调整原因、具体变动情况、部门意见、主管副总意见、人力资源部意见等内容。

使用Excel 2016制作“公司内部人员薪金变动申请表”，重点是掌握添加控件和绘制直线的操作。

（1）创建、命名文件及设置行高。

①新建一个Excel工作表，并将其命名为“××公司内部人员薪金变动申请表”。

②打开空白工作表，用鼠标选中第2行单元格，然后在功能区选择【格式】，用左键点击后即会出现下拉菜单，继续点击【行高】，在弹出的【行高】对话框中，把行高设置为40，然后单击【确定】，如图6-115所示。

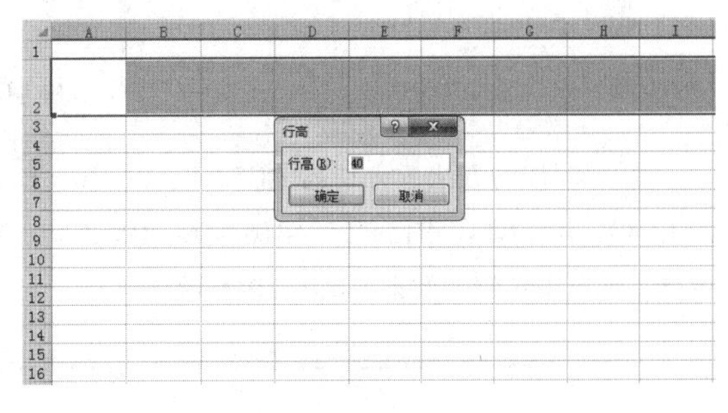

■ 图6-115

③用同样的方法，把第3行至第13行的行高设置为30，把第14行至第18行的行高设置为60，如图6-116所示。

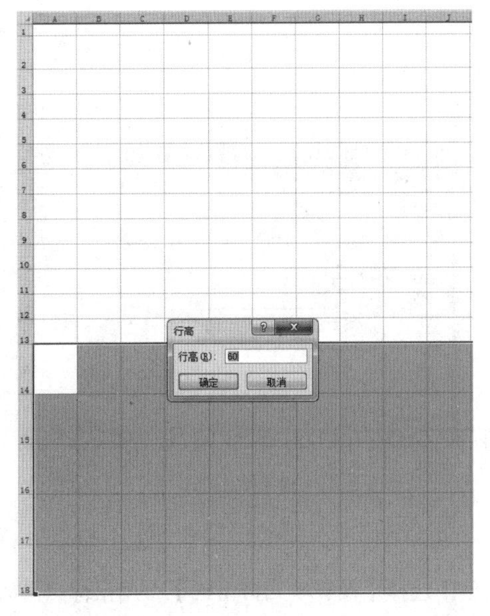

■ 图6-116

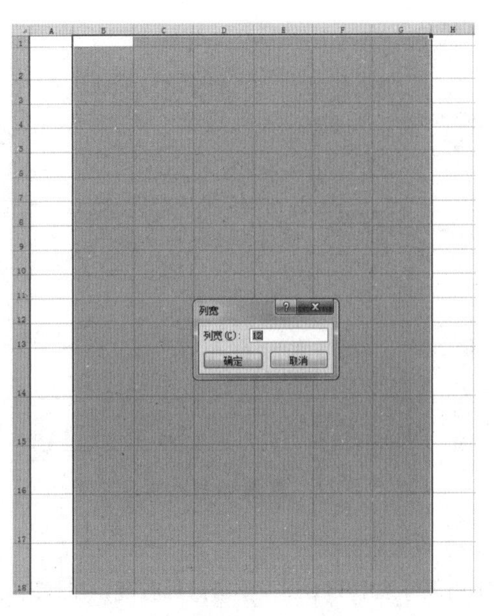

■ 图6-117

（2）设置列宽。

用鼠标选中B至G列单元格，然后在功能区选择【格式】，用左键点击后即会出现下拉菜单，然后点击【列宽】，在弹出的【列宽】对话框中，把列宽设置为12，然后单击【确定】，如图6-117所示。

（3）合并单元格。

①用鼠标选中B2:G2，然后在功能区选择【合并后居中】按钮，用鼠标左键点击按钮，效果如图6-118所示。

■ 图6-118

②用同样的方法，分别选中C5:G5、B6:G6、B7:G7、B8:G8、B9:G9、B10:G10、B11:G11、B12:G12、B13:G13、B14:G14、B15:G15、B16:G16、B17:G17、B18:G18，然后在功能区选择【合并后居中】按钮，用鼠标左键点击按钮，效果如图6-119所示。

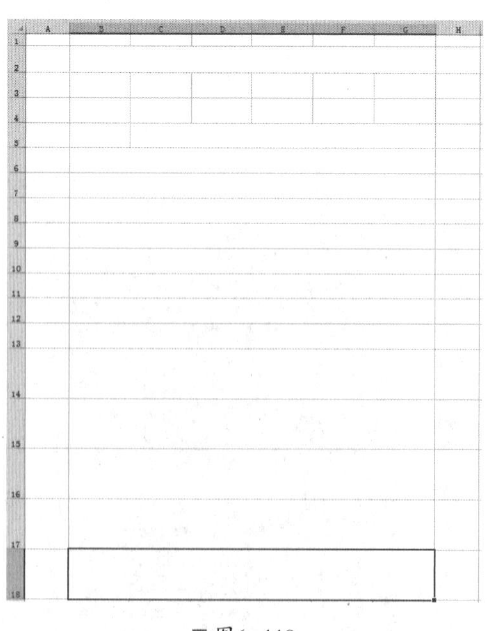

■ 图6-119

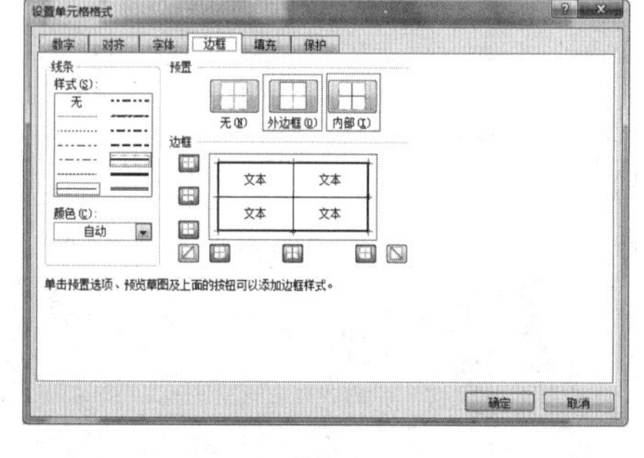

■ 图6-120

（4）设置边框线

①用鼠标选中B3:G18，单击鼠标右键，在弹出的菜单中选择【设置单元格格式】；用鼠标点击后，就会出现【设置单元格格式】对话框；点击【边框】，选择细线，然后点击【内部】按钮；再选择粗线，然

后点击【外边框】按钮，如图6–120所示。

②点击【确定】后，最终的效果如图6–121所示。

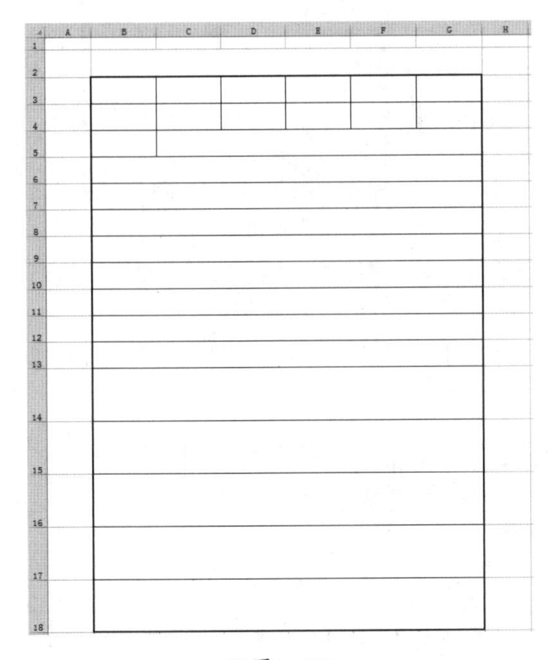

■ 图6–121

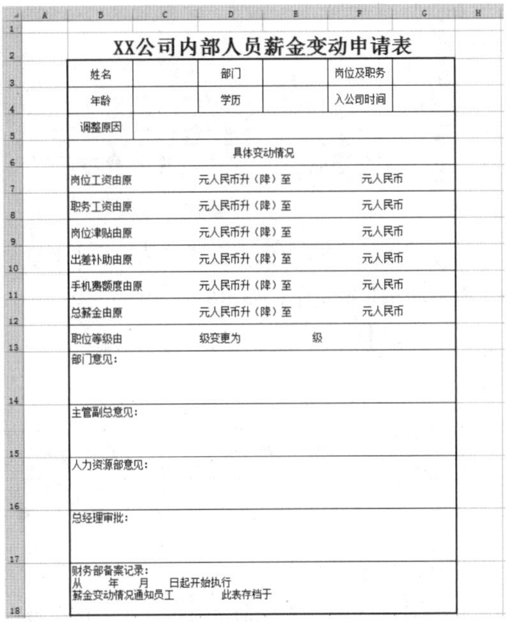

XX公司内部人员薪金变动申请表
姓名
部门
岗位及职务
年龄
学历
入公司时间
调整原因
具体变动情况
岗位工资由原　元人民币升（降）至　元人民币
职务工资由原　元人民币升（降）至　元人民币
岗位津贴由原　元人民币升（降）至　元人民币
出差补助由原　元人民币升（降）至　元人民币
手机费额度由原　元人民币升（降）至　元人民币
总薪金由原　元人民币升（降）至　元人民币
职位等级由　级变更为　级
部门意见：
主管副总意见：
人力资源部意见：
总经理审批：
财务部备案记录：
从　年　月　日起开始执行
薪金变动情况通知员工　此表存档于

■ 图6–122

（5）输入内容。

①用鼠标选中B2，然后在单元格内输入“××公司内部人员薪金变动申请表”；选中该单元格，将【字号】设置为24；在功能区中点击【垂直居中】和【居中】，并用【Ctrl+B】快捷键将文字加粗。

②在B3:G18区域内的单元格中分别输入文字，并按照前面提到的方法对文字进行适当调整，效果如图6–122所示。

（6）添加控件。

①切换到【开发工具】选项卡，在【控件】选项组中单击【插入】按钮，在弹出的下拉列表中选择【表单控件】下的【复选框】，然后在C5单元格内进行绘制，如图6–123所示。

文件
开始
插入
页面布局
公式
数据
审阅
视图
开发工具
格式
Visual Basic
宏
录制宏
使用相对引用
宏安全性
代码
加载项
Excel 加载项
COM 加载项
插入
设计模式
属性
查看代码
执行对话框
表单控件
ActiveX 控件
复选框 2
XX公司内部人员薪金变
姓名
部门
岗位及职务
年龄
学历
入公司时间
调整原因
复选框 1
具体变动情况

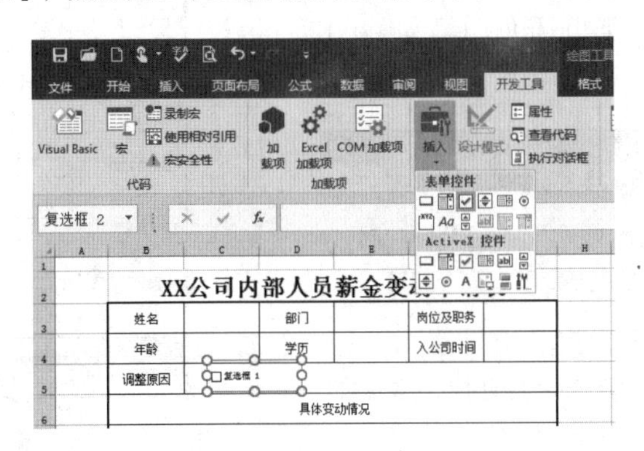

■ 图6–123

②继续选中之前绘制的控件，并使其处于编辑状态，将其文字改为“岗位调整”；然后单击鼠标右键，在弹出的快捷菜单中选择【设置控件格式】，如图6–124所示。

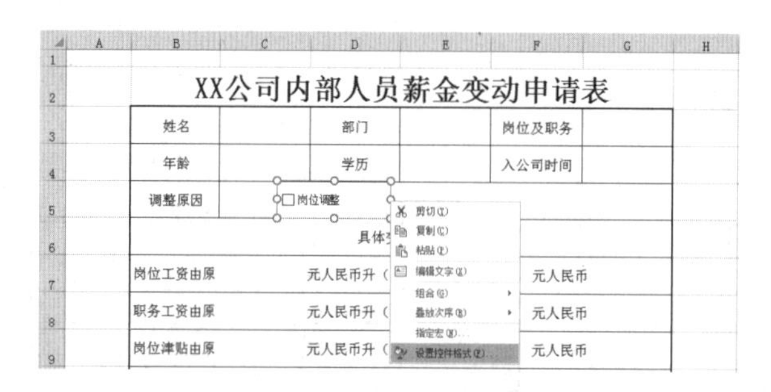

■ 图6-124

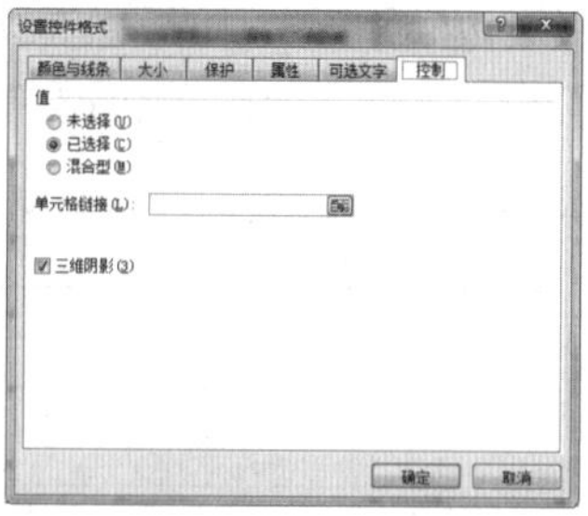

■ 图6-125

③点击后，在弹出的【设置控件格式】对话框中，选择【控制】标签页，然后点击【三维阴影】复选框，最后单击【确定】，如图6-125所示。

④选择创建完成的控件，将其分别复制为两个新控件后修改相应的文字，最终的效果如图6-126所示。

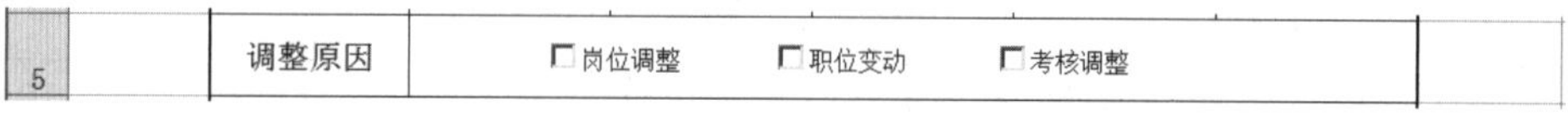

5	调整原因	□岗位调整	□职位变动	□考核调整

■ 图6-126

（7）绘制直线。

①切换至【插入】选项卡，单击【插图】选项组中的【形状】按钮，并在弹出的下拉列表中选择【直线】，如图6-127所示。

■ 图6-127

②用鼠标点击后，即可在单元格内绘制直线；然后切换至【绘图工具】下的【格式】选项卡，在【形状样式】组中，选择样式【细线-深色1】，如图6-128所示。

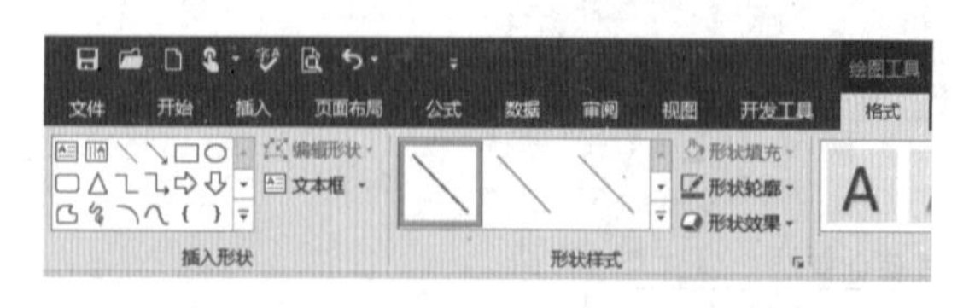

■ 图6-128

③使用同样的方法，继续绘制直线，效果如图6-129所示。

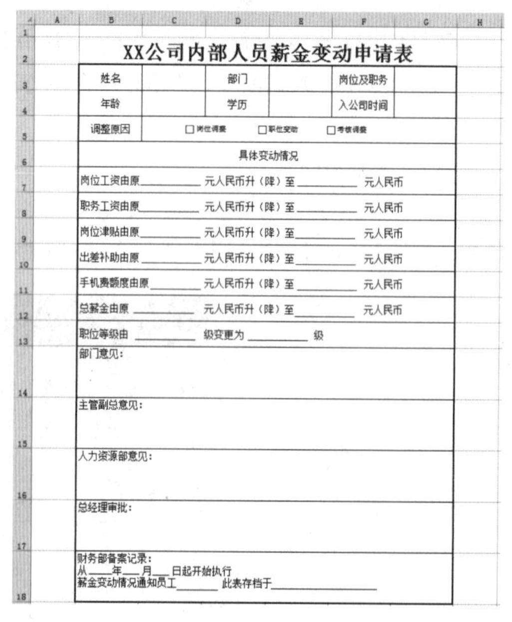

XX公司内部人员薪金变动申请表

姓名		部门		岗位及职务	
年龄		学历		入公司时间	
调整原因	□岗位调整	□职位变动	□考核调整		

具体变动情况

岗位工资由原______元人民币升（降）至______元人民币

职务工资由原______元人民币升（降）至______元人民币

岗位津贴由原______元人民币升（降）至______元人民币

出差补助由原______元人民币升（降）至______元人民币

手机费额度由原______元人民币升（降）至______元人民币

总薪金由原______元人民币升（降）至______元人民币

职位等级由______级变更为______级

部门意见：

主管副总意见：

人力资源部意见：

总经理审批：

财务部备案记录：
从____年___月___日起开始执行
薪金变动情况通知员工______此表存档于______

■ 图6-129

十二、工薪调整人员面谈表

工薪调整人员面谈表应包括部门、面谈时间、面谈组织人员、面谈对象、面谈内容、其他参与人员的姓名与职位等内容。

使用Excel 2016制作“工薪调整人员面谈表”，重点是掌握Excel基础表格绘制操作。

（1）创建、命名文件及设置行高。

①新建一个Excel工作表，并将其命名为“××公司工薪调整人员面谈表”。

②打开空白工作表，用鼠标选中第2行单元格，然后在功能区选择【格式】，用左键点击后即会出现下拉菜单，继续点击【行高】，在弹出的【行高】对话框中，把行高设置为40，然后单击【确定】，如图6-130所示。

③用同样的方法，把第3行至第5行的行高设置为25、第6行的行高设置为60、第7行至第9行的行高设置为90，如图6-131所示。

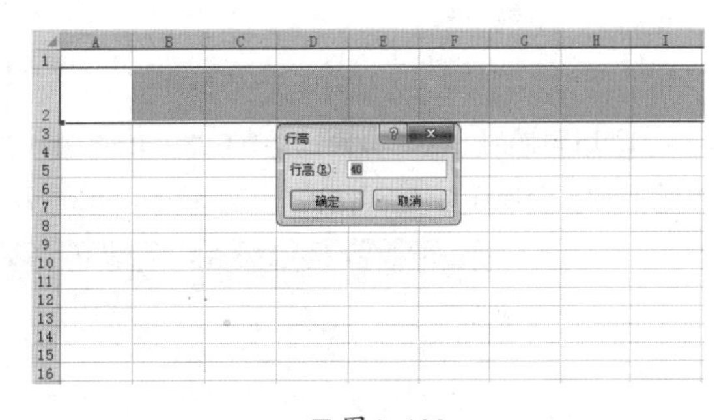

■ 图6-130

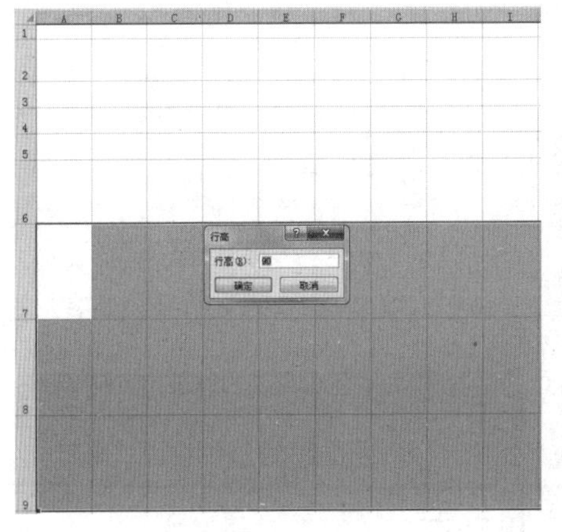

■ 图6-131

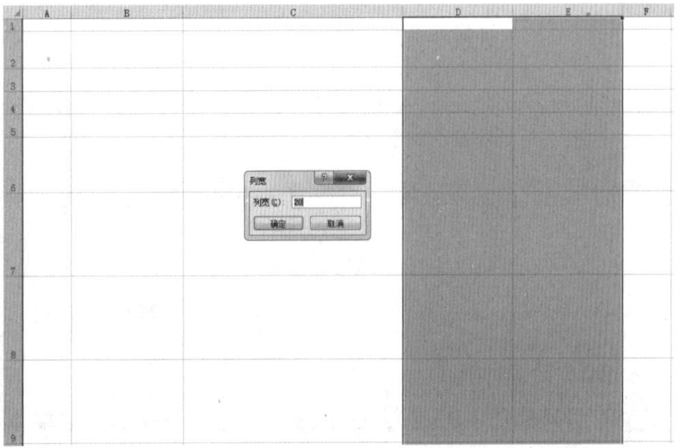

■ 图6-132

（2）设置列宽。

①用鼠标选中B列单元格，然后在功能区选择【格式】，用左键点击后即会出现下拉菜单，然后点击【列宽】，在弹出的【列宽】对话框中，把列宽设置为20，然后单击【确定】。

②用同样的方法，把C列单元格的列宽设置为40，D列、E列单元格的列宽设置为20，如图6-132所示。

（3）合并单元格。

①用鼠标选中B2:E2，然后在功能区选择【合并后居中】按钮，用鼠标左键点击按钮，效果如图6-133所示。

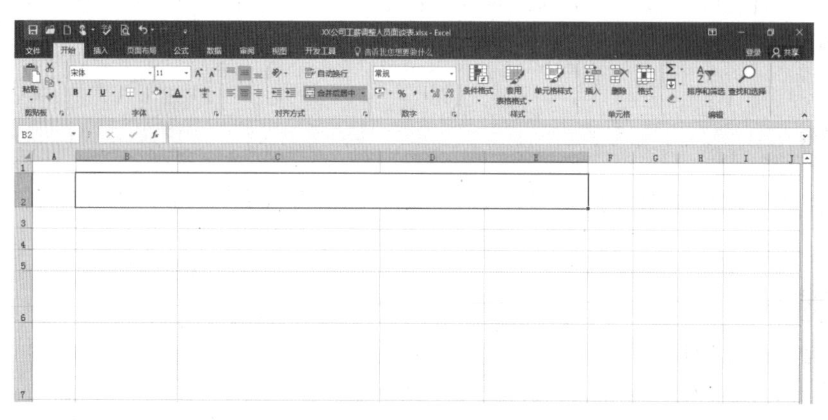

■ 图6-133

②用同样的方法，分别选中D4:E5、B6:E6、B7:E7、B8:E8、B9:E9，然后在功能区选择【合并后居中】按钮，用鼠标左键点击按钮，效果如图6-134所示。

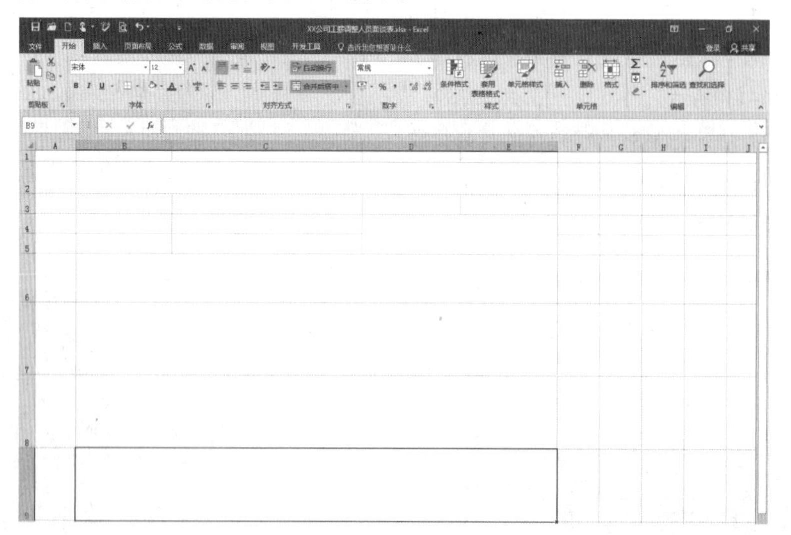

■ 图6-134

（4）设置边框线。

①用鼠标选中B3:E9，单击鼠标右键，在弹出的菜单中选择【设置单元格格式】；用鼠标点击后，就会出现【设置单元格格式】对话框；点击【边框】，选择细线，然后点击【内部】按钮；再选择粗线，然后点击【外边框】按钮，如图6-135所示。

②点击【确定】后，最终的效果如图6-136所示。

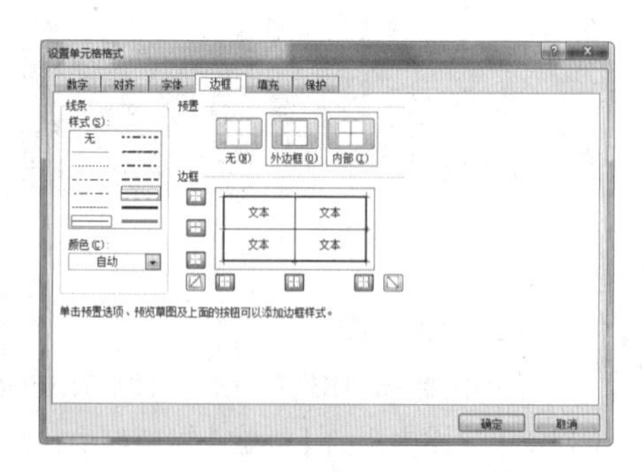

■ 图6-135

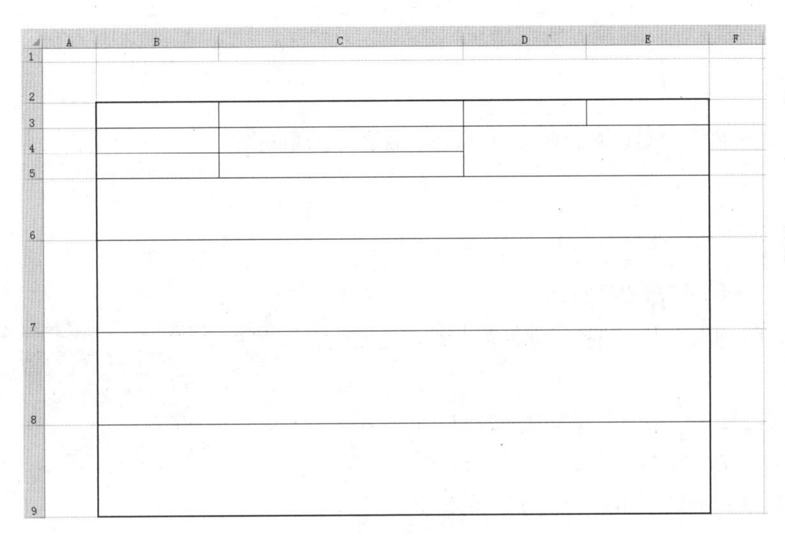

■ 图6-136

（5）输入内容。

①用鼠标选中B2，然后在单元格内输入“××公司工薪调整人员面谈表”；选中该单元格，将【字号】设置为24；在功能区中点击【垂直居中】和【居中】，并用【Ctrl+B】快捷键将文字加粗。

②在B3:E9区域内的单元格中分别输入文字，并按照前面提到的方法对文字进行适当调整，效果如图6-137所示。

XX公司工薪调整人员面谈表

部　门		面谈时间	年　月　日
面 谈 人	姓名：　岗位：	其他参与人姓名、职位：	
面谈对象	姓名：　岗位：		
面谈内容：			
针对以上内容，面谈对象的认识： 面谈人总体评价与建议：			
面谈对象对人力资源工作的建议与需求：			
面谈结果： 分歧点： 面谈对象签字：　面谈人签字：			

■ 图6-137

十三、员工薪金单

内容说明

员工薪金单应包括薪酬发放周期、职员姓名、部门名称、岗位、员工编号、岗位定级、工龄、基本工资类项目、奖金类项目、扣款类项目、保险税收类项目等内容。

学习任务

使用Excel 2016制作“员工薪金单”，重点是掌握绘制直线的操作。

具体步骤

（1）创建、命名文件及设置行高。

①新建一个Excel工作表，并将其命名为“××公司员工薪金单”。

②打开空白工作表，用鼠标选中第2行单元格，然后在功能区选择【格式】，用左键点击后即会出现下拉菜单，继续点击【行高】，在弹出的【行高】对话框中，把行高设置为40，然后单击【确定】，如图6–138所示。

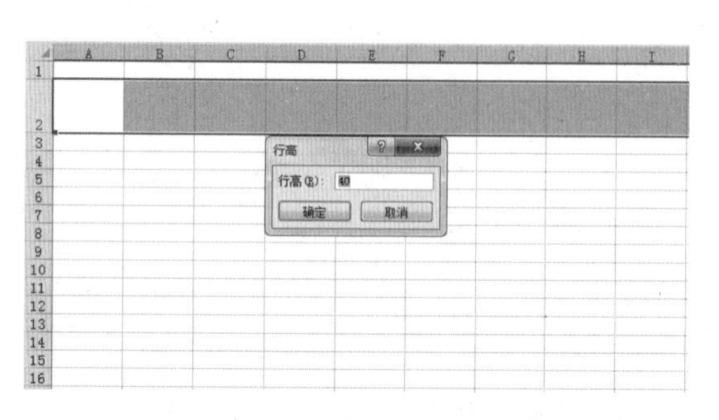

■ 图6–138

③用同样的方法，把第3行至第25行的行高设置为28，如图6–139所示。

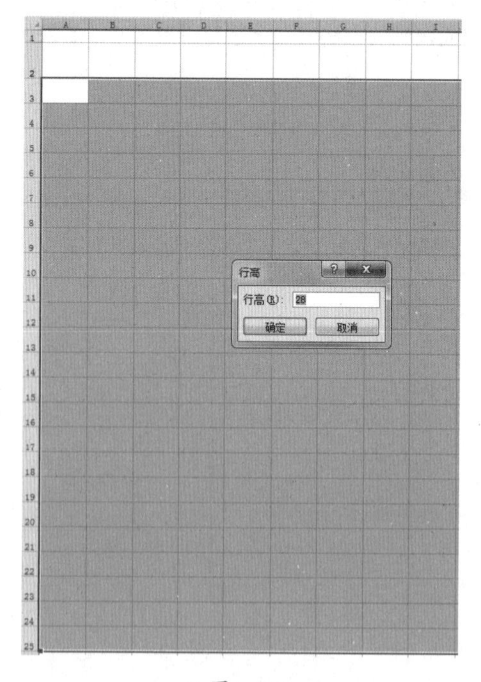

■ 图6–139

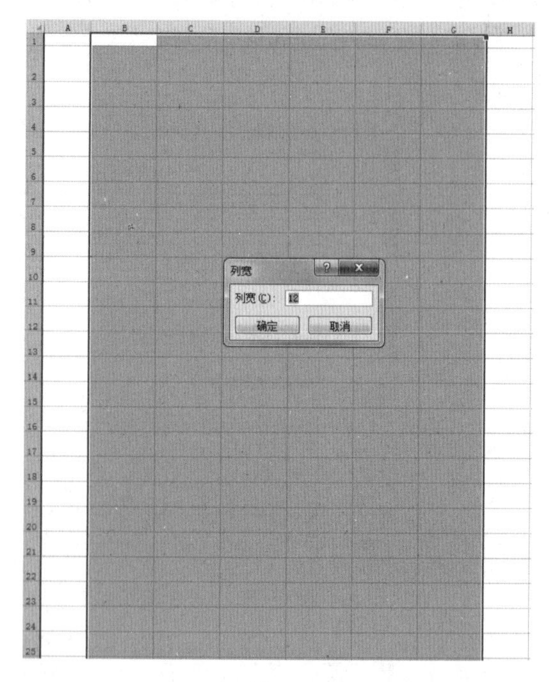

■ 图6–140

（2）设置列宽。

用鼠标选中B至G列单元格，然后在功能区选择【格式】，用左键点击后即会出现下拉菜单，然后点击【列宽】，在弹出的【列宽】对话框中，把列宽设置为12，然后单击【确定】，如图6–140所示。

（3）合并单元格。

①用鼠标选中B2:G2，然后在功能区选择【合并后居中】按钮，用鼠标左键点击按钮，效果如图6–141所示。

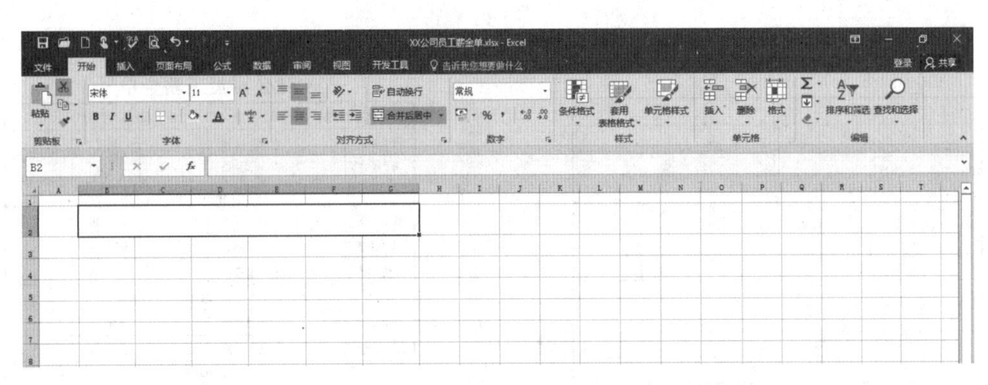

■ 图6-141

②用同样的方法，分别选中B3:G3、B6:G6、B10:G10、B13:G13、B18:G18、B22:G22、C23:D23、F23:G23、C24:D24、F24:G24、C25:G25，然后在功能区选择【合并后居中】按钮，用鼠标左键点击按钮，效果如图6-142所示。

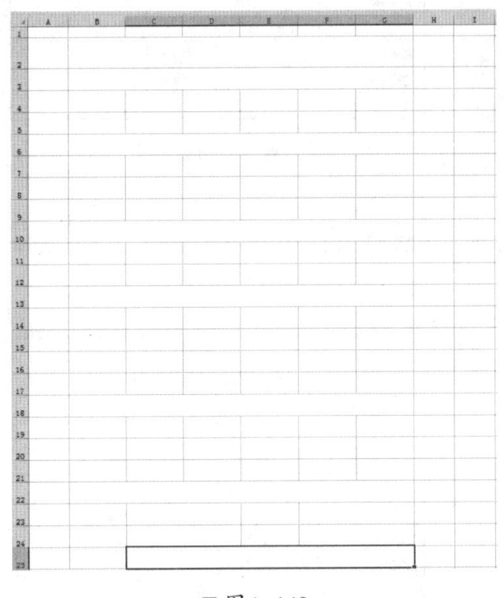

■ 图6-142

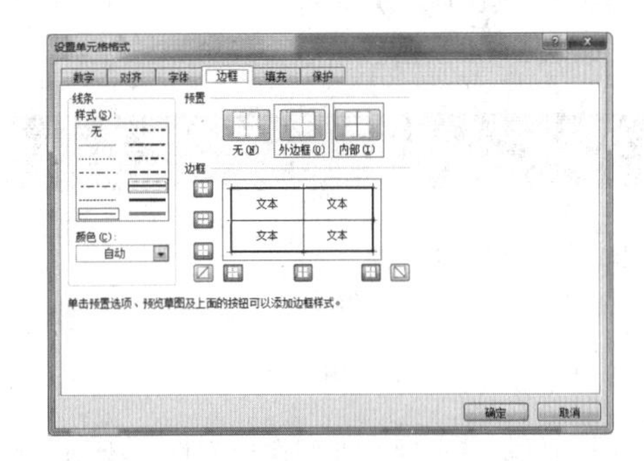

■ 图6-143

（4）设置边框线。

①用鼠标选中B3:G25，单击鼠标右键，在弹出的菜单中选择【设置单元格格式】；用鼠标点击后，就会出现【设置单元格格式】对话框；点击【边框】，选择细线，然后点击【内部】按钮；再选择粗线，然后点击【外边框】按钮，如图6-143所示。

②点击【确定】后，最终的效果如图6-144所示。

（5）输入内容。

①用鼠标选中B2，然后在单元格内输入"××公司员工薪金单"；选中该单元格，将【字号】设置为24；在功能区中点击【垂直居中】和【居中】，并用【Ctrl+B】快捷键将文字加粗。

②在B3:G25区域内的单元格中分别输入文字，并按照前面提到的方法对文字进行适当调整，效果如图6-145所示。

A
B
C
D
E
F
G
H

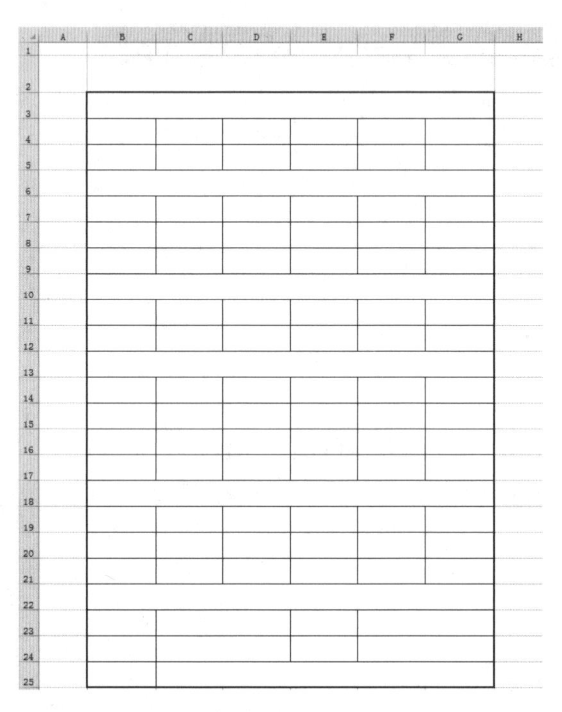

■ 图6-144

XX公司员工薪金单
薪酬发放周期（发放周期为 月 日～ 月 日，本月工作日为 天）
职员姓名
部门名称
岗位
员工编号
岗位定级
工龄
1. 基本工资类
基本工资
岗位工资
职务工资
劳动保护费
津贴
伙食补贴
加班小时
加班工资
值班补贴
2. 奖金类
季度奖金
年终奖金
月度奖金
项目奖金
业绩提成
特别奖励
3. 扣款类
事假天数
病假天数
迟到天数
事假扣款
病假扣款
迟到扣款
产假天数
违纪扣款
产假扣款
财务扣款
4. 保险税收类
养老保险
医疗保险
工伤保险
失业保险
住房公积金
补充保险
意外保险
所得税
合 计
应发合计
应扣合计
应税合计
上月尾数
本月实发

■ 图6-145

（6）绘制直线。

①切换至【插入】选项卡，单击【插图】选项组中的【形状】按钮，并在弹出的下拉列表中选择【直线】，如图6-146所示。

文件
开始
插入
页面布局
公式
数据
审阅
视图
开发工具
数据透视表
推荐的数据透视表
表格
图片
联机图片
形状
应用商店
最近使用的形状
线条

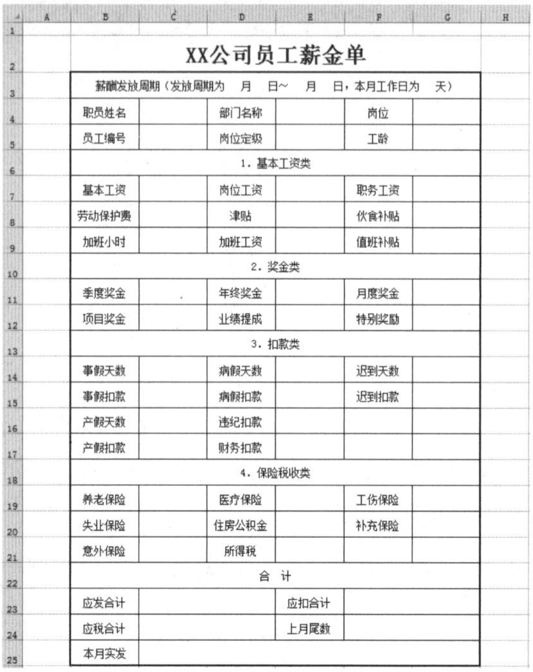

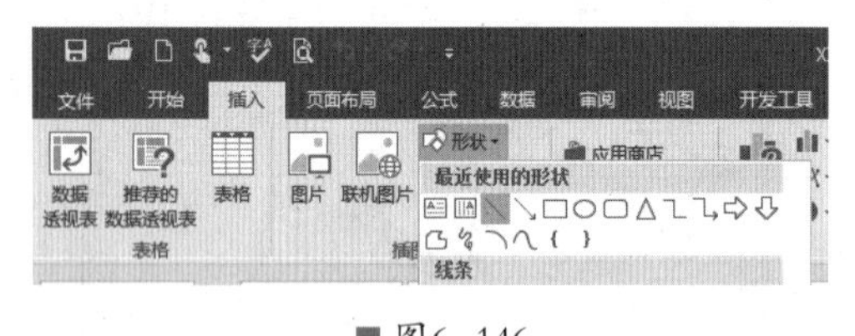

■ 图6-146

②用鼠标点击后，即可在单元格内绘制直线；然后切换至【绘图工具】下的【格式】选项卡，在【形状样式】组中，选择样式【细线-深色1】，如图6-147所示。

绘图工具
文件
开始
插入
页面布局
公式
数据
审阅
视图
开发工具
格式
编辑形状
文本框
形状填充
形状轮廓
形状效果
插入形状
形状样式

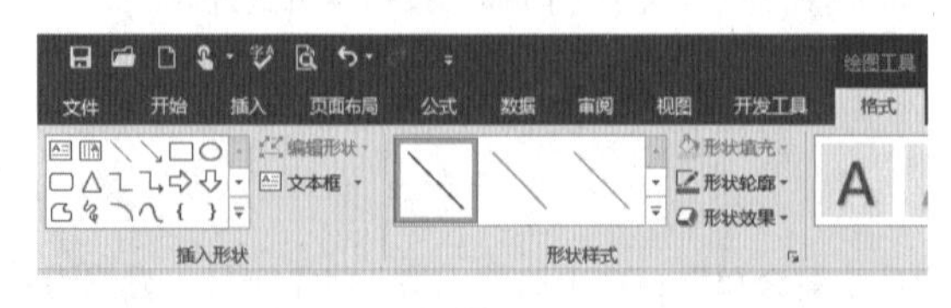

■ 图6-147

③使用同样的方法，继续绘制直线，效果如图6-148所示。

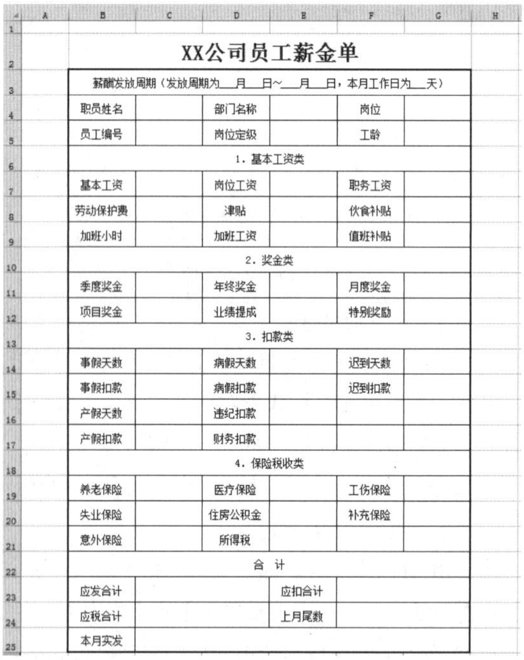

XX公司员工薪金单
薪酬发放周期（发放周期为__月__日～__月__日，本月工作日为__天）
职员姓名
部门名称
岗位
员工编号
岗位定级
工龄
1. 基本工资类
基本工资
岗位工资
职务工资
劳动保护费
津贴
伙食补贴
加班小时
加班工资
值班补贴
2. 奖金类
季度奖金
年终奖金
月度奖金
项目奖金
业绩提成
特别奖励
3. 扣款类
事假天数
病假天数
迟到天数
事假扣款
病假扣款
迟到扣款
产假天数
违纪扣款
产假扣款
财务扣款
4. 保险税收类
养老保险
医疗保险
工伤保险
失业保险
住房公积金
补充保险
意外保险
所得税
合 计
应发合计
应扣合计
应税合计
上月尾数
本月实发

■ 图6-148

十四、员工工资记录表

内容说明

员工工资记录表一般包括姓名、工号、岗位、工资核定（岗位定级、基本工资、职务工资、年终奖金、岗位补贴、补助）、调整记录（调整时间、调整原因）、备注等信息。

学习任务

使用Excel 2016制作“员工工资记录表”，重点是掌握Excel基础表格绘制操作。

具体步骤

（1）创建、命名文件及设置行高。

①新建一个Excel工作表，并将其命名为“××公司员工工资记录表”。

②打开空白工作表，用鼠标选中第2行单元格，然后在功能区选择【格式】，用左键点击后即会出现下拉菜单，继续点击【行高】，在弹出的【行高】对话框中，把行高设置为40，然后单击【确定】，如图6-149所示。

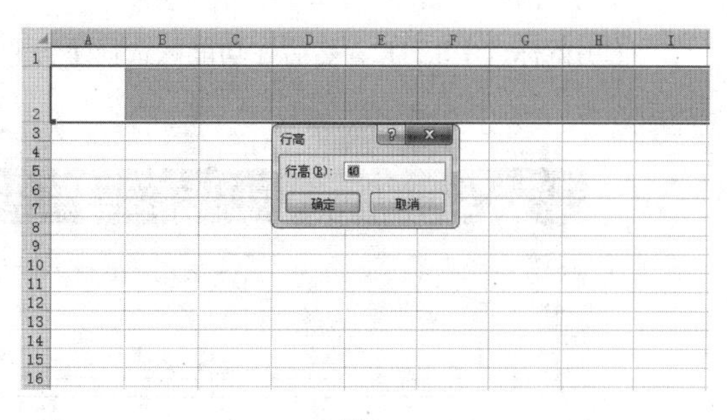

■ 图6-149

③用同样的方法，把第3行至第17行的行高设置为25，如图6-150所示。

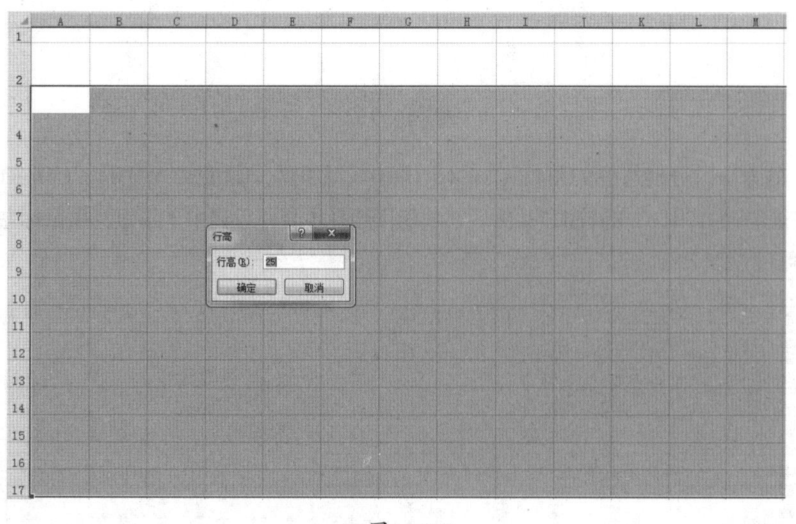

■ 图6-150

（2）设置列宽。

用鼠标选中B至M列单元格，然后在功能区选择【格式】，用左键点击后即会出现下拉菜单，然后点击【列宽】，在弹出的【列宽】对话框中，把列宽设置为9.5，然后单击【确定】，如图6-151所示。

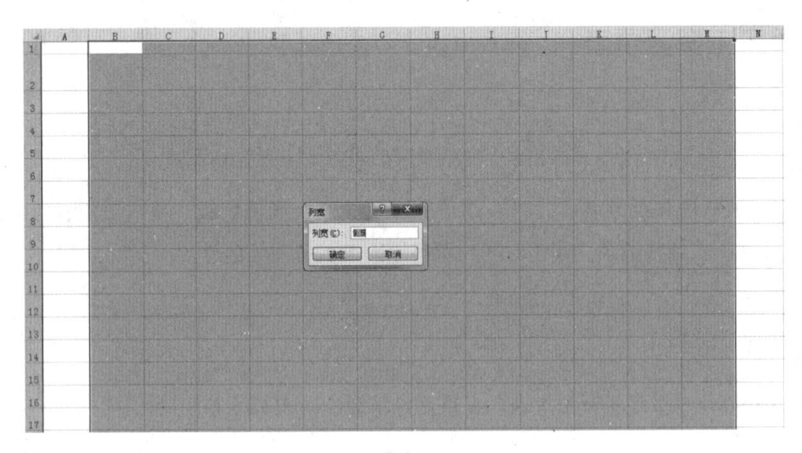

■ 图6-151

（3）合并单元格。

①用鼠标选中B2:M2，然后在功能区选择【合并后居中】按钮，用鼠标左键点击按钮，效果如图6-152所示。

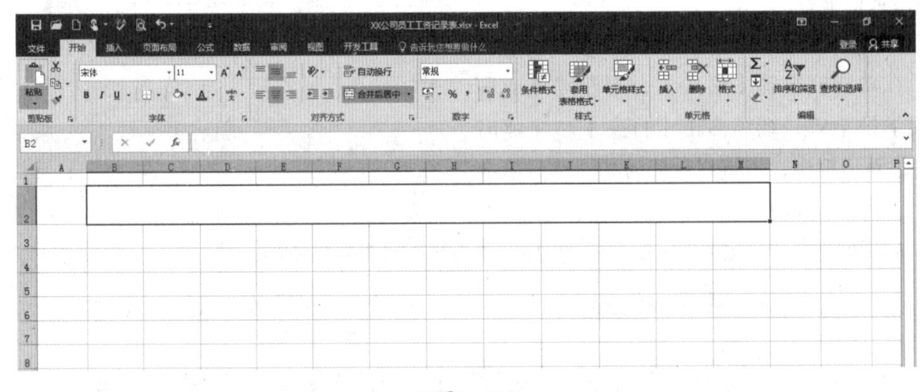

■ 图6-152

②用同样的方法，分别选中B3:B4、C3:C4、D3:D4、E3:J3、K3:L3、M3:M4、C16:E16、G16:I16、K16:M16、C17:E17、G17:I17、K17:M17，然后在功能区选择【合并后居中】按钮，用鼠标左键点击按钮，如图6-153所示。

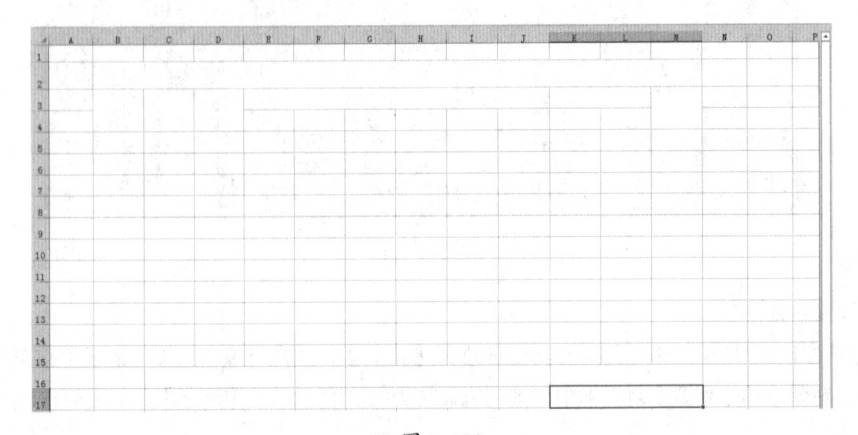

■ 图6-153

（4）设置边框线。

①用鼠标选中B3:M17，单击鼠标右键，在弹出的菜单中选择【设置单元格格式】；用鼠标点击后，就会出现【设置单元格格式】对话框；点击【边框】，选择细线，然后点击【内部】按钮；再选择粗线，然后点击【外边框】按钮，如图6-154所示。

②点击【确定】后，最终的效果如图6-155所示。

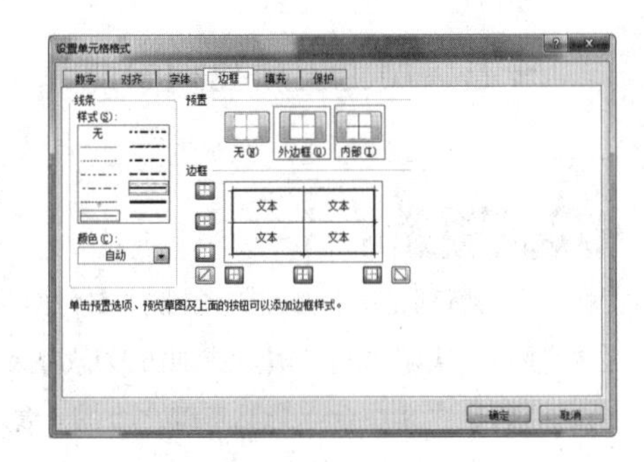

■ 图6-154

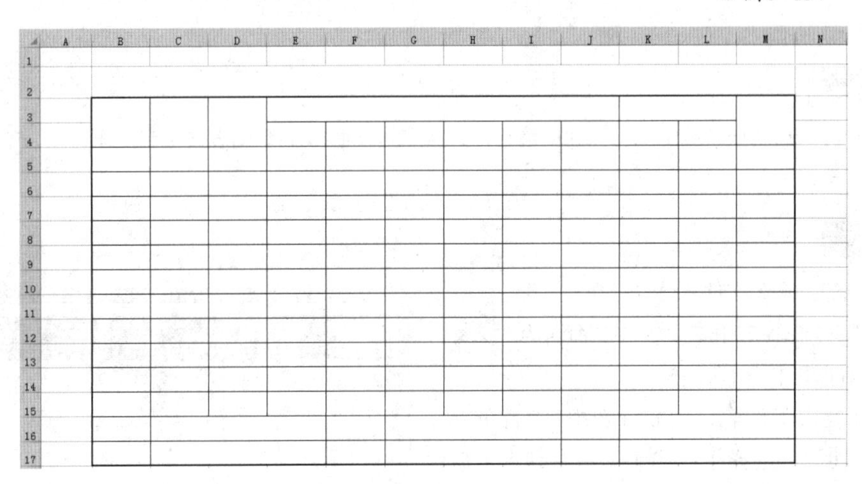

■ 图6-155

（5）输入内容。

①用鼠标选中B2，然后在单元格内输入“××公司员工工资记录表”；选中该单元格，将【字号】设置为24；在功能区中点击【垂直居中】和【居中】，并用【Ctrl+B】快捷键将文字加粗。

②在B3:M17区域内的单元格中分别输入文字，并按照前面提到的方法对文字进行适当调整，效果如图6-156所示。

XX公司员工工资记录表

姓名	工号	岗位	工资核定						调整记录		备注
			岗位定级	基本工资	职务工资	年终奖金	岗位补贴	补助	调整时间	调整原因	
编制人员				审核人员				批准人员			
编制日期				审核日期				批准日期			

■ 图6-156

十五、员工工薪福利申请单

内容说明

员工福利是一种以非现金形式支付给员工的报酬。员工福利从构成上来说可分成两类：法定福利和公司福利。法定福利是国家或地方政府为保障员工利益而强制各类组织执行的报酬部分，如社会保险；而公司福利是建立在企业自愿基础之上的。员工福利的内容包括：补充养老、医疗、住房保险，寿险、意外险、财产险、带薪休假、免费午餐、班车接送、员工文娱活动、休闲旅游等。

学习任务

使用Excel 2016制作“员工工薪福利申请单”，重点是掌握Excel基础表格绘制操作。

具体步骤

（1）创建、命名文件及设置行高。

①新建一个Excel工作表，并将其命名为“××公司员工工薪福利申请单”。

②打开空白工作表，用鼠标选中第2行单元格，然后在功能区选择【格式】，用左键点击后即会出现下拉菜单，继续点击【行高】，在弹出的【行高】对话框中，把行高设置为40，然后单击【确定】，如图6-157所示。

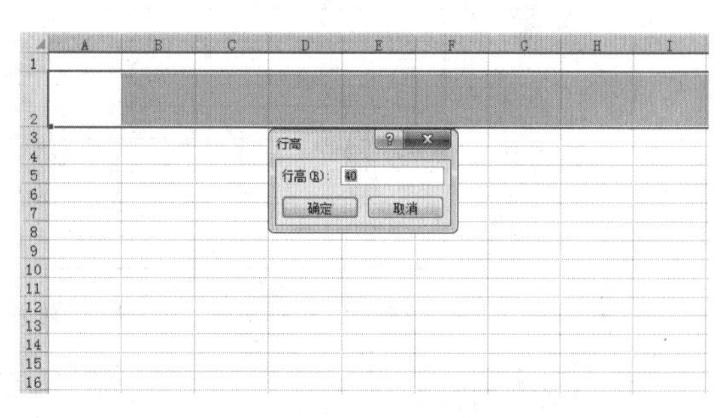

■ 图6-157

③用同样的方法，把第3行至第7行的行高设置为30、第8行的行高设置为260、第9行的行高设置为30，如图6-158所示。

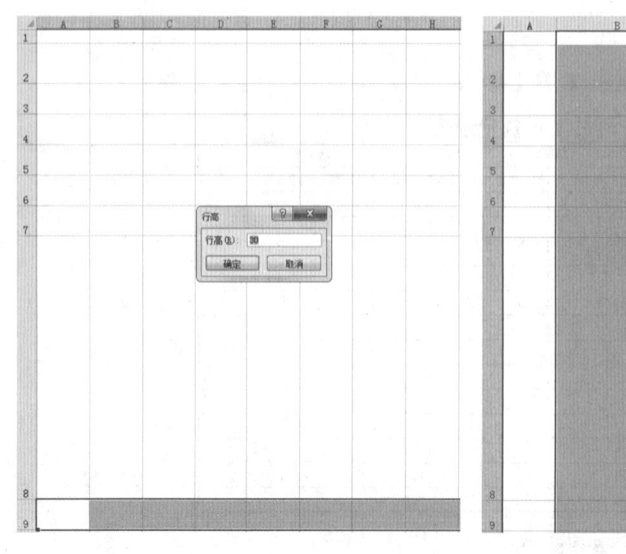

■ 图6-158

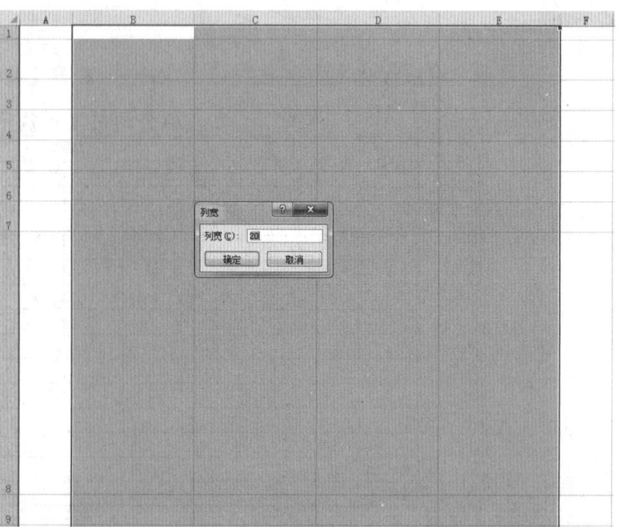

■ 图6-159

（2）设置列宽。

用鼠标选中B至E列单元格，然后在功能区选择【格式】，用左键点击后即会出现下拉菜单，然后点击【列宽】，在弹出的【列宽】对话框中，把列宽设置为20，然后单击【确定】，如图6–159所示。

（3）合并单元格。

①用鼠标选中B2:E2，然后在功能区选择【合并后居中】按钮，用鼠标左键点击按钮，效果如图6–160所示。

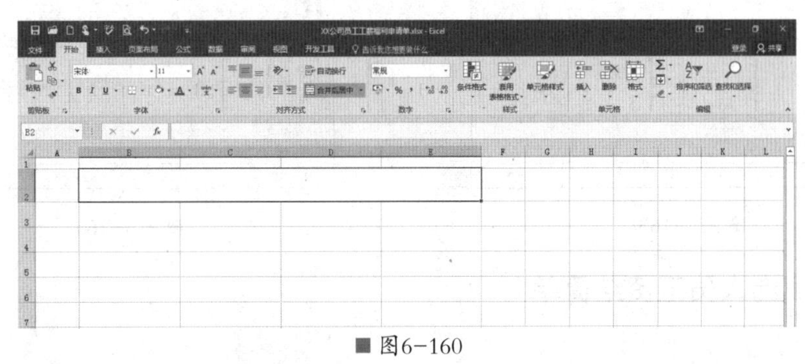

■ 图6–160

②用同样的方法，分别选中C5:E5、C6:E6、C7:E7、B8:E8，然后在功能区选择【合并后居中】按钮，用鼠标左键点击按钮，效果如图6–161所示。

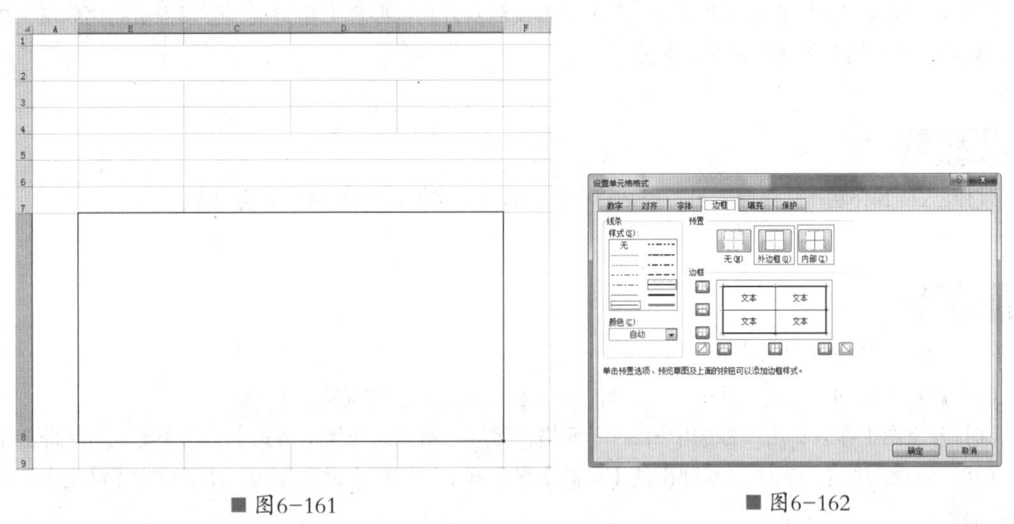

■ 图6–161　　■ 图6–162

（4）设置边框线。

①用鼠标选中B3:E9，单击鼠标右键，在弹出的菜单中选择【设置单元格格式】；用鼠标点击后，就会出现【设置单元格格式】对话框；点击【边框】，选择细线，然后点击【内部】按钮；再选择粗线，然后点击【外边框】按钮，如图6–162所示。

②点击【确定】后，最终的效果如图6–163所示。

（5）输入内容。

①用鼠标选中B2，然后在单元格内输入“××公司员工工薪福利申请单”；选中该单元格，将【字号】设置为24；在功能区中点击【垂直居中】和【居中】，并用【Ctrl+B】快捷键将文字加粗。

②在B3:E9区域内的单元格中分别输入文字，并按照前面提到的方法对文字进行适当调整，效果如图6–164所示。

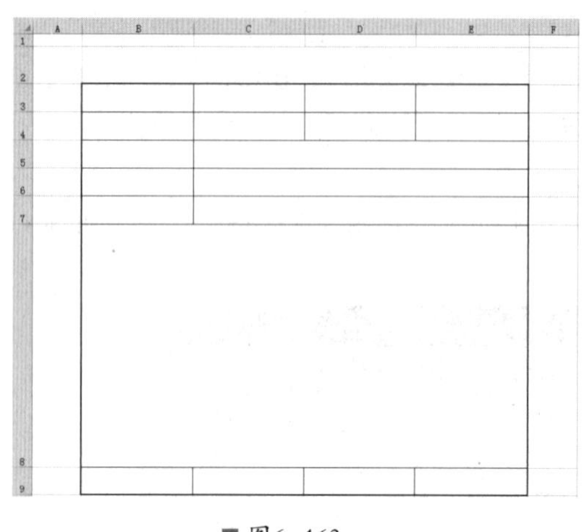

■ 图6-163

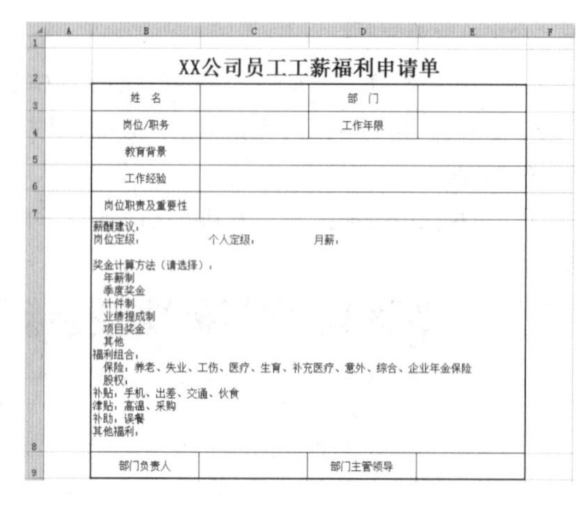

XX公司员工工薪福利申请单

姓　名		部　门	
岗位/职务		工作年限	
教育背景			
工作经验			
岗位职责及重要性			
薪酬建议： 岗位定级：　　个人定级：　　月薪： 奖金计算方法（请选择）： 年薪制 季度奖金 计件制 业绩提成制 项目奖金 其他 福利组合： 保险：养老、失业、工伤、医疗、生育、补充医疗、意外、综合、企业年金保险 股权： 补贴：手机、出差、交通、伙食 津贴：高温、采购 补助：误餐 其他福利：			
部门负责人		部门主管领导	

■ 图6-164

十六、离岗人员工资结算单

内容说明

《工资支付暂行规定》第九条规定："劳动关系双方依法解除或终止劳动合同时，用人单位应在解除或终止劳动合同时一次付清劳动者工资。"劳动者按照双方约定办理工作交接，公司依法向离职员工支付经济补偿的，在办结工作交接时即当支付。

学习任务

使用Excel 2016制作"离岗人员工资结算单"，重点是掌握Excel基础表格绘制操作。

具体步骤

（1）创建、命名文件及设置行高。

①新建一个Excel工作表，并将其命名为"××公司离岗人员工资结算单"。

②打开空白工作表，用鼠标选中第2行单元格，然后在功能区选择【格式】，用左键点击后即会出现下拉菜单，继续点击【行高】，在弹出的【行高】对话框中，把行高设置为40，然后单击【确定】，如图6-165所示。

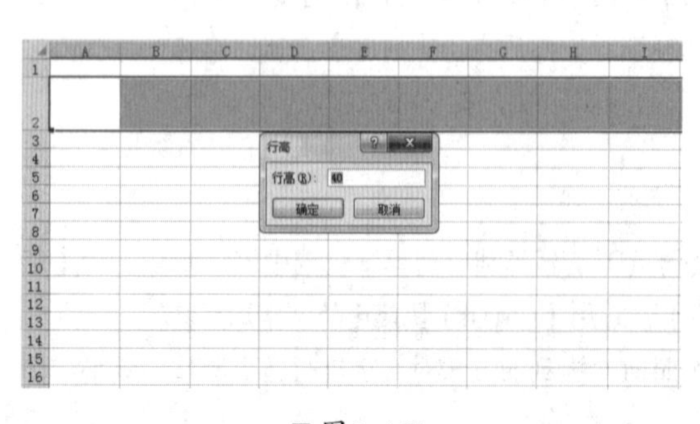

■ 图6-165

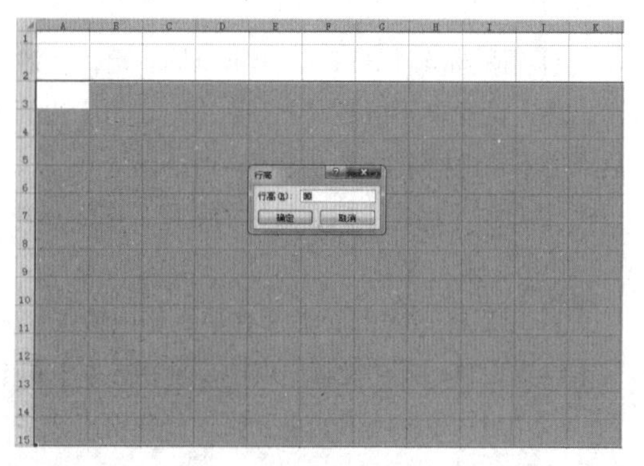

■ 图6-166

③用同样的方法，把第3行至第15行的行高设置为30，如图6–166所示。

（2）设置列宽。

用鼠标选中B至I列单元格，然后在功能区选择【格式】，用左键点击后即会出现下拉菜单，然后点击【列宽】，在弹出的【列宽】对话框中，把列宽设置为14，然后单击【确定】，如图6–167所示。

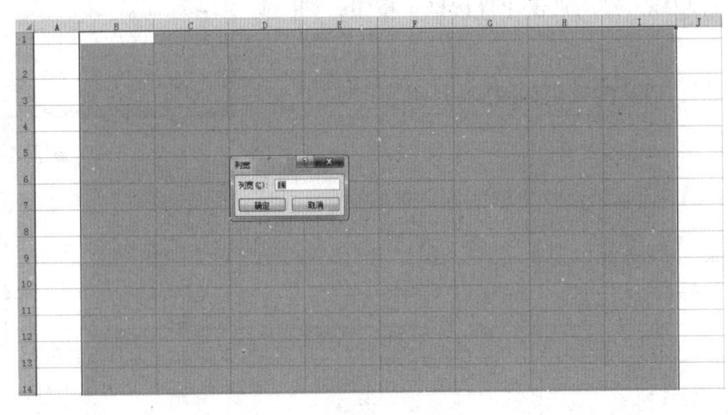

■ 图6–167

（3）合并单元格。

①用鼠标选中B2:I2，然后在功能区选择【合并后居中】按钮，用鼠标左键点击按钮，效果如图6–168所示。

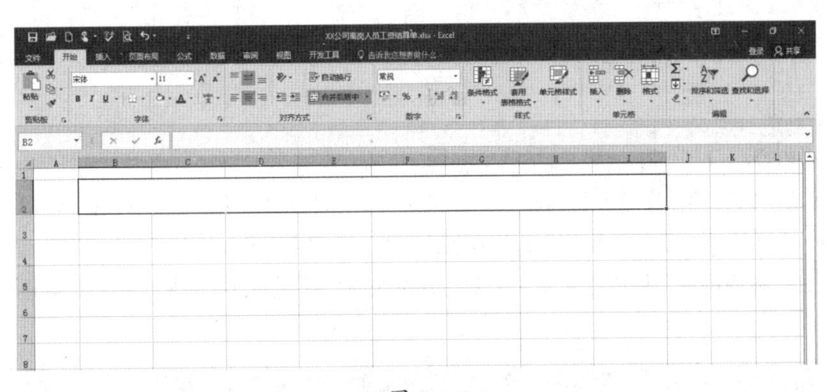

■ 图6–168

②用同样的方法，分别选中E4:G4、F6:H6、B7:C7、D7:G7、B8:B11、D8:F8、H8:I8、D9:F9、H9:I9、D10:F10、H10:I10、D11:F11、H11:I11、B12:C12、D12:E12、B13:C13、D13:G13、C14:D14、F14:G14、C15:D15、F15:G15，然后在功能区选择【合并后居中】按钮，用鼠标左键点击按钮，效果如图6–169所示。

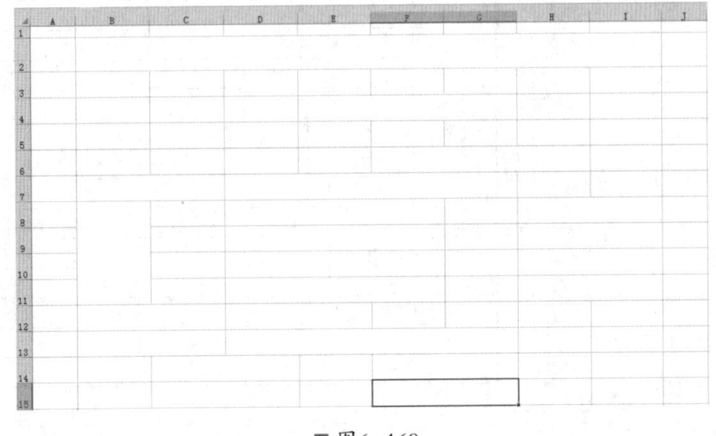

■ 图6–169

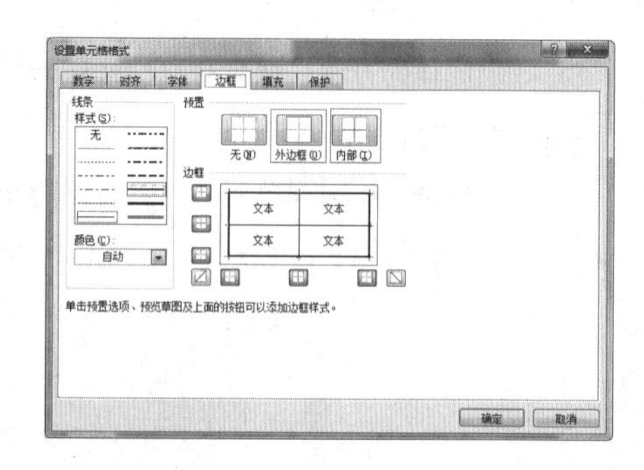

（4）设置边框线。

①用鼠标选中B3:I15，单击鼠标右键，在弹出的菜单中选择【设置单元格格式】；用鼠标点击后，就会出现【设置单元格格式】对话框；点击【边框】，选择细线，然后点击【内部】按钮；再选择粗线，然后点击【外边框】按钮，如图6-170所示。

②点击【确定】后，最终的效果如图6-171所示。

■ 图6-170

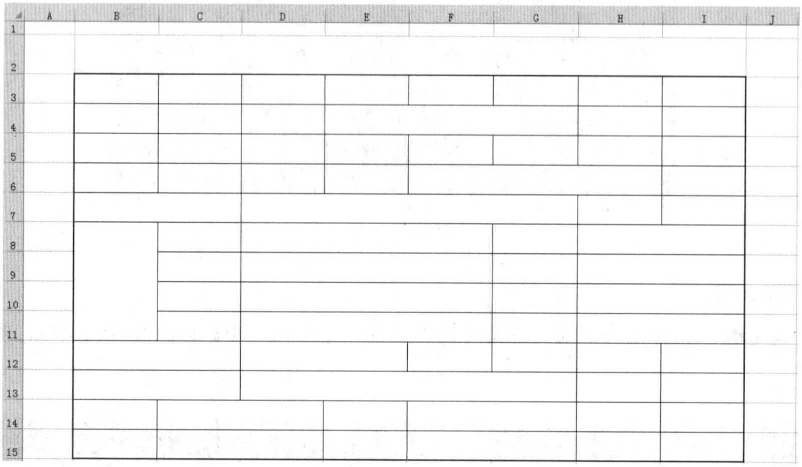

■ 图6-171

（5）输入内容。

①用鼠标选中B2，然后在单元格内输入“××公司离岗人员工资结算单”；选中该单元格，将【字号】设置为24；在功能区中点击【垂直居中】和【居中】，并用【Ctrl+B】快捷键将文字加粗。

②在B3:I15区域内的单元格中分别输入文字，并按照前面提到的方法对文字进行适当调整，效果如图6-172所示。

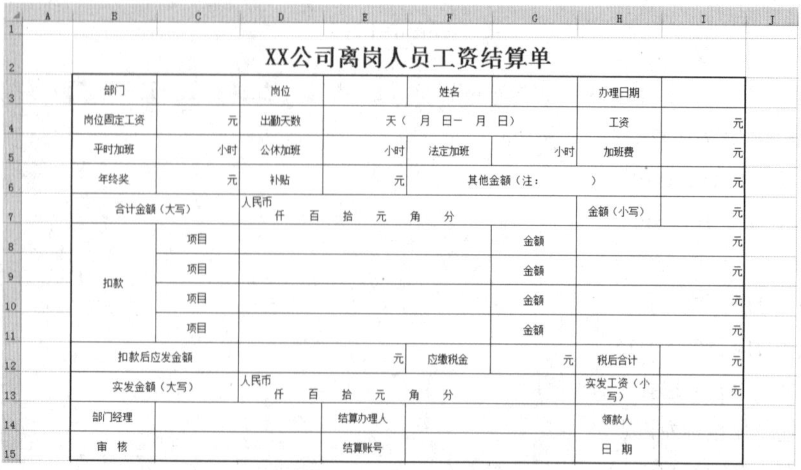

XX公司离岗人员工资结算单

部门		岗位		姓名		办理日期	
岗位固定工资	元	出勤天数	天（ 月 日— 月 日）			工资	元
平时加班	小时	公休加班	小时	法定加班	小时	加班费	元
年终奖	元	补贴	元	其他金额（注： ）			元
合计金额（大写）		人民币 仟 佰 拾 元 角 分				金额（小写）	元
扣款	项目				金额		元
	项目				金额		元
	项目				金额		元
	项目				金额		元
扣款后应发金额		元		应缴税金	元	税后合计	元
实发金额（大写）		人民币 仟 佰 拾 元 角 分				实发工资（小写）	元
部门经理			结算办理人			领款人	
审 核			结算账号			日 期	

■ 图6-172

1．为什么会出现新老员工“薪资倒挂”现象？

目前，很多企业都存在一个问题，那就是新招的员工的工资比老员工高，甚至出现严重的“倒挂”现象。虽然，企业强调薪酬的保密性，但当新老员工融入到同一个团队中时，保密是很难做到的。

新老员工薪酬的不平衡造成了内部的不公平，导致老员工不满，离职率增高；同时，老员工或会对新员工形成敌对情绪，导致新员工不能很好地融入环境，最终导致企业优秀人才难以保留、竞争性技能水平下降，以及由于人员流动而进一步助长了企业薪酬成本的滚动提升；最终，企业会陷入“人难留”“人难招”“人更难留”的恶性循环中。

是什么原因造成了新老员工工资的不平衡？

（1）外部环境的变化。

薪酬的外部环境通常是紧跟市场环境走的，一般有以下几点主要原因：

①行业平均工资的增高。有一些企业处于新兴行业中，这些行业近些年的发展促进企业整体效益提升，进而促进行业整体薪酬水平提升，部分核心人才的平均薪资水平普遍上涨。

②社会平均工资的提升。由于物价水平、平均收入水平等不断提升，社会平均工资不断增长。

③人员流动率的增长。随着“90后”职业人群逐步成为企业的基层岗位就业人群，他们对职业稳定期的认识出现较大变化，他们一般认同职业稳定期为1～2年，这一人群的流动也会导致薪资不断上涨。

（2）内部环境的变化。

①新进员工有着老员工不具备的工作技能和经验。有的企业为了发展新业务，会引进新技术人才，这些人才由于社会供给量少，所以工资较高。

②企业内部缺乏整体薪酬概念，薪资体系与能力模型、绩效考核、人员培养等与其他HR体系脱钩。

③企业薪酬缺乏市场薪酬调查的支撑。人才竞争一年比一年激烈，HR没有时刻关注外部人才市场的发展，没有进行市场薪酬调查。

④企业内部调薪机制没有明确定位，人工成本总额与企业效益控制机制失调。

⑤变相让员工辞职，竞争性的薪资体系可以不断刺激团队流动，挤走存在养老心态的员工，对企业来说是一种“换血”行为。

企业薪酬没有绝对的公平，和谐的员工关系的建立离不开HR和部门主管高超的管理艺术，新老员工“薪酬倒挂”的现象带有一定普遍性，如何解决值得大家深思。

2．员工离职，公司应该在什么时候为员工结算工资？

员工离职，一般公司不会单独为一个员工直接结算工资，都是等下个月发工资时一起结算。那么，公司的这种做法是否合法？离职时，对于员工工资的结算时间，法律是如何规定的？

（1）按照法律规定，员工离职时，公司应该在员工离职时就结算员工的全部工资。

《工资支付暂行规定》第九条规定：“劳动关系双方依法解除或终止劳动合同时，用人单位应在解除或终止劳动合同时一次付清劳动者工资。”劳动者按照双方约定办理工作交接，公司依法向离职员工支付经济补偿的，在办结工作交接时就应当支付。

（2）各地对于员工离职工资结算也有不同的规定。

①有的明确指出了当日结清。如《广东省工资支付条例》第十三条规定："用人单位与劳动者依法终止或者解除劳动关系的，应当在终止或者解除劳动关系当日结清并一次性支付劳动者工资。"

②有的则可以延后结清。如《深圳市员工工资支付条例》第十三条规定："用人单位与员工的劳动关系依法解除或者终止的，支付周期不超过一个月的工资，用人单位应当自劳动关系解除或者终止之日起三个工作日内一次付清；支付周期超过一个月的工资，可以在约定的支付日期支付。"

③有的可以在离职手续办妥后结清或从其约定。如《上海市企业工资支付办法》第七条规定："企业与劳动者终止或依法解除劳动合同的，企业应当在与劳动者办妥手续时，一次性付清劳动者的工资。对特殊情况双方有约定且不违反法律、法规规定的，从其约定。"

因此，公司应该在什么时候结算工资属于合法合规的问题也就有了答案：一般是在员工离职时就应该结算，但各地具体的规定都不甚相同，具体内容可以通过当地人力资源和社会保障部门官网进行查询。

3. 小型企业的薪酬与福利管理如何规范化?

应制订一个薪酬体系，设定职级、岗位，根据市场相应的薪酬数据，分别定出一个范围，或者定出一个额度。流程管理也需要设定好由谁来制订薪酬标准、由谁来提出薪资调整、由谁来确定薪酬标准。对于薪酬管理，应说明什么情况下可以调薪以及调薪的条件等。

4. 薪酬设计要解决哪几大关键问题?

（1）基于岗位价值和能力的层级薪酬框架。

（2）根据公司的情况分析公司的薪酬是以解决员工稳定问题为主，还是以解决吸引人才问题为主。

（3）薪酬管理制度要设定调薪的条件、流程等，确定下来后依据制度来实施管理。

（4）要充分了解市场数据。

第七章

员工的劳动关系管理

企业员工的合同到期日、退休日期快要到了，HR应如何提前提醒员工，以避免时间一到自己却手忙脚乱呢？新员工的试用期快要到了，HR应如何及时提醒聘用者签订正式劳动合同呢？Excel具有普及性，正是因为它是一个优秀的数据计算与分析的平台，HR可以按照自己的思路来创建电子表格，并通过Excel动态了解公司员工每月流入和流出的变化情况，即便是年底大量的人事数据分析等复杂工作也能轻松完成。因此，上述的情况都能使用Excel来帮助解决。

本章思维导图

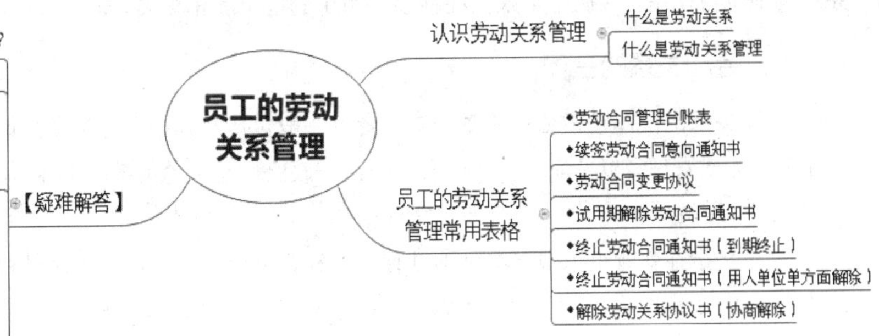

第一节 认识劳动关系管理

一、什么是劳动关系

一般而言，劳动关系通常是指用人单位（雇主）与劳动者（雇员）之间在运用劳动者的劳动能力实现劳动过程中所发生的关系。劳动关系是社会生产过程中生产的客观条件——生产资料（资本），与生产的主观条件——劳动力相互结合的具体表现形式，两者的结合在使劳动过程得以开始的同时，也形成了现实的劳动关系。劳动关系所反映的是一种特定的经济关系——劳动给付与工资的交换关系。

1. 劳动关系的特征

劳动关系与一般经济学中所概括的劳动关系，以及其他各种社会关系相比，具有如下特征：

（1）劳动关系的内容是劳动。

（2）劳动关系具有人身关系属性和财产关系属性相结合的特点。

（3）劳动关系具有平等性和隶属性的特点。

劳动关系的上述特征的客观存在，决定了劳动关系是诸种社会关系中最为基本的关系，人们在劳动关系中的地位与作用直接决定了人们在社会关系中的地位和相互关系。

2. 劳动关系的主体

劳动关系的主体是指劳动关系的参与者，一般包括两方：一方是员工或劳动者以及工会组织等，另一方是雇主方或管理者以及雇主。从广义上来说，政府也是劳动关系的主体。

（1）雇员。

雇员是指在就业组织中，本身不具有基本经营决策权力并从属于这种权力的工作者，通过提供体力和脑力劳动换取雇主所提供的报酬的人。但是公务人员（如各级政府官员）不是雇员，此类人员是通过公法行为而建立起来的公法上的聘用关系。

（2）工会。

工会是职工自愿结合的群众组织。其宗旨是代表职工的利益，依法维护职工的合法权益。工会组织在劳动关系调整控制中发挥着极其重要的作用，也是保障劳动力市场有序竞争的最重要的制度结构安排之一。

工会维护职工合法权益的职能通过下列途径来实现：

①工会帮助、指导职工与企业以及实行企业化管理的事业单位签订劳动合同。

②企业、事业单位处分职工，工会认为不适当的，有权提出意见。

③企业、事业单位违反劳动法律、法规规定，有下列侵犯职工劳动权益情形的，工会应当代表职工与企业、事业单位交涉，要求企业、事业单位采取措施予以改正；企业、事业单位应当予以研究处理，并向工会作出答复；企业、事业单位拒不改正的，工会可以请求当地人民政府依法作出处理：克扣职工工资的；不提供劳动安全卫生条件的；随意延长劳动时间的；侵犯女职工和未成年职工特殊权益的；其他严重侵犯职工劳动权益的。

④工会依照国家规定对新建、扩建企业和技术改造工程中的劳动条件和安全卫生设施与主体工程同时设计、同时施工、同时投产使用进行监督。对工会提出的意见，企业或者主管部门应当认真处理，并将处

理结果书面通知工会。

⑤工会有权对企业、事业单位侵犯职工合法权益的问题进行调查，有关单位应当予以协助。

⑥职工因工伤亡事故和其他严重危害职工健康问题的调查处理，必须有工会参加。

⑦企业、事业单位发生停工、怠工事件，工会应当代表职工同企业、事业单位或者有关方面协商，反映职工的意见和要求并提出解决意见。

⑧工会参加企业的劳动争议调解工作。

（3）雇主。

雇主是指在企业组织中雇用劳动者进行有组织、有目的的活动，并向雇员支付工资报酬的法人或自然人。我国现行的劳动立法中没有使用“雇主”这一概念，普遍使用“用人单位”。

（4）政府。

在现代社会中，政府的行为已经渗透到社会经济、政治生活的各个方面，政府作为劳动关系的主体一方，在劳动关系的运作过程中扮演着重要的角色。具体表现在作为雇主的政府、作为调解者和立法者的政府、三方机制中的政府三个方面。

3. 劳动关系的表现形式

（1）合作。

合作是指在就业组织中，双方共同生产和服务，并在很大程度上遵守一套既定制度和规则的行为。

（2）冲突。

劳动关系双方的利益、目标和期望不可能完全一致，经常会出现分歧：对员工和工会来说，冲突形式有罢工、旷工、怠工、抵制等，辞职有时也被当作一种冲突形式；对用人方来说，冲突形式有关闭工厂、惩处或解雇不服从领导的员工。

（3）力量。

力量是影响劳动关系结果的能力，是互相冲突的利益、目标和期望以何种形式表现出来的决定力量，分为劳动力市场的力量和双方对比关系的力量。

（4）权利。

权利是指代表他人作决策的权利，管理方的权利有：对员工指挥和安排的权利、影响员工的行为和表现的各种方式、其他相当广泛的决策内容。

4. 劳动关系与劳务关系的区别

（1）产生的原因不同。

劳动关系是基于用人单位与劳动者之间因生产要素的结合而产生的关系，它是社会劳动得以进行的前提条件，是劳动的社会形式。劳务关系产生的原因在于社会分工。

（2）适用的法律不同。

劳动关系由劳动法调整规范。劳务关系主要由民法、合同法等调整规范。

（3）主体资格不同。

劳动关系的主体具有特定性：一方是法人或非法人经济组织，即用人单位，另一方则必须是劳动者个人；劳动关系的主体不能同时都是自然人，也不能同时都是法人或组织。劳动关系只能在自然人与用人单位之间产生。劳务关系的主体双方不具有特定性：当事人可以同时都是法人、非法人组织、自然人，也可以是公民与法人、非法人组织。

（4）主体性质及其关系不同。

劳动关系的双方主体之间不仅存在着财产关系即劳动给付与工资的交换关系，还存在着人身关系，即行政隶属关系。劳务关系的双方主体之间只存在财产关系，即经济关系，彼此之间无从属性，不存在行政隶属关系，没有管理与被管理、支配与被支配的权利和义务。

（5）当事人之间的权利义务方面有着系统性的区别。

劳动关系中的劳动者享有劳动法规定的全部权利，如劳动报酬权、劳动安全卫生保护权、民主管理权、职业培训权、物质帮助权等并承担相应义务。劳务关系中的劳动服务供给者不享有前述权利。

（6）劳动条件的提供方式不同。

在劳动关系的运行中，实现劳动过程的物质条件由用人单位提供，用人单位同时要为劳动者提供符合国家劳动安全卫生标准的劳动条件、必要的安全卫生保障和防护设备。在劳务关系中，工具、设备等物质条件的提供，如果合同中未作约定的，一般情况下应由劳动服务供给者提供。

（7）违反合同产生的法律责任不同。

劳动关系的当事人不履行、不适当履行劳动合同所产生的责任不仅有民事责任，而且还有行政责任，甚或刑事责任。劳务关系的当事人不履行、不适当履行劳务合同所产生的责任通常只有民事责任——违约责任和侵权责任，不存在行政责任。

（8）纠纷的处理方式不同。

劳动关系的当事人之间发生劳动争议，适用《中华人民共和国劳动争议调解仲裁法》。劳动争议仲裁是解决劳动争议的必经程序，是诉讼的前置程序。劳务合同履行中当事人出现纠纷，仲裁或诉讼各自终局，权利救济方式由当事人自行选择。

（9）对履行合同中的伤亡事故处理不同。

根据《工伤保险条例》的规定，劳动关系中的劳动者发生工伤适用的是无过错原则：即使用人单位没有过错，仍然应当对遭受工伤的劳动者承担法律规定的责任，受到人身伤害的劳动者依法享有工伤保险待遇。劳务关系不适用工伤事故处理的有关规定，劳务关系中的劳动服务供给者在提供劳动服务的过程中遭受人身损害的，按照《中华人民共和国民法典》的规定由过错方来承担赔偿责任，即过错原则。

二、什么是劳动关系管理

1. 劳动关系管理的含义

劳动关系管理，就是通过规范化、制度化的管理，使劳动关系双方（企业与员工）的行为得到规范、权益得到保障，维护稳定和谐的劳动关系，促使企业经营稳定运行的一系列措施和手段。通过劳动关系管理，可以保障企业与员工的互择权，通过适当的流动实现生产要素的优化组合；也可以保障企业内部各方面的正当权益，开发资源潜力，充分调动积极性；进一步改善企业内部劳动关系，创造尊重、信任、合作的工作环境。

劳动关系管理的主要内容包括：劳动合同的文本、签订与解除；集体合同的协商与履行；劳动争议处理；员工沟通系统；职业安全卫生管理、拟定劳动关系管理制度等。劳动关系管理的依据主要是《中华人民共和国劳动合同法》以及配套的相关法律法规。

2. 劳动关系管理的原则

（1）兼顾各方利益原则。

（2）协商解决争议原则。

（3）以法律为准绳的原则。

（4）劳动争议以预防为主的原则。

第二节　员工的劳动关系管理常用表格

一、劳动合同管理台账表

内容说明

劳动合同管理台账表一般应包括序号、所在部门、员工姓名、岗位、合同编号、劳动合同签订时间、收到人签名、收到日期、备注等信息。

学习任务

使用Excel 2016制作“劳动合同管理台账表”，重点是掌握Excel基础表格绘制操作。

具体步骤

（1）创建、命名文件及设置行高。

①新建一个Excel工作表，并将其命名为“××公司劳动合同管理台账表”。

②打开空白工作表，用鼠标选中第2行单元格，然后在功能区选择【格式】，用左键点击后即会出现下拉菜单，继续点击【行高】，在弹出的【行高】对话框中，把行高设置为40，然后单击【确定】，如图7-1所示。

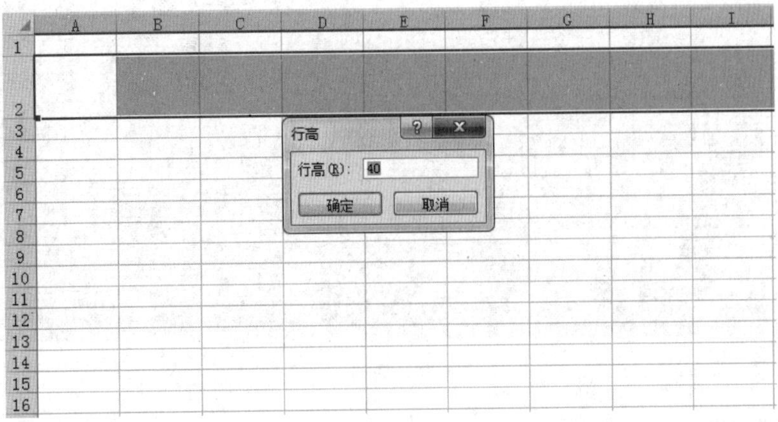

■ 图7-1

③用同样的方法，把第3行的行高设置为35，把第4行至第20行的行高设置为22，如图7-2所示。

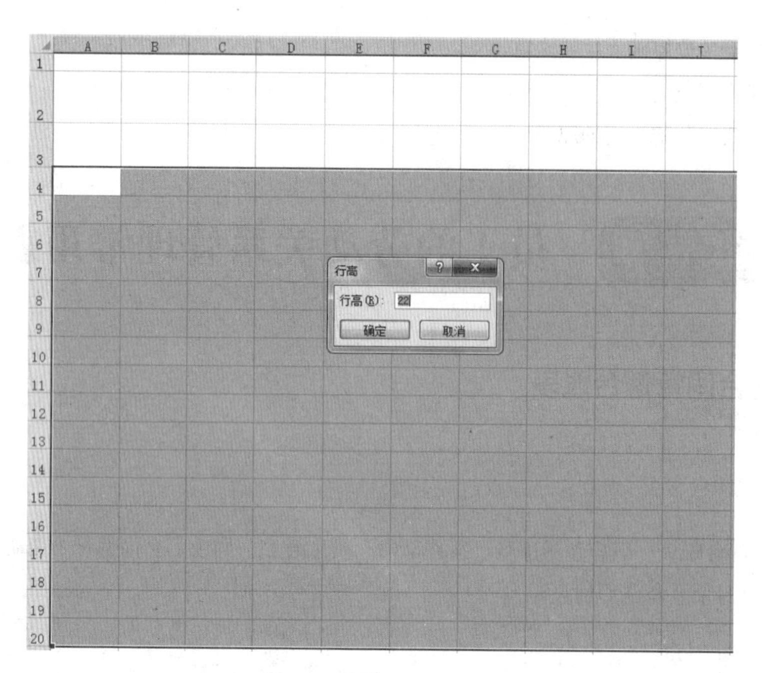

■ 图7-2

（2）设置列宽。

用鼠标选中B至J列单元格，然后在功能区选择【格式】，用左键点击后即会出现下拉菜单，然后点击【列宽】，在弹出的【列宽】对话框中，把列宽设置为12，然后单击【确定】，如图7-3所示。

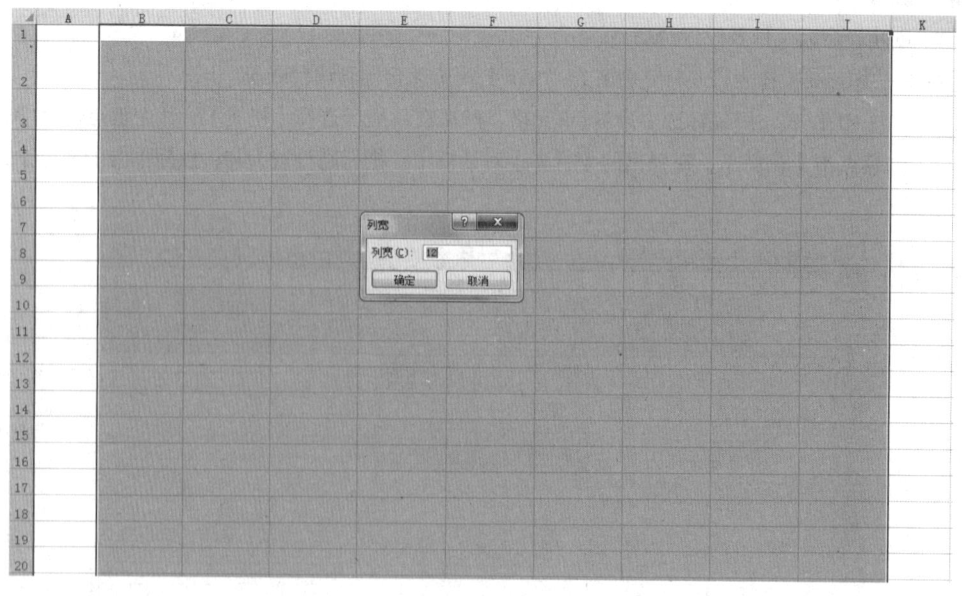

■ 图7-3

（3）合并单元格。

用鼠标选中B2:J2，然后在功能区选择【合并后居中】按钮，用鼠标左键点击按钮，效果如图7-4所示。

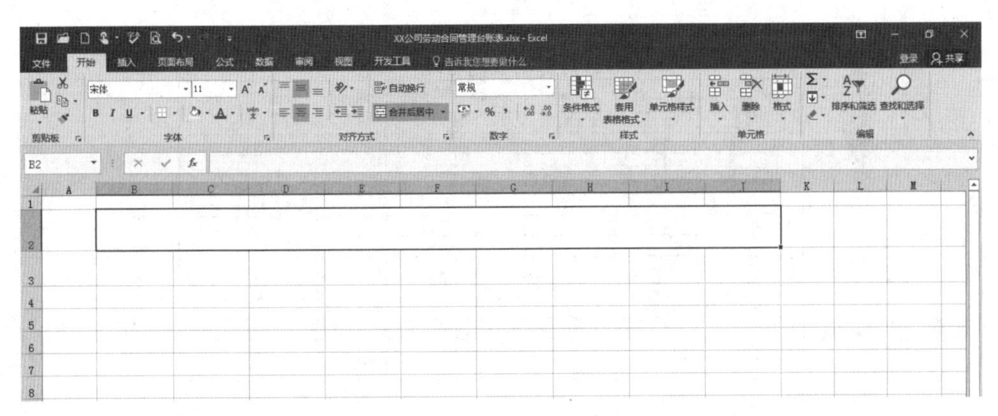

■ 图7-4

（4）设置边框线。

①用鼠标选中B3:J20，单击鼠标右键，在弹出的菜单中选择【设置单元格格式】；用鼠标点击后，就会出现【设置单元格格式】对话框；点击【边框】，选择细线，然后点击【内部】按钮；再选择粗线，然后点击【外边框】按钮，如图7-5所示。

②点击【确定】后，最终的效果如图7-6所示。

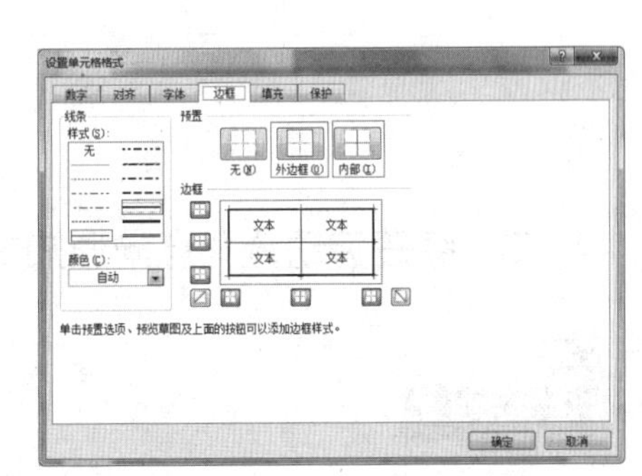

■ 图7-5

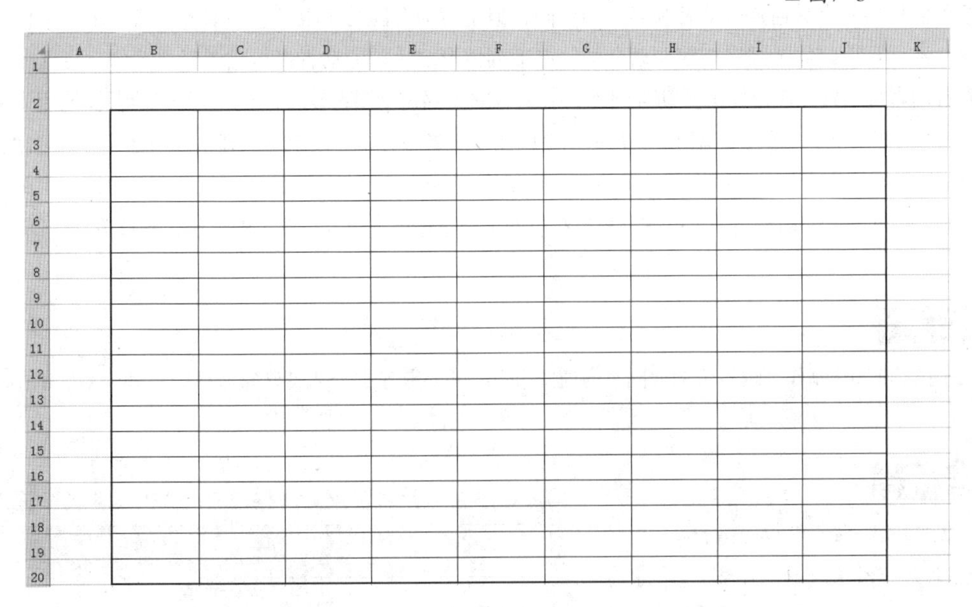

■ 图7-6

（5）输入内容。

①用鼠标选中B2，然后在单元格内输入“××公司劳动合同管理台账表”；选中该单元格，将【字号】设置为24；在功能区中点击【垂直居中】和【居中】，并用【Ctrl+B】快捷键将文字加粗。

②在B3:J20区域内的单元格中分别输入文字，并按照前面提到的方法对文字进行适当调整，效果如图7-7所示。

XX公司劳动合同管理台账表

序号	所在部门	员工姓名	岗位	合同编号	劳动合同签订时间	收到人签名	收到日期	备注

■ 图7-7

二、续签劳动合同意向通知书

内容说明

劳动合同期满，经当事人双方协商同意延续劳动合同的，应当在合同期满前15日内办理续延手续。用人单位可以提前一个月通知劳动者续签劳动合同，但是劳动合同的年限条款要双方协商。用人单位与劳动者协商一致，可以订立无固定期限劳动合同。有下列情形之一，劳动者提出或者同意续订、订立劳动合同的，除劳动者提出订立固定期限劳动合同外，应当订立无固定期限劳动合同：（1）劳动者在该用人单位连续工作满十年的；（2）用人单位初次实行劳动合同制度或者国有企业改制重新订立劳动合同时，劳动者在该用人单位连续工作满十年且距法定退休年龄不足十年的；（3）连续订立二次固定期限劳动合同，且劳动者没有《中华人民共和国劳动合同法》第三十九条和第四十条第一项、第二项规定的情形，续订劳动合同的。

学习任务

使用Excel 2016制作“续签劳动合同意向通知书”，重点是掌握插入特殊符号“□”和“√”的操作。

具体步骤

（1）创建、命名文件及设置行高。

①新建一个Excel工作表，并将其命名为“××公司续签劳动合同意向通知书”。

②打开空白工作表，用鼠标选中第2行单元格，然后在功能区选择【格式】，用左键点击后即会出现下拉菜单，继续点击【行高】，在弹出的【行高】对话框

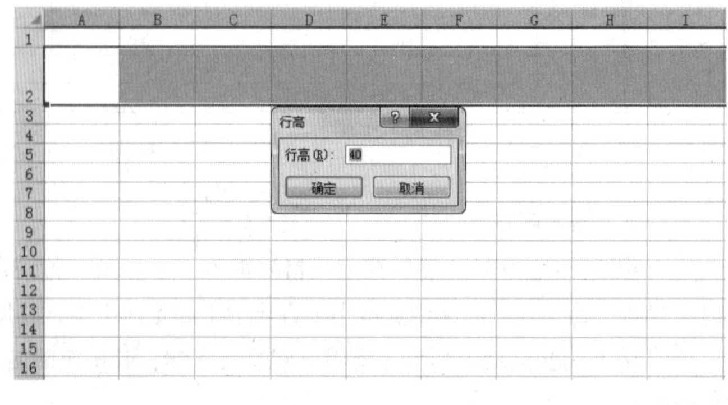

■ 图7-8

中，把行高设置为40，然后单击【确定】，如图7–8所示。

③用同样的方法，把第3行至第14行的行高设置为50，如图7–9所示。

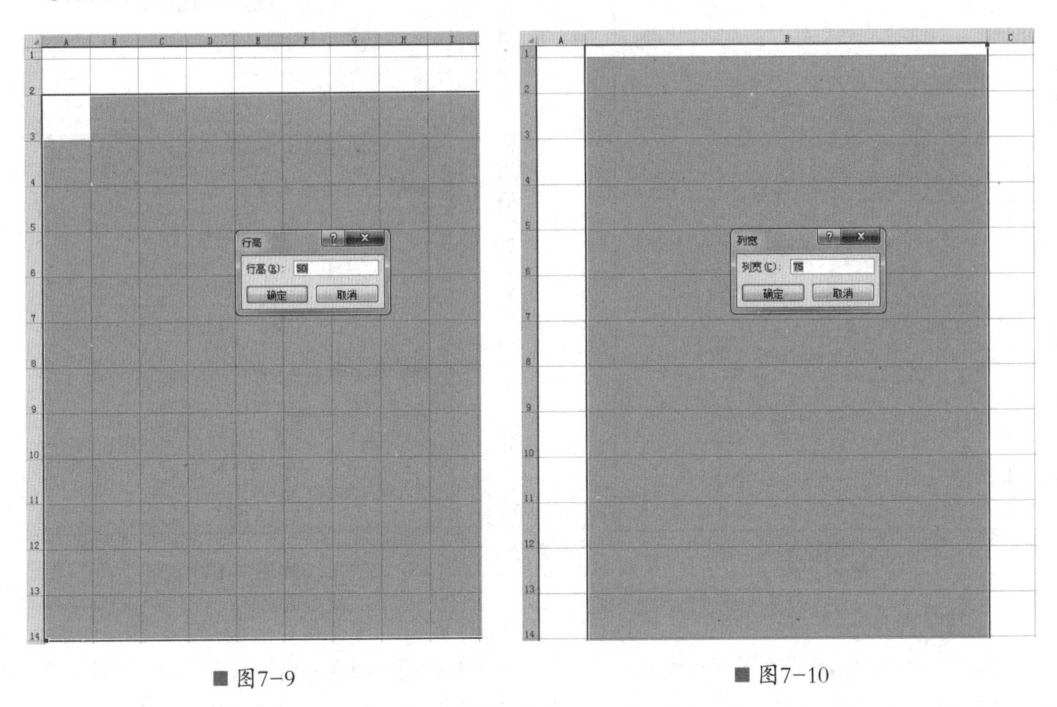

■ 图7–9　　■ 图7–10

（2）设置列宽。

用鼠标选中B列单元格，然后在功能区选择【格式】，用左键点击后即会出现下拉菜单，然后点击【列宽】，在弹出的【列宽】对话框中，把列宽设置为75，然后单击【确定】，如图7–10所示。

（3）设置边框线。

①用鼠标选中B3:B14，单击鼠标右键，在弹出的菜单中选择【设置单元格格式】；用鼠标点击后，就会出现【设置单元格格式】对话框；点击【边框】，选择粗线，然后点击【外边框】按钮，点击【确定】，如图7–11所示。

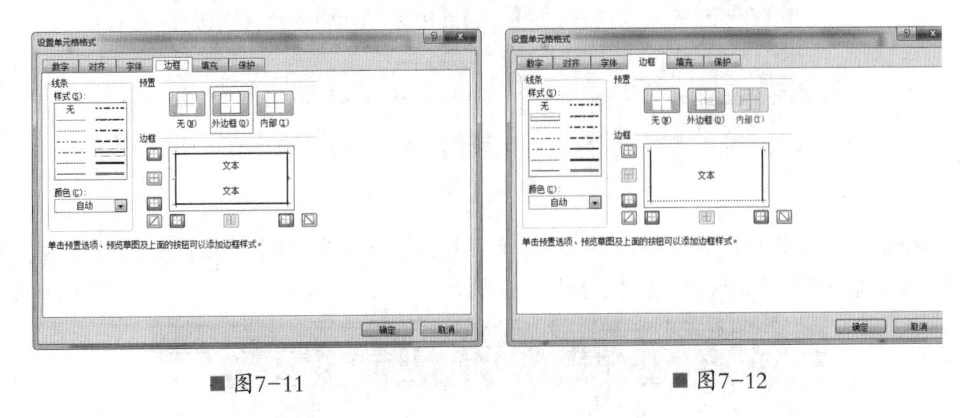

■ 图7–11　　■ 图7–12

②选中B9单元格，单击鼠标右键，在弹出的菜单中选择【设置单元格格式】；用鼠标点击后，就会出现【设置单元格格式】对话框；点击【边框】，选择虚线，然后点击【下边框】按钮（如图7–12所示），点击【确定】后，最终的效果如图7–13所示。

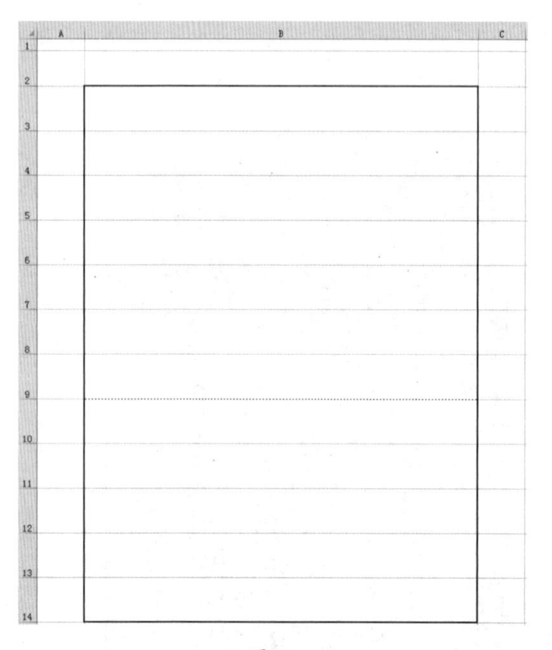

■ 图7-13

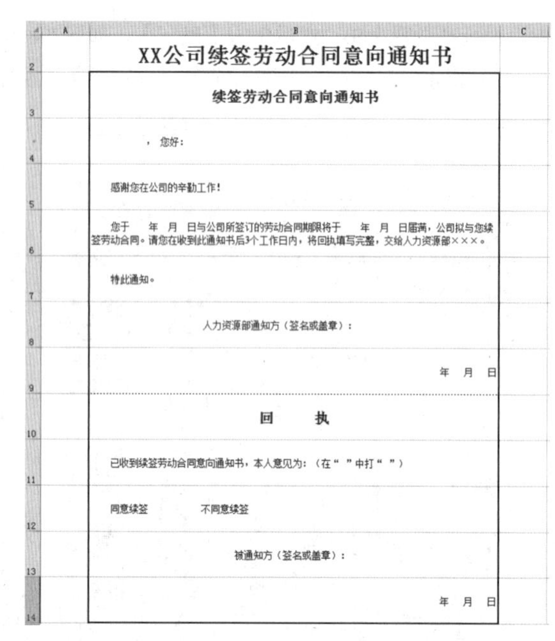

XX公司续签劳动合同意向通知书

续签劳动合同意向通知书

，您好：

感谢您在公司的辛勤工作！

您于　年　月　日与公司所签订的劳动合同期限将于　年　月　日届满，公司拟与您续签劳动合同。请您在收到此通知书后3个工作日内，将回执填写完整，交给人力资源部×××。

特此通知。

人力资源部通知方（签名或盖章）：

年　月　日

回　执

已收到续签劳动合同意向通知书，本人意见为：（在“　”中打“　”）

同意续签　　不同意续签

被通知方（签名或盖章）：

年　月　日

■ 图7-14

（4）输入内容。

①用鼠标选中B2，然后在单元格内输入“××公司续签劳动合同意向通知书”；选中该单元格，将【字号】设置为24；在功能区中点击【垂直居中】和【居中】，并用【Ctrl+B】快捷键将文字加粗。

②在B3:B14区域内的单元格中分别输入文字，并按照前面提到的方法对文字进行适当调整，效果如图7-14所示。

（5）绘制直线。

①切换至【插入】选项卡，单击【插图】选项组中的【形状】按钮，并在弹出的下拉列表中选择【直线】，如图7-15所示。

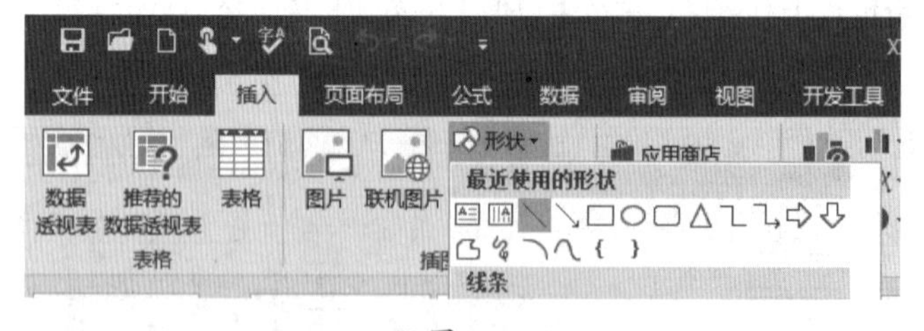

■ 图7-15

②用鼠标点击后，即可在单元格内绘制直线；然后切换至【绘图工具】下的【格式】选项卡，在【形状样式】组中，选择样式【细线-深色1】，如图7-16所示。

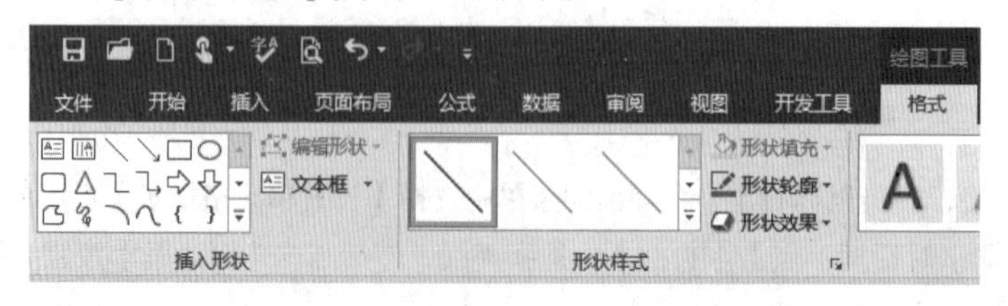

■ 图7-16

③使用同样的方法，继续绘制直线，如图7-17所示。

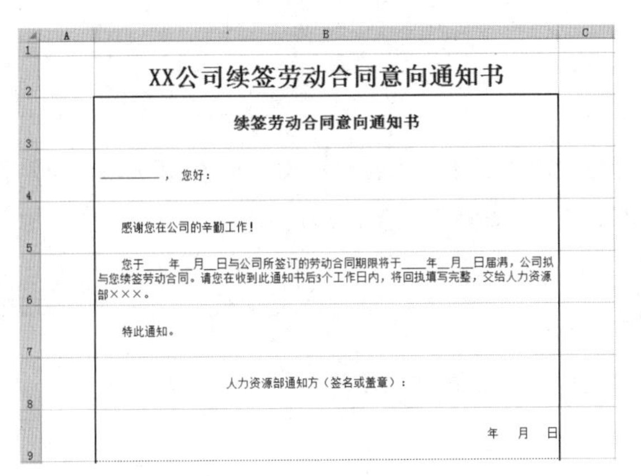

■ 图7-17

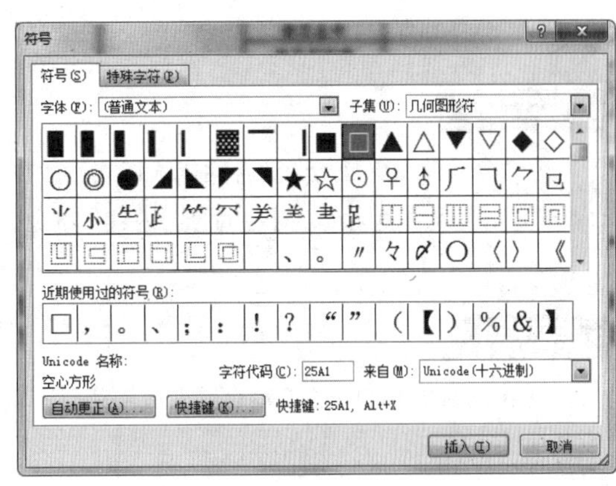

■ 图7-18

（6）插入特殊符号“□”和“√”。

①选中B11单元格，切换至【插入】选项卡，在【符号】选项组中单击【符号】按钮，在弹出的【符号】对话框中，单击【子集】下拉按钮，然后找到【几何图形符】中的“□”，如图7-18所示。

②用鼠标点击【插入】后，即可在单元格内插入符号“□”；然后再点击【关闭】，将对话框关闭；用同样的方法，在其他单元格内，都插入相应的特殊符号“□”。

③选中B11单元格，切换至【插入】选项卡，在【符号】选项组中单击【符号】按钮，在弹出的【符号】对话框中，单击【子集】下拉按钮，然后找到【数学运算符】中的“√”。用鼠标点击【插入】后，即可在单元格内插入符号“√”；然后再点击【关闭】，将对话框关闭，如图7-19所示。

④最后，得到如图7-20所示的效果图。

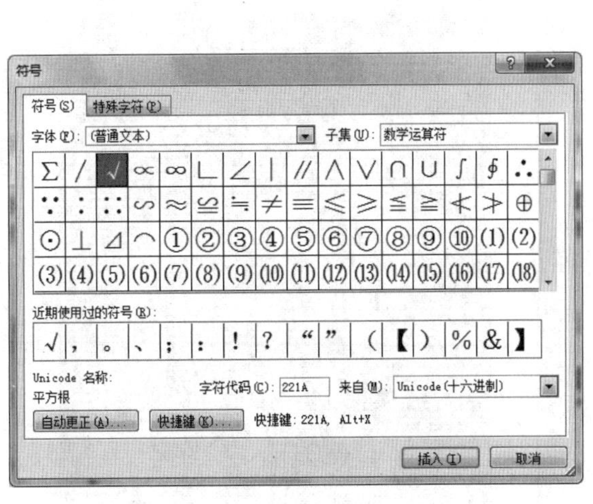

■ 图7-19

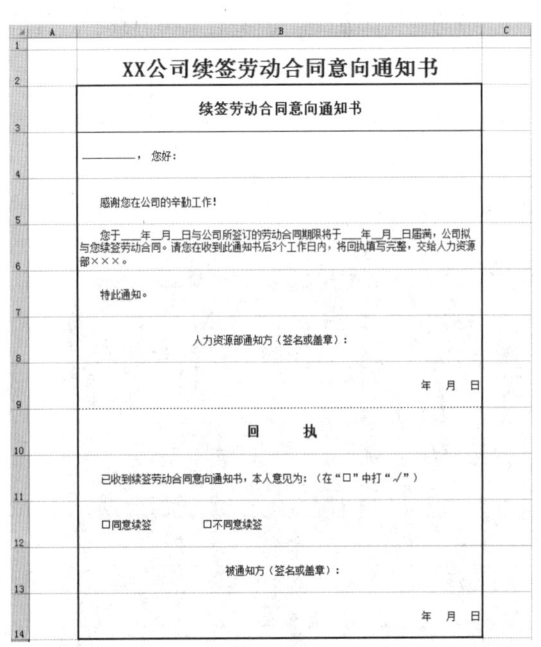

■ 图7-20

三、劳动合同变更协议

劳动合同的变更是指劳动合同依法订立后，在合同尚未履行或者尚未履行完毕之前，经用人单位和劳动者双方当事人协商同意，对劳动合同内容作部分修改、补充或者删减的法律行为。

使用Excel 2016制作“劳动合同变更协议”，重点是掌握绘制直线的操作。

（1）创建、命名文件及设置行高。

①新建一个Excel工作表，并将其命名为“××公司劳动合同变更协议”。

②打开空白工作表，用鼠标选中第2行单元格，然后在功能区选择【格式】，用左键点击后即会出现下拉菜单，继续点击【行高】，在弹出的【行高】对话框中，把行高设置为45，然后单击【确定】，如图7-21所示。

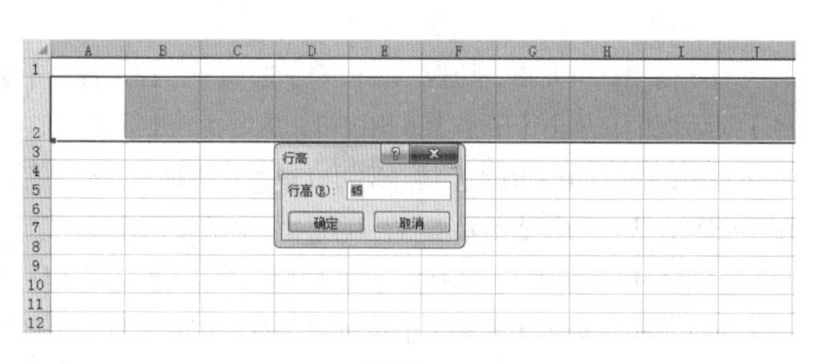

■ 图7-21

③用同样的方法，把第3行至第5行的行高设置为40，把第6行至第11行的行高设置为80，如图7-22所示。

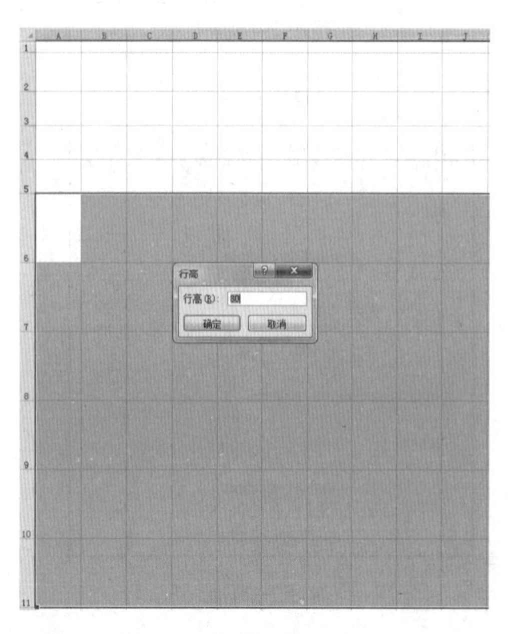

■ 图7-22

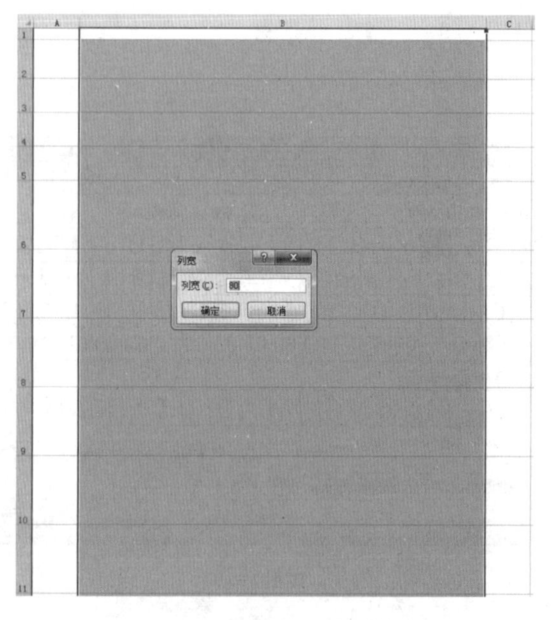

■ 图7-23

（2）设置列宽。

用鼠标选中B列单元格，然后在功能区选择【格式】，用左键点击后即会出现下拉菜单，然后点击【列宽】，在弹出的【列宽】对话框中，把列宽设置为80，然后单击【确定】，如图7-23所示。

（3）设置边框线。

①用鼠标选中B3:B11，单击鼠标右键，在弹出的菜单中选择【设置单元格格式】；用鼠标点击后，就会出现【设置单元格格式】对话框；点击【边框】，选择粗线，然后点击【外边框】按钮，如图7-24所示。

■ 图7-24

②点击【确定】后，最终的效果如图7-25所示。

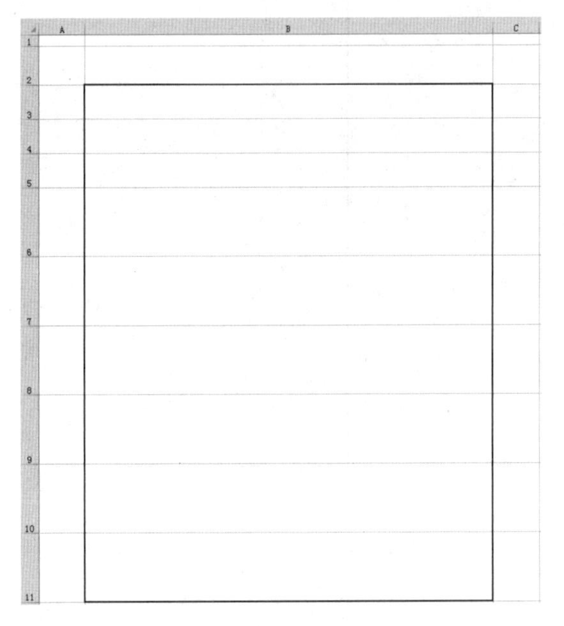

■ 图7-25

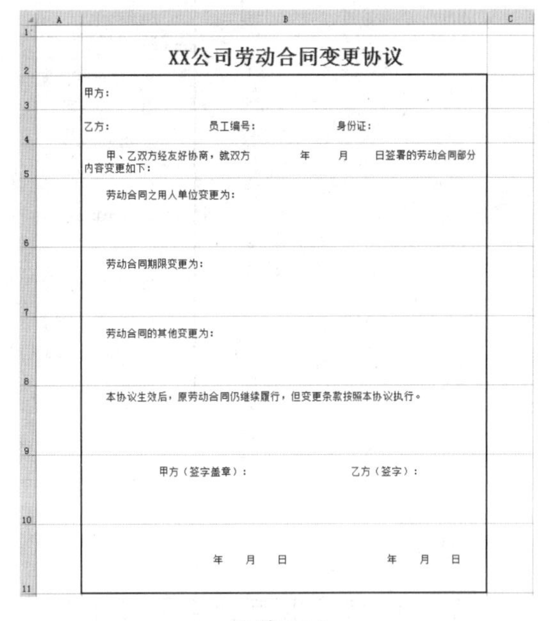

XX公司劳动合同变更协议

甲方：

乙方：　　　　员工编号：　　　　身份证：

甲、乙双方经友好协商，就双方　　年　　月　　日签署的劳动合同部分内容变更如下：

劳动合同之用人单位变更为：

劳动合同期限变更为：

劳动合同的其他变更为：

本协议生效后，原劳动合同仍继续履行，但变更条款按照本协议执行。

甲方（签字盖章）：　　　　乙方（签字）：

年　　月　　日　　　　年　　月　　日

■ 图7-26

（4）输入内容。

①用鼠标选中B2，然后在单元格内输入“××公司劳动合同变更协议”；选中该单元格，将【字号】设置为24；在功能区中点击【垂直居中】和【居中】，并用【Ctrl+B】快捷键将文字加粗。

②在B3:B11区域内的单元格中分别输入文字，并按照前面提到的方法对文字进行适当调整，效果如图7-26所示。

（5）绘制直线。

①切换至【插入】选项卡，单击【插图】选项组中的【形状】按钮，并在弹出的下拉列表中选择【直线】，如图7-27所示。

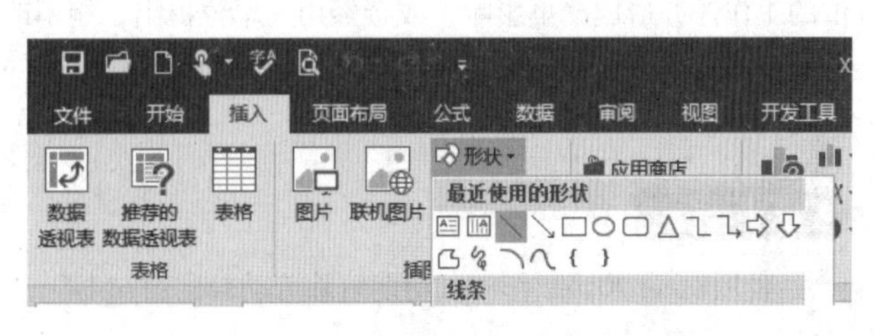

■ 图7-27

②用鼠标点击后，即可在单元格内绘制直线；然后切换至【绘图工具】下的【格

式】选项卡，在【形状样式】组中，选择样式【细线-深色1】，如图7-28所示。

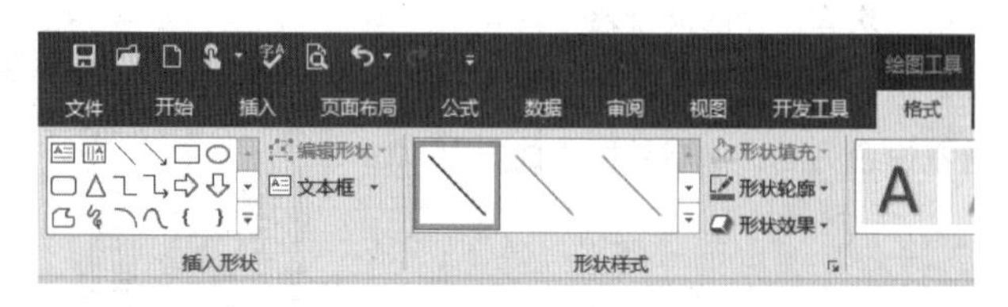

■ 图7-28

③使用同样的方法，继续绘制直线，效果如图7-29所示。

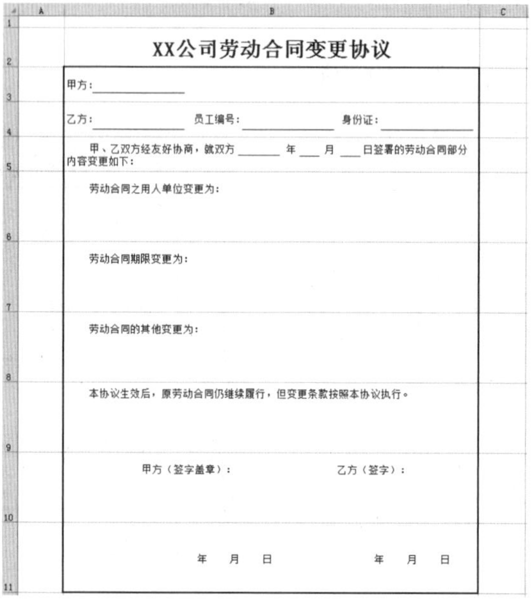

XX公司劳动合同变更协议

甲方：________

乙方：________ 员工编号：________ 身份证：________

甲、乙双方经友好协商，就双方 ____ 年 __ 月 __ 日签署的劳动合同部分内容变更如下：

劳动合同之用人单位变更为：

劳动合同期限变更为：

劳动合同的其他变更为：

本协议生效后，原劳动合同仍继续履行，但变更条款按照本协议执行。

甲方（签字盖章）： 乙方（签字）：

年 月 日 年 月 日

■ 图7-29

四、试用期解除劳动合同通知书

内容说明

《中华人民共和国劳动合同法》第三十九条规定：“劳动者有下列情形之一的，用人单位可以解除劳动合同：（1）在试用期间被证明不符合录用条件的；（2）严重违反用人单位的规章制度的；（3）严重失职，营私舞弊，给用人单位造成重大损害的；（4）劳动者同时与其他用人单位建立劳动关系，对完成本单位的工作任务造成严重影响，或者经用人单位提出，拒不改正的；（5）因本法第二十六条第一款第一项规定的情形致使劳动合同无效的；（6）被依法追究刑事责任的。”

学习任务

使用Excel 2016制作“试用期解除劳动合同通知书”，重点是掌握绘制直线的操作。

具体步骤

（1）创建、命名文件及设置行高。

①新建一个Excel工作表，并将其命名为“××公司试用期解除劳动合同通知书”。

②打开空白工作表，用鼠标选中第2行单元格，然后在功能区选择【格式】，用左键点击后即会出现下拉菜单，继续点击【行高】，在弹出的【行高】对话框中，把行高设置为50，然后单击【确定】，如图7-30所示。

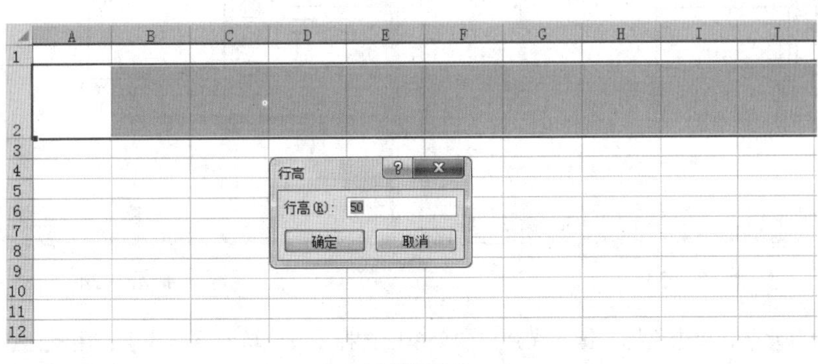

■ 图7-30

③用同样的方法，把第3行至第4行的行高设置为40、第5行的行高设置为100、第6行至第12行的行高设置为40，如图7-31所示。

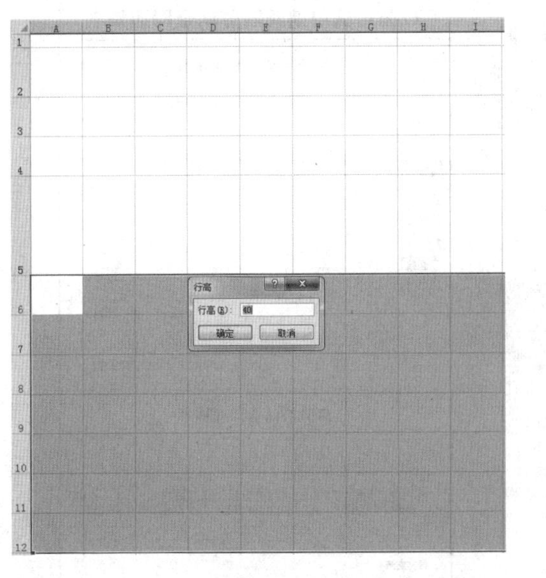

■ 图7-31

■ 图7-32

（2）设置列宽。

用鼠标选中B列单元格，然后在功能区选择【格式】，用左键点击后即会出现下拉菜单，然后点击【列宽】，在弹出的【列宽】对话框中，把列宽设置为72，然后单击【确定】，如图7-32所示。

（3）设置边框线。

①用鼠标选中B3:B14，单击鼠标右键，在弹出的菜单中选择【设置单元格格式】；用鼠标点击后，就会出现【设置单元格格式】对话框；点击【边框】，选择粗线，然后点击【外边框】按钮，点击【确定】，如图7–33所示。

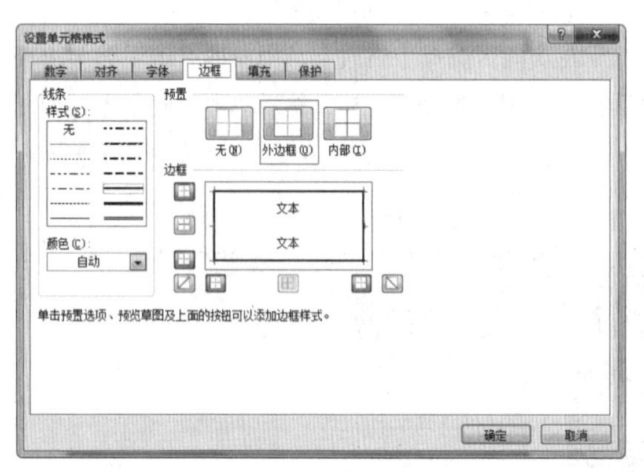

■ 图7–33

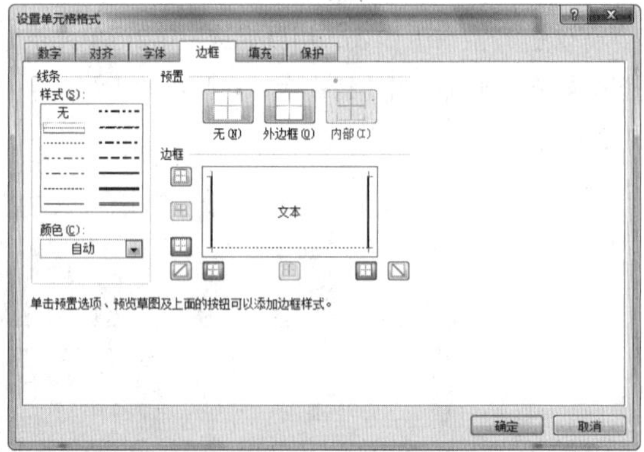

■ 图7–34

②选中B9单元格，单击鼠标右键，在弹出的菜单中选择【设置单元格格式】；用鼠标点击后，就会出现【设置单元格格式】对话框；点击【边框】，选择虚线，然后点击【下边框】按钮（如图7–34所示），点击【确定】后，最终的效果如图7–35所示。

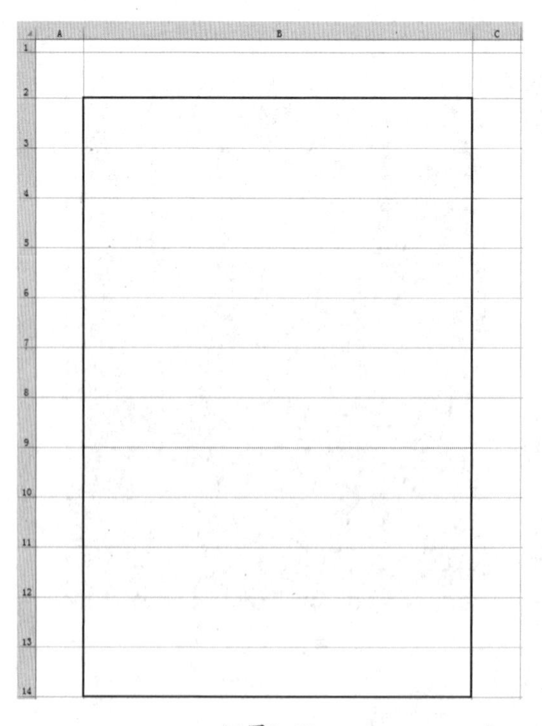

■ 图7–35

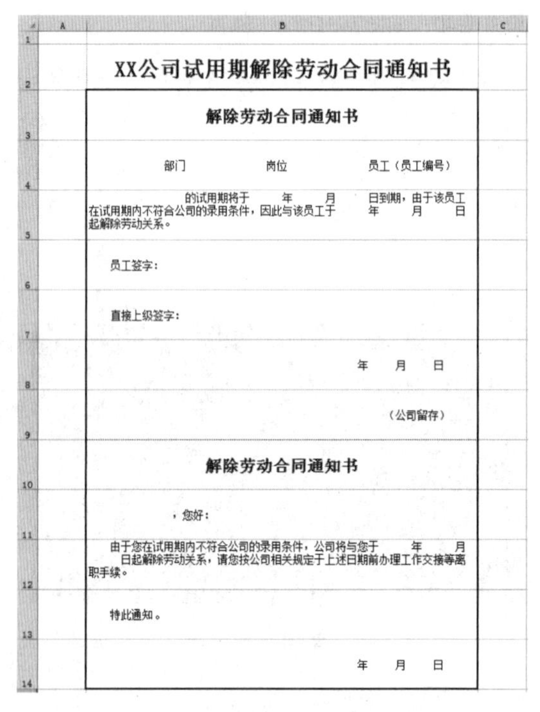

XX公司试用期解除劳动合同通知书

解除劳动合同通知书

部门　　岗位　　员工（员工编号）

的试用期将于　年　月　日到期，由于该员工在试用期内不符合公司的录用条件，因此与该员工于　年　月　日起解除劳动关系。

员工签字：

直接上级签字：

年　月　日

（公司留存）

解除劳动合同通知书

，您好：

由于您在试用期内不符合公司的录用条件，公司将与您于　年　月　日起解除劳动关系，请您按公司相关规定于上述日期前办理工作交接等离职手续。

特此通知。

年　月　日

■ 图7–36

（4）输入内容。

①用鼠标选中B2，然后在单元格内输入“××公司试用期解除劳动合同通知书”；选中该单元格，将

【字号】设置为24；在功能区中点击【垂直居中】和【居中】，并用【Ctrl+B】快捷键将文字加粗。

②在B3:B14区域内的单元格中分别输入文字，并按照前面提到的方法对文字进行适当调整，效果如图7-36所示。

（5）绘制直线。

①切换至【插入】选项卡，单击【插图】选项组中的【形状】按钮，并在弹出的下拉列表中选择【直线】，如图7-37所示。

■ 图7-37

②用鼠标点击后，即可在单元格内绘制直线；然后切换至【绘图工具】下的【格式】选项卡，在【形状样式】组中，选择样式【细线-深色1】，如图7-38所示。

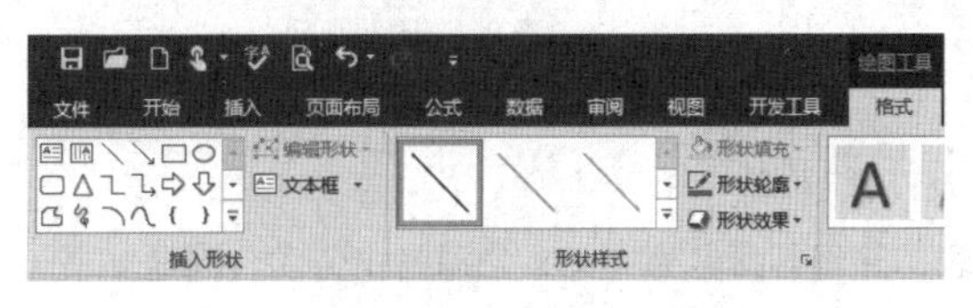

■ 图7-38

③使用同样的方法，继续绘制直线，效果如图7-39所示。

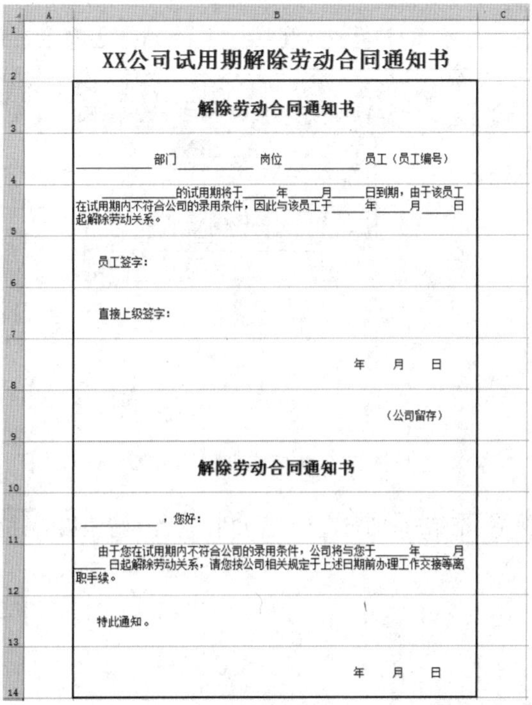

XX公司试用期解除劳动合同通知书

解除劳动合同通知书

__________部门__________岗位__________员工（员工编号）

__________的试用期将于_____年_____月_____日到期，由于该员工在试用期内不符合公司的录用条件，因此与该员工于_____年_____月_____日起解除劳动关系。

员工签字：

直接上级签字：

年　月　日

（公司留存）

解除劳动合同通知书

__________，您好：

由于您在试用期内不符合公司的录用条件，公司将与您于_____年_____月_____日起解除劳动关系，请您按公司相关规定于上述日期前办理工作交接等离职手续。

特此通知。

年　月　日

■ 图7-39

五、终止劳动合同通知书（到期终止）

内容说明

劳动合同期满，不续签劳动合同：（1）用人单位不续签劳动合同，用人单位需要向劳动者支付补偿金（每服务一年需要支付一个月工资）。（2）符合签订无固定期限劳动合同的，用人单位不续签，属于违法解除劳动合同，需要向劳动者支付赔偿金（每服务一年支付2个月工资）。（3）劳动者不续签，用人单位不需要支付补偿金，用人单位降低劳动合同约定条件续订劳动合同，劳动者不同意续订的情形除外。

学习任务

使用Excel 2016制作“终止劳动合同通知书（到期终止）”，重点是掌握绘制直线的操作。

具体步骤

（1）创建、命名文件及设置行高。

①新建一个Excel工作表，并将其命名为“××公司终止劳动合同通知书（到期终止）”。

②打开空白工作表，用鼠标选中第2行单元格，然后在功能区选择【格式】，用左键点击后即会出现下拉菜单，继续点击【行高】，在弹出的【行高】对话框中，把行高设置为40，然后单击【确定】，如图7-40所示。

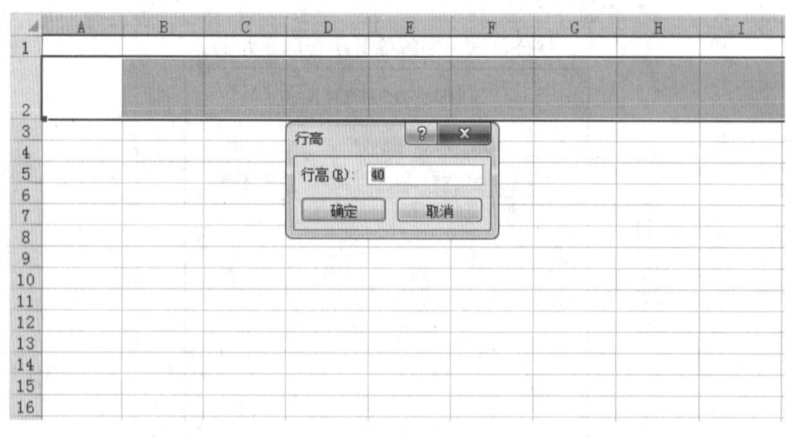

■ 图7-40

③用同样的方法，把第3行至第5行的行高设置为30，把第6行至第9行的行高设置为70，如图7-41所示。

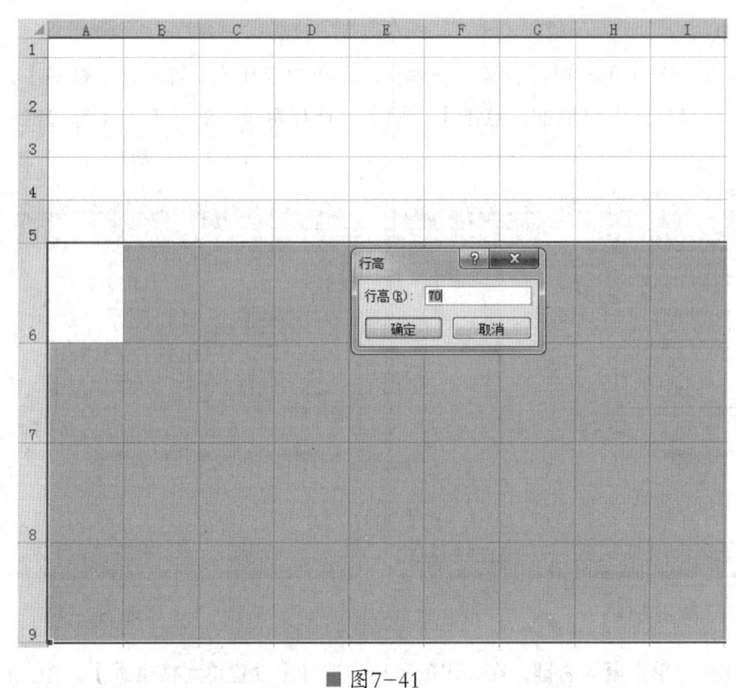

■ 图7-41

（2）设置列宽。

用鼠标选中B列单元格，然后在功能区选择【格式】，用左键点击后即会出现下拉菜单，然后点击【列宽】，在弹出的【列宽】对话框中，把列宽设置为72，然后单击【确定】，如图7-42所示。

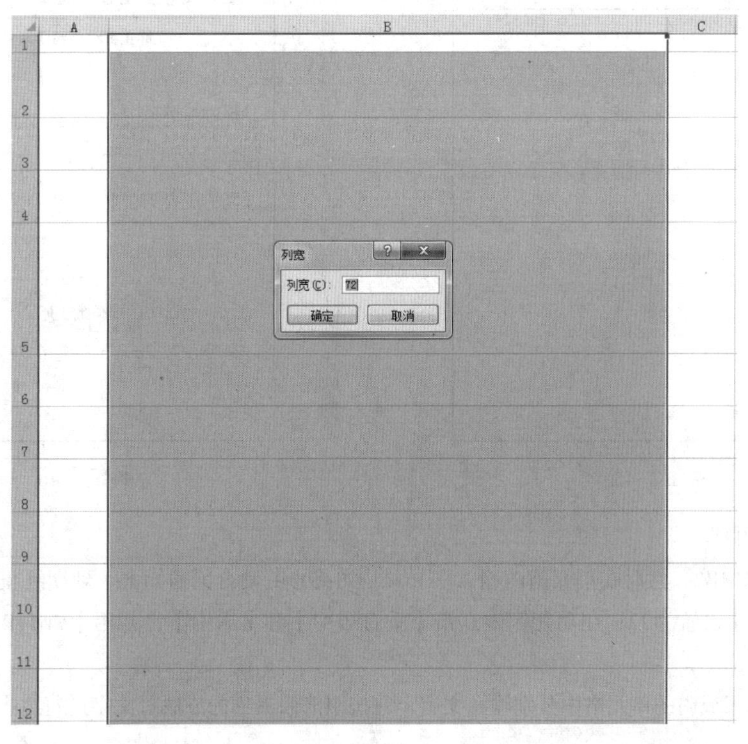

■ 图7-42

（3）设置边框线。

①用鼠标选中B3:B12，单击鼠标右键，在弹出的菜单中选择【设置单元格格式】；用鼠标点击后，就会出现【设置单元格格式】对话框；点击【边框】，选择粗线，然后点击【外边框】按钮，点击【确定】，如图7-43所示。

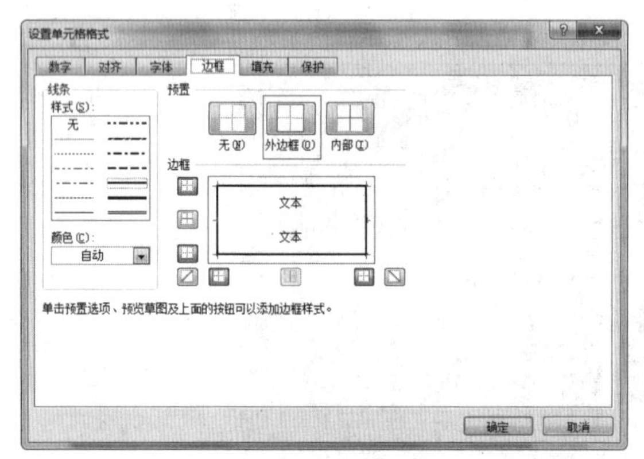

■ 图7-43

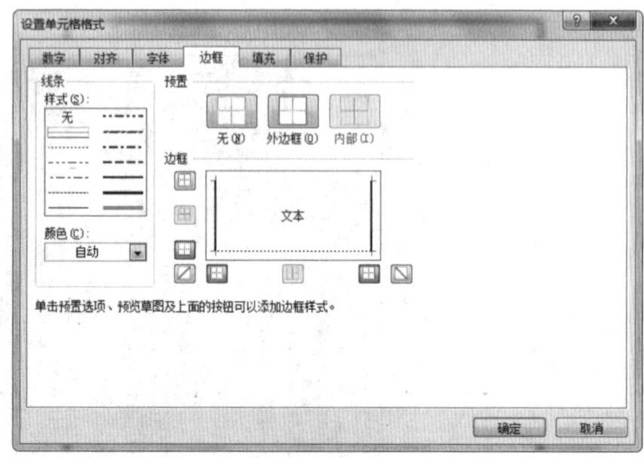

■ 图7-44

②选中B8单元格，单击鼠标右键，在弹出的菜单中选择【设置单元格格式】；用鼠标点击后，就会出现【设置单元格格式】对话框；点击【边框】，选择虚线，然后点击【下边框】按钮（如图7-44所示），点击【确定】后，最终的效果如图7-45所示。

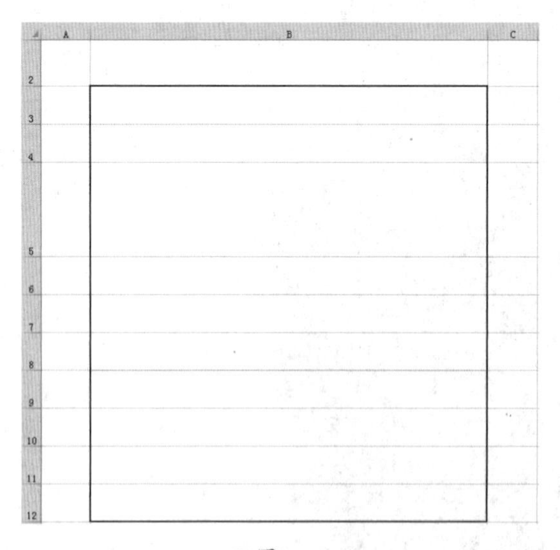

■ 图7-45

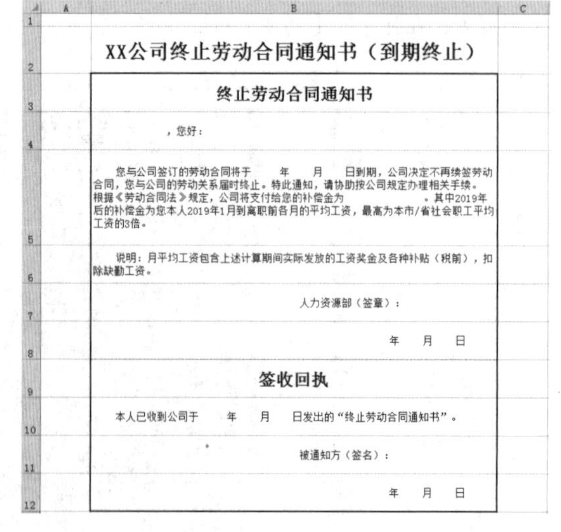

XX公司终止劳动合同通知书（到期终止）

终止劳动合同通知书

，您好：

您与公司签订的劳动合同将于　　年　　月　　日到期，公司决定不再续签劳动合同，您与公司的劳动关系届时终止。特此通知，请协助按公司规定办理相关手续。根据《劳动合同法》规定，公司将支付给您的补偿金为　　　　。其中2019年后的补偿金为您本人2019年1月到离职前各月的平均工资，最高为本市/省社会职工平均工资的3倍。

说明：月平均工资包含上述计算期间实际发放的工资奖金及各种补贴（税前），扣除缺勤工资。

人力资源部（签章）：

年　　月　　日

签收回执

本人已收到公司于　　年　　月　　日发出的“终止劳动合同通知书”。

被通知方（签名）：

年　　月　　日

■ 图7-46

（4）输入内容。

①用鼠标选中B2，然后在单元格内输入“××公司终止劳动合同通知书（到期终止）”；选中该单元格，将【字号】设置为22；在功能区中点击【垂直居中】和【居中】，并用【Ctrl+B】快捷键将文字加粗。

②在B3:B12区域内的单元格中分别输入文字，并按照前面提到的方法对文字进行适当调整，效果如图7-46所示。

（5）绘制直线。

①切换至【插入】选项卡，单击【插图】选项组中的【形状】按钮，并在弹出的下拉列表中选择【直线】，如图7–47所示。

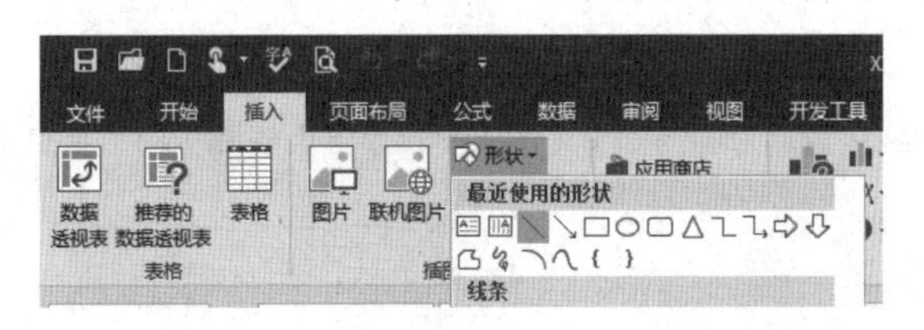

■ 图7–47

②用鼠标点击后，即可在单元格内绘制直线；然后切换至【绘图工具】下的【格式】选项卡，在【形状样式】组中，选择样式【细线–深色1】，如图7–48所示。

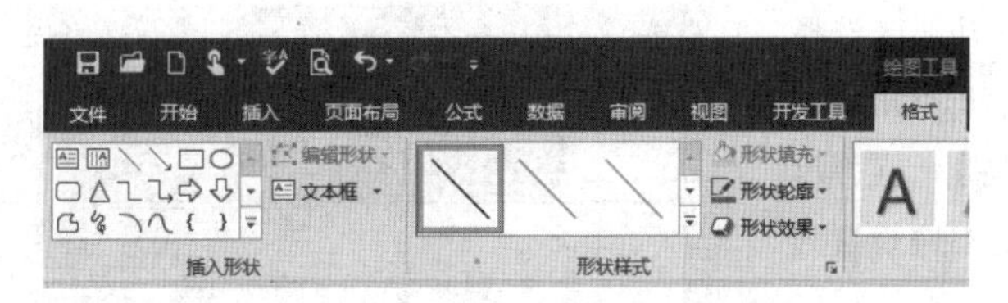

■ 图7–48

③使用同样的方法，继续绘制直线，效果如图7–49所示。

XX公司终止劳动合同通知书（到期终止）

终止劳动合同通知书

__________，您好：

您与公司签订的劳动合同将于____年____月____日到期，公司决定不再续签劳动合同，您与公司的劳动关系届时终止。特此通知，请协助按公司规定办理相关手续。根据《劳动合同法》规定，公司将支付给您的补偿金为__________。其中2019年后的补偿金为您本人2019年1月到离职前各月的平均工资，最高为本市/省社会职工平均工资的3倍。

说明：月平均工资包含上述计算期间实际发放的工资奖金及各种补贴（税前），扣除缺勤工资。

人力资源部（签章）：

年　月　日

签收回执

本人已收到公司于____年____月____日发出的“终止劳动合同通知书”。

被通知方（签名）：

年　月　日

■ 图7–49

六、终止劳动合同通知书（用人单位单方面解除）

内容说明

如果用人单位单方面解除劳动合同，应当按照法律规定的程序进行，并保存证据，证明确实存在可以单方解除的情形；否则，一旦被认定为违法解除劳动合同，需按经济补偿金的两倍赔偿给劳动者。如果员工有数年的工作年限，索赔可能会达到十万元甚至更多。所以，用人单位需要终止劳动合同时一定要慎重。

学习任务

使用Excel 2016制作“终止劳动合同通知书（用人单位单方面解除）”，重点是掌握绘制直线的操作。

具体步骤

（1）创建、命名文件及设置行高。

①新建一个Excel工作表，并将其命名为“××公司终止劳动合同通知书（用人单位单方面解除）”。

②打开空白工作表，用鼠标选中第2行单元格，然后在功能区选择【格式】，用左键点击后即会出现下拉菜单，继续点击【行高】，在弹出的【行高】对话框中，把行高设置为60，然后单击【确定】，如图7–50所示。

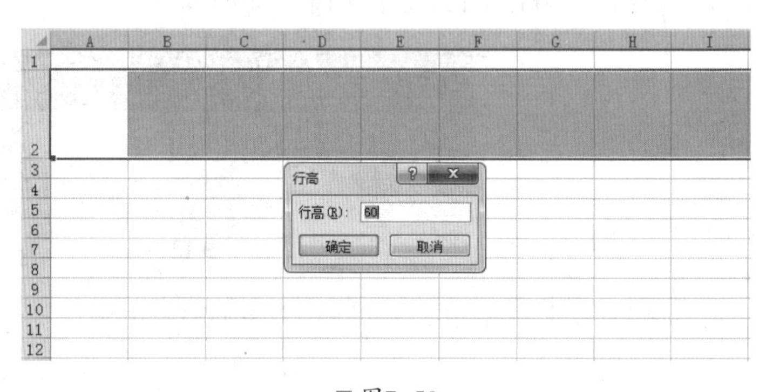

■ 图7–50

③用同样的方法，把第3行至第4行的行高设置为30，第5行的行高设置为50，第6行至第21行的行高设置为30，如图7–51所示。

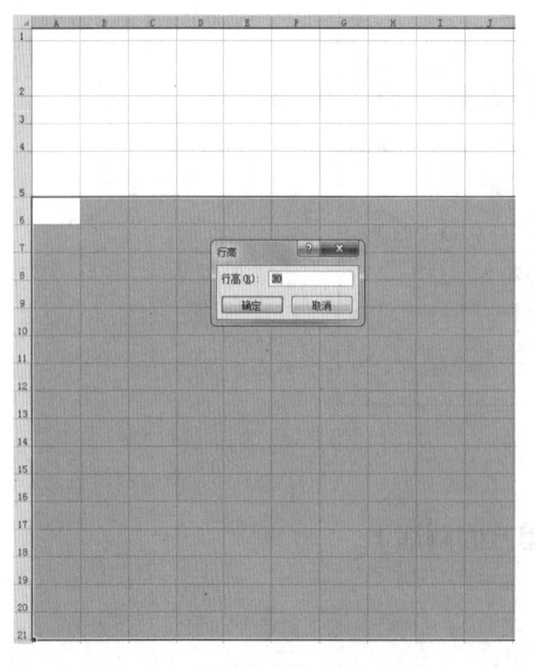

■ 图7–51

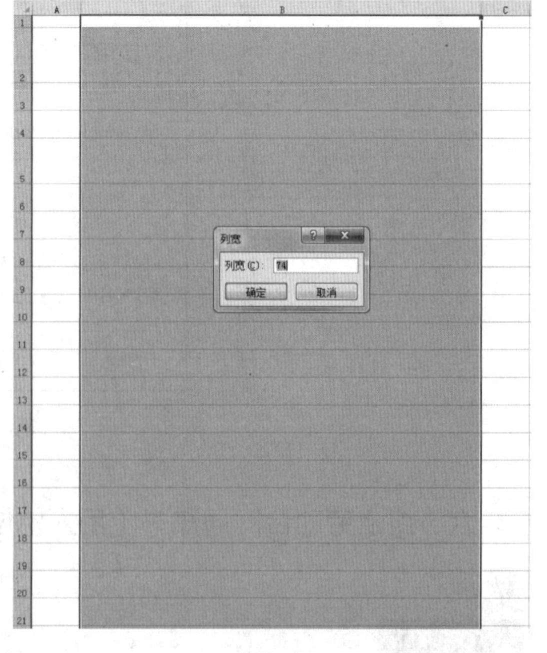

■ 图7–52

（2）设置列宽。

用鼠标选中B列单元格，然后在功能区选择【格式】，用左键点击后即会出现下拉菜单，然后点击【列宽】，在弹出的【列宽】对话框中，把列宽设置为74，然后单击【确定】，如图7–52所示。

（3）设置边框线。

①用鼠标选中B3:B21，单击鼠标右键，在弹出的菜单中选择【设置单元格格式】；用鼠标点击后，就会出现【设置单元格格式】对话框；点击【边框】，选择粗线，然后点击【外边框】按钮，点击【确定】，如图7–53所示。

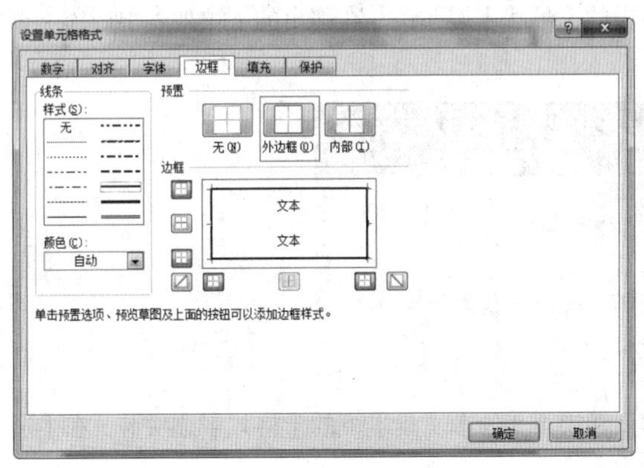

■ 图7–53

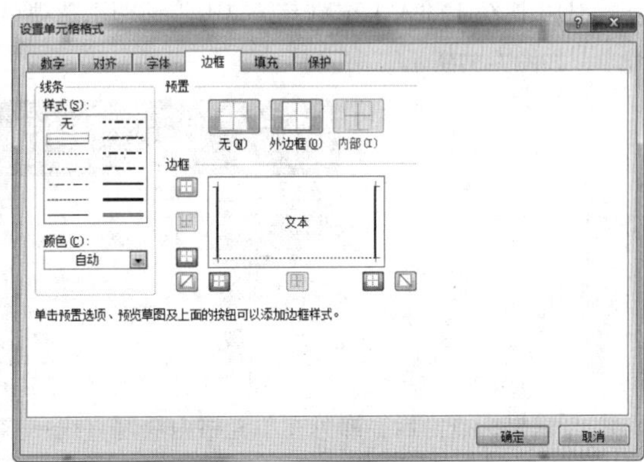

■ 图7–54

②选中B17单元格，单击鼠标右键，在弹出的菜单中选择【设置单元格格式】；用鼠标点击后，就会出现【设置单元格格式】对话框；点击【边框】，选择虚线，然后点击【下框线】按钮（如图7–54所示），点击【确定】后，最终的效果如图7–55所示。

■ 图7–55

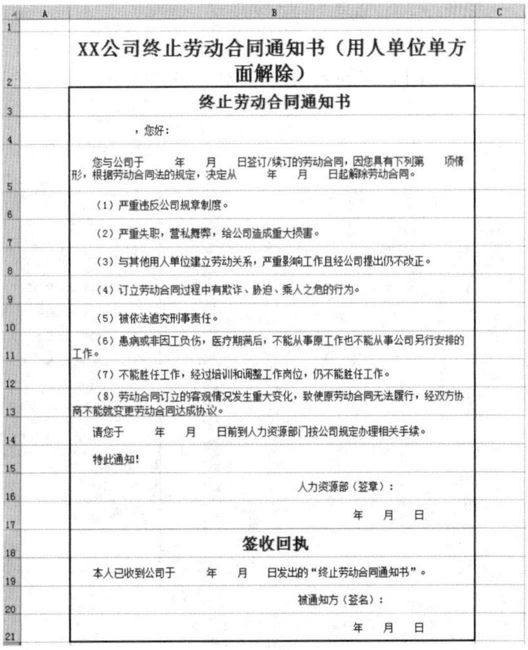

XX公司终止劳动合同通知书（用人单位单方面解除）

终止劳动合同通知书

，您好：

您与公司于　　年　　月　　日签订/续订的劳动合同，因您具有下列第　　项情形，根据劳动合同法的规定，决定从　　年　　月　　日起解除劳动合同。

（1）严重违反公司规章制度。

（2）严重失职，营私舞弊，给公司造成重大损害。

（3）与其他用人单位建立劳动关系，严重影响工作且经公司提出仍不改正。

（4）订立劳动合同过程中有欺诈、胁迫、乘人之危的行为。

（5）被依法追究刑事责任。

（6）患病或非因工负伤，医疗期满后，不能从事原工作也不能从事公司另行安排的工作。

（7）不能胜任工作，经过培训和调整工作岗位，仍不能胜任工作。

（8）劳动合同订立的客观情况发生重大变化，致使原劳动合同无法履行，经双方协商不能就变更劳动合同达成协议。

请您于　　年　　月　　日前到人力资源部门按公司规定办理相关手续。

特此通知！

人力资源部（签章）：

年　月　日

签收回执

本人已收到公司于　　年　　月　　日发出的“终止劳动合同通知书”。

被通知方（签名）：

年　月　日

■ 图7–56

（4）输入内容。

①用鼠标选中B2，然后在单元格内输入“××公司终止劳动合同通知书（用人单位单方面解除）”；选中该单元格，将【字号】设置为22；在功能区中点击【垂直居中】和【居中】，并用【Ctrl+B】快捷键将文字加粗。

②在B3:B21区域内的单元格中分别输入文字，并按照前面提到的方法对文字进行适当调整，效果如图7-56所示。

（5）绘制直线。

①切换至【插入】选项卡，单击【插图】选项组中的【形状】按钮，并在弹出的下拉列表中选择【直线】，如图7-57所示。

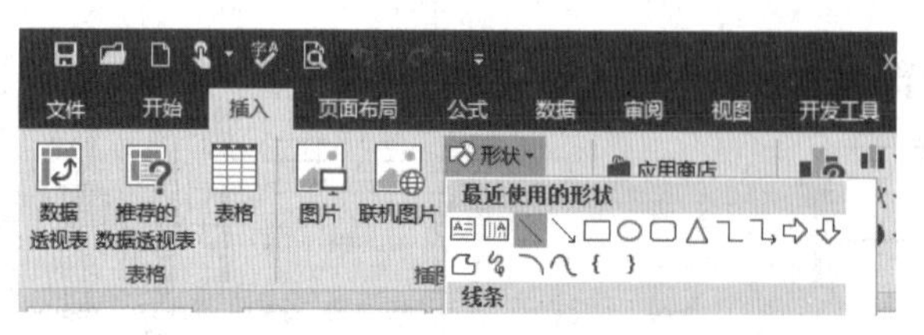

■ 图7-57

②用鼠标点击后，即可在单元格内绘制直线；然后切换至【绘图工具】下的【格式】选项卡，在【形状样式】组中，选择样式【细线-深色1】，如图7-58所示。

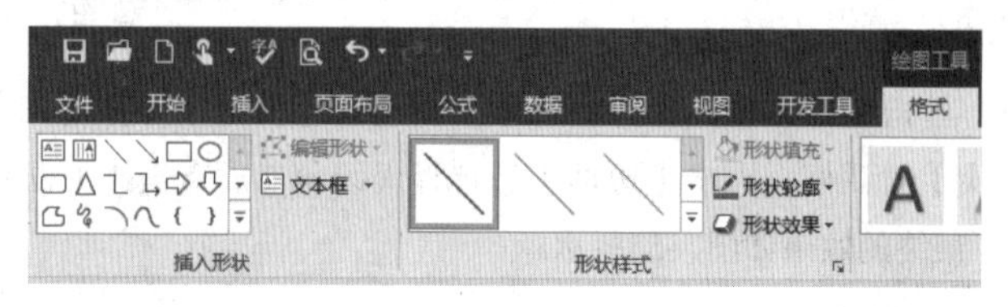

■ 图7-58

③使用同样的方法，继续绘制直线，效果如图7-59所示。

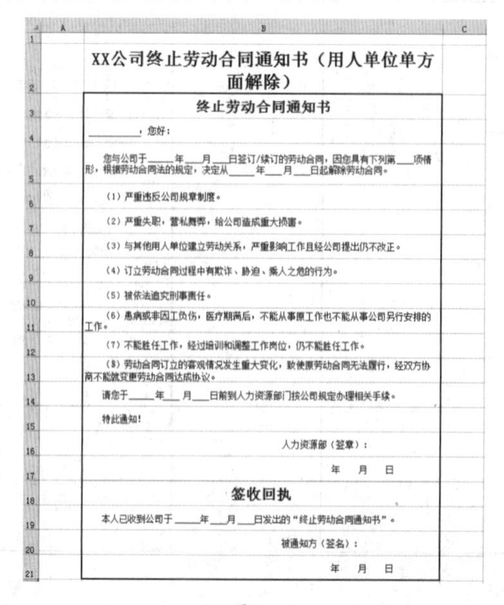

XX公司终止劳动合同通知书（用人单位单方面解除）

终止劳动合同通知书

________，您好：

您与公司于_____年___月___日签订/续订的劳动合同，因您具有下列第___项情形，根据劳动合同法的规定，决定从_____年___月___日起解除劳动合同。

（1）严重违反公司规章制度。

（2）严重失职，营私舞弊，给公司造成重大损害。

（3）与其他用人单位建立劳动关系，严重影响工作且经公司提出仍不改正。

（4）订立劳动合同过程中有欺诈、胁迫、乘人之危的行为。

（5）被依法追究刑事责任。

（6）患病或非因工负伤，医疗期满后，不能从事原工作也不能从事公司另行安排的工作。

（7）不能胜任工作，经过培训和调整工作岗位，仍不能胜任工作。

（8）劳动合同订立的客观情况发生重大变化，致使原劳动合同无法履行，经双方协商不能就变更劳动合同达成协议。

请您于_____年___月___日前到人力资源部门按公司规定办理相关手续。

特此通知！

人力资源部（签章）：

年　月　日

签收回执

本人已收到公司于_____年___月___日发出的“终止劳动合同通知书”。

被通知方（签名）：

年　月　日

■ 图7-59

七、解除劳动关系协议书（协商解除）

内容说明

劳动关系的解除是用人方与劳动者之间的权益关系解除的一种行为，在解除劳动关系过程中，双方可以进行协商，然后解除劳动关系。

学习任务

使用Excel 2016制作“解除劳动关系协议书（协商解除）”，重点是掌握绘制直线的操作。

具体步骤

（1）创建、命名文件及设置行高。

①新建一个Excel工作表，并将其命名为“××公司解除劳动关系协议书（协商解除）”。

②打开空白工作表，用鼠标选中第2行单元格，然后在功能区选择【格式】，用左键点击后即会出现下拉菜单，继续点击【行高】，在弹出的【行高】对话框中，把行高设置为40，然后单击【确定】，如图7-60所示。

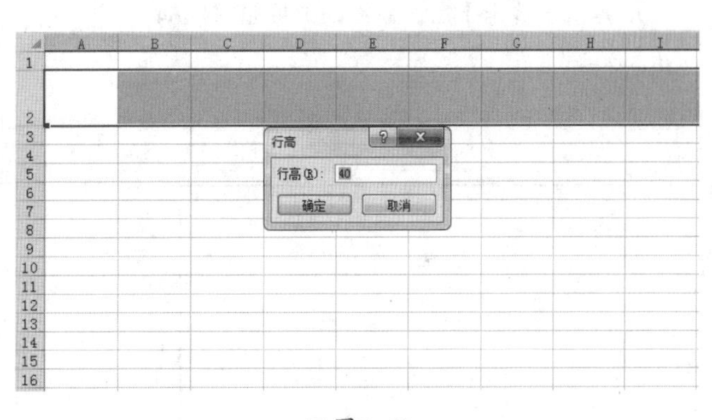

■ 图7-60

③用同样的方法，把第3行至第16行的行高设置为45，如图7-61所示。

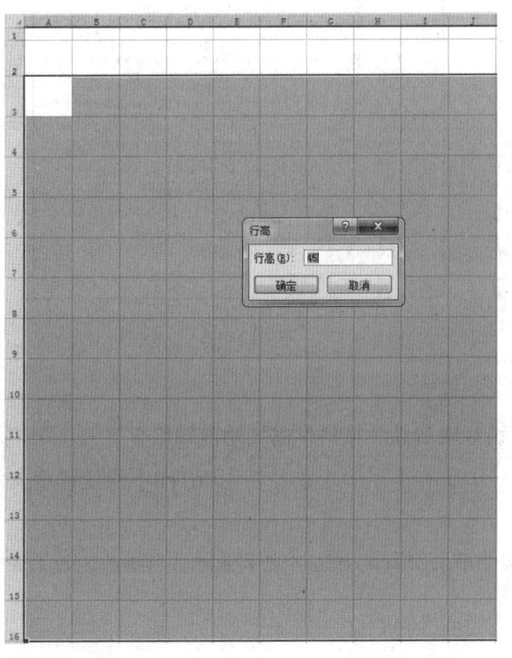

■ 图7-61

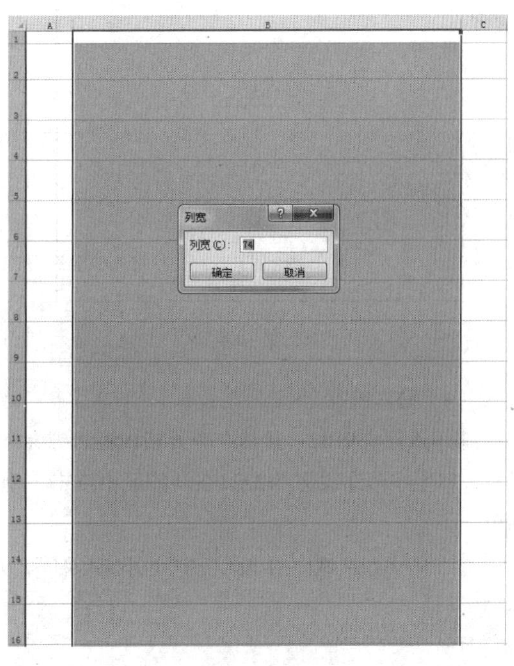

■ 图7-62

（2）设置列宽。

用鼠标选中B列单元格，然后在功能区选择【格式】，用左键点击后即会出现下拉菜单，然后点击【列宽】，在弹出的【列宽】对话框中，把列宽设置为74，然后单击【确定】，如图7-62所示。

（3）设置边框线。

①用鼠标选中B3:B16，单击鼠标右键，在弹出的菜单中选择【设置单元格格式】；用鼠标点击后，就会出现【设置单元格格式】对话框；点击【边框】，选择粗线，然后点击【外边框】按钮，点击【确定】，如图7-63所示。

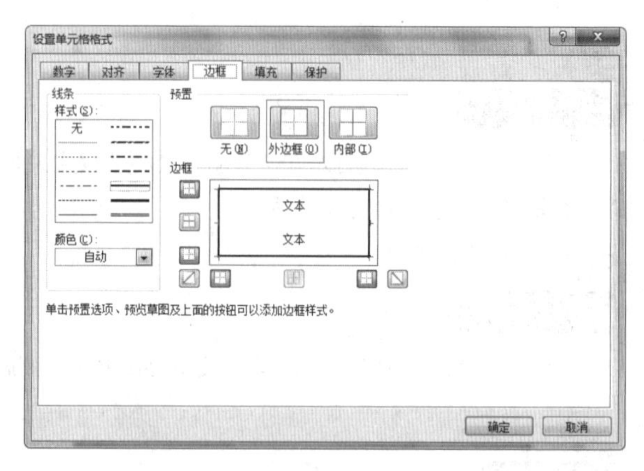

■ 图7-63

②点击【确定】后，最终的效果如图7-64所示。

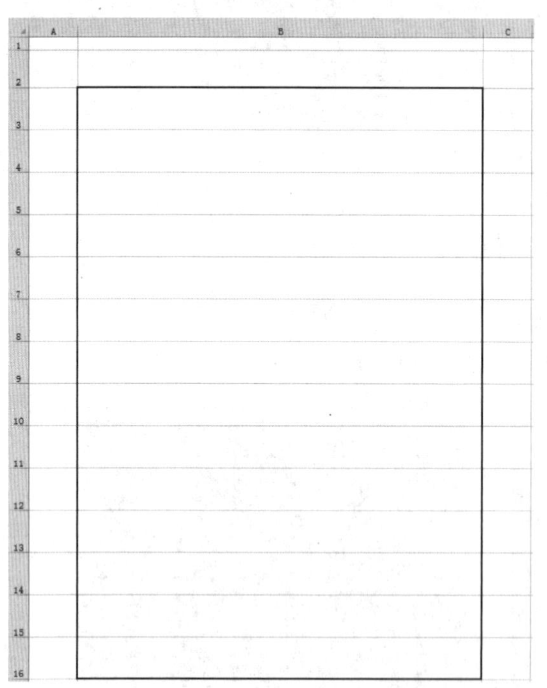

■ 图7-64

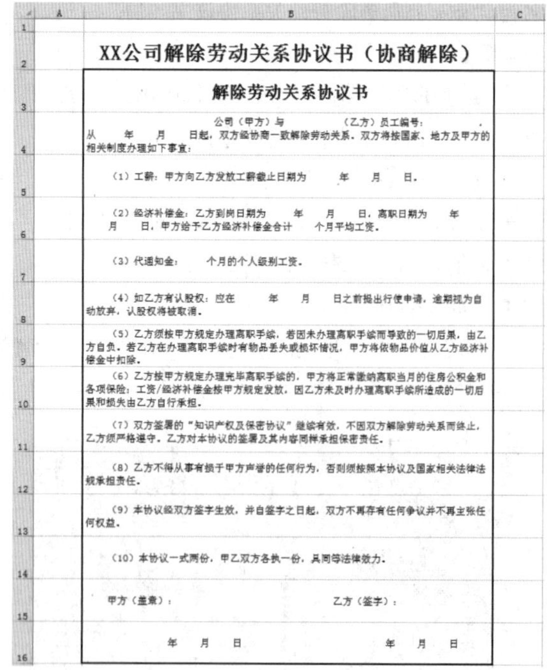

XX公司解除劳动关系协议书（协商解除）

解除劳动关系协议书

公司（甲方）与　　（乙方）员工编号：　　.
从　　年　　月　　日起，双方经协商一致解除劳动关系。双方将按国家、地方及甲方的相关制度办理如下事宜：

（1）工薪：甲方向乙方发放工薪截止日期为　　年　　月　　日。

（2）经济补偿金：乙方到岗日期为　　年　　月　　日，离职日期为　　年　　月　　日，甲方给予乙方经济补偿金合计　　个月平均工资。

（3）代通知金：　　个月的个人级别工资。

（4）如乙方有认股权：应在　　年　　月　　日之前提出行使申请，逾期视为自动放弃，认股权将被取消。

（5）乙方须按甲方规定办理离职手续，若因未办理离职手续而导致的一切后果，由乙方自负。若乙方在办理离职手续时有物品丢失或损坏情况，甲方将依物品价值从乙方经济补偿金中扣除。

（6）乙方按甲方规定办理完毕离职手续的，甲方将正常缴纳离职当月的住房公积金和各项保险；工资/经济补偿金按甲方规定发放，因乙方未及时办理离职手续所造成的一切后果和损失由乙方自行承担。

（7）双方签署的“知识产权及保密协议”继续有效，不因双方解除劳动关系而终止，乙方须严格遵守。乙方对本协议的签署及其内容同样承担保密责任。

（8）乙方不得从事有损于甲方声誉的任何行为，否则须按照本协议及国家相关法律法规承担责任。

（9）本协议经双方签字生效，并自签字之日起，双方不再存有任何争议并不再主张任何权益。

（10）本协议一式两份，甲乙双方各执一份，具同等法律效力。

甲方（盖章）：　　　　乙方（签字）：

年　月　日　　　　年　月　日

■ 图7-65

（4）输入内容。

①用鼠标选中B2，然后在单元格内输入“××公司解除劳动关系协议书（协商解除）”；选中该单元格，将【字号】设置为22；在功能区中点击【垂直居中】和【居中】，并用【Ctrl+B】快捷键将文字加粗。

②在B3:B16区域内的单元格中分别输入文字，并按照前面提到的方法对文字进行适当调整，效果如图7-65所示。

（5）绘制直线。

①切换至【插入】选项卡，单击【插图】选项组中的【形状】按钮，并在弹出的下拉列表中选择【直线】，如图7–66所示。

■ 图7–66

②用鼠标点击后，即可在单元格内绘制直线；然后切换至【绘图工具】下的【格式】选项卡，在【形状样式】组中，选择样式【细线–深色1】，如图7–67所示。

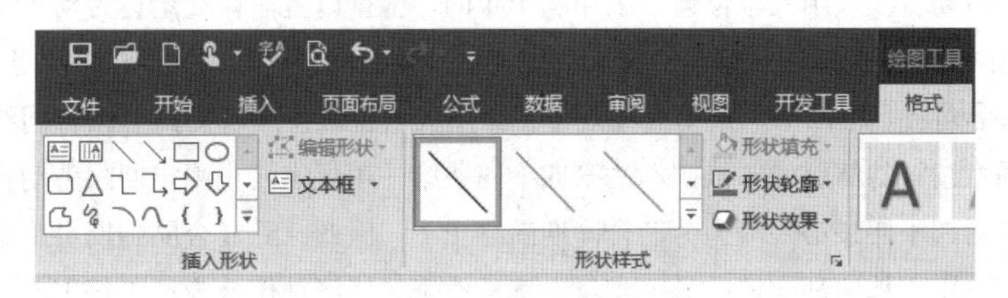

■ 图7–67

③使用同样的方法，继续绘制直线，效果如图7–68所示。

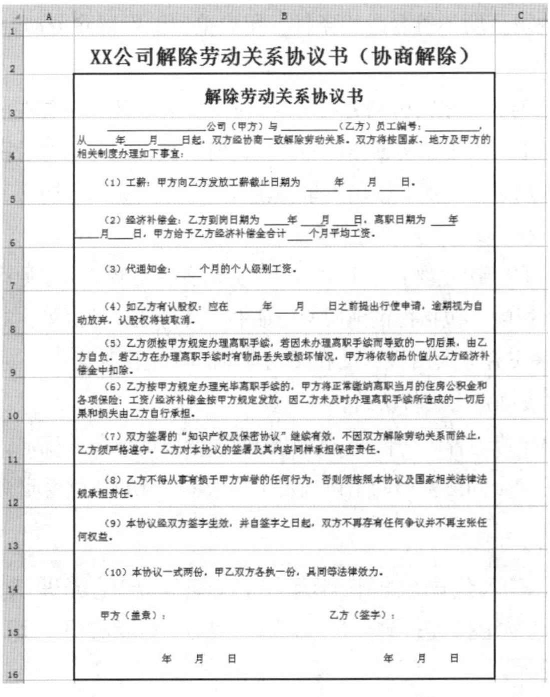

XX公司解除劳动关系协议书（协商解除）

解除劳动关系协议书

________公司（甲方）与________（乙方）员工编号：________，从____年____月____日起，双方经协商一致解除劳动关系。双方将按国家、地方及甲方的相关制度办理如下事宜：

（1）工薪：甲方向乙方发放工薪截止日期为____年____月____日。

（2）经济补偿金：乙方到岗日期为____年____月____日，离职日期为____年____月____日，甲方给予乙方经济补偿金合计____个月平均工资。

（3）代通知金：____个月的个人级别工资。

（4）如乙方有认股权：应在____年____月____日之前提出行使申请，逾期视为自动放弃，认股权将被取消。

（5）乙方须按甲方规定办理离职手续，若因未办理离职手续而导致的一切后果，由乙方自负。若乙方在办理离职手续时有物品丢失或损坏情况，甲方将依物品价值从乙方经济补偿金中扣除。

（6）乙方按甲方规定办理完毕离职手续的，甲方将正常缴纳离职当月的住房公积金和各项保险；工资/经济补偿金按甲方规定发放，因乙方未及时办理离职手续所造成的一切后果和损失由乙方自行承担。

（7）双方签署的“知识产权及保密协议”继续有效，不因双方解除劳动关系而终止，乙方须严格遵守。乙方对本协议的签署及其内容同样承担保密责任。

（8）乙方不得从事有损于甲方声誉的任何行为，否则须按照本协议及国家相关法律法规承担责任。

（9）本协议经双方签字生效，并自签字之日起，双方不再存有任何争议并不再主张任何权益。

（10）本协议一式两份，甲乙双方各执一份，具同等法律效力。

甲方（盖章）：　　　　乙方（签字）：

年　月　日　　　　年　月　日

■ 图7–68

1. “续签劳动合同意向通知书”是否具有法律效力?

“续签劳动合同意向通知书”不具有法律效力，因为只是意向，所以并不构成约束力。

（1）关于“劳动合同续签意向表”的法律效力：该表是用人单位为了了解员工对于劳动合同到期后的意向所做的调查表，是双方续签劳动合同的一个意向性文件，其性质是双方对于续签劳动合同的意见表达，并非劳动合同，不具备劳动合同的约束力。因此，即使该表上“部门意见”一栏写着续签一年，也只代表单位的意见，对员工并无约束力，员工仍可提出自己的要求。

（2）按照《中华人民共和国劳动合同法》（以下简称《劳动合同法》）第十四条规定，下列情形中，劳动者提出或者同意续订、订立劳动合同的，除劳动者提出订立固定期限劳动合同外，应当订立无固定期限劳动合同：劳动者在该用人单位连续工作满十年的。根据以上法律规定，劳动者在订立劳动合同时提出订立无固定期限劳动合同，单位应当订立无固定期限劳动合同，这是用人单位的义务。

（3）《劳动合同法》第四十六条第五项规定，除用人单位维持或者提高劳动合同约定条件续订劳动合同，劳动者不同意续订的情形外，依照本法第四十四条第一项规定终止固定期限劳动合同的，用人单位应给予经济补偿（第四十四条第一项为劳动合同期满终止）。因此，除非合同到期员工不同意续订外，员工合同到期后离职，用人单位都应该向员工支付经济补偿金。经济补偿金为员工每工作一年支付一个月工资，满六个月不足一年的，按一年计算；不足六个月的，按半年计算，支付半个月工资。

2. 试用期解除合同，哪些情形需要支付经济补偿?

（1）如果是试用期内被证明不符合录用条件，用人单位因而解除劳动合同的，不需要支付经济补偿金。

用人单位在录用劳动者时，应当向劳动者明确告知录用条件，用人单位在解除劳动合同时应当向劳动者说明理由及法律依据。如果用人单位有证据证明在招聘时明确告知劳动者录用条件，并且提供证据证明劳动者在试用期间不符合录用条件，那么，用人单位就可以依据《劳动合同法》第三十九条第一项的规定与劳动者解除劳动合同，且不需要支付经济补偿金。

劳动者不符合录用条件的情况主要有以下情形：①劳动者违反诚实信用原则，隐瞒或虚构自身情况，且对于履行劳动合同有重大影响，包括提供虚假学历证书、身份证、护照等，对个人履历、知识、技能、健康等个人情况的说明与事实有重大出入；②在试用期间存在工作失误的，对此可以结合劳动法相关规定、劳动合同约定、规章制度规定等进行认定。

（2）如果试用期内解除劳动合同是依据《劳动合同法》第四十条的规定，那么，用人单位就应当向劳动者支付经济补偿。《劳动合同法》第四十条规定了用人单位无过失性辞退劳动者的情形，因此符合该情形就需要支付经济补偿。

3. D公司有个员工进入公司已经快半年了，现在其部门经理认为其工作能力不行。请问，如果以其不胜任岗位为由，进行培训、调岗，若还不能胜任，可以合法解除劳动关系而不需要支付经济补偿吗?

（1）《劳动合同法》第四十条规定，劳动者不能胜任工作，经过培训或者调整工作岗位，仍不能胜任工作的，用人单位提前三十日以书面形式通知劳动者本人或者额外支付劳动者一个月工资后，可以解除劳动合同。

（2）《劳动合同法》第四十六条规定，用人单位依照本法第四十条规定解除劳动合同的，用人单位应当向劳动者支付经济补偿。

（3）《劳动合同法》第四十七条规定："经济补偿按劳动者在本单位工作的年限，每满一年支付一个月工资的标准向劳动者支付。六个月以上不满一年的，按一年计算；不满六个月的，向劳动者支付半个月工资的经济补偿。"

因此，不满半年的，D公司应支付半个月工资；半年以上的，D公司应支付一个月工资；另外需提前三十日通知劳动者或支付一个月代通知金。

总的来说，按照《劳动合同法》的规定，劳动者不能胜任工作，经过培训或者调整工作岗位，仍不能胜任工作的，用人单位解除合同后需要支付经济补偿金；如违法解除，还需支付经济赔偿金。

4．某员工在E公司工作超过15年，但是公司一直要求该员工签订固定期限合同，之前二次固定期限合同到期后，仍然在不协商是否签订无固定期限合同的前提下要求该员工签订固定期限合同，E公司的这种做法合理吗？如果该员工再次签订固定期限合同，是不是可以理解为该员工自动放弃签订无固定期限合同的要求呢？那如果该员工离职，会按照何种方式进行赔偿呢？

除劳动者提出订立固定期限劳动合同外，公司应当与其订立无固定期限劳动合同，即如果该员工再次提出签订无固定期限合同，公司是应该与其签订的。如果该员工是在公司无过错的情况下自行离职，则无须补偿；如果是公司有过错或是公司辞退该员工，则应按以下条款执行：

《劳动合同法》第四十七条规定："经济补偿按劳动者在本单位工作的年限，每满一年支付一个月工资的标准向劳动者支付。六个月以上不满一年的，按一年计算；不满六个月的，向劳动者支付半个月工资的经济补偿。劳动者月工资高于用人单位所在直辖市、设区的市级人民政府公布的本地区上年度职工月平均工资三倍的，向其支付经济补偿的标准按职工月平均工资三倍的数额支付，向其支付经济补偿的年限最高不超过十二年。本条所称月工资是指劳动者在劳动合同解除或者终止前十二个月的平均工资。"

《劳动合同法》第四十八条规定："用人单位违反本法规定解除或者终止劳动合同，劳动者要求继续履行劳动合同的，用人单位应当继续履行；劳动者不要求继续履行劳动合同或者劳动合同已经不能继续履行的，用人单位应当依照本法第八十七条规定支付赔偿金。"

《劳动合同法》第八十七条规定："用人单位违反本法规定解除或者终止劳动合同的，应当依照本法第四十七条规定的经济补偿标准的二倍向劳动者支付赔偿金。"